移动开发人才培养系列丛书

U0650942

Unity 3D

游戏开发 | 标准教程

Learning Game
Development with
Unity 3D

吴亚峰 于复兴 索依娜 编著

人民邮电出版社

北京

图书在版编目（ＣＩＰ）数据

Unity3D游戏开发标准教程 / 吴亚峰，于复兴，索依娜 编著. -- 北京：人民邮电出版社，2016.6（2021.11重印）
（移动开发人才培养系列丛书）
ISBN 978-7-115-42063-3

Ⅰ. ①U… Ⅱ. ①吴… ②于… ③索… Ⅲ. ①游戏程序—程序设计 Ⅳ. ①TP311.5

中国版本图书馆CIP数据核字(2016)第061123号

内 容 提 要

本书本着"起点低、终点高"的原则，内容覆盖了从学习 Unity 3D 开发引擎必知必会的基础知识到能够熟练使用 Unity 3D 开发引擎制作简单 3D 游戏的每一个阶段。全书共分为 12 章，前 11 章按照由易到难的顺序依次介绍了 Unity 基础与开发环境配置、脚本程序的开发、图形用户界面、物理引擎、着色器基础、3D 游戏开发常用技术、光影效果、模型与动画、地形与寻路技术、游戏资源更新及网络开发。最后一章给出了一个完整的游戏案例，既可以作为课程最后的总结与提高，也可以作为课程设计。

本书既可以作为高等院校计算机相关专业计算机游戏或多媒体虚拟现实及增强现实相关课程的教材，也可以作为相关领域开发人员的参考用书。

- ◆ 编　著　吴亚峰　于复兴　索依娜
　　责任编辑　刘　博
　　责任印制　沈　蓉　彭志环
- ◆ 人民邮电出版社出版发行　北京市丰台区成寿寺路 11 号
　　邮编　100164　电子邮件　315@ptpress.com.cn
　　网址　http://www.ptpress.com.cn
　　北京天宇星印刷厂印刷
- ◆ 开本：787×1092　1/16　　　彩插：2
　　印张：21.75　　　　　　　2016 年 6 月第 1 版
　　字数：573 千字　　　　　 2021 年 11 月北京第 17 次印刷

定价：59.00 元

读者服务热线：(010)81055256　印装质量热线：(010)81055316
反盗版热线：(010)81055315
广告经营许可证：京东市监广登字 20170147 号

第 1 章第 3 节 Unity 开发环境整体布局

第 4 章第 7 节 角色控制器

第 4 章第 5 节 车轮碰撞器

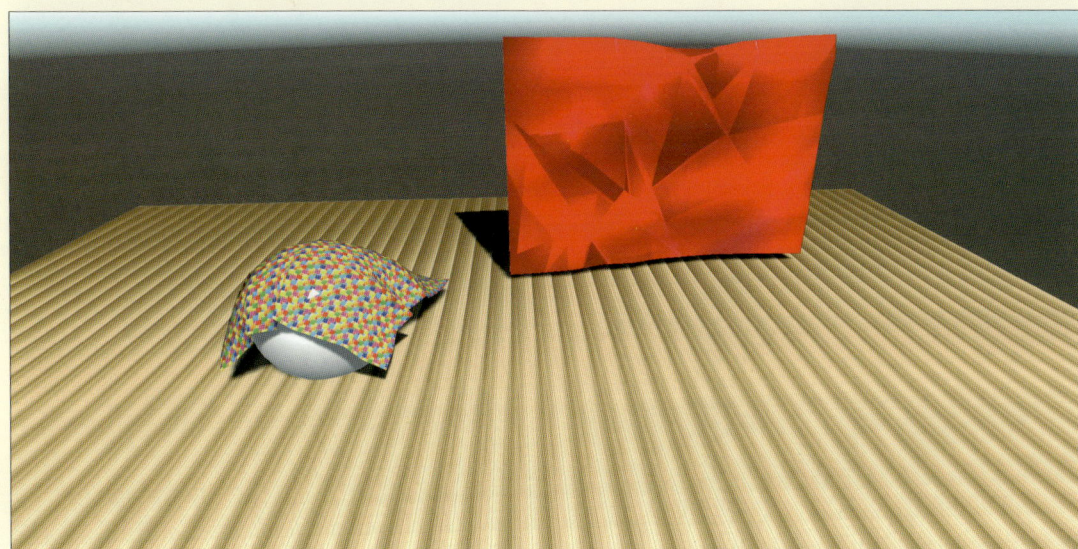

第 4 章第 6 节 布料

第 5 章第 4 节 体积雾

第 6 章第 7 节 水雾效果

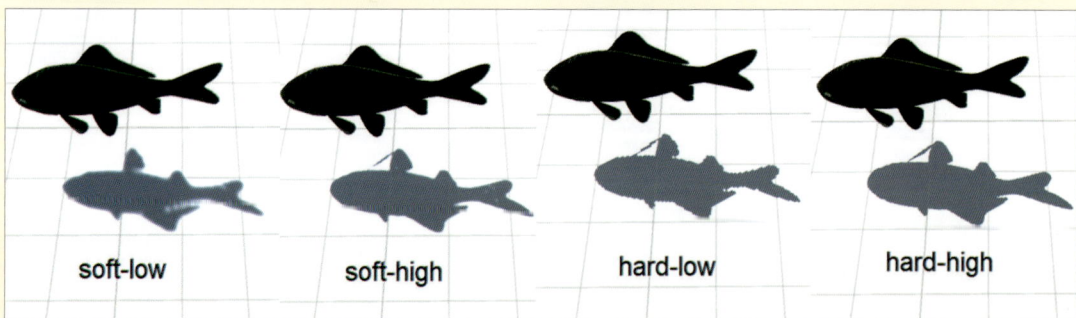

soft-low　　　soft-high　　　hard-low　　　hard-high

第 7 章第 5 节 阴影效果对比

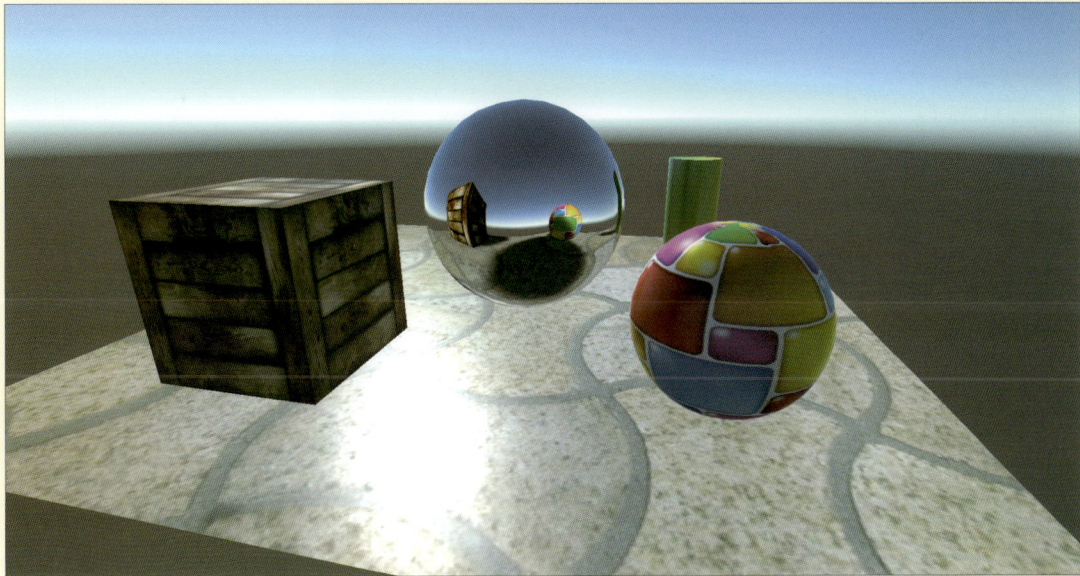

第 7 章第 3 节 反射探头

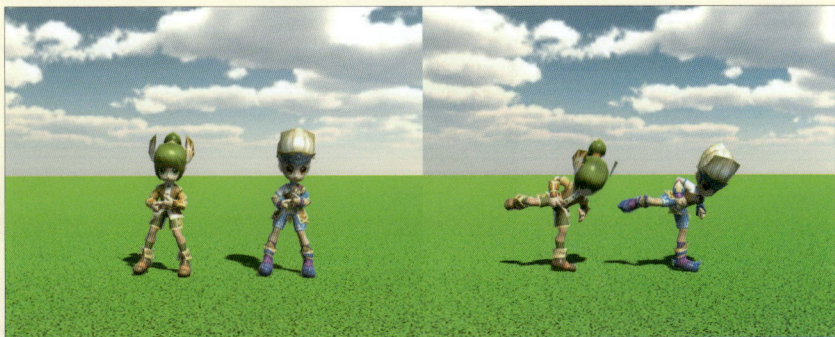

第 8 章第 5 节
角色动画重定向

第 9 章第 1 节 地形引擎

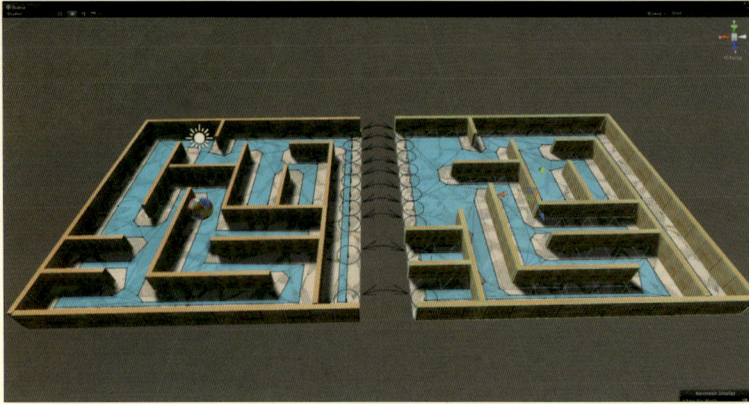

第 9 章第 3 节
寻路路网烘焙

第 11 章
基于 Network 开发的网络游戏

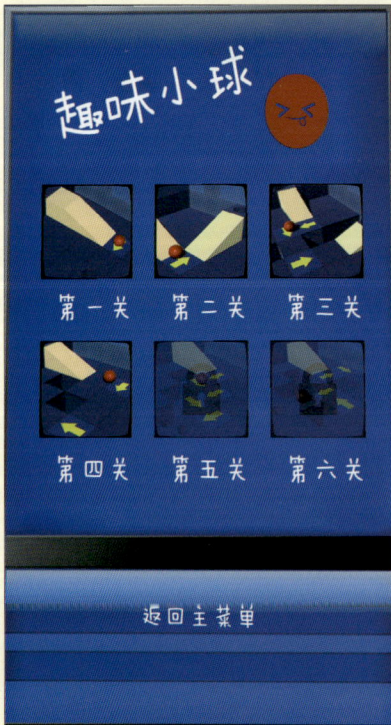

第 12 章
课程设计
趣味小球 1

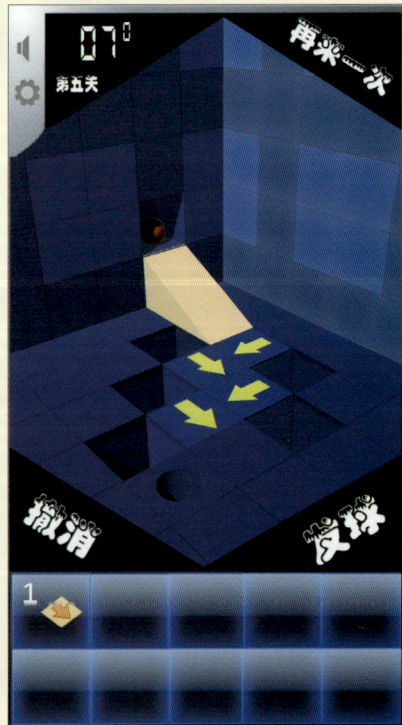

第 12 章
课程设计
趣味小球 2

前　言

为什么要写这样的一本书

近年来 Android、iOS、Web 等平台上的游戏发展十分迅猛，深受玩家的喜爱，已然成为带动游戏产业发展的新生力量。而相比于 2D 游戏而言，3D 游戏在视觉效果上更占优势，因而 3D 游戏更被玩家所青睐，这大大促进了对 3D 游戏开发人才的需求。

同时随着虚拟现实、增强现实应用的兴起，这些领域也需要大量 3D 开发人员。一时间相关领域的公司求贤若渴，但人才供应不足，3D 开发人员的缺口依然巨大。这也大大激发了广大学子学习 3D 开发以及很多院校开设这方面课程的热情。

而当下进行 3D 游戏以及应用的开发，最方便高效的就是采用 Unity 3D 开发引擎。Unity 3D 是由 Unity Technology 开发的一款用于轻松创建三维视频游戏、建筑可视化、实时三维动画等类型互动内容的多平台的综合性 3D 开发工具，也是一个全面整合的专业游戏引擎。由于近几年 Unity 3D 的迅猛发展，现在 Unity3D 的最新版已经到达 5.2.3。

Unity5.x 相对于 Unity4.x 而言是一次质的跨越，其增加的新特性，如光照烘焙、贴图预览、高级着色器系统、音频革新以及 Unity Cloud 等新功能，让开发人员眼前一亮。还有很多对原有其他功能的改善，比如 Nav Mesh Agent，这些使得开发人员在开发过程中更加得心应手。

虽然 Unity 3D 在开发市场上已经占有了很大比例，相关的技术书籍也不少，但是大部分都不适合直接作为教材。为了便于学生的学习以及高校相关课程的开设，作者编写了一本关于 Unity 3D 开发引擎的教材，相信本书能够为我国计算机教育贡献一份力量。

经过半年多见缝插针式的奋战，本书终于交稿了。回顾写书的这半年多时间，不禁为自己能最终完成这个耗时费力的"大制作"而感到欣慰。同时也为自己能将从事游戏开发和教学工作十多年来积累的宝贵经验以及编程感悟分享给各位大专、本科院校的同仁和对知识如饥似渴的莘莘学子而感到高兴。

本书特点

1. 内容丰富，由浅入深

本书本着"起点低、终点高"的原则，内容覆盖了从学习 Unity 3D 开发引擎必知必会的基础知识到能够熟练使用 Unity3D 开发引擎制作简单 3D 游戏的每一个阶段，书中每一部分技术都配以相应的小案例来帮助学习者加强理解。

书中讲解的知识基础、实用，并且课程量适中，适合 32～54 课时的学习。让学生在结束该课程后能够基本具备使用 Unity 3D 引擎进行开发的能力，成功进入到游戏及 3D 应用开发的世界中。

2. 结构清晰，讲解到位

本书中配合每个需要讲解的知识点都给出了丰富的插图与完整的案例，使得初学者易于上手。书中所有案例均是根据所介绍的知识点特色进行设计制作的，结构清晰明朗，便于进行学习。同时书中还给出了很多关于 Unity 3D 开发引擎的实用技巧与心得，具有较高的参考价值。

3. 书中案例项目完全提供

为了便于学习，读者可以方便地从人民邮电出版社教学服务与资源网（www.ptpedu.com.cn）获取，本书配套资源包，资源包中包含书中所有案例的完整源代码，最大限度地帮助读者快速掌握各方面的开发技术。

4.配套的详细课件

为了便于课堂授课，教师可以方便地从人民邮电出版社教学服务与资源网上获取书中所有章节对应的幻灯片课件文件。这大大降低了教师备课的难度和成本，使得教师可以更好地把精力集中到教学环节，提高授课质量。

内容导读

本书总共分为 12 章，讲解的内容按照由简到难的顺序进行安排。其中包括 Unity 3D 开发引擎的基本使用，图形系统与组件的使用和物理引擎的使用等多方面的知识，具体内容如下表所列。

章　　名	主要内容
第 1 章　Unity 基础与开发环境配置	本章简要介绍了 Unity 开发引擎的下载、安装以及界面信息
第 2 章　Unity 脚本程序基础知识	本章主要介绍了 Unity 3D 开发引擎中提供的脚本 API 接口
第 3 章　Unity 3D 图形用户界面基础	本章介绍了 Unity 3D 开发引擎制作 UI 界面时使用到的两种图形用户界面系统——UGUI 和 GUI
第 4 章　物理引擎	本章介绍了 Unity 3D 开发引擎中内置的物理引擎的使用
第 5 章　着色器编程基础	本章初步介绍了着色器的相关知识以及基础使用
第 6 章　3D 游戏开发常用技术	本章介绍了在游戏开发过程中常用的开发技术，包括摇杆、天空盒、音频、加速度传感器和水特效等技术
第 7 章　光影效果的使用	本章介绍了 Unity 3D 开发引擎中的光照系统，介绍其中光源的使用与效果，实现全局光照和光照烘焙
第 8 章　模型与动画	本章介绍了在游戏开发中对 3D 模型的使用，模型的导入与动画状态机的添加
第 9 章　地形与寻路技术	本章介绍了如何使用 Terrain 工具来创造属于自己的地形，并为游戏中的物体添加自动寻路的功能
第 10 章　游戏资源更新	本章主要介绍 AssetBundle 更新资源包的使用
第 11 章　网络开发基础	本章主要介绍了 Unity 中的多线程技术与网络开发
第 12 章　课程设计——趣味小球	本章给出了一个完整的游戏案例——趣味小球

本书内容丰富，从基本知识到高级特效，从简单的应用程序到完整的 3D 游戏案例，适合不同需求、不同水平层次的各类读者。

❑ 初学 Unity3D 开发引擎的独立开发者

本书内容包括在各个主流平台下进行 3D 应用开发各方面的知识，由浅入深，配合详细的案例，非常适合 3D 游戏的初学者循序渐进地学习，可以大大提升自学效率，最终成为 3D 游戏开发的达人。

❑ 各类大专、本科院校学习 3D 游戏、应用开发以及虚拟现实课程的学生本书内容条理清晰，难度循序渐进，将 Unity 3D 开发引擎的知识按照授课需要进行细分，非常适合作为大专、本科院校课堂开课的教材。与专业教师的教学计划相配合，这本教材的作用能够发挥到最大，激发学生对计算机技术的学习热情。

作者简介

吴亚峰，毕业于北京邮电大学，后留学澳大利亚卧龙岗大学取得硕士学位，1998 年开始从事 Java 应用的开发，有十多年的 Java 开发与培训经验。主要的研究方向为 OpenGL ES、手机游戏、Java EE 以及搜索引擎。同时为手机游戏、Java EE 独立软件开发工程师，并兼任华北理工大学以升大学生创新实验中心移动及互联网软件工作室负责人。十多年来不仅指导学生多次制作手游作品获得多项学科竞赛大奖，还为数十家著名企业培养了上千名高级软件开发人员。曾编写过《OpenGL ES 2.0 游戏开发（上下卷）》《Unity 游戏案例开发大全》《Unity 4 3D 开发实战详解》《Unity 3D 游戏开发技术详解与典型案例》等多本畅销技术书籍。2008 年初开始关注 Android 与 iOS 平台下的 3D 应用开发，并开发出一系列优秀的 Android、iOS 应用程序与 3D 游戏。负责全书统稿及第 1～5 章、第 12 章的编写。

于复兴，北京科技大学硕士，现任职于华北理工大学。2002 年开始从事软件开发及教学工作，尤其擅长手机软件设计，曾编写《Unity 游戏案例开发大全》《Unity 3D 游戏开发技术详解与典型案例》等多本技术书籍。近几年曾主持省、市级科研项目各一项，发表论文 12 篇，拥有软件著作权 78 项、发明及实用新型专利多项。同时多次指导学生参加国家级、省级计算机设计大赛并获奖。负责部分案例的开发及第 6～9 章的编写。

索依娜，毕业于燕山大学，现任职于华北理工大学。2003 年开始从事计算机领域教学及软件开发工作，曾参与编写《Android 核心技术与实例详解》《Unity4 3D 开发实战详解》等多本技术书籍，近几年曾主持市级科研项目一项，发表论文 8 篇，拥有软件著作权多项，发明及实用新型专利多项。同时多次指导学生参加国家级，省级计算机设计大赛并获奖。负责第 10～11 章的编写和全书配套资料、网络资源的制作。

本书在编写过程中得到了华北理工大学以升大学生创新实验中心移动及互联网软件工作室的大力支持，同时王淳鹤、罗星辰、刘建雄、李程光、张腾飞以及作者的家人为本书的编写提供了很多帮助，在此表示衷心的感谢！

由于笔者的水平和学识有限，且书中涉及的知识较多，难免有错误疏漏之处，敬请广大读者批评指正，并多提宝贵意见，反馈邮箱 javase6_guide@qq.com。

编　者

目　录

第1章
Unity 基础与开发环境配置

本章将主要介绍 Unity 集成开发环境的下载安装步骤以及界面布局，通过本章的学习读者可以对 Unity 产生一个大致的了解。而且通过导入和运行本书中的各个案例，可以更方便、直观地对本书中所介绍的知识进行学习，并且可以在 Unity 集成开发环境中进行效果预览和其他操作。

1.1 初识 Unity 游戏开发引擎

Unity 3D 是由 Unity Technologies 开发的一个让你轻松创建诸如三维视频游戏、建筑可视化、实时三维动画等类型互动内容的多平台的综合型游戏开发工具，是一个全面整合的专业游戏引擎。具体包含整合的编辑器、跨平台发布、地形编辑、着色器、脚本、网络、物理、版本控制等特性。

1.1.1 Unity 简介

Unity 3D 是由丹麦 Unity 公司开发的游戏开发工具。作为一款跨平台的游戏开发工具，从一开始就被设计成易于使用的产品，支持包括 IOS、Android、PC、Web、PS3、Xbox 等多个平台的发布。同时作为一个完全集成的专业级应用，Unity 还包含了价值数百万美元的功能强大的游戏引擎。

Unity 3D 类似于 Director、Blender game engine、Virtools 或 Torque Game Builder 等利用交互的图形化开发环境为首要方式的软件，其编辑器运行在 Windows 和 Mac OS X 下，可发布游戏至 Windows、Mac、Wii、iPhone、Android 等平台。

1.1.2 Unity 的诞生与发展

通过前面的简单介绍，应该已经对 Unity 游戏开发引擎有了初步的认知。Unity 游戏开发引擎现在已经在移动游戏开发领域中扮演着不可或缺的角色，能在从诞生到现在不到 10 年的时间取得如此成绩，Unity 可谓生逢其时。下面将简要介绍 Unity 游戏开发引擎的发展历程。

❑ 2005 年 6 月，Unity1.0 发布。Unity1.0 是一个轻量级、可扩展的依赖注入容器，有助于创建松散耦合的系统。它支持构建注入（Constructor Injection）、属性/设值方法注入（Property/Setter Injection）和方法调用注入（Method Call Injection）。

❑ 2009 年 3 月，Unity2.5 加入了对 Windows 的支持。Unity 发展到 2.5 完全支持 Windows Vista 与 Windows XP 的全部功能和互操作性，而且 Mac OS X 中的 Unity 编辑器也已经重建，在外观和功能上都相互统一。Unity2.5 的优点就是 Unity 可以在任一平台建立任何游戏，实现了真正的跨平台。

❑ 2009 年 10 月，Unity2.6 独立版开始免费。Unity2.6 支持了许多的外部版本控制系统，例如 Subversion、Perforce、Bazaar，或是其他的 VCS 系统等。除此之外，Unity2.6 与 Visual Studio 完整的一体化也增加了 Unity 自动同步 Visual Studio 项目的源代码，实现所有脚本的解决方案和智能配置。

❑ 2010 年 9 月，Unity3.0 支持多平台。新增加的功能有方便编辑桌面左侧的快速启动栏、增加支持 Ubuntu 12.04、更改桌面主题和在 dash 中隐藏"可下载的软件"类别等。

❑ 2012 年 2 月，Unity Technologies 发布 3.5。纵观其发展历程，Unity Technologies 公司一直在快速强化 Unity，Unity3.5 版提供了大量的新增功能和改进功能。所有使用 Unity3.0 或更高版本的用户均可免费升级到 Unity3.5。

❑ 2012 年 11 月，Unity Technologies 公司正式推出 Unity4.0 版本，新加入对 DirectX 11 的支持和全新的 Mecanim 动画工具，支持移动平台的动态阴影，减少移动平台 Mesh 内存消耗，支持动态字体渲染，以及为用户提供 Linux 及 Adobe Flash Player 的部署预览功能。

❑ 2013 年 11 月，Unity 4.3 版本发布。同时 Unity 正式发布 2D 工具，标志着 Unity 不再是单一的 3D 工具，而是真正地能够同时支持二维和三维内容的开发和发布。发布 2D 工具的预告已经让 Unity 开发者兴奋不已，这也正是开发者长久以来所期待的。

❑ 2014 年 11 月，Unity 4.6 版本发布，加入了新的 UI 系统，Unity 开发者可以使用基于 UI 框架和视觉工具的 Unity 强大的新组件来设计游戏或应用程序。

❑ 2015 年 3 月，Unity Technologies 在 GDC2015 上正式发布了 Unity5.0，Unity 首席执行官 John Riccitiello 表示，Unity5 是 Unity 的重要里程碑。Unity5.0 实现了实时全局光照，加入了对 WebGL 的支持，实现了完全的多线程。

经过短短几年的发展，Unity 的全球注册量超过 1000 万，并且现今市面上的 3D 手机游戏超过半数是通过 Unity 游戏开发引擎制作完成的，随着 VR、AR 技术的日益成熟，Unity 游戏开发引擎也率先开始支持虚拟现实和增强现实的开发，人才缺口十分巨大，由此可见 Unity 游戏开发引擎的火热程度。

1.1.3　Unity 的特色

Unity 游戏开发引擎之所以能够在现在炙手可热，与其完善的技术以及丰富的个性化功能密不可分。Unity 游戏开发引擎在使用上易于上手，降低了对游戏开发人员的要求。下面将对 Unity 游戏开发引擎的特色进行阐述。

❑　综合编辑

Unity 简单的用户界面是层级式的综合开发环境，具备视觉化编辑、详细的属性编辑器和动态的游戏预览特性。由于其强大的综合编辑特性，因此，Unity 也被用来快速地制作游戏或者开发游戏原型，大大地缩短了游戏开发的周期。

❑　图形引擎

Unity 的图形引擎使用的是 Direct3D（Windows）、OpenGL（Mac、Windows）和自有的 APIs（Wii）；可以支持 Bump mapping、Reflection mapping、Parallax mapping、Screen Space Ambient Occlusion、动态阴影所使用的 Shadow Map 技术与 Render-to-texture 和全屏 Post Processing 效果。

❑　着色器

shaders 编写使用 ShaderLab 语言，能够完成三维计算机图形学中的相关计算，同时支持自有工作流中的编程方式或 Cg.GLSL 语言编写的 shader。Shader 对游戏画面的控制力就好比在

Photoshop 中编辑数码照片，在高手手里可以营造出各种惊人的画面效果。

❑　地形编辑器

Unity 内建强大的地形编辑器，支持地形创建和树木与植被贴片，支持自动的地形 LOD，而且还支持水面特效，尤其是低端硬件亦可流畅运行广阔茂盛的植被景观，能够使新手快速、方便地创建出游戏场景中所需要使用到的各种地形。地形效果如图 1-1 所示。

图 1-1　地形效果

❑　物理特效

物理引擎是一个计算机程序模拟牛顿力学模型，使用质量、速度、摩擦力和空气阻力等变量。其可以用来预测各种不同情况下的效果。Unity 内置 NVIDIA 强大的 PhysX 物理引擎，可以方便、准确地开发出所需要的物理特效。

PhysX 可以由 CPU 计算，但其程序本身在设计上还可以调用独立的浮点处理器（如 GPU 和 PPU）来计算，也正因为如此，它可以轻松完成像流体力学模拟那样大计算量的物理模拟计算。并且 PhysX 物理引擎还可以在包括 Windows、Linux、Xbox360、Mac、Android 等在内的全平台上运行。

❑　音频和视频

音效系统基于 OpenAL 程式库，OpenAL 主要的功能是在来源物体、音效缓冲和收听者中编码。来源物体包含一个指向缓冲区的指标，声音的速度、位置和方向，以及声音强度。收听者物体包含收听者的速度、位置和方向，以及全部声音的整体增益。缓冲里包含 8 位或 16 位、单声道或立体声 PCM 格式的音效资料，表现引擎进行所有必要的计算，如距离衰减、多普勒效应等。

❑　集成 2D 游戏开发工具

当今的游戏市场中 2D 游戏仍然占据着很大的市场份额，尤其是对于移动设备比如手机、平板电脑等，2D 游戏仍然是一种主要的开发方式。针对这种情况 Unity 在 4.3 版本以后正式加入了 Unity2D 游戏开发工具集，并将在 Unity5.3 版本之后加强对 2D 开发的支持，增添许多新的功能。

使用 Unity2D 游戏开发工具集可以非常方便地开发 2D 游戏，利用工具集中的 2D 游戏换帧动画图片的制作工具可以快速地制作 2D 游戏换帧动画。Unity 为 2D 游戏开发集成了 Box2D 物理引擎并提供了一系列 2D 物理组件，通过这些组件可以非常简单地在 2D 游戏中实现物理特性。

1.2　Unity 集成开发环境的搭建

前面已经对 Unity 游戏开发引擎进行了全面的介绍，为了能够使用 Unity 游戏开发引擎制作游戏，下面将继续介绍 Unity 集成开发环境的搭建，其中包括 Windows 环境和 MAC OS X 环境下的 Unity 游戏开发引擎的安装以及 Android SDK 的挂载。

本小节将主要讲解 Windows 平台下 Unity 游戏开发引擎的下载以及安装，主要包括如何从官网下载能够在 Windows 平台下运行的 Unity 集成开发环境，安装 Unity 集成开发环境的步骤和过程，以及 Android SDK 的挂载，具体步骤如下。

（1）首先进入到 Unity 的官方网站 http://unity3d.com/cn/，官网如图 1-2 所示。然后单击网站中的黄色按钮"获取 Unity"即可进入到 Unity 集成开发环境的选择页面。Unity 集成开发环境分为个人版和专业版，开发人员需要根据自身的需求进行选择，选择页面如图 1-3 所示。

图 1-2　Unity 官网界面

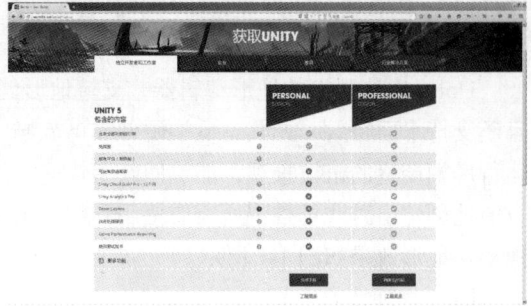

图 1-3　Unity 集成开发环境选择页面

（2）在 5.0 版本之后，个人版的 Unity 集成开发环境开始提供免费下载，与专业版的 Unity 集成开发环境功能大致相同，非常适合独立游戏开发者使用。本书将以个人版的下载和安装为准。单击个人版下方的"免费下载"按钮，即可进入到个人版 Unity 集成开发环境的下载页面，如图 1-4 所示。

（3）目前 Unity 集成开发环境最新版本为 5.2.3，而且在当前下载页面中能够选择 Windows 平台和 MAC OS X 平台下的 Unity 集成开发环境，默认为 Windows 版本，单击 Mac OS X 即可切换到 MAC OS X 版本，如图 1-5 所示。

图 1-4　Unity 集成开发环境下载页面

图 1-5　切换 Unity 集成开发环境的适用平台

（4）选择合适的使用平台，单击上方的"下载安装程序"按钮，就会跳转页面并弹出下载提示窗口，可以使用各种主流的下载平台进行下载，如迅雷、旋风等。此时下载下来的是 Unity 官方的软件下载器，如图 1-6 所示。接下来打开下载器，开始下载 Unity 集成开发环境。

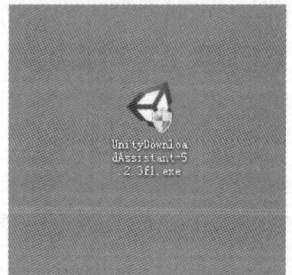

（5）打开下载器后会弹出安装界面，如图 1-7 所示，单击 Next 进行下一步。下一个界面是对 Unity 游戏开发引擎的一些相关条款和声明，如图 1-8 所示。可以阅读其中的条款，阅读完成后可单击

图 1-6　Unity 下载器

下方的复选框以表明同意上面所陈述的条款以及声明，单击 Next 进行下一步。

（6）第三个界面用来选择需要下载的文件，如图 1-9 所示。其中包括 Unity 集成开发环境、Web 插件、标准资源包、示例工程和 2015 版的 Visual Studio 代码编辑软件，可根据需要自行调整。完成后单击 Next 按钮进入下一个界面。

（7）下一个界面用来设置文件下载路径和文件安装路径，如图 1-10 所示。在窗口的上半部分可以设置下载的方式，一种是指定下载路径，另一种是在 Unity 集成开发环境下载安装完成后，删除所有下载的文件安装包，下半部分用来设置 Unity 集成开发环境的安装路径。

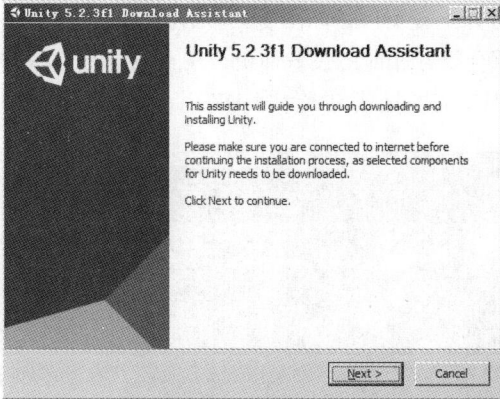

图 1-7　Unity 安装界面 1

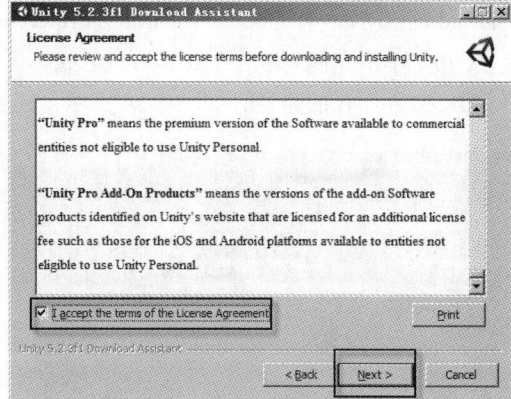

图 1-8　Unity 安装界面 2

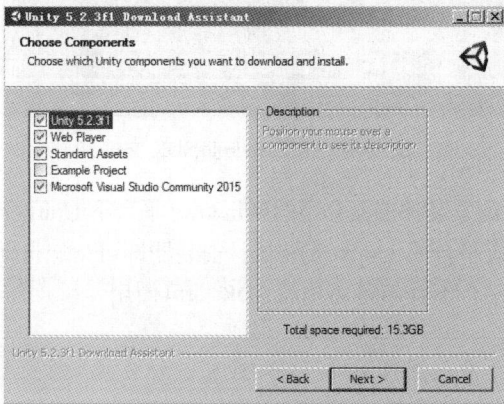

图 1-9　Unity 安装界面 3

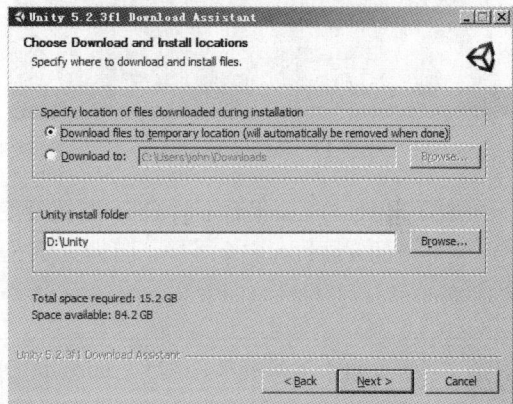

图 1-10　Unity 安装界面 4

（8）下一界面用来确认是否下载 Microsoft Visual Studio 的相关软件，如图 1-11 所示。一般情况下勾选下面的复选框单击 Next 进入到下一界面即可，下一界面就是下载界面了，如图 1-12 所示。现在只需要的等待软件的下载完成即可，根据所选择的软件的数量不同，下载的时间也不尽相同，请耐心等待。下载完成后 Unity 安装器就会自动地将 Unity 安装到之前设定好的路径中。

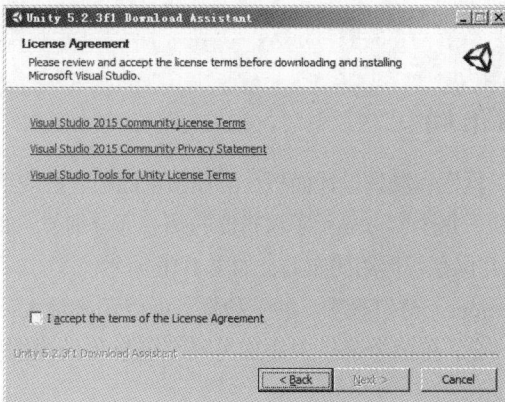

图 1-11　Unity 安装界面 5

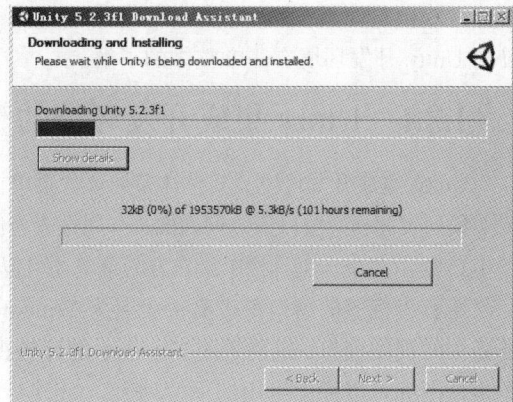

图 1-12　Unity 安装界面 6

（9）安装完成后就会在桌面生成一个 Unity 集成开发环境的快捷方式，双击快捷方式即可进入到 Unity 集成开发环境中的综合编辑界面。为了能够导出 Android 安装包，还需要为其挂载

Android 的 SDK，单击菜单栏中 Edit→Preferences 打开配置窗口，如图 1-13 所示。

（10）单击左侧列表中的 External Tools，右侧就会打开相应的设置面板，在下方的 SDK 处选择 SDK 文件所在的路径，如图 1-14 所示，还可以根据需要挂载 JDK 和 NDK。

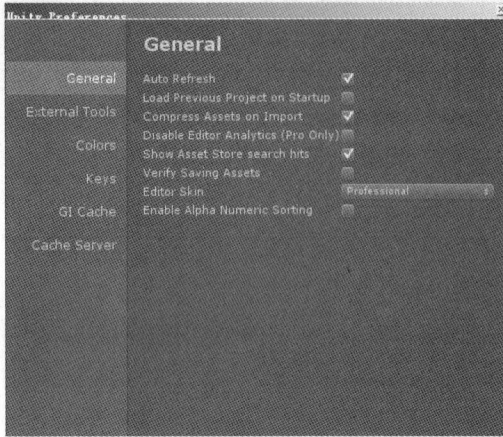

图 1-13　Preferences 窗口　　　　　　　　　　图 1-14　挂载 Android SDK 文件

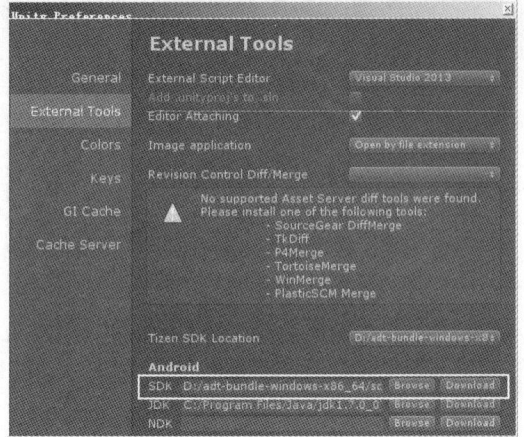

（11）MAC OS X 平台下的 Unity 集成开发环境的安装和前面介绍的 Windows 平台下 Unity 集成开发环境的安装过程完全一样，因为只要下载对应平台的 Unity 安装器，安装器即可帮您自动完成 Unity 集成开发环境的安装，而且 MAC OS X 平台下并不需要挂载 SDK 即可使用。

> 由于篇幅有限，关于 Android SDK 的下载这里将不进行详细介绍，如有需要请查看相关的 Android 开发类书籍或在网络上查找相关资料。

1.3　Unity 集成开发环境的配置

本节将详细地介绍 Unity 集成开发环境的整体布局，主要包括菜单栏、工具栏、场景设计面板、游戏预览面板、属性查看面板等。通过介绍该引擎的整体布局以及其各个布局的主要作用，使对 Unity 开发环境有一个整体的了解。

1.3.1　Unity 集成开发环境的整体布局

Unity 集成开发环境，其整体布局包含菜单栏、工具栏、场景设计面板、游戏预览面板、游戏组成对象列表面板、项目资源列表面板、属性查看器窗口，每个窗口显示了编辑器的某一部分细节，如图 1-15 所示。单击工具栏中最右方的菜单还可以创建并保存习惯用的布局，如图 1-16 所示。

所有带标签的窗口都带有一个名为 Windows Options（窗口选项）的下拉框，可以用来最大化所选中的视图窗口，或是关闭当前显示的标签视图，或是在这个窗口中添加另一个带标签的视图。单击该图标可以弹出可用的下拉列表，如图 1-17 所示。

> 创建布局完成后可以单击 Window→Layouts→Save Layout 保存自己的布局。如果布局被不小心弄乱了，可以通过单击 Window→Layouts 找到保存的布局来恢复。

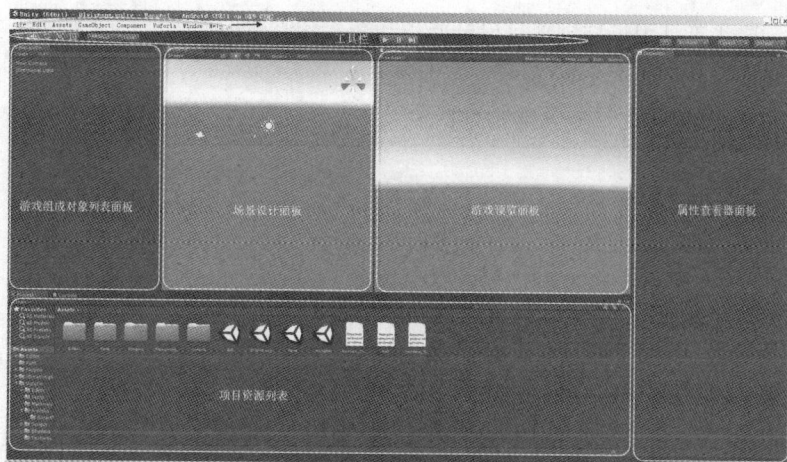

图 1-15　Unity 集成开发环境的整体布局

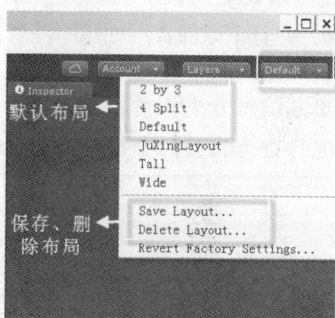

图 1-16　保存布局

图 1-17　下拉列表

1.3.2　Unity 菜单栏

Unity 集成开发环境的菜单栏中包括 File、Edit、Assets、GameObject、Component、Window 和 Help 菜单，如图 1-18 所示。每个菜单下都有子菜单，开发人员可以根据开发的需要选择不同的菜单，实现所需要的功能。

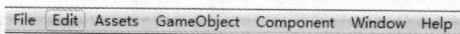

图 1-18　菜单栏

❑　File（文件）菜单：打开和保存场景、项目以及创建游戏。

❑　Edit（编辑）菜单：普通的复制和粘贴功能，以及修改 Unity 部分属性的设置。

❑　Assets（资源）菜单：与资源创建、导入、导出以及同步相关的所有功能。

❑　GameObject（游戏对象）菜单：创建、显示游戏对象以及为其创建父子关系。

❑　Component（组件）菜单：为游戏对象添加新的组件或属性。

❑　Window（窗口）菜单：显示特定视图（例如，项目资源列表或游戏组成对象列表）。

❑　Help（帮助）菜单：包含到手册、社区论坛以及激活许可证的链接。

提示　现在只需要了解每个菜单中所包含的常见功能，稍后用到时，将会对各个功能给出更为详细的介绍。

1.3.3　Unity 工具栏

工具栏位于菜单栏的下方，主要有交换工具、变换 Gizmo 切换、播放控件、分层下拉列表和布局下拉列表，这些工具用于控制场景设计面板和游戏预览面板中的显示方式以及变换场景中游戏对象的位置和方向等，如图 1-19 所示。

图 1-19　工具栏

❑ Transform（变换）工具：在场景设计面板中用来控制和操控对象。按照从左到右的次序，它们分别是 Hand（移动）工具、Translate（平移）工具、Rotate（旋转）工具和 Scale（缩放）工具。
❑ Transform Gizmo（变换 Gizmo）切换：改变场景设计面板中 Translate 工具的工作方式。
❑ Play（播放）控件：用来在编辑器内开始或暂停游戏的测试。
❑ Layers（分层）下拉列表：控制任何给定时刻在场景设计面板中显示哪些特定的对象。
❑ Layout（布局）下拉列表：改变窗口和视图的布局，并且可以保存所创建的任意自定义布局。

> 控制工具也是按照功能分类的，它们主要用来辅助开发人员在场景设计面板和游戏预览面板中进行编辑和移动，在后面的章节将进行更为完整的介绍。

1.3.4　Unity 场景设计面板

场景设计面板是 Unity 编辑器中最重要的面板之一，是游戏世界以及关卡的一个可视化表示，如图 1-20 所示。这里可以对游戏组成对象列表中的所有物体进行移动、缩放和放置，创建供玩家进行探险和交互的物理空间。

场景设计面板还包含一个名为 Persp 的特殊工具，如图 1-20 右上角标志所示。这一特殊工具可以使开发人员迅速地切换观察场景的角度。单击 Persp 上的每个箭头都会改变观察场景的角度，使其沿着一个不同的正交或是二维方向变换，还可以通过快捷键对场景进行操作。

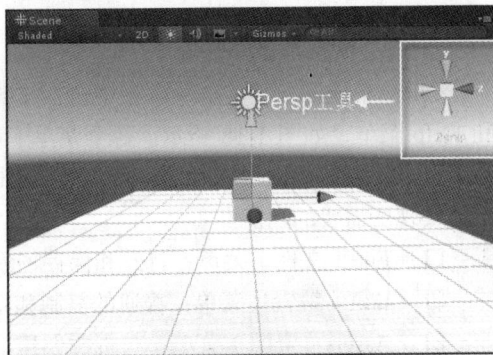

图 1-20　场景设计面板

❑ Tumble（旋转，Alt+鼠标左键）：摄像机会以任意轴为中心进行旋转，从而旋转视图。
❑ Track（移动，Alt+鼠标中键）：在场景中把摄像机向左、向右、向上和向下移动。
❑ Zoom(缩放，Alt+鼠标右键或是鼠标滑轮)：在场景中缩小或放大摄像机视角。
❑ Center（居中，选择游戏对象并按 F 键）：摄像机会放大并把选中的对象居中显示在视野中。鼠标光标必须位于场景设计面板中，而不是在游戏组成对象列表中的对象上方。

1.3.5　游戏预览面板

默认的 Tall 布局中，游戏预览面板位于 Scene 标签旁边的标签上。在这里，游戏如同最后创建并发布时一样进行渲染。可以在任何时候使用这个视图在编辑器内测试或试玩游戏，如图 1-21 所示。测试游戏时，可以选择按下工具栏上的播放控件中的各个按钮，实现相关的操作。

❑ Free Aspect：任意显示比例下拉列表，可以选择不同分辨率或不同比例的游戏预览窗口大小。

❑ Maximize on Play：最大化，在单击播放按钮后游戏预览窗口变为最大化。

❑ Stats：渲染数据，显示出游戏运行过程中的各方面的渲染数据。

❑ Gizmos：Gizmos 切换，该按钮可以切换游戏中绘制和渲染的所有工具。

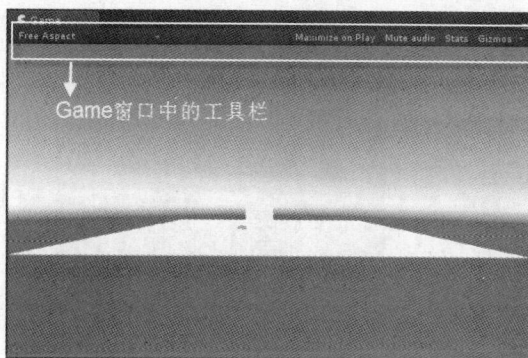

图 1-21　游戏预览面板

1.3.6　Unity 项目资源列表

项目资源列表中列出了项目中的所有文件，包括脚本、贴图、模型、场景等文件，并且这些文件都组织到一个 Assets（资源）文件夹中。Assets 文件夹包含创建或导入的所有文件资源，如图 1-22 所示，项目资源列表显示了 Assets 文件夹下的所有文件资源。

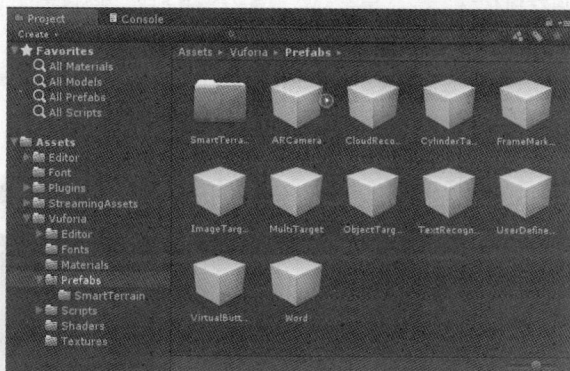

图 1-22　项目资源列表

> 该列表中的资源在项目中的组织方式与计算机资源管理器中的组织方式完全一致，但是尽量避免在 Unity 编辑器外部移动资源文件，这样有可能会损坏或者删除和该资源相关联的元数据或是链接。在项目资源列表中单击鼠标右键，就会弹出一个高级选项菜单，包含导入资源以及对资源的操作菜单，在后面的章节中会频繁使用到。

1.3.7　Unity 属性查看器

属性查看器显示了游戏中每个游戏对象所包含的所有组件的详细属性。单击 Plane 对象，其所有组件的详细属性就会显示在属性查看器中，如图 1-23（a）所示。这些组件是按照添加的先后顺序进行排列的，在某个组件上面单击鼠标右键，在弹出的列表中根据选项对组件属性进行修改，如图 1-23（b）所示。

属性查看器中一般包含很多属性信息。这些属性乍看上去让人无所适从，但是，每个对象对应的所有属性查看器都遵循一些基本原则。在属性查看器的顶端是这个对象的名称，然后是该对象各个方面的一个列表，例如，Transform（变换）组件和 Mesh Collider（网格碰撞体）组件。

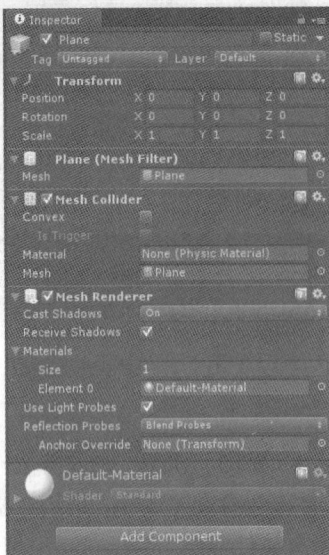

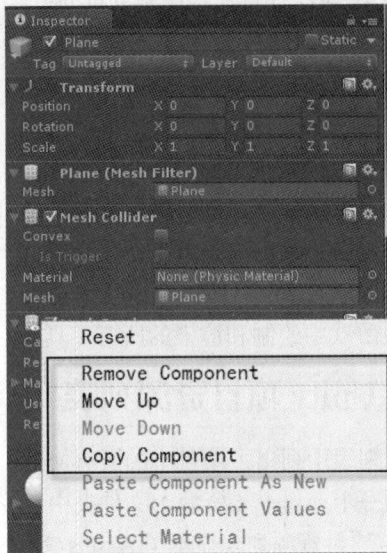

（a）属性查看器　　　　　　　　　　（b）改变组件位置参数

图 1-23

1.3.8　Unity 状态栏与控制台

控制台和状态栏是 Unity 集成开发环境中两个很有用的调试工具，如图 1-24 所示。状态栏总

是出现在编辑器的底部。可以通过菜单选择
Window→Console 或按 Ctrl+Shit+C 快捷键打
开控制台，也可以单击状态栏来打开控制台。

当按下"播放"按钮开始测试项目或是游
戏时，在状态栏和控制台都会显示出相关的提
示信息。还可以在脚本中让项目向控制台和状
态栏输出一些信息，有助于调试和修复错误。
项目遇到的任何错误、消息或者警告，以及和
这个特定错误相关的任何细节，都会显示在控
制台里。

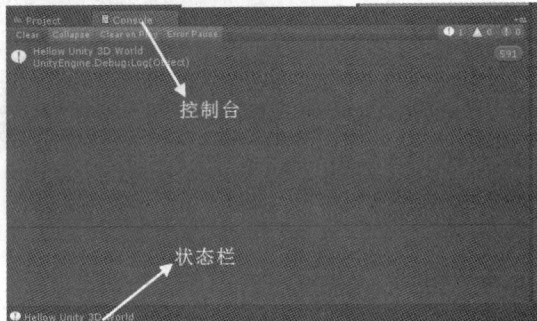

图 1-24　状态栏与控制栏

1.3.9　菜单栏

本小节将对菜单栏中的各个菜单及其下属的子菜单进行详细介绍，通过对菜单栏的学习可以
对 Unity 的各项功能有一个系统、全面的认识与了解。这样在今后的开发中能够熟练地运用各个
菜单，以满足开发的需求。

1. 文件

本小节将对菜单栏中的 File（文件）菜单进行详细讲解，并对其下的每一个子菜单都进行细
致的介绍。通过学习可以清楚地理解 File 菜单的功能和作用，以及其下各个菜单的功能与用途。
在 Unity 集成环境中，单击 File 菜单会弹出一个下拉菜单，如图 1-25 所示。下面将介绍几个开发
中常用的子菜单。

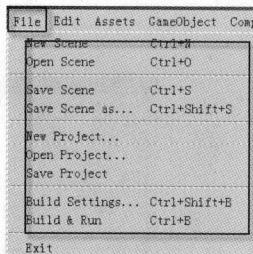

图 1-25　File 菜单

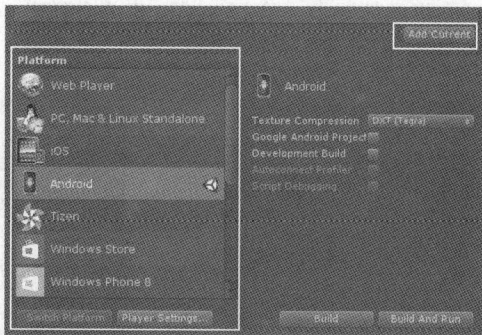

图 1-26　Build Settings 面板

□　New Scene

"New Scene"菜单功能为新建场景，即新建一个游戏场景，每一个新创建的游戏场景包含了一个 Main Camera（主摄像机）和一个 Directional Light（平行光光源）。

□　Open Scene

"Open Scene"菜单功能为打开场景，即打开以前所保存的场景，当单击 Open Scene 后，会弹出一个 Load Scene 对话框，选择所要打开的场景文件（后缀为".unity"的文件）即可。

□　Save Scene

"Save Scene"菜单功能为保存场景，即保存当前所搭建的场景。如果是第一次保存当前场景，会弹出一个 Save Scene 对话框，在文件名处输入文件名称，单击保存即可，否则直接保存当前场景。

□　Build Settings

"Build Settings"菜单功能为发布设置，即在发布游戏前，一些准备工作的设置。当单击菜单 Build Settings，就会立刻弹出 Build Settings 对话框，如图 1-26 所示。在 Platform 下选择该项目发布后所要运行的平台，同时可以单击"Player Setting"按钮，在 Inspector 面板中修改参数。

2. 编辑

本小节将对菜单栏中的编辑（Edit）菜单进行详细讲解，并对其下的每一个子菜单都进行细致的介绍。通过本小节的学习，能够清楚地理解 Edit 菜单的功能和作用。单击 Edit 菜单，会弹出一个下拉菜单，每个子菜单及其对应的快捷键如图 1-27 所示。下面将介绍几个开发中常用的子菜单。

□　Frame Selected

"Frame Selected"菜单功能为居中并最大化显示当前选中的物体，即若要在场景设计面板中近距离观察所选中的 GameObject，便可单击 Frame selected 菜单，快捷键为 F，可以方便地切换观察视角。

□　Preferences

"Preferences"菜单功能为偏好设置，即对 Unity 集成开发环境的相应参数进行设置。当单击 Preferences 菜单后，会立刻弹出一个 Unity Preferences 对话框，在该对话框可进行属性的相关设置。

□　Project Settings

"Project Settings"菜单功能为工程设置，即对工程进行相应的设置。当选中菜单 Project Settings，就会弹出其子菜单，如图 1-28 所示，其选项是对工程的具体设置。

3. 资源

本小节将对菜单栏中的 Assets（资源）菜单进行详细讲解，并对其下的每一个子菜单都进行细致的介绍。通过学习可以清楚地理解 Assets 菜单的功能和作用，以及其下各个菜单的功能与用途。在 Unity 集成环境中，单击 Assets 菜单会弹出一个下拉菜单，如图 1-29 所示。下面将介绍开发中常用的子菜单。

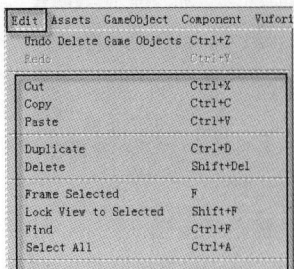

（a）Edit 菜单 1

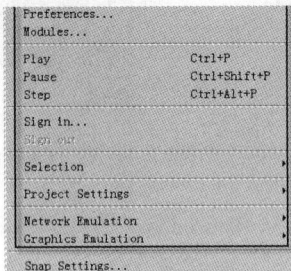

（b）Edit 菜单 2

图 1-27

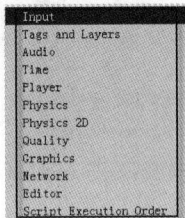

图 1-28　设置参数

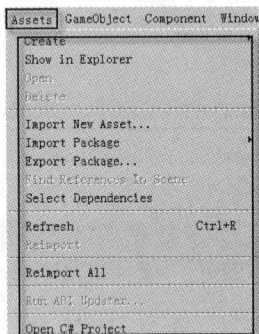

图 1-29　资源菜单

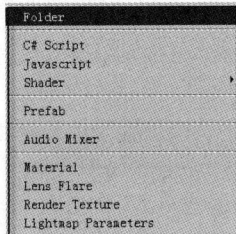

（a）Create 菜单 1

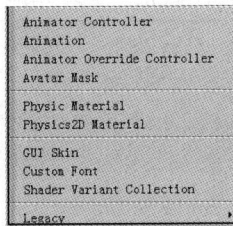

（b）Create 菜单 2

图 1-30

❑　Create

"Create"菜单的功能为创建 Unity 内置的资源，其子菜单为 Unity 内置的各个资源，如图 1-30 所示。所创建的任何资源都会出现在项目资源列表中。

❑　Show in Explorer

"Show in Explorer"菜单的功能为在资源管理器中显示资源文件。

❑　Import Package

"Import Package"菜单的功能为导入工程所需要的 Unity 资源包。单击"Import Package"菜单下属的"Custom Package"子菜单就会弹出 Import Package 对话框，找到资源导入即可。

❑　Export Package

"Export Package"菜单的功能为将所需要的资源导出资源包。选中需要导出的资源文件，单击"Export Package"菜单即可导出资源包。

4. 游戏对象

本小节将对菜单栏中的 GameObject（游戏对象）菜单进行详细讲解，并对其下的每一个子菜单都进行细致的介绍。在 Unity 集成环境中，单击 GameObject 菜单会弹出一个下拉菜单，如图 1-31 所示，单击 Component 菜单弹出一个下拉列表，如图 1-32 所示。

❑　Create Empty

"Create Empty"为创建空游戏对象，空游戏对象就是不带有任何组件的游戏对象。当单击菜

单 "Create Empty"，或按下快捷键 Ctrl+Shift+N 就会在场景中创建一个空游戏对象。

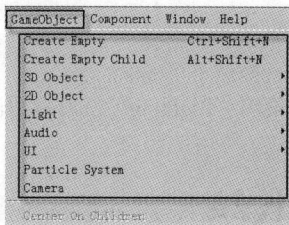

图 1-31　GameObject 菜单

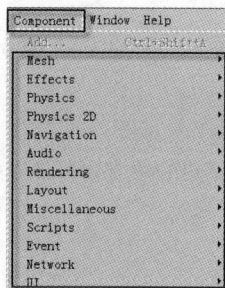

图 1-32　Component 菜单

❑　3D Object

"3D Object" 下属的子菜单的功能是创建 3D 游戏对象。其下属的子菜单分别为 Cube、Sphere、Capsule、Cylinder、Plane、Quad、Ragdoll、Terrain、Tree、Wind Zone 和 3DText。

❑　Light

"Light" 下属的子菜单的功能是创建光源对象。其下属的子菜单分别为 Directional Ligth、Point Ligth、SpotLigth、Area Light、Reflection Probe 和 Light Probe Group。

❑　Audio

"Audio" 下属的子菜单的功能是创建与声音有关的游戏组件。其下属的子菜单分别为 Audio Source 和 Audio Reverb Zone，Audio Source 菜单的功能为创建声音源。

❑　UI

"UI" 下属的子菜单的功能是创建与搭建 UI 界面有关的游戏对象。其下属的子菜单分别为 Panel、Button、Text、Image、Raw Image、Slider、Scrollbar、Toggle、Input Field、Canvas 和 Event System 等。

5. 窗口

本小节将对菜单栏中的窗口（Window）菜单进行详细讲解，并对其下的每一个子菜单都进行细致的介绍，通过本小节的学习，能够清楚地理解 Window 菜单的功能和作用。在 Unity 集成环境中，单击 Window 菜单，会弹出一个下拉菜单，每个子菜单及其对应的快捷键如图 1-33、图 1-34 所示。

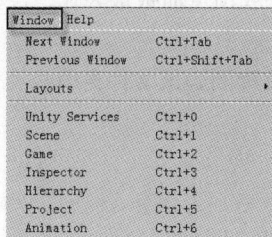

图 1-33　Window 菜单 1

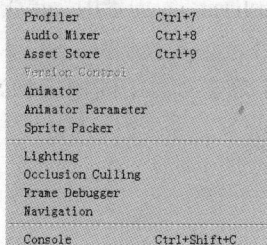

图 1-34　Window 菜单 2

❑　Next Window

"Next Window" 菜单的功能为将当前的视图转换到下一个窗口。当单击菜单 Next Window 时，当前的视图会自动切换到下一个窗口，实现在不同的窗口视角下观察同一物体，有助于修改。

❑　Animation

"Animation" 菜单的功能为打开动画设计面板。当单击菜单 "Animation"，或是按快捷键 Ctrl+6

时，即可打开动画设计面板。在此将不对动画的具体设计做详细说明，后面的章节将做详细的讲解。

❑ Profiler

"Profiler"菜单的功能为对 Unity 开发环境中各个功能选项的使用情况以及 CPU 的利用率进行检查。

❑ Lighting

"Lighting"菜单的功能为打开光照设置面板。当单击菜单"Lighting"，即可打开光照设置面板。

1.4 本章小结

Unity 是一款功能强大的集成开发编辑器和引擎，为开发者提供了创新和发布一款游戏所必需的工具，使开发者无论是要开发一款 3D 游戏还是 2D 游戏都能够得心应手。Unity 所有的功能都有不同的带有标签的窗口视图，每个视图都提供了不同的编辑和操作功能，以帮助开发者完成开发工作。

1.5 习 题

1. 简述什么是 Unity3D 游戏开发引擎。
2. 简述 Unity3D 在游戏开发市场占优势地位的原因及其几大优点。
3. Unity3D 游戏开发引擎支持几种平台的开发，分别是什么？
4. 自己动手下载并安装 Unity3D 游戏开发引擎。
5. 自己动手为 Unity3D 挂载 JDK、SDK。
6. 简述 Unity 集成开发环境的默认布局有几种面板，并说明其各个面板的作用。
7. 在自己的 Unity 集成开发环境中创建并保存一种布局。
8. 在 Unity 集成开发环境中创建一个名为"TestDemo"的场景，在该场景中创建一个 Plane，在其上面摆放出正方体、圆柱体、球体基本的 3D 模型。
9. 在"TestDemo"场景中，单击播放按钮之后使得游戏预览面板最大化，停止播放后布局恢复原样。
10. 在项目资源列表中创建一个文件夹，并导入一张纹理图到该文件夹中。

第2章
Unity 脚本程序基础知识

在前面的学习中，我们已经了解到了 Unity 中一些基本物体的创建方法，接下来我们将学习 Unity 中脚本程序的基础知识。Unity 支持多种语言作为脚本语言，目前 C#语言使用最为广泛，并且开发的最为完善，所以本章以 C#语言为例，介绍与 Unity 脚本程序开发相关的基础知识。

2.1　Unity 脚本概述

Unity 中的脚本分为不同的方法，不同方法在特定的情况下被回调以实现特定的功能。如果想要脚本程序起作用，实现的主要途径是将脚本附到特定的游戏对象中。下面是最常用的几个回调方法。

- ❑　Start 方法。这个方法在游戏场景加载时调用，在该方法内可以写一些游戏场景初始化之类的代码。
- ❑　Update 方法。这个方法会在每一帧渲染之前调用，大部分游戏代码在这里执行，除了物理部分的代码。
- ❑　FixedUpdate 方法。此方法会每隔固定的时间间隔系统调用，这里也是基本物理行为代码执行的地方。

除了以上几种回调方法以外，Unity 还提供了一些其他的具有特定作用的回调方法。并且在有需要的情况下，还可以重写一些处理特定事件的回调方法，这类方法一般以 On 前缀开头，如 OnCollisionEnter 方法（此方法在系统检测到碰撞开始时被回调）等。

并且其实上述的方法与代码在开发中一般都是位于 MonoBehaviour 类的子类中的，也就是说开发脚本代码时，主要是继承 MonoBehaviour 类并重写其中特定的方法。这个在后边会进行相对应的介绍。

2.2　Unity 中 C#脚本的注意事项

Unity 中 C#脚本的运行环境使用了 Mono 技术，Mono 是指由 Novell 公司领导的，一个致力于.NET 开源的工程。可以在 Unity 脚本中使用.NET 所有的相关类。但 Unity 中 C#的使用和传统的 C#有一些不同，下面将是初学者在学习 Unity 时 C#脚本开发中需要特别注意的事项。

- ❑　继承自 MonoBehaviour 类

Unity 中所有挂载到游戏对象上的脚本中包含的类都继承自 MonoBehaviour 类（直接地或间

接地）。MonoBehaviour 类中定义了各种回调方法，例如 Start、Update 和 FixedUpdate 等。通过 Asset→Create→C# Script 创建的脚本，系统模板就已经包含了必要的定义。

```
1    public class BNUScript : MonoBehaviour {...}              //继承 MonoBehaviour 类
```

❑ 使用 Awake 或 Start 函数初始化

C#中用于初始化脚本的代码必须置于 Awake 或 Start 方法中。Awake 和 Start 的不同之处在于，Awake 方法是在加载场景时运行，Start 方法是在第一次调用 Update 或 FixedUpdate 方法之前调用，Awake 方法在所有 Start 方法之前运行。

❑ 类名字必须匹配文件名

C#脚本中类名需要手动编写，而且类名还必须和文件名相同，否则当脚本挂载到游戏对象时，控制台会报错。

❑ Unity 脚本中协同程序有不同的语法规则

Unity 脚本中协同程序（Coroutines）必须是 IEnumerator 返回类型，并且 yield 用 yield return 替代。具体可以使用如下的 C#代码片段来实现。

代码位置：见资源包中源代码/第 2 章目录下的 BNUCoroutines\ BNUCoroutines.cs。

```
1    using UnityEngine;
2    using System.Collections;                      //引入系统包
3    public class BNUCoroutines : MonoBehaviour {    //声明类
4      IEnumerator SomeCoroutine(){                  //C#协同程序
5        yield return 0;                             //等待一帧
6        yield return new WaitForSeconds(2);         //等待 2s
7    }}
```

❑ 只有满足特定情况变量才能显示在属性查看器中

只有序列化的成员变量才能显示在属性查看器中，而 private 和 protected 类型的成员变量只能在专家模式中显示，而且，其属性不被序列化或显示在属性查看器，如果属性想在属性查看器中显示，必须是 public 类型的。

> 序列化是指将对象实例的状态存储到存储媒体的过程。序列化的成员变量一般就是指 public 类型的成员变量，相反 static、private 和 protected 等类型就不符合此类情况。

❑ 尽量避免使用构造函数

不要在构造函数中初始化任何变量，而是使用 Awake 或 Start 方法来实现。并且在单一模式下使用构造函数可能会导致严重后果，会引发类似随机的空引用异常。因此，一般情况下尽量避免使用构造函数。事实上，没必要在继承自 MonoBehaviour 的类的构造函数中写任何代码。

2.3　Unity 脚本的基础语法

通过前面两节的介绍，读者应该对 Unity 脚本的基础知识和在 Unity 中使用 C#脚本的注意事项有了一些简单的了解，下面就以 C#脚本为例对 Unity 脚本的基本语法进行介绍，主要包括对游戏对象的常用操作、访问游戏对象和一些重要类的介绍等方面。

2.3.1　位移与旋转

1. 基础知识

游戏的开发中常常需要对游戏对象进行位移和旋转等基础操作。在 Unity 中，对游戏对象的操作都是通过脚本来修改游戏对象的 Transform（变换属性）与 Rigidbody（刚体属性）参数来实现的。这些参数的修改是通过脚本编程来实现的。

2. 案例效果

下面我们将通过两个小案例来演示物体位移与旋转的操作流程，项目运行效果如图 2-1 和图 2-2 所示。第一个案例中游戏对象 Cube 会一直绕着 x 轴旋转，第二个案例中游戏对象 Cube 会从左向右沿着 z 轴位移。

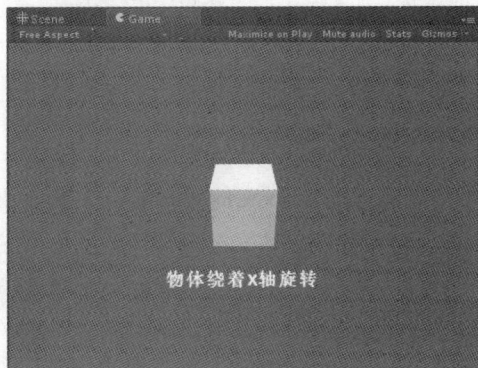

图 2-1　物体旋转演示

图 2-2　物体位移演示

3. 开发流程

我们所要知道的是：物体的旋转是通过 Transform.Rotate()方法来实现的，在本案例中通过此方法实现了让游戏对象绕 x 轴顺时针每帧旋转 2° 的效果，具体开发流程如下。

（1）创建 Cube 对象。单击 GameObject→3D Object→Cube，创建一个 Cube 对象作为本案例的案例对象，可以在左侧面板单击 Cube 查看其相关属性。

（2）编写脚本。在 Assets 面板单击 Create→C# Script，创建一个 C#脚本，并将其命名为 BNUTrans，然后编写脚本，具体的代码实现如下。

代码位置：见资源包中源代码/第 2 章目录下的 BNUTrans\ BNUTransR.cs。

```
1    using UnityEngine;
2    using System.Collections;                        //引入系统包
3      public class BNUTransR : MonoBehaviour {        //声明类
4      void Update(){                                  //重写 Update 方法
5        this.transform.Rotate(2,0,0);                 //绕 x 轴每帧旋转 2°
6    }}
```

说明　物体的旋转实现起来相当简单，但是需要注意的是在 Update 方法里通过改变游戏对象 Transform 属性来实现物体的旋转和位移都是按帧来计算的。

（3）挂载脚本。脚本开发完成后，将这个脚本挂载到游戏对象上，在项目运行时即可实现所需功能，如图 2-1 所示。

物体的位移效果是通过 Transform.Translate()来实现，例如想要实现游戏对象沿 z 轴正方向每帧移动一个单位的效果，如图 2-2 所示。开发流程与上述例子相同，具体的代码实现如下。

代码位置：见资源包中源代码/第 2 章目录下的 BNUTrans\ BNUTransT.cs。

```
1    using UnityEngine;
2    using System.Collections;                      //引入系统包
3    public class BNUTransT : MonoBehaviour{         //声明类
4      void Update(){                                //重写 Update 方法
5        this.transform.Translate(0, 0, 1);          //物体每帧沿 z 轴移动 1 个单位长度
6      }}
```

说明　　一般情况下，在 Unity 中，x 轴为红色的轴，表示左右，y 轴为绿色的轴，表示上下，z 轴为蓝色的轴，表示前后。

2.3.2　记录时间

1. 基础知识

在 Unity 中记录时间需要用到 Time 类。Time 类中比较重要的变量为 deltaTime（此变量为只读变量），它指的是从最近一次调用 Update 或者 FixedUpdate 方法到现在的时间。如果想均匀地旋转一个物体，不考虑帧速率的情况下，可以乘以 Time. deltaTime。

2. 案例效果

下面我们将通过两个小案例来演示 Time 类的用法，项目准备完成后运行效果如图 2-3 和图 2-4 所示。第一个案例中游戏对象 Cube 会一直绕着 x 轴旋转，第二个案例中游戏对象 Cube 会从左向右沿着 y 轴向上位移。

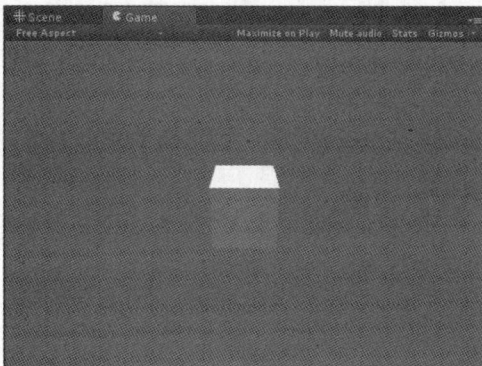

图 2-3　物体旋转演示

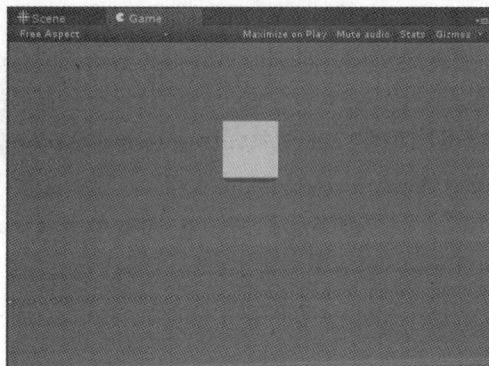

图 2-4　物体位移演示

3. 开发流程

本案例实现了让游戏对象绕 x 轴顺时针每帧旋转 2°的效果，具体开发流程如下。

（1）创建 Cube 对象。单击 GameObject→3D Object→Cube，创建一个 Cube 对象作为本案例的案例对象，可以在左侧面板单击 Cube 查看其相关属性。

（2）编写脚本。在 Assets 面板单击 Create→C# Script，创建一个 C#脚本，并将其命名为 BNUTime，然后编写脚本，具体的代码实现如下。

代码位置：见资源包中源代码/第 2 章目录下的 BNUTime\ BNUTime.cs。

```
1    using UnityEngine;
2    using System.Collections;                      //引入系统包
```

```
3    public class BNUTime : MonoBehaviour{              //声明类
4      void Update(){                                   //重写 Update 方法
5        this.transform.Rotate(10 * Time.deltaTime, 0, 0);   //绕 x 轴均匀旋转
6    }}
```

> **说明**　系统在绘制每一帧时，都会回调一次 Update 方法，因此，如果想在系统绘制每一帧时都做同样的工作，可以把对应的代码写在 Update 方法中。

（3）挂载脚本。脚本开发完成后，将这个脚本挂载到游戏对象上，在项目运行时即可实现所需功能，如图 2-3 所示。

如果涉及刚体，可以写在 FixedUpdate 方法里面，在 FixedUpdate 方法里面如果想每秒增加或者减少一个值，需要乘以 Time.fixedDeltaTime，例如想让刚体沿 y 轴正方向每秒上升 5 个单位，具体开发流程如下。

（1）创建 Cube 对象。单击 GameObject→3D Object→Cube，创建一个 Cube 对象作为本案例的案例对象，可以在左侧面板单击 Cube 查看其相关属性，然后单击 Add Component 为其添加 Rigidbody 属性，并将 Use Gravity 勾去，如图 2-5 所示。

（2）编写脚本。在 Assets 面板单击 Create→C# Script，创建一个 C#脚本，并将其命名为 BNUFUpdate，然后编写脚本，具体的代码实现如下。

代码位置：见资源包中源代码/第 2 章目录下的 BNUTime\ BNUFUpdate.cs。

```
1    using UnityEngine;
2    using System.Collections;                          //引入系统包
3    public class BNUFUpdtae: MonoBehaviour{            //声明类
4      public GameObject gameObject;                     //声明游戏对象
5      void FixedUpdate(){                               //重写 FixedUpdate 方法
6        Vector3 te = gameObject.GetComponent<Rigidbody>().transform.position;   //获取刚体
的位置坐标
7        te.y += 5 * Time.fixedDeltaTime;                //刚体沿 y 轴每秒上升 5 个单位
8        gameObject.GetComponent<Rigidbody>().transform.position = te;   //设置刚体的位置坐标
9    }}
```

> **说明**　本案例定义了一个向量来表示物体位移的方向。FixedUpdate 方法是按固定的物理时间被系统回调执行的，其中的代码的执行和游戏的帧速率无关。

（3）挂载脚本。脚本开发完成后，将这个脚本挂载到摄像机上，然后在摄像机的属性中会出现脚本，将 Game Object 一项设置为创建好的 Cube 对象，如图 2-6 所示。在项目运行时即可实现所需功能，如图 2-4 所示。

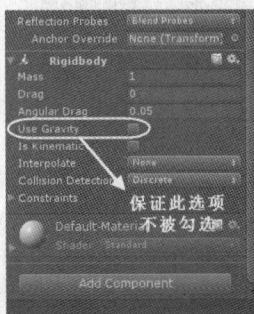

图 2-5　Rigidbody 属性参数设置　　　　　图 2-6　摄像机属性参数

2.3.3 访问游戏对象组件

1. 基础知识

在 Unity 中组件属于游戏对象，组件（Component）其实是用来绑定到游戏对象（Game Object）上的一组相关属性。本质上每个组件是一个类的实例。常见的组件有 MeshFilter、MeshCollider、Renderer、Animation 等。

比如把一个 Renderer（渲染器）组件附加到游戏对象上，可以使游戏对象显示到游戏场景中。又或者把 Camera（摄像机）组件附加到游戏对象上可以使该对象具有摄像机的所有属性。所有的脚本也都是组件，因此一般脚本都可以附加到游戏对象上。

常用的组件可以通过简单的成员变量取得，下面介绍了一些常见的成员变量，如表 2-1 所示。

表 2-1   常见的成员变量

组件名称	变量名称	组件名称	变量名称
Transform	transform	Rigidbody	rigidbody
Renderer	renderer	Camera	Camera（只在摄像机对象有效）
Light	Light（只在光源对象有效）	Animation	animation
Collider	collider		

> **说明**　这里的组件体现在属性查看器上，而变量是在脚本中体现的。一个游戏对象的所有组件及其所带的属性参数都能够在属性查看器中查看。如果想通过挂载在游戏对象上的脚本代码来实现获得该游戏对象上的对应组件及其属性，可以通过变量名来获得。

2. 案例效果

下面我们将通过一个小案例来演示通过访问游戏对象组件来控制物体，项目准备完成后运行效果如图 2-7 所示。案例中物体对象 Cube 也会沿着 x 轴位移，所不同的是通过访问游戏对象组件来实现平移效果，实际运行时与前面案例运行效果并无太大区别。

图 2-7　通过获取组件位移物体

3. 开发流程

在 Unity 中，附加到游戏对象上的组件可以通过 GetComponent 方法获得。本案例中，第 5 行和第 6 行代码功能是一样的，都是使游戏对象沿 x 轴正方向移动，而第 5 行代码通过获取 Transform 组件来使游戏对象移动，具体开发流程如下。

（1）创建 Cube 对象。单击 GameObject→3D Object→Cube，创建一个 Cube 对象作为本案例

的案例对象，可以在左侧面板单击 Cube 查看其相关属性。

（2）编写脚本。在 Assets 面板单击 Create→C# Script，创建一个 C#脚本，并将其命名为BNUComponent.cs，然后编写脚本，具体的代码实现如下。

代码位置：见资源包中源代码/第 2 章目录下的 BNUComponent\BNUComponent.cs。

```
1   using UnityEngine;
2   using System.Collections;                            //引入系统包
3   public class BNUComponent : MonoBehaviour {          //声明类
4     void Update(){                                      //重写 Update 方法
5       transform.Translate(1, 0, 0);                     //沿 x 轴移动一个单位
6       GetComponent<Transform>().Translate(1, 0, 0);     //沿 x 轴移动一个单位
7   }}
```

> 说明　注意 transform 和 Transform 之间大小写的区别，前者是变量（小写），后者是类或脚本（大写）。大小写不同使开发人员能够从类和脚本名中区分变量。

（3）挂载脚本。脚本开发完成后，将这个脚本挂载到游戏对象上，在项目运行时即可实现所需功能，如图 2-7 所示。

2.3.4　访问其他游戏对象

Unity 中脚本不仅可以控制其所附加到的游戏对象，还可以访问其他的游戏对象。访问其他的游戏对象和游戏组件的方法也很多，比如可以通过属性查看器指定参数的方法来获取游戏对象，也可以通过 Find()方法来获取游戏对象。下面将对这几种方法进行详细介绍。

1. 通过属性查看器指定参数

此种方式是通过脚本代码中声明 public 类型的游戏对象引用，然后在属性查看器中就会显示这个游戏对象，然后将想要获取的游戏对象拖曳到属性查看器的相关参数位置。下面通过一个案例，创建两个 Cube，然后通过 Cube1 上的脚本来访问 Cube2 上的脚本，具体开发流程如下。

（1）创建 Cube 对象。单击 GameObject→3D Object→Cube，创建两个 Cube，并且一个命名为 Cube1，另一个命名为 Cube2。

（2）编写脚本。在 Assets 面板单击 Create→C# Script，创建一个 C#脚本，并将其命名为BNUOthobj.cs，然后编写脚本，具体的代码实现如下。

代码位置：见资源包中源代码/第 2 章目录下的 BNUOtherobj\ BNUOthobj.cs。

```
1   using UnityEngine;
2   using System.Collections;                            //引入系统包
3   public class BNUOthobj : MonoBehaviour{              //声明类
4     public GameObject otherObject;                      //游戏对象引用
5     void Update(){                                      //重写 Update 方法
6       Test test = otherObject.GetComponent<Test>();     //获取 "Test" 脚本组件
7       test.doSomething();                               //执行 doSomething 方法
8   }}
```

> 说明　本段代码通过获取指定游戏对象的脚本属性，执行脚本中方法的方式来对其他的游戏对象进行了访问。

再创建一个 C#脚本，并将其命名为 Test.cs，然后编写脚本，具体的代码实现如下。

代码位置：见资源包中源代码/第 2 章目录下的 BNUOtherobj\ Test.cs。

```
1    using UnityEngine;
2    using System.Collections;                          //引入系统包
3    public class Test : MonoBehaviour {                 //声明类
4      public void doSomething(){                        //定义 doSomething 方法
5        this.transform.Rotate(1, 0, 0);                 //使游戏对象沿 x 轴旋转
6      }}
```

> **说明**　本段代码定义了 doSomething 方法，然后脚本仅仅实现了使游戏对象沿 x 轴旋转的功能。

（3）挂载脚本。脚本开发完成后，将 BNUOthobj.cs 脚本挂载到游戏对象 Cube1 上，然后将 Test.cs 脚本挂载到游戏对象 Cube2 上，然后再将 Cube2 拖曳到 Cube1 的脚本属性上的 Other Object 一项上，在项目运行时即可看到 Cube1 静止不动，Cube2 旋转，如图 2-8 所示。

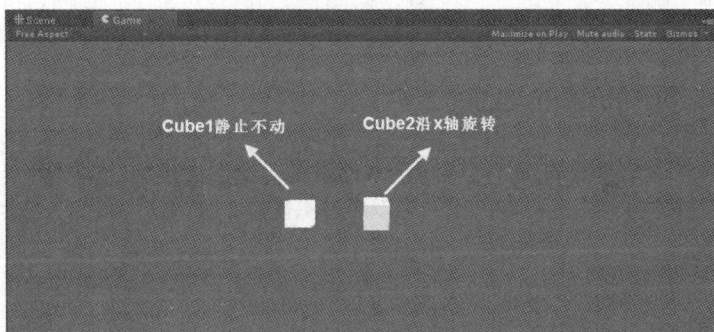

图 2-8　通过属性查看器参数来访问其他组件

2．确定对象的层次关系

在游戏组成对象列表中的游戏对象必然会存在父子关系，我们可以通过利用父子关系来实现对其他游戏对象的访问。在代码中可以通过获取 Transform 组件来找到子对象或者父对象，一旦成功获取到子对象，还可以通过 GetComponent 方法获取子对象的其他组件。

下面通过一个案例，创建三个父子关系的游戏对象 Capsule、Sphere 和 Cube，然后通过 Sphere 上的脚本来访问子对象 Cube 和父对象 Capsule，使其旋转。具体开发流程如下。

（1）创建游戏对象。单击 GameObject→3D Object→Capsule，创建一个 Capsule。单击 GameObject→3D Object→Sphere。单击 GameObject→3D Object→Cube，创建一个 Cube，然后将 Cube 拖曳到 Sphere 上作为其子对象，再将 Sphere 拖曳到 Capsule 上作为其子对象。

（2）编写脚本。在 Assets 面板单击 Create→C# Script，创建一个 C#脚本，并将其命名为 BNUParchild.cs，然后编写脚本，具体的代码实现如下。

代码位置：见资源包中源代码/第 2 章目录下的 BNUParChild\ BNUParchild.cs。

```
1    using UnityEngine;
2    using System.Collections;                          //引入系统包
3    public class BNUParchild : MonoBehaviour{          //声明类
4      void Update(){                                    //重写 Update 方法
```

```
5        this.transform.Find("Cube1").Rotate(1, 0, 0); //找到子对象 "Cube1", 使其按 x 轴旋转
6        this.transform.parent.Rotate(1, 0, 0);        //找到父对象, 使其按 x 轴旋转
7    }}
```

> 【说明】 本段代码通过获取指定游戏对象子对象, 执行脚本中方法的方式来对其子对象进行了访问。这种父子关系就是利用了对象的层次关系来实现的。

（3）挂载脚本。脚本开发完成后, 将 BNUParchild.cs 脚本挂载到游戏对象 Sphere 上, 在项目运行时即可看到 Sphere 静止不动, 子对象 Cube 和父对象 Capsule 旋转, 如图 2-9 所示。

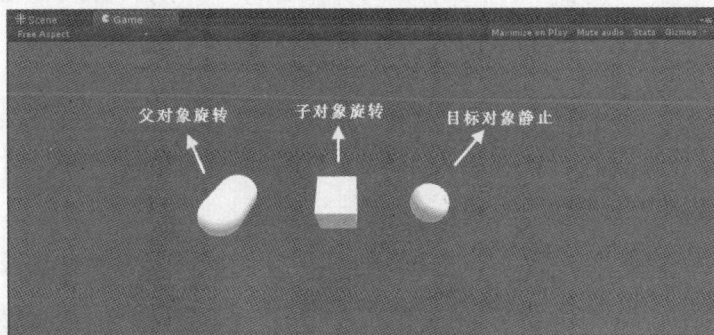

图 2-9　通过层次关系来访问其他组件

3. 通过名字或标签获取游戏对象

Unity 脚本中可以通过名字或标签获取游戏对象来访问其他游戏对象。使用 FindWithTag 方法和 Find 方法来获取游戏对象, FindWithTag 方法获取指定标签的游戏对象, Find 方法获取指定名字的游戏对象, 并且通过 GetComponent 方法就能得到指定游戏对象上的任意脚本或组件。

下面通过一个案例, 创建游戏对象 Capsule、Sphere 和 Cube, 然后通过 Sphere 上的脚本来访问 Cube 和 Capsule, 使其旋转, 具体开发流程如下。

（1）创建游戏对象。单击 GameObject→3D Object→Capsule, 创建一个 Capsule。单击 GameObject→3D Object→Sphere, 创建一个 Sphere。单击 GameObject→3D Object→Cube, 创建一个 Cube。

（2）添加标签。单击 Capsule, 然后在右边属性面板里单击 Tag 一项, 选择 "Add Tag", 然后添加名为 "Cap" 的标签, 如图 2-10 所示。然后返回 Capsule 属性面板, 为其选择刚刚添加的 "Cap" 标签, 如图 2-11 所示。

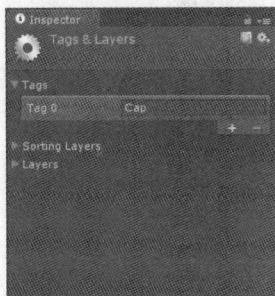

图 2-10　添加标签 "Cap"

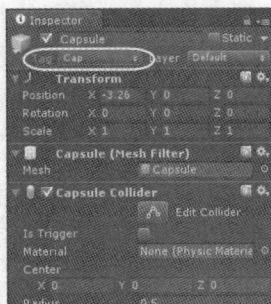

图 2-11　选择 "Cap" 标签

（3）编写脚本。在 Assets 面板单击 Create→C# Script, 创建一个 C#脚本, 并将其命名为

BNUFind.cs，然后编写脚本，具体的代码实现如下。

代码位置：见资源包中源代码/第 2 章目录下的 BNUParChild\ BNUFind.cs。

```
1    using UnityEngine;
2    using System.Collections;                          //引入系统包
3    public class BNUFind : MonoBehaviour{               //声明类
4      void Update(){                                    //重写 Start 方法
5        GameObject obj1 = GameObject.Find("Cube");      //获取名为 "Cube" 的对象
6        obj1.transform.Rotate(1, 0, 0);                 //使物体旋转
7        GameObject obj2 = GameObject.FindWithTag("Cap");//获取标签为 "Cap" 的对象
8        obj2.transform.Rotate(1,0,0);                   //使物体旋转
9    }}
```

> 实际上这两种访问其他游戏对象的方法是相同的，但是 FindWihtTag 方法需要为其添加 Tag 标签，这样也可以通过选择同一个标签批量控制多个对象，开发者可以随意选择方法。

（4）挂载脚本。脚本开发完成后，将 BNUFind.cs 脚本挂载到游戏对象 Sphere 上，在项目运行时即可看到 Sphere 静止不动，Cube 和 Capsule 旋转，如图 2-12 所示。

4. 通过组件名称获取游戏对象

Unity 脚本中还有一种访问其他游戏对象的方法，通过 FindObjectsOfType 方法和 FindObjectOfType 方法来找到挂载特定类型组件的游戏对象。FindObjectsOfType 方法可以获取所有挂载指定类型组件的游戏对象，而 FindObjectOfType 方法获取挂载指定类型组件的第一个游戏对象。

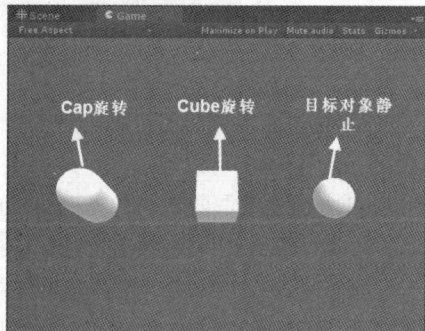

图 2-12　通过名字标签来访问对象

下面通过一个案例，创建游戏对象 Cylinder、Sphere 和 Cube，然后在其中两个对象上挂载 Test.cs 脚本，接着通过刚刚介绍的方法来获取这两个对象的名字，具体开发流程如下。

（1）创建游戏对象。单击 GameObject→3D Object→Cylinder，创建一个 Cylinder。单击 GameObject→3D Object→Sphere，创建一个 Sphere。单击 GameObject→3D Object→Cube，创建一个 Cube。

（2）编写脚本。在 Assets 面板单击 Create→C# Script，创建两个 C#脚本，并将其分别命名为 Test.cs 和 BNUFindtype.cs。Test.cs 脚本不用进行任何编写，我们只是用它来充当一个组件，然后编写 BNUFindtype.cs 脚本，具体的代码实现如下。

代码位置：见资源包中源代码/第 2 章目录下的 BNUFindtype \ BNUFindtype.cs。

```
1    using UnityEngine;
2    using System.Collections;                          //引入系统包
3    public class BNUFindtype : MonoBehaviour{           //声明类
4      void Start(){                                     //重写 Start 方法
5        Test test = FindObjectOfType<Test>();           //获取第一个找到的 "Test" 组件
6        Debug.Log(test.gameObject.name);                //打印挂载 "Test" 组件的第一个游戏对象的名称
7        Test[] tests = FindObjectsOfType<Test>();       //获取所有的 "Test" 组件
```

```
8          foreach (Test te in tests){              //遍历所有对象
9              Debug.Log(te.gameObject.name);       //打印挂载 "Test" 组件所有的游戏对象的名称
10    }}}
```

> **说明**　此种方法多用于对 UI 的处理上，但是请注意这个函数是非常慢的，不推荐在每帧使用这个函数，大多数情况下可以使用单例模式来代替。

（3）挂载脚本。脚本开发完成后，将 Test.cs 脚本挂载到刚刚创建的任意两个对象上，然后将 BNUFindtype.cs 脚本挂载到主摄像机上，在项目运行时即可看到控制台打印出刚刚挂载了 Test.cs 脚本的对象名，如图 2-13 所示。

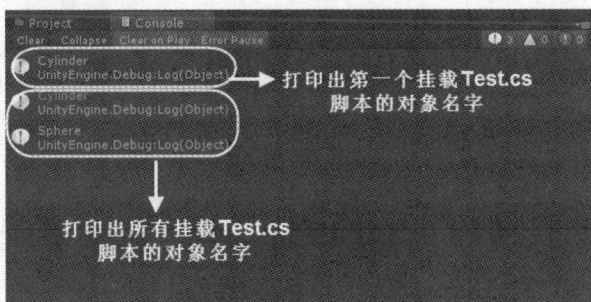

图 2-13　打印出挂载脚本组件的对象名称

2.3.5　向量

1. 基础知识

3D 游戏开发中经常需要用到向量和向量运算，比如上述介绍过的物体的位移和旋转等，Unity 中提供了完整的用来表示二维向量的 Vector2 类和表示三维向量的 Vector3 类。因为二维向量和三维向量的使用方法相同，下面将以三维向量为例详细介绍 Unity 中向量的使用方法。

Vector3 类中也定义了一些常量，例如 Vector.up 等同于 Vector(0,1,0)，这样可以简化代码。这些常量对应的值如表 2-2 所示。

表 2-2　　　　　　　　　　　　　　Vector3 类中常量对应的值

常　　量	值	常　　量	值
Vector3.zero	Vector(0,0,0)	Vector3.one	Vector(1,1,1)
Vector3.forward	Vector(0,0,1)	Vector3.up	Vector(0,1,0)
Vector3.rigth	Vector(1,0,0)		

Vector3 类中有很多对向量进行操作的方法，例如想要获得两点之间的距离时，可以使用 Distance 方法来完成，具体这些方法的作用如表 2-3 所示。

表 2-3　　　　　　　　　　　　　　Vector3 类中方法的作用

方　　法	作　　用	方　　法	作　　用
Lerp	两个向量之间的线性插值	Slerp	在两个向量之间进行球形插值
OrthoNormalize	使向量规范化并且彼此相互垂直	MoveTowards	从当前的位置移向目标

续表

方　　法	作　　用	方　　法	作　　用
RotateTowards	当前的向量转向目标	Scale	两个矢量组件对应相乘
Cross	两个向量的交叉乘积	Dot	两个向量的点乘积
Reflect	沿着法线反射向量	Distance	返回两点之间的距离
Project	投影一个向量到另一个向量	Angle	返回两个向量的夹角
Min	返回两个向量中长度较小的向量	Max	返回两个向量中长度较大的向量
operator +	两个向量相加	operator -	两个向量相减
operator *	两个向量相乘	operator /	两个向量相除
operator ==	两个向量是否相等	operator !=	两个向量是否不相等
ClampMagnitude	返回向量的长度，最大不超过 maxLength 所指示的长度	SmoothDamp	随着时间的推移，逐渐改变一个向量朝向预期的目标

2. 案例效果

下面我们将通过一个小案例来演示向量的简单用法，项目运行效果如图 2-14 所示。第一个案例中游戏对象 Cube 会一直朝着向量方向位移。可以通过修改面板上向量的值来改变物体的位移方向。

图 2-14　物体朝着向量方向位移

3. 开发流程

Vector3 类可以在实例化时进行赋值，也可以实例化后给 x、y、z 分别进行赋值。本案例中，实现了物体朝着向量方向位移的效果，改变向量的值，物体位移方向也随着改变。具体开发流程如下。

（1）创建 Cube 对象。单击 GameObject→3D Object→Cube，创建一个 Cube 对象作为本案例案例对象，可以在左侧面板单击 Cube 查看其相关属性。

（2）编写脚本。在 Assets 面板单击 Create→C# Script，创建一个 C#脚本，并将其命名为 BNUVec.cs，然后编写脚本，具体的代码实现如下。

代码位置：见资源包中源代码/第 2 章目录下的 BNUVector3\ BNUVec.cs。

```
1    using UnityEngine;
2    using System.Collections;                              //引入系统包
3    public class BNUVec : MonoBehaviour{                    //声明类
4      public Vector3 position = new Vector3();             //实例化 Vector3
5      void Start(){                                        //重写 Start 方法
```

```
6         position = Vector3.right;                                    //为 position 赋值
7     }
8     void Update(){                                                   //重写 Update 方法
9         this.transform.Translate(position);                         //按照向量平移物体
10   }}
```

> **说明**　本段代码中通过使用 Vector3 类中给定的常量来进行物体的位移，较为基础。但其实 Vector3 类的方法使用起来较为复杂，比如 Vector3.Lerp()等方法，运用巧妙可以实现相当于复制的功能。

（3）挂载脚本。脚本开发完成后，将这个脚本挂载到 Cube1 上，在项目运行时物体会沿着向量方向位移，如图 2-14 所示。

2.3.6　成员变量和全局变量

1. 基础知识

脚本开发中需要用到许多变量，在一般情况下，定义在方法体外的变量是成员变量，可以在属性查看器看到，读者可以随时在属性查看器中修改它的值。通过 private 创建的变量是私有变量，在属性查看器中就不会显示该变量，避免错误地修改。

2. 案例效果

下面我们将通过一个小案例来演示成员变量和全局变量的区别，项目运行效果如图 2-15 所示。第一个案例中游戏对象 Cube 会一直朝着向量方向位移。可以通过修改面板上向量的值来改变物体的位移方向。

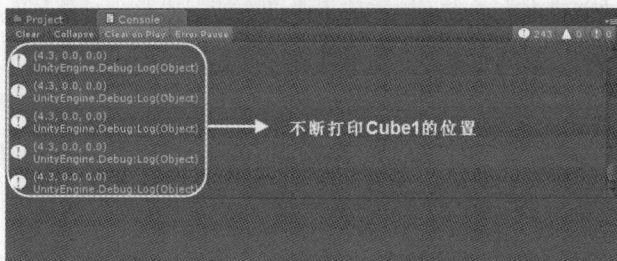

图 2-15　系统打印信息

3. 开发流程

组件类型的变量（类似 GameObject、Transform、Rigidbody 等），需要在属性查看器拖曳游戏对象到变量处并确定它的值，通过 private 关键字创建私有变量，在属性查看器中就不会显示该变量，避免错误地修改。

C#脚本中可以通过 static 关键字来创建全局变量，这样就可以在不同脚本间调用这个变量，并且如果想从另外一个脚本中调用变量 Test，读者可以通过"脚本名.变量名"的方法来调用。本案例具体开发流程如下。

（1）创建 Cube 对象。单击 GameObject→3D Object→Cube，创建两个 Cube，并且一个命名为 Cube1，另一个命名为 Cube2。

（2）编写脚本。在 Assets 面板单击 Create→C# Script，创建一个 C#脚本，并将其命名为 BNUPubvar.cs，然后编写脚本，具体的代码实现如下。

代码位置：见资源包中源代码/第 2 章目录下的 BNUVar\ BNUPubvar.cs。

```
1    using UnityEngine;
2    using System.Collections;                        //引入系统包
3    public class BNUPubvar : MonoBehaviour{          //声明类
4      public Transform pubTrans;                     //声明一个公有 Transform 组件
5      private Transform priTrans;                    //声明一个私有 Transform 组件
6      void Start(){                                  //重写 Start 方法
7        priTrans = this.transform;                   //为 priTrans 赋值
8      }
9      void Update(){                                 //重写 Update 方法
10       if (Vector3.Distance(pubTrans.position, priTrans.position) < 10){ //如果 ren
和 transform 的距离小于 10
11           Debug.Log(pubTrans.position);            //打印 pubTrans 的位置
12   }}}
```

> **说明**　此案例为演示案例，在日常的开发中一般将组件类型的变量定义为公有类型，这样通过简单的拖曳就可以控制和操作对象，有些特殊的对象定义为私有变量。

（3）挂载脚本。脚本开发完成后，将这个脚本挂载到 Cube1 上，在项目运行时系统会不断打印 Cube1 的位置，如图 2-15 所示。

2.3.7　实例化游戏对象

1．基础知识

在 Unity 中，如果想创建游戏对象，可以通过创建游戏对象菜单在场景中进行，这些游戏对象在场景加载的时候被创建出来，也可以在脚本中动态地创建游戏对象。这些在游戏运行的过程中根据需要在脚本中实例化游戏对象的方法更加灵活。

在 Unity 中，如果想创建很多相同的物体（例如射击出去的子弹、保龄球瓶等）时，可以通过实例化（Instantiate）快速实现。而且实例化出来的游戏对象包含了这个对象所有的属性，这些就能保证原封不动地创建所需的对象。实例化在 Unity 中有很多用途，充分使用它非常必要。

2．案例效果

下面我们将通过一个小案例来演示游戏对象的流程，项目运行效果如图 2-16 所示。第一个案例中游戏对象 Cube 会一直朝着向量方向位移。可以通过修改面板上向量的值来改变物体的位移方向。

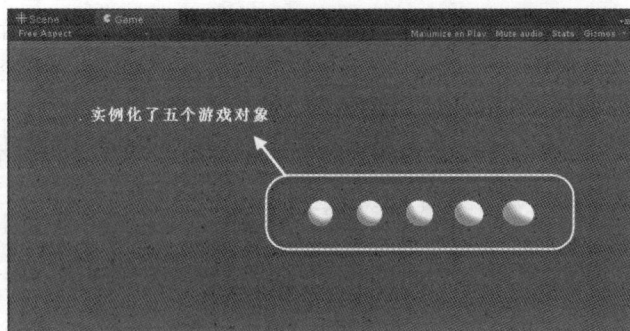

图 2-16　通过实例化创建的 5 个游戏对象

3．开发流程

一般实例化多用于创建多个相同的物体，这样就省去了一个个手动创建的麻烦。本案例具体开发流程如下。

（1）创建 Sphere 对象。单击 GameObject→3D Object→Sphere，创建一个 Sphere 对象作为本案例的案例对象，可以在左侧面板单击 Sphere 查看其相关属性。

（2）编写脚本。在 Assets 面板单击 Create→C# Script，创建一个 C#脚本，并将其命名为 BNUIns.cs，然后编写脚本，具体的代码实现如下。

代码位置：见资源包中源代码/第 2 章目录下的 BNUInstantiate\ BNUIns.cs。

```
1   using UnityEngine;
2   using System.Collections;                          //引入系统包
3   public class BNUIns : MonoBehaviour{               //声明类
4     public Transform prefab;                         //定义公有的对象
5     public void Awake(){                             //重写 Awake 方法
6       int i = 0;                                     //定义计数标志位
7       while (i < 5){                                 //重复 5 次
8         Instantiate(prefab, new Vector3(i * 2.0F, 0, 0), Quaternion.identity);
                                                       //实例化对象
9         i++;                                         //标志位自加
10  }}}
```

> 💬说明　通过实例化创建出来的物体与原始物体完全一致，这就类似于是克隆原始物体，并且这与通过 Ctrl+D 复制出来的物体一样。实例化一个游戏物体，会克隆该对象的整个物体层次，包括游戏对象的组件、脚本以及所有子对象等。

（3）挂载脚本。脚本开发完成后，将这个脚本挂载到摄像机上，然后将创建好的 Sphere 对象拖曳到摄像机脚本文件的 Prefab 一项上，然后在项目运行时会实例化 5 个 Sphere，如图 2-16 所示。

2.3.8　协同程序和中断

1．基础知识

协同程序，即在主程序运行时同时开启另一段逻辑处理，来协同当前程序的执行。但它与多线程程序不同，所有的协同程序都是在主线程中运行的，它还是一个单线程程序。在 Unity 中可以通过 StartCoroutine 方法来启动一个协同程序。

终止一个协同程序可以使用 StopCoroutine（string methodName），而使用 StopAllCoroutines() 是用来终止所有可以终止的协同程序，但这两个方法都只能终止该 MonoBehaviour 中的协同程序。

2．案例效果

下面我们将通过一个小案例来演示游戏对象的流程，项目准备完成后运行会开始循环打印 "DoSomething" 的提示信息，然后在 2 秒后中断协同程序停止打印。如图 2-17 所示。

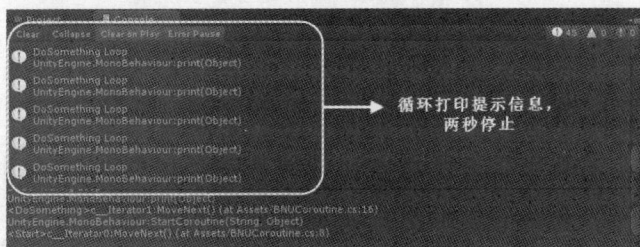

图 2-17　循环打印提示信息

3. 开发流程

协同程序中可以使用 yield 关键字来中断协同程序，可以使用 WaitForSeconds 类的实例化对象让协同程序休眠，本案例具体开发流程如下。

（1）编写脚本。在 Assets 面板单击 Create→C# Script，创建一个 C#脚本，并将其命名为 BNUIns.cs，然后编写脚本，具体的代码实现如下。

代码位置：见资源包中源代码/第 2 章目录下的 BNUCoroutine\ BNUCoroutine.cs。

```
1    using UnityEngine;
2    using System.Collections;                        //引入系统包
3    public class BNUCoroutine : MonoBehaviour{       //声明类
4      IEnumerator Start(){                           //重写 Start 方法
5        StartCoroutine("DoSomething", 2.0F);         //开启协同程序
6        yield return new WaitForSeconds(1);          //等待 1s
7        StopCoroutine("DoSomething");                //中断协同程序
8      }
9      IEnumerator DoSomething(float someParameter){  //声明 DoSomething 方法
10       while (true){                                //开始循环
11         print("DoSomething Loop");                 //打印提示信息
12         yield return null;
13   }}}
```

> 说明　StartCoroutine 方法为 MonoBehaviour 类中的一个方法，必须在 MonoBehaviour 或继承于 MonoBehaviour 的类中调用。StartCoroutine 方法可以使用返回值为 IEnumerator 类型方法作为参数。

（2）挂载脚本。脚本开发完成后，将这个脚本挂载到摄像机上，然在项目运行后会在控制台中打印"doSomething"，打印 2s 后停止，如图 2-17 所示。

2.3.9　一些重要的类

上面的章节介绍了一些基础用法，本小节中将介绍 Unity 脚本中的一些重要的类，由于篇幅的限制，所以本小节只对这些类中比较常用的变量和方法进行简单的介绍说明，其他具体的信息读者可以参考官方脚本参考手册。

1. MonoBehaviour 类

MonoBehaviour 类是 C#脚本的基类，其继承自 Behaviour 类。在 C#脚本中，必须直接或间接地继承 MonoBehaviour 类，这在本章开篇已经讲过。MonoBehaviour 类中的一些方法可以重写，这些方法会被系统在固定的时间回调，我们通过重写这些方法来实现各种各样的功能。下面将介绍常用的可以重写的方法，如表 2-4 所示。

表 2-4　　　　　　　　　　MonoBehaviour 类中常用的可重写的方法

方　法	说　明	方　法	说　明
Update	当脚本启用后，该方法在每一帧被调用	Awake	当一个脚本实例被载入时该方法被调用
OnDestroy	当对象被销毁时该方法被调用	OnCollision Enter	当刚体撞击碰撞体或碰撞体撞击刚体时该方法被调用
OnEnable	当对象变为可用或激活状态时该方法被调用	Start	该方法仅在 Update 方法第一次被调用前调用

续表

方　法	说　明	方　法	说　明
OnGUI	渲染和处理 GUI 事件时调用	FixedUpdate	当脚本启用后，这个方法会在固定的物理时间步调调用一次
OnDisable	当对象变为不可用或非激活状态时该方法被调用		

　　MonoBehaviour 类中有许多可以被子类继承的成员变量，这些成员变量可以在脚本中直接使用。下面将介绍主要的成员变量，如表 2-5 所示。

表 2-5　　　　　　　　　　　MonoBehaviour 类中常用的可继承的成员变量

成员变量	说　明	成员变量	说　明
enabled	启用行为被更新，禁用行为不更新	camera	附加到游戏物体的 Camera 组件（如无附加则为空）
transform	附加到游戏物体的 Transform 组件（如无附加则为空）	rigidbody	附加到游戏物体的 Rigidbody 组件（如无附加则为空）
light	附加到游戏物体的 Light 组件（如无附加则为空）	animation	附加到游戏物体的 Animation 组件（如无附加则为空）
constantForce	附加到游戏物体的 ConstantForce 组件（如无附加则为空）	renderer	附加到游戏物体的 Renderer 组件（如无附加则为空）
audio	附加到游戏物体的 AudioSource 组件（如无附加则为空）	guiText	附加到游戏物体的 GUIText 组件（如无附加则为空）
collider	附加到游戏物体的 Collider 组件（如无附加则为空）	particleEmitter	附加到游戏物体的 ParticleEmitter 组件（如无附加则为空）
gameObject	组件附加的游戏物体。一个组件总是被附加到一个游戏物体	tag	游戏物体的标签

　　MonoBehaviour 类中有许多可以被子类继承的成员方法，这些成员方法可以直接在子类中使用。下面将介绍主要的成员方法，如表 2-6 所示。

表 2-6　　　　　　　　　　　MonoBehaviour 类中常用的可继承的成员方法

成　员　方　法	说　明	成　员　方　法	说　明
GetComponent	返回游戏物体上指定名称的组件	GetComponents	返回游戏物体上指定名称的全部组件
Instantiate	实例化游戏对象	Destroy	删除一个游戏物体、组件或资源
GetComponentInChildren	返回游戏对象及其子对象上指定类型的第一个找到的组件	SendMessage	在游戏物体每一个脚本上调用指定名称的方法
FindObjectOfType	返回指定类型第一个激活的加载的物体	FindObjectsOfType	返回指定类型的所有激活的加载的物体列表
DestroyImmediate	立即销毁物体		

2. Transform 类

　　场景中的每一个物体都有一个 Transform 组件，它就是 Transform 类实例化的对象，用于存储并操控物体的位置、旋转和缩放。每一个 Transform 可以有一个父级，允许分层次应用位置、旋转和缩放。可以在 Hierarchy 面板查看层次关系。Transform 类中包含了很多的成员变量，下面将介绍常用的成员变量，如表 2-7 所示。

表 2-7   Transform 类中常用的成员变量

成 员 变 量	说　明	成 员 变 量	说　明
position	在世界空间坐标中游戏对象的位置	localPosition	相对于父级的变换的位置
eulerAngles	物体旋转的欧拉角	localEulerAngles	相对于父级旋转的欧拉角
rotation	在世界空间坐标物体变换的旋转角度	localScale	相对于父级物体变换的缩放
childCount	变换的子物体数量	lossyScale	物体的全局缩放（只读）
right	在世界空间坐标变换的红色轴，也就是 x 轴	up	在世界空间坐标变换的绿色轴，也就是 y 轴
forward	在世界空间坐标变换的蓝色轴，也就是 z 轴	localRotation	物体变换的旋转角度相对于父级的物体变换的旋转角度
worldToLocalMatrix	从世界坐标转为自身坐标的矩阵变换（只读）	localToWorldMatrix	从自身坐标转为世界坐标的矩阵变换（只读）
parent	物体变换的父级		

Transform 类中也包含了很多的成员方法，下面将介绍常用的成员方法，如表 2-8 所示。

表 2-8   Transform 类中常用的成员方法

成 员 方 法	说　明	成 员 方 法	说　明
Translate	移动游戏对象的方向和距离	Rotate	应用一个欧拉角的旋转角度
RotateAround	按照指定角度在世界坐标轴旋转物体	TransformDirection	从自身坐标到世界坐标变换方向
LookAt	旋转物体，这样指向目标的当前位置	IsChildOf	这个变换是否是父级的子物体
InverseTransformDirection	变换方向从世界坐标到自身坐标	InverseTransformPoint	变换位置从世界坐标到自身坐标
TransformPoint	变换位置从自身坐标到世界坐标	DetachChildren	所有子物体解除父子关系

3. Rigidbody 类

Rigidbody 组件可以模拟物体在物理效果下的状态，它就是 Rigidbody 类实例化的对象。它可以让物体接受力和扭矩，让物体相对真实地移动。如果一个物体想被重力所约束，其必须含有 Rigidbody 组件。Rigidbody 类中包含了很多的成员变量，下面将介绍常用的成员变量，如表 2-9 所示。

表 2-9   Rigidbody 类中常用的成员变量

成 员 变 量	说　明	成 员 变 量	说　明
velocity	刚体的速度向量	freezeRotation	控制物理是否改变物体的旋转
drag	物体的阻力	position	该刚体的位置
mass	刚体的质量	useConeFriction	用于该刚体的锥形摩擦力
useGravity	控制重力是否影响整个刚体	maxAngularVelocity	刚体的最大角速度

续表

成员变量	说　　明	成员变量	说　　明
collisionDetection Mode	刚体的碰撞检测模式	inertiaTensor	相对于重心的质量的惯性张量对角线
solverIterationCount	允许覆盖每个刚体的求解迭代次数	rotation	该刚体的旋转
interpolation	插值允许你以固定的帧率平滑物理运行效果	detectCollisions	碰撞检测是否启用（默认总是启用的）
angularVelocity	刚体的角速度向量	worldCenterOfMass	在世界坐标空间的刚体的重心（只读）
angularDrag	物体的角阻力	inertiaTensorRotation	惯性张量的旋转
centerOfMass	相对于变换原点的重心	sleepAngularVelocity	角速度，低于该值的物体将开始休眠
isKinematic	控制物理是否影响这个刚体	sleepVelocity	线性速度，低于该值的物体将开始休眠

Rigidbody 类中也包含了很多的成员方法，下面将介绍常用的成员方法，如表 2-10 所示。

表 2-10　　　　　　　　　Rigidbody 类中常用的成员方法

成员方法	说明	成员方法	说明
SetDensity	基于附加的碰撞器假设一个固定的密度设置质量	AddRelativeTorque	施加一个力矩到刚体，相对于自身的系统坐标
AddForce	施加一个力到刚体	AddTorque	施加一个力矩到刚体
AddRelativeForce	施加一个力到刚体，相对于自身的系统坐标	AddForceAtPosition	在指定位置施加一个力
WakeUp	强制唤醒在休眠状态中的刚体	AddExplosionForce	施加一个力到刚体来模拟爆炸效果。爆炸力将随着到刚体的距离线性衰减
MovePosition	移动刚体到指定位置	MoveRotation	旋转刚体到指定角度
Sleep	强制一个刚体休眠至少一帧	IsSleeping	判断刚体是否在休眠
ClosestPointOnBounds	到附加的碰撞器包围盒上的最近点	GetPointVelocity	刚体在世界坐标空间中指定点的速度
GetRelativePointVelocity	相对于刚体在指定点的速度		

4. CharacterController 类

角色控制器是 CharacterController 类的实例化对象，用于第三人称或第一人称游戏角色控制。它可以根据碰撞检测判断是否能够移动，而不必添加刚体和碰撞器。而且角色控制器不会受到力的影响。CharacterController 类包含了很多的成员变量，下面将介绍常用的成员变量，如表 2-11 所示。

表 2-11　　　　　　　　　CharacterController 类中常用的成员变量

成员变量	说　　明	成员变量	说　　明
isGrounded	角色控制器是否触碰地面	center	角色控制器的中心位置
radius	角色控制器的半径	stepOffset	角色控制器的台阶偏移量（台阶高度）

续表

成 员 变 量	说 明	成 员 变 量	说 明
collisionFlags	在最近一次角色控制器移动方法调用时，角色控制器的哪个部分与周围环境相碰撞	slopeLimit	角色控制器的坡度度数限制
velocity	角色控制器当前的相对速度	detectCollisions	其他的刚体和角色控制器是否能够与本角色控制器相碰撞
height	角色控制器的高度		

CharacterController 类中也包含了很多的成员方法，下面将介绍常用的成员方法，如表 2-12 所示。

表 2-12 CharacterController 类中常用的成员方法

成 员 方 法	说 明	成 员 方 法	说 明
SimpleMove	以一定的速度移动角色	Move	一个更加复杂的移动函数，每次都绝对移动

2.3.10 性能优化

为保证程序的顺利运行，Unity 本身已经针对各个平台，在功能上进行了大量的优化。但在使用 Unity 开发软件的过程中，良好的开发习惯，对开发人员也是至关重要的。良好的开发习惯不仅能帮助开发人员编写健康的程序，还能达到事半功倍的效果。下面将介绍一些针对 Unity 开发的优化措施。

1. 缓存组件查询

当通过 GetComponent 获取一个组件时，Unity 必须从游戏物体里查找目标组件，如果是在 Update 方法中进行查找，就会影响运行速度。此时可以设置一个私有变量去储存这个组件。下面介绍一个小案例，案例具体开发流程如下。

（1）创建 Cube 对象。单击 GameObject→3D Object→Cube，创建一个 Cube 对象作为本案例案例对象，可以在左侧面板单击 Cube 查看其相关属性。

（2）编写脚本。在 Assets 面板单击 Create→C# Script，创建一个 C#脚本，并将其命名为 BNUyh1.cs，然后编写脚本，具体的代码实现如下。

代码位置：见资源包中源代码/第 2 章目录下的 BNUYouhua\ BNUyh1.cs。

```
1    using UnityEngine;
2    using System.Collections;                            //引入系统包
3    public class BNUyh1 : MonoBehaviour {                 //声明类
4      private Transform m_transform;                      //声明静态变量
5      void Start () {                                     //重写 Start 方法
6        m_transform = this.transform;                     //为静态变量赋值
7      }
8      void Update () {                                    //重写 Update 方法
9        m_transform.Translate(new Vector3(1,0,0));        //沿 x 轴每帧移动一米
10   }}
```

说明 在编程过程中通过私有变量储存组件，使得程序不会在每一帧查找所需组件，这样大大节省了每一帧都查找组件的时间和资源，从而达到了优化性能的效果。

（3）挂载脚本。脚本开发完成后，将这个脚本挂载到创建的游戏对象 Cube 上，项目运行后效果如图 2-18 所示。

图 2-18　游戏对象沿 x 轴每帧位移一个单位

2. 使用内建数组

我们在开发的过程中不可避免地使用到数组，虽然 ArrayList 和 Array 使用起来容易并且方便，但是相比较内建数组而言，前者和后者的速度还是有很大的差异。内建数组直接嵌入 struct 数据类型，存入第一缓冲区里，不需要其他类型信息或者其他资源，因此用作缓存遍历更加快捷。所以我们在开发的过程中应该尽量地使用内建数组。

3. 尽量少调用函数

干最少的工作实现最大的效益也是性能优化中非常重要的一点。上文中也提到了，Unity 中 Update 函数每一帧都在运行，所以减少 Update 函数里面的工作量，可以简单有效地提高运行效率。这就需要开发者编程开发的技巧达成，比如通过协调程序或者加入标志位实现。

> **注意**　在实际开发中，一般把标志位检查放在函数外面，这样就无须每一帧都检查标志位，减少了设备性能的消耗。

2.3.11　脚本编译

想要成为一名优秀的 Unity 开发者，熟悉 Unity 脚本的编译步骤是相当重要的。这样可以让我们更加高效地编写自己的代码，如果代码出现了问题，还能有效地改正错误。由于脚本的编译顺序会涉及特殊文件夹，所以脚本的放置位置就非常重要了。

根据官方的解释，脚本的具体编译需要以下 4 步。

（1）所有在 Standard Assets、Pro Standard Assets、Plugins 中的脚本被首先编译。在这些文件夹之内的脚本不能直接访问这些文件夹以外的脚本。不能直接引用类或它的变量，但是可以使用 GameObject.SendMessage 与它们通信。

（2）所有在 Standard Assets/Editor、Pro Standard Assets/Editor、Plugins/Editor 中的脚本接着被编译。如果你想要使用 UnityEditor 命名空间，你必须放置你的脚本到这些文件夹。

（3）然后所有在 Assets/Editor 外面的，并且不在(1)、(2)中的脚本文件被编译。

（4）所有在 Assets/Editor 中的脚本，最后被编译。

2.4　本章小结

本章我们简要学习了 Unity 中控制游戏对象运动的相关脚本知识。主要介绍了 Unity 中 C#脚本开发的基本语法，包括一些基础的位移、记录时间以及实例化对象等等方法。除此之外还有一些基础的类，比如 MonoBehaviour 类和 Transform 类等。

通过本章的学习，各位同学应该对 Unity 的脚本有一定的了解，能初步写一些脚本，脚本编程的技巧和内容还有很多，希望大家继续深入地学习 Unity 脚本编程，为以后模拟复杂的、真实的物体控制打下坚实的基础。

2.5　习　　题

1. 简述 "Start" 和 "Update" 方法的作用。
2. Unity3D 中编写 C#脚本时有哪些注意事项？
3. 定义两个向量，求它们的夹角和距离。
4. 创建一个 Cube 对象，编写脚本使其能够位移和旋转。
5. 在 Unity 中创建一个 "Father" 对象，并创建一个 "Son" 对象作为其子对象，思考如何编写脚本访问 "Son" 对象上的组件。
6. 创建一个正方体，编写脚本使其按照一定的速度旋转，并且要求其在旋转数秒之后能够自动停止。
7. 简述成员变量和全局变量的区别。
8. 在场景中创建 "地球" 与 "月球" 对象，编写脚本实现 "月球" 围绕 "地球" 旋转的效果。
9. 熟悉并掌握书中涉及的几种重要的类。
10. 编写脚本通过实例化的方法创建一个小球对象。

第3章
Unity 3D 图形用户界面基础

游戏开发的过程中，为了增强游戏与玩家的交互性，开发人员往往会通过制作大量的图形用户界面来增强这一效果。图形系统的种类在 Unity 中分为 GUI、UGUI 两种，这两种类型的图形系统内容十分丰富，游戏中通常会使用到按钮、复选框、图片、文本区控件等。

本章中，将详细介绍如何利用 GUI 与 UGUI 两种图形系统来开发游戏中常见的图形用户界面，其中包括各种参数功能的简介、控件的使用方法以及 Unity 集成开发环境的初步操作流程。

3.1　GUI 图形用户界面系统

开发过程中开发人员往往需要通过建立游戏的 UI 界面来增强游戏的可玩性以及交互性。一个优秀的游戏作品往往会通过对按钮、复选框、图片、滚动条以及文字的合理搭配来创造出精美的图形用户界面，让玩家眼前一亮。

Unity 的 GUI 图形用户界面系统的可视化操作界面较少，大多数情况下需要开发人员通过代码实现控件的摆放以及功能的修改。开发人员需要通过给定坐标的方式对控件进行调整，规定屏幕左上角坐标为（0，0）并以像素为单位对控件进行定位。

3.1.1　Button 控件

Button 控件用于在界面上创建一个按钮。Button 控件既可以显示文本也可以显示图片，当用户单击时，Button 控件会显示出控件被按下的效果，并触发与该 Button 控件关联的游戏功能，在游戏中通常用作游戏界面、游戏功能、游戏设置的开关。

1. 基本知识

Button 控件用于绘制按钮，在使用 GUI 系统创建 Button 控件的时候，会有如下部分静态方法供开发人员调用，每当用户单击控件时就会返回一个布尔值 true 表示用户已经单击了该按钮。静态方法中各个参数的功能如表 3-1 所列。

```
1    static function Button (position : Rect, text : String) : bool
2    static function Button (position : Rect, image : Texture) : bool
3    static function Button (position : Rect, content : GUIContent) : bool
4    static function Button (position : Rect, text : String, style : GUIStyle) : bool
```

表 3-1 Button 控件静态方法参数介绍

参　数　名	含　义	参　数　名	含　义
position	表示控件在屏幕上的位置以及大小	text	控件上显示的文本
image	控件上显示的纹理图片	content	用于设置控件的文本、图片和提示
style	表示控件使用的样式		

2. 案例效果

该案例将通过上面介绍的四种静态方法来创建出 4 种不同风格的 Button 控件，按钮 4 在鼠标悬停或按下时图片和文字会发生变化，案例运行效果如图 3-1、图 3-2 和图 3-3 所示。使用时打开相应工程文件（Button_Demo）并双击场景文件（Button_Demo），然后单击播放按钮即可。

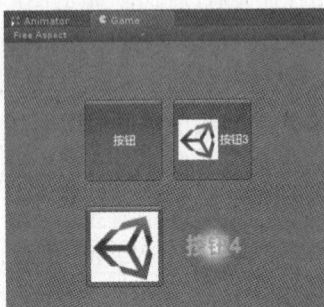

图 3-1　四种按钮默认状态　　　　图 3-2　鼠标悬停在按钮 4 上　　　　图 3-3　单击按钮 4

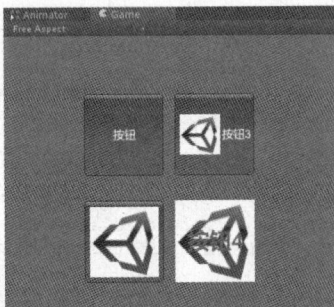

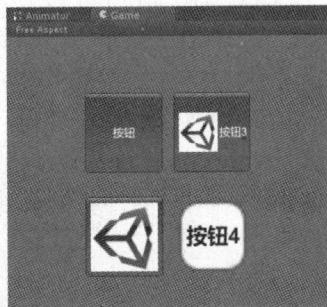

3. 开发流程

接下来笔者会通过一个案例来向读者展示，在实际游戏开发过程中如何使用 GUI 图形用户界面系统的 Button 控件，由于篇幅限制 Button 控件的创建方法并没有完全列出，读者可以查看 Unity 的官方技术文档深入学习。下面将对该案例的制作过程进行详细介绍，具体步骤如下。

（1）首先分别创建"Texture"和"C#"两个文件夹，一个用于放置图片资源，一个用于放置脚本文件。然后在 C#文件夹下单击鼠标右键，选择 Create→C# Script 创建一个 C#脚本并重命名为"Demo"。

（2）接下来双击创建的 Demo 脚本，进入脚本编辑器编辑代码，通过代码来控制 GUI 图形用户界面系统在屏幕上创建四种不同风格的 Button 控件，用来演示控件效果。编写完成后需要将脚本拖曳到主摄像机上，具体代码如下。

代码位置：见资源包中源代码/第 3 章目录下的 Button_Demo\Assert\C#\Demo.cs。

```
1   using UnityEngine;
2   using System.Collections;
3   public class Demo : MonoBehaviour {
4     public Texture test;                        //声明一个 2D 纹理图片
5     public GUIContent guiContent;               //声明 GUIContent 变量
6     public GUIStyle guiStyle;                   //声明 GUIStyle 变量
7     void OnGUI(){                               //重写 OnGUI 函数，用于控件绘制
8       if (!test){                               //判断图片是否为空
9         Debug.LogWarning("请添加一张纹理图");    //如果为空就打印警告
10        return;
11      }
```

```
12        if (GUI.Button(new Rect(Screen.width / 9, Screen.height / 4,
13        Screen.height / 5, Screen.height / 10), "按钮")) {          //通过第一种方法实现
Button 控件
14           Debug.Log("static function Button (position : Rect, text : String) : bool");
15        }
16        if (GUI.Button(new Rect(Screen.width / 3, Screen.height / 4,
17        Screen.height / 5, Screen.height / 5), test)){          //通过第二种方法实现
Button 控件
18           Debug.Log("static function Button (position : Rect, image : Texture) : bool");
19        }
20        if (GUI.Button(new Rect(Screen.width / 2, Screen.height / 4,
21        Screen.height / 5, Screen.height / 10), guiContent)){       //通过第三种方法实现
Button 控件
22           Debug.Log("static function Button (position : Rect, content : GUIContent) :
bool");
23        }
24        if (GUI.Button(new Rect(Screen.width / 1.5f, Screen.height / 4,
25        Screen.height / 5, Screen.height / 5), "按钮 4", guiStyle)){   //通过第四种方
法实现 Button 控件
26           Debug.Log("static function Button (position : Rect, text : String, style :
GUIStyle) : bool");
27    }}}
```

❑ 第 4～6 行声明了 Texture、GUIContent 和 GUIStyle 三种变量，在后面通过不同的方法来绘制控件。

❑ 第 8～11 行用于判断当前用户是否添加了一张 2D 纹理，如果没有则打印警告提示用户。

❑ 第 12～15 行通过 position 和 text 来创建一个带有文字的按钮控件，并打印相关方法说明。

❑ 第 16～19 行通过 position 和 texture 创建一个带有纹理的按钮控件，并打印相关方法说明。

❑ 第 20～23 行通过 position 和 content 创建一个带有纹理和文字的按钮控件，并打印相关方法说明。

❑ 第 24～26 行通过 position、text 和 style 创建一个有文字和自定义样式的按钮控件，并打印相关方法说明。

（3）将脚本挂载到摄像机上后，单击摄像机。在 Inspector 面板处会看到 Demo 脚本的设置面板，本案例需要设置 2D 纹理图片、GUIContent（如图 3-4 所示）和 GUIStyle（如图 3-5、图 3-6 所示）。GUIContent 会设置控件的文本、图片和提示，GUIStyle 会修改当前控件的样式。部分参数功能如表 3-2 所列。

图 3-4　设置纹理和 GUIContent

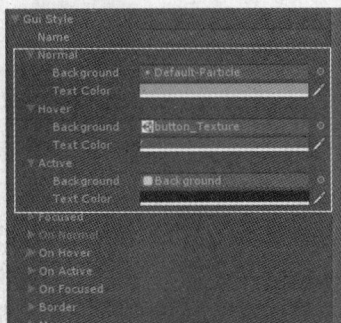
图 3-5　设置 GUIStyle 1

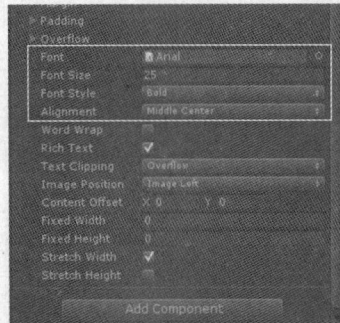
图 3-6　设置 GUIStyle 2

表 3-2 GUIStyle 参数介绍

参 数 名	含 义	参 数 名	含 义
Normal-Background	默认情况下的背景图片	Normal-Text Color	默认情况下的控件中文本的颜色
Hover-Background	鼠标悬停下控件的背景图片	Hover- Text Color	鼠标悬停下控件中文本的颜色
Active-Background	控件被按下时的背景图片	Active-Text Color	控件被按下时控件中的文本颜色
Font	控件中文本的字体	Font Size	控件中文本的字号
Font Style	控件中文本的样式（正常、加粗、倾斜）	Alignment	控件中文本的位置

3.1.2　Label 控件

Label 控件用于在设备的屏幕上创建文本标签和纹理标签用来显示文本内容或图片，Label 控件显示的文本和图片内容用户无法编辑且无法接收焦点，一般用于显示提示性的信息，如当前窗口的名称、游戏中游戏对象的名字、游戏对玩家的任务提示和功能介绍等等。

1. 基本知识

Label 控件用于绘制文本和纹理标签，在使用 GUI 系统创建 Label 控件的时候，会有如下六个静态方法供开发人员调用，没有返回值，开发人员也无法使用 GUI 图形用户界面系统对 Label 控件进行监听。静态方法中各个参数的功能如表 3-3 所列。

```
1    static function Label (position : Rect, text : string) : void
2    static function Label (position : Rect, image : Texture) : void
3    static function Label (position : Rect, content : GUIContent) : void
4    static function Label (position : Rect, content : GUIContent, style : GUIStyle) : void
```

表 3-3 Label 控件静态方法参数介绍

参 数 名	含 义	参 数 名	含 义
position	表示控件在屏幕上的位置以及大小	text	控件上显示的文本
image	控件上显示的纹理图片	content	用于设置控件的文本、图片和提示
style	表示控件使用的样式		

2. 案例效果

该案例将通过上面介绍的 4 种静态方法依次来创建出 4 种不同的 Label 控件，通过该案例能够让读者了解如何使用 GUI 图形用户界面系统创建不同的 Label 控件，案例运行效果如图 3-7 所示。使用时打开相应工程文件（Label_Demo）并双击场景文件（Label_Demo），然后单击播放按钮即可。

3. 开发流程

接下来笔者会通过一个案例来向读者展示，在实际游戏开发过程中如何使用 GUI 图形用户界面系统的 Label 控件。由于篇幅限制 Label 控件的创建方法并没有完全列出，读者可以查看 Unity 的官

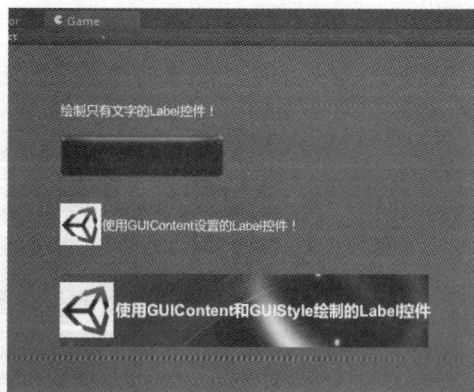

图 3-7　案例运行效果

方技术文档深入学习。下面将对该案例的制作过程进行详细介绍，具体步骤如下。

（1）首先分别创建"Texture"和"C#"两个文件夹，一个用于放置图片资源，一个用于放置脚本文件。然后在 C#文件夹下单击鼠标右键，选择 Create→C# Script 创建一个 C#脚本并重命名为"Demo"。

（2）接下来双击创建的 Demo 脚本，进入脚本编辑器编辑代码，通过代码来控制 GUI 图形用户界面系统在屏幕上创建出四种不同风格的 Label 控件，用来演示控件效果。编写完成后需要将脚本拖曳到主摄像机上，具体代码如下。

代码位置：见资源包中源代码/第 3 章目录下的 Label_Demo\Assert\C#\Demo.cs。

```
1    using UnityEngine;
2    using System.Collections;
3    public class Demo : MonoBehaviour {
4      public Texture texture;                    //声明一个 2D 纹理
5      public GUIContent guiContent;              //声明 GUIContent 变量
6      public GUIContent guiContent2;             //声明 GUIContent 变量
7      public GUIStyle guiStyle;                  //声明 GUIStyle 变量
8      void OnGUI(){                              //重写系统 OnGUI 函数用于控件绘制
9        if (!texture){                           //判断图片是否被添加
10         Debug.LogWarning ("请添加一张图片");   //如果没有添加就打印警报
11         return;
12       }
13     GUI.Label(new Rect(Screen.width / 8.5f, Screen.height / 7,  //创建仅有文字的 Label 控件
14       Screen.height / 1.5f, Screen.height /8),"绘制只有文字的 Label 控件! ");
15     GUI.Label(new Rect(Screen.width / 8.5f, Screen.height / 4.5f,  //创建具有纹理图
片的 Label 控件
16       Screen.height / 1.5f, Screen.height / 8), texture);
17     GUI.Label(new Rect(Screen.width / 8.5f, Screen.height / 2.5f,  //使用 Content
的 Label 控件
18       Screen.height / 1.5f, Screen.height / 8), guiContent);
19     GUI.Label(new Rect(Screen.width / 8.5f, Screen.height / 1.7f,  //使用 Content
和 Style 的 Label 控件
20       Screen.height / 1.5f, Screen.height / 8), guiContent2, guiStyle);
21   }}
```

❑ 第 4~7 行定义 2D 纹理、GUIContent 以及 GUIStyle，用于实现不同风格的 Label 控件。GUIContent 可用来设置标签文本、纹理以及提示。而 GUIStyle 可以修改标签样式，其修改内容和 Skin 相同，不同的是 GUIStyle 只作用于使用它的控件。

❑ 第 9~12 行判断 2D 纹理图片是否添加，如果没有添加就打印警告提示用户添加。

❑ 第 13~14 行通过 position 和 text 来创建一个仅有文本的 Label 控件。

❑ 第 15~16 行通过 position 和 texture 来创建一个具有纹理贴图的 Label 控件。

❑ 第 17~18 行通过 position 和 content 来创建一个带有文本和纹理的 Label 控件。

❑ 第 19~20 行通过 position、content 和 style 来创建一个自定义样式的 Label 控件。

（3）将脚本挂载到摄像机后，单击摄像机，在 Inspector 面板处会看到 Demo 脚本的设置面板。本案例需要设置 2D 纹理图片、GUIContent（如图 3-8 所示）和 GUIStyle（如图 3-9、图 3-10 所示）。读者只需要按照图片内容在设置面板中修改相关参数即可完成，部分参数功能如表 3-4 所列。

图 3-8　设置纹理和 GUIContent　　　图 3-9　设置 GUIStyle 1　　　图 3-10　设置 GUIStyle 2

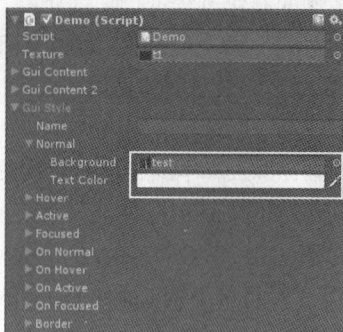

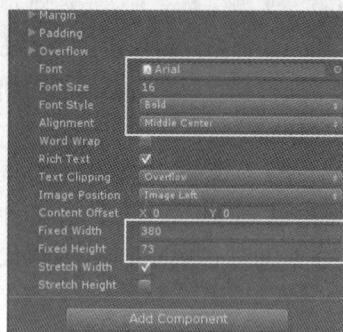

表 3-4　　　　　　　　　　　　　GUIStyle 参数介绍

参　数　名	含　　义	参　数　名	含　　义
Background	背景图片	Text Color	控件中文本的颜色
Font	控件中文本的字体	Font Size	控件中文本的字号
Font Style	控件中文本的样式（正常、加粗、倾斜）	Alignment	控件中文本的位置
Fixed Width	固定宽度	Fixed Height	固定高度

3.1.3　DrawTexture 控件

DrawTexture 控件用于在屏幕上绘制一张 2D 纹理图片。该控件不仅可以对显示的图片内容和控件位置进行修改，还可以在控件大小与图片资源的尺寸不匹配的情况下对图片的伸缩方式进行选择，从而达到不同的效果，下面将对图片的三种伸缩模式进行详细介绍。

1. 基本知识

DrawTexture 控件用于绘制纹理图片并能够指定对图片的缩放模式，在使用 GUI 图形用户界面系统创建 DrawTexture 控件的时候，会有如下静态方法供开发人员调用，没有返回值。静态方法中各个参数的功能如表 3-5 所列。

```
1    static function DrawTexture (position, image, scaleMode, alphaBlend, imageAspect) : void
```

表 3-5　　　　　　　　　　　DrawTexture 控件静态方法参数介绍

参　数　名	含　　义	参　数　名	含　　义
position	表示控件在屏幕上的位置以及大小	image	表示需要被绘制出来的纹理图片
scaleMode	图片的缩放模式，当矩形的长宽比不匹配图片的长宽比时如何缩放图像	alphaBlend	图片的混合模式，是否通道混合图片显示，默认为混合通道
imageAspect	源图片的长宽比，如果为 0，则使用图像的长宽比，通过宽/高获得所需的长宽比		

表中 ScaleMode 参数中有三种缩放模式供开发人员使用。StretchToFill 模式会对图片进行拉伸，使图片占满整个矩形。ScaleAndCrop 模式是将图片等比例缩放，保持高宽比，使图片完全覆盖矩形区域而超出矩形区域的内容会被裁切掉。ScaleToFit 模式会对图片进行等比例缩放，保持宽高比，使图片完全显示在矩形区域内。

2. 案例效果

该案例通过绘制五种不同风格的 DrawTexture 控件演示控件效果，其中前三个控件使用的是同一张 jpg 格式的图片，但是使用了三种不同的 scaleMode 模式。1 号控件为 ScaleAndCrop 模式，2 号控件为 ScaleToFit 模式，3 号控件为 StretchToFill 模式。后两个控件使用的是同一张 png 格式的图片以及同一种图片缩放模式，png 格式的图片带有 alpha 通道可以用来演示控件开启或关闭通道混合功能后图片的绘制效果，4 号控件为关闭了通道混合功能后绘制的效果，5 号控件为开启了通道混合功能后绘制的效果，案例运行效果如图 3-11 所示。

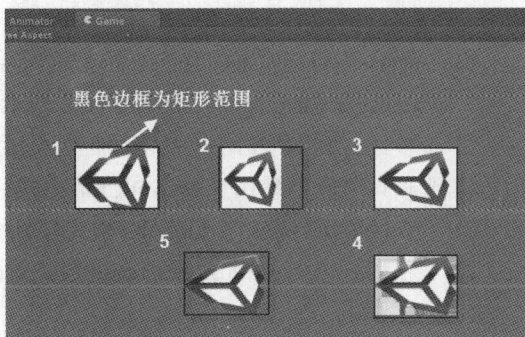

图 3-11　案例运行效果

3. 开发流程

接下来笔者会通过一个案例来向读者展示，在实际游戏开发过程中如何使用 GUI 图形用户界面系统的 DrawTexture 控件，由于篇幅限制 DrawTexture 控件的创建方法并没有完全列出，读者可以查看 Unity 的官方技术文档深入学习。下面将对该案例的制作过程进行详细介绍，具体步骤如下。

（1）首先分别创建 "Texture" 和 "C#" 两个文件夹，一个用于放置图片资源，一个用于放置脚本文件。然后在 C#文件夹下单击鼠标右键，选择 Create→C# Script 创建一个 C#脚本并重命名为 "Demo"。

（2）接下来双击创建的 Demo 脚本，进入脚本编辑器编辑代码，通过代码来控制 GUI 图形用户界面系统在屏幕上依次创建出五种不同风格的 DrawTexture 控件来演示控件效果。编写完成后需要将脚本拖拽到主摄像机上，具体代码如下。

代码位置：见资源包中源代码/第 3 章目录下的 DrawTexture_Demo\Assert\C#\Demo.cs。

```
1    using UnityEngine;
2    using System.Collections;
3    public class Demo : MonoBehaviour {
4      public Texture texture;                          //声明 2D 纹理图片
5      public Texture texture2;
6      void OnGUI(){                                    //重写系统 OnGUI 函数，用于 GUI 控件的绘制
7        if (!texture||!texture2){                       //判断图片是否添加
8          Debug.LogWarning("请添加一张图片！");         //如果没有添加就打印警告，提示用户添加
9          return;
10       }
11     GUI.DrawTexture(new Rect(Screen.width / 9,        //使用 ScaleAndCrop 模式绘制的图片
12       Screen.height / 4,Screen.height / 5, Screen.height / 7),
13         texture,ScaleMode.ScaleAndCrop,true,0.0f);
14     GUI.DrawTexture(new Rect(Screen.width / 3.5f,    //使用 ScaleToFit 模式绘制的图片
15       Screen.height / 4,Screen.height / 5, Screen.height / 7),
16         texture, ScaleMode.ScaleToFit, true, 0.0f);
17     GUI.DrawTexture(new Rect(Screen.width / 2,        //使用 StretchToFill 模式绘制的图片
18       Screen.height / 4,Screen.height / 5, Screen.height / 7),
19         texture, ScaleMode.StretchToFill, true, 0.0f);
20     GUI.DrawTexture(new Rect(Screen.width / 2,        //关闭混合通道效果
21       Screen.height / 2,Screen.height / 5, Screen.height / 7),
```

```
22        texture2, ScaleMode.StretchToFill, false, 0.0f);
23    GUI.DrawTexture(new Rect(Screen.width / 4,        //开启混合通道效果
24      Screen.height / 2,Screen.height / 5, Screen.height / 7),
25      texture2, ScaleMode.StretchToFill, true, 0.0f);
26  }}
```

- ❑ 第 4～5 行声明了两张 2D 纹理图片，一张用于演示三种伸缩模式的效果，另一张为带有 alpha 通道的 png 格式图片，用于演示通道混合功能的开启或关闭的效果。
- ❑ 第 7～10 行判断用户是否添加了两张图片，如果没有就打印警告，提示用户添加。
- ❑ 第 11～13 行使用 ScaleAndCrop 模式对图片进行绘制，超出矩形区域的部分将被裁切掉。
- ❑ 第 14～16 行使用 ScaleToFit 模式对图片进行绘制，该模式下图片宽高比不会被自动修改。
- ❑ 第 17～19 行使用 StretchToFill 模式对图片进行绘制，对图片进行拉伸，使其完全覆盖矩形区域。
- ❑ 第 20～22 行关闭了通道混合效果，直观的效果为图片的背景不再透明。
- ❑ 第 23～25 行开启了通道混合效果，图片的透明部分将会被保留。

（3）将图片挂载到摄像机后，单击摄像机，在 Inspector 面板处会看到 Demo 脚本的设置面板，需要将 Texture 文件夹中的两张图片"demo"、"demo2"分别拖曳到两个添加纹理的窗口，这样程序就会对 demo 图片进行三种不同方式的缩放，对 demo2 图片进行通道混合计算，如图 3-12 所示。

图 3-12　添加图片资源

3.1.4　Box 控件

Box 控件用于在屏幕上绘制一个图形化的盒子。Box 控件中既可以显示文本内容，也可以绘制图片，或两者同时存在。并且对于 Box 控件 GUIContent 和 GUIStyle 同样适用，可以用来修改 Box 控件的文本颜色、文本大小、图片资源等。

1. 基本知识

Box 控件用于在给定的坐标处绘制图形化的盒子并没有十分复杂的使用方法，在使用 GUI 图形用户界面系统创建 Box 控件的时候，会有如下部分静态方法供开发人员调用，没有返回值，无法接受焦点。静态方法中各个参数的功能如表 3-6 所列。

```
1  static function Box (position : Rect, text : string) : void
2  static function Box (position : Rect, image : Texture) : void
3  static function Box (position : Rect, content : GUIContent) : void
4  static function Box (position : Rect, text : string, style : GUIStyle) : void
```

表 3-6　　　　　　　　　　　Box 控件静态方法参数介绍

参　数　名	含　　义	参　数　名	含　　义
position	表示控件在屏幕上的位置以及大小	text	控件上显示的文本
image	控件上显示的纹理图片	content	用于设置控件的文本、图片和提示
style	表示控件使用的样式		

2. 案例效果

该案例将通过上面介绍的方法创建出 4 种不同风格的 Box 控件，图片中四种不同风格 Box 控

件依次通过前面介绍的四种静态方法创建而来，案例运行效果如图 3-13 所示。使用时打开相应工程文件（Box_Demo）并双击场景文件（Box_Demo），然后单击播放按钮即可。

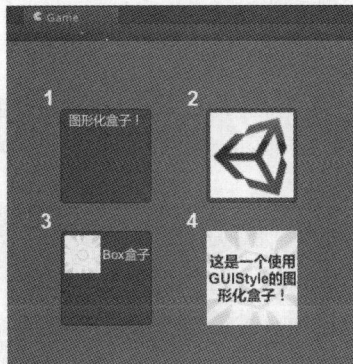

图 3-13　案例运行效果

3. 开发流程

接下来笔者会通过一个案例来向读者展示，在实际游戏开发过程中如何使用 GUI 图形用户界面系统的 Box 控件。由于篇幅限制 Box 控件的创建方法并没有完全列出，读者可以查看 Unity 的官方技术文档深入学习。下面将对该案例的制作过程进行详细介绍，具体步骤如下。

（1）首先分别创建 "Texture" 和 "C#" 两个文件夹，一个用于放置图片资源，一个用于放置脚本文件。然后在 C#文件夹下单击鼠标右键，选择 Create→C# Script 创建一个 C#脚本并重命名为 "Demo"。

（2）接下来双击创建的 Demo 脚本，进入脚本编辑器编辑代码，通过代码来控制 GUI 图形用户界面系统在屏幕上创建出四种不同风格的 Box 控件来演示控件效果。编写完成后需要将脚本拖曳到主摄像机上，具体代码如下。

代码位置：见资源包中源代码/第 3 章目录下的 Box_Demo\Assert\C#\Demo.cs。

```
1    using UnityEngine;
2    using System.Collections;
3    public class Demo : MonoBehaviour {
4      public Texture texture;                      //声明纹理图片
5      public GUIContent guiContent;                //声明 GUIContent
6      public GUIStyle guiStyle;                    //声明 GUIStyle
7      void OnGUI(){                                //重写 OnGUI 方法，用于控件的绘制
8        if(!texture){                              //判断是否添加图片
9          Debug.LogWarning("请添加一张图片");        //如果没有添加，打印警告
10         return;
11       }
12     GUI.Box(new Rect(Screen.width / 8.5f, Screen.height / 7,
13       Screen.height / 5, Screen.height / 5),"图形化盒子! "); //使用第一种方法实现控件
14     GUI.Box(new Rect(Screen.width / 4, Screen.height / 7,
15       Screen.height / 5, Screen.height / 5), texture); //使用第二种方法实现控件
16     GUI.Box(new Rect(Screen.width / 8.5f, Screen.height / 2.5f,
17       Screen.height / 5, Screen.height / 5), guiContent); //使用第三种方法实现控件
18     GUI.Box(new Rect(Screen.width / 4, Screen.height / 2.5f, //使用第四种方法实现控件
19       Screen.height / 5, Screen.height / 5),"这是一个使用 GUIStyle 的图形化盒子!", guiStyle);
20 }}
```

❑ 第 4～6 行声明了 Texture、GUIContent 和 GUIStyle 三种变量，后面将通过不同的方法绘制控件。

❑ 第 8～11 行用于判断当前用户是否添加了一张 2D 纹理，如果没有则打印警告提示用户添加。

❑ 第 12～13 行通过使用 position 和 text 来创建一个带有文本的 Box 控件。

❑ 第 14～15 行通过使用 position 和 texture 来创建一个带有图片的 Box 控件。

❑ 第 16～17 行通过使用 position 和 content 来创建一个带有文本和图片的 Box 控件。

❑　第 18~19 行通过使用 position、text 和 style 来创建一个具有自定义样式的 Box 控件。

（3）将脚本挂载到摄像机后，单击摄像机。在 Inspector 面板处会看到 Demo 脚本的设置面板，本案例需要设置 2D 纹理图片、GUIContent（如图 3-14 所示）和 GUIStyle（如图 3-15、图 3-16 所示）。读者只需要按照图片内容在设置面板中修改相关参数即可完成，被修改的参数功能如表 3-7 所示。

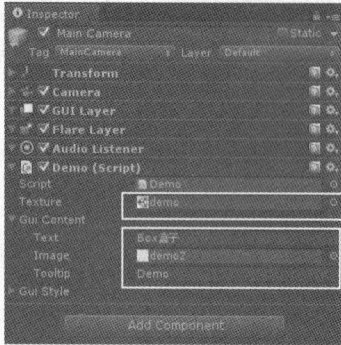

图 3-14　设置纹理和 GUIContent　　　图 3-15　设置 GUIStyle 1　　　图 3-16　设置 GUIStyle 2

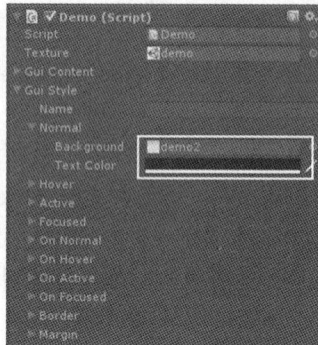

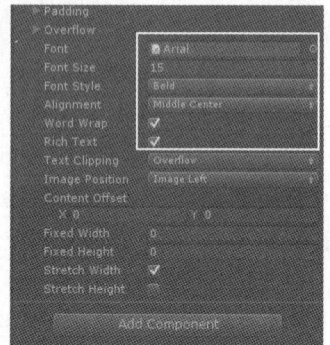

表 3-7　　　　　　　　　　　　GUIStyle 控件参数介绍

参　数　名	含　　义	参　数　名	含　　义
Background	背景图片	Text Color	控件中文本的颜色
Font	控件中文本的字体	Font Size	控件中文本的字号
Font Style	控件中文本的样式（正常、加粗、倾斜）	Alignment	控件中文本的位置
Word Wrap	勾选后控件中的文字会被限制在控件的矩形区域内，超出的部分会通过换行来控制文本长度		

3.1.5　TextField 控件

TextField 控件用于绘制一个单行文本编辑框，用户可以在单行文本编辑框中输入文本信息，并且每当用户修改文本编辑框中的文本内容时，TextField 控件就会将当前文本编辑框中的文本信息以字符串的形式返回。开发人员可以通过创建 String 变量来接收返回值并实现相关功能。

1. 基本知识

TextField 控件用于创建单行文本编辑框，并能够通过 GUIStyle 变量来对编辑框的背景和文字进行美化。在使用 GUI 图形用户界面系统创建 TextField 控件的时候，会有如下四种静态方法供开发人员使用，每当用户修改文本时函数就会返回被编辑的字符串。静态方法中各个参数的功能如表 3-8 所列。

```
1    static function TextField (position : Rect, text : String) : String
2    static function TextField (position : Rect, text : String, maxLength : int) : String
3    static function TextField (position : Rect, text : String, style : GUIStyle) : String
4    static function TextField (position : Rect, text : String, maxLength : int, style :
GUIStyle) : String
```

表 3-8　　　　　　　　　　　　　　TextField 控件静态方法参数介绍

参　数　名	含　　义	参　数　名	含　　义
position	表示控件在屏幕上的位置以及大小	text	控件默认显示的文本
maxLength	输入的字符串的最大长度	style	表示控件的使用样式

2．案例效果

该案例将通过上面介绍的四种静态方法来依次创建出 4 种不同风格的 TextField 控件，实现字数限制、改变文字颜色等功能，案例运行效果如图 3-17 所示。使用时打开相应工程文件（TextureField_Demo）并双击场景文件（TextureField_Demo），然后单击播放按钮即可。

3．开发流程

接下来笔者会通过一个案例来向读者展示在实际游戏开发过程中如何使用 GUI 图形用户界面系统的 TextField 控件，由于篇幅限制 TextField 控件的创建方法并没有完全列出，读者可以查看 Unity 的官方技术文档深入学习。下面将对该案例的制作过程进行详细介绍，具体步骤如下。

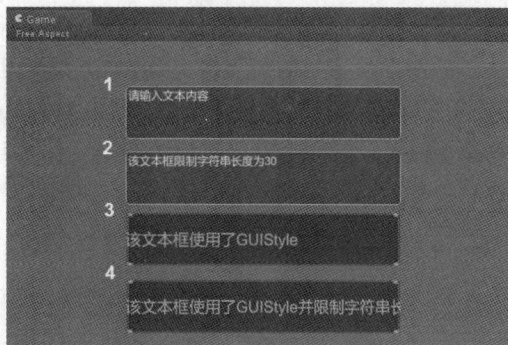

图 3-17　案例运行效果

（1）首先分别创建"Texture"和"C#"两个文件夹，一个用于放置图片资源，一个用于放置脚本文件。然后在 C#文件夹下单击鼠标右键，选择"Create"→"C# Script"创建一个 C#脚本并重命名为"Demo"。

（2）接下来双击创建的 Demo 脚本，进入脚本编辑器编辑代码，通过代码来控制 GUI 图形用户界面系统在屏幕上创建出四种不同风格的 TextField 控件来演示控件效果。编写完成后需要将脚本拖曳到主摄像机上，具体代码如下。

代码位置：见资源包中源代码/第 3 章目录下的 TextField_Demo\Assert\C#\Demo.cs。

```
1    using UnityEngine;
2    using System.Collections;
3    public class Demo : MonoBehaviour {
4      public GUIStyle guiStyle;
5      private string stringDemo1="请输入文本内容";   //声明字符串，使其在 TextField 内被编辑
6      private string stringDemo2="该文本框限制字符串长度为30";
7      private string stringDemo3="该文本框使用了 GUIStyle";
8      private string stringDemo4 = "该文本框使用了 GUIStyle 并限制字符串长度为30";
9      void OnGUI(){
10       stringDemo1 = GUI.TextField(new Rect(   //使用第一种方法创建的 TextField
11         Screen.width / 8.5f,Screen.height / 9.5f,
12           Screen.height / 1.5f, Screen.height / 8), stringDemo1);
13       stringDemo2 = GUI.TextField(new Rect(   //使用第二种方法创建的 TextField
14         Screen.width / 8.5f,Screen.height / 3.9f,
15           Screen.height / 1.5f, Screen.height / 8), stringDemo2, 30);
16       stringDemo3 = GUI.TextField(new Rect(   //使用第三种方法创建的 TextField
17         Screen.width / 8.5f,Screen.height / 2.5f,
18           Screen.height / 1.5f, Screen.height / 8), stringDemo3, guiStyle);
19       stringDemo4 = GUI.TextField(new Rect(   //使用第四种方法创建的 TextField
```

```
20          Screen.width / 8.5f,Screen.height / 1.8f,
21            Screen.height / 1.5f, Screen.height / 8), stringDemo4, 30, guiStyle);
22  }}
```

❑ 第 4～8 行声明了 GUIStyle 和四个字符串，用于改变控件样式和存储字符串。

❑ 第 10～12 行使用 position 和 text 来创建一个有默认文本的文本编辑框。

❑ 第 13～15 行使用 position、text 和 maxLength 来创建一个有默认文本并限制字数的文本编辑框。

❑ 第 16～18 行使用 position、text 和 style 来创建一个有默认文本并使用自定义样式的文本编辑框。

❑ 第 19～21 行使用 position、text、style 和 maxLength 来创建一个使用自定义样式的有着默认文本的被限制字数的文本编辑框。

（3）将脚本挂载到摄像机后，单击摄像机。在 Inspector 面板处会看到 Demo 脚本的设置面板，本案例需要设置 GUIStyle（如图 3-18、图 3-19 所示）。读者只需要按照图片内容在设置面板中修改相关参数即可完成，被修改的参数功能如表 3-9 所列。

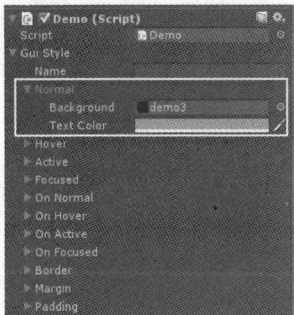

图 3-18　设置 GUIStyle 1

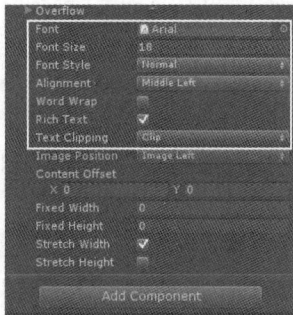

图 3-19　设置 GUIStyle 2

表 3-9　　　　　　　　　　　　　　GUIStyle 参数介绍

参　数　名	含　　义	参　数　名	含　　义
Background	背景图片	Text Color	控件中文本的颜色
Font	控件中文本的字体	Font Size	控件中文本的字号
Font Style	控件中文本的样式（正常、加粗、倾斜）	Alignment	控件中文本的位置
Text Clipping	文字裁剪，使用 GUIStyle 的文本编辑框勾选时才会将超出的文字隐藏起来，否则会直接将全部文字显示在屏幕上，从而超出文本框的范围		

3.1.6　PasswordField 控件

PasswordField 控件用于创建一个用于编辑密码的文本编辑区。用户可以在密码编辑框中输入密码字段。并且每当用户修改密码编辑框中的密码字段时，PasswordField 控件就会将当前密码编辑框中的密码字段以字符串的形式返回。开发人员可以通过创建 String 变量来接收返回值并实现相关功能。

1. 基本知识

当游戏开发登录界面时，密码编辑框便不可或缺。使用 PasswordField 控件就可以轻松实现密码编辑框的创建。在使用 GUI 系统创建 PasswordField 控件时，会有如下部分静态方法供开发人员使用，当用户编辑密码的时候，这些方法会返回编辑的密码字段。静态方法中各个参数的功能如表 3-10 所列。

```
1    static function PasswordField (position : Rect, password : String, maskChar : char) :
String
2    static function PasswordField (position : Rect, password : String, maskChar : char,
maxLength : int) : String
3    static function PasswordField (position : Rect, password : String, maskChar : char,
style : GUIStyle) : String
```

表 3-10　　　　　　　　　　PasswordField 控件静态方法参数介绍

参　数　名	含　　义	参　数　名	含　　义
position	表示控件在屏幕上的位置以及大小	Password	编辑的密码
maskChar	用于密码的字符遮罩，即在屏幕上用何种字符掩饰密码	maxLength	密码字段的最大长度
Style	用于该控件的样式		

2．案例效果

该控件的部分参数内容和 TextField 控件完全相同，这里就不再详细介绍。本案例将使用第二种静态方法来创建密码编辑框控件，来演示该控件的效果。案例运行效果如图 3-20 所示。使用时打开相应工程文件（PasswordField_Demo）并双击场景文件（PasswordField_Demo），然后单击播放按钮即可。

图 3-20　案例运行效果

3．开发流程

接下来笔者会通过一个案例来向读者展示，在实际游戏开发过程中如何使用 GUI 图形用户界面系统的 PasswordField 控件，由于篇幅限制 PasswordField 控件的创建方法并没有完全列出，读者可以查看 Unity 的官方技术文档深入学习。下面将对该案例的制作过程进行详细介绍，具体步骤如下。

（1）首先创建 “C#”文件夹，用于放置脚本文件。然后在 C#文件夹下单击鼠标右键，选择 Create→C# Script 创建一个 C#脚本并重命名为 “Demo”。

（2）接下来双击创建的 Demo 脚本，进入脚本编辑器编辑代码，通过代码控制 GUI 图形用户界面系统在屏幕上创建一个限制密码长度以及使用 “&” 字符掩盖密码的 PasswordField 控件，来演示该控件效果。编写完成后需要将脚本拖曳到主摄像机上，具体代码如下。

代码位置：见资源包中源代码/第 3 章目录下的 PasswordField _Demo\Assert\C#\Demo.cs。

```
1    using UnityEngine;
2    using System.Collections;
3    public class Demo : MonoBehaviour {
4      private string stringDemo="Hello World!";        //声明字符串用于储存密码字段
5      void OnGUI(){                                      //重写 OnGUI 方法，用于控件的绘制
6        stringDemo= GUI.PasswordField(new Rect(Screen.width / 8.5f, Screen.height / 9.5f,
7          Screen.height / 1.5f, Screen.height / 8), stringDemo,'&', 25);  //通过第
二种静态方法创建控件
8      }}
```

本案例中创建了一个密码输入框，同时使用字符"&"来隐藏密码字段并限制了密码长度。

3.1.7 TextArea 控件

TextArea 控件用于创建一个多行的文本编辑区。用户可以在多行文本编辑区内编辑文本内容，并且控件可以对超出控件区域的文本内容实现换行操作。TextArea 控件同样会将当前文本编辑区中的文本内容以字符串的形式返回。开发人员可以通过创建 String 变量来接收返回值并实现相关功能。

1. 基本知识

TextArea 控件不同于 TextField 控件，TextArea 控件允许用户输入多行文本内容。在使用 GUI 图形用户界面系统创建 TextArea 控件时，会有如下部分静态方法供开发人员使用，当用户编辑文本内容时，这些方法会返回被编辑的文本内容。静态方法中各个参数的功能如表 3-11 所列。

```
1    static function TextArea (position : Rect, text : String) : String
2    static function TextArea (position : Rect, text : String, maxLength : int, style :
GUIStyle) : String
```

表 3-11 　　　　　　　　　　　　 TextArea 控件静态方法参数介绍

参　数　名	含　　义	参　数　名	含　　义
position	表示控件在屏幕上的位置以及大小	text	控件默认显示的文本
maxLength	输入的字符串的最大长度	style	表示控件的使用样式

2. 案例效果

本案例将使用第一种静态方法来创建一个文本区域控件并在文本区域内键入一段文本内容，用于演示该控件效果，案例运行效果如图 3-21 所示。使用时打开相应工程文件（TextArea_Demo）并双击场景文件（TextArea_Demo），然后单击播放按钮即可。

3. 开发流程

接下来笔者会通过一个案例来向读者展示，在实际游戏开发过程中如何使用 GUI 图形用户界面系统的 TextArea 控件，由于篇幅限制 TextArea 控件的创建方法并没有完全列出，读者可以查看 Unity 的官方技术文档深入学习。下面将对该案例的制作过程进行详细介绍，具体步骤如下。

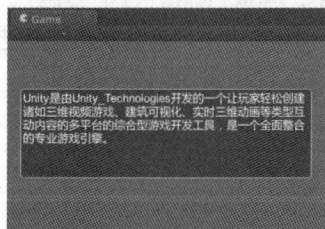

图 3-21　案例运行效果

（1）首先创建"C#"文件夹，用于放置脚本文件。然后在 C#文件夹下单击鼠标右键，选择 Create→C# Script 创建一个 C#脚本并重命名为"Demo"。

（2）接下来双击创建的 Demo 脚本，进入脚本编辑器编辑代码，通过代码控制 GUI 图形用户界面系统在屏幕上创建出不限制其文本字数的 TextArea 控件来演示该控件效果。编写完成后需要将脚本拖曳到主摄像机上，具体代码如下。

代码位置：见资源包中源代码/第 3 章目录下的 TextArea_Demo\Assert\C#\Demo.cs。

```
1    using UnityEngine;
2    using System.Collections;
```

```
3    public class Demo : MonoBehaviour {
4      public string stringDemo;                              //声明字符串，用于储存编辑的字符串
5      void OnGUI(){
6        stringDemo = GUI.TextArea(new Rect(Screen.width / 8.5f, //使用第一种静态方法创
建编辑区
7          Screen.height / 9.5f,Screen.height / 1.5f, Screen.height / 5), stringDemo);
8    }}
```

> 本案例使用第一种静态方法通过 position 和 text 参数来创建一个没有字数限制的文本编辑区。

（3）将脚本挂载到摄像机后，单击摄像机，在 Inspector 面板中会看到 Demo 脚本的设置面板，由于在脚本中并没有为字符串赋值，这里就需要在 StringDemo 参数的后方的编辑框中键入需要显示的文本内容，如图 3-22 所示。

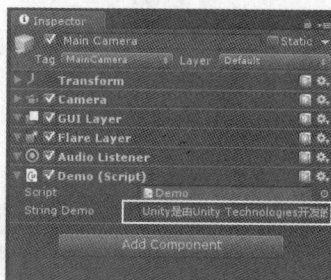

图 3-22　添加文本

3.1.8　Toggle 控件

Toggle 控件用于在屏幕上绘制一个开关，通过控制开关的开启与闭合来执行一些具体的操作。当用户切换开关状态时，Toogle 控件的绘制函数就会根据不同的切换动作来返回相应的布尔值。选中控件会返回布尔值 true，取消选中就会返回布尔值 false。

1. 基本知识

Toggle 控件用于绘制类似于单选按钮的开关。在使用 GUI 图形用户界面系统创建 Toggle 控件时，会有如下部分静态方法供开发人员使用，每当用户切换开关状态时函数会返回不同的布尔值来使程序判断开关是开启还是关闭。静态方法中各个参数的功能如表 3-12 所列。

```
1    static function Toggle (position : Rect, value : bool, text : String) : bool
2    static function Toggle (position : Rect, value : bool, image : Texture) : bool
3    static function Toggle (position : Rect, value : bool, content : GUIContent, style :
GUIStyle) : bool
```

表 3-12　　　　　　　　　　　　　Toggle 控件静态方法参数介绍

参　数　名	含　　义	参　数　名	含　　义
position	表示控件在屏幕上的位置以及大小	text	控件上显示的文本
image	控件上显示的纹理图片	content	用于设置控件的文本、图片和提示
style	表示控件使用的样式	value	设置开关是开启还是关闭

2. 案例效果

该案例将通过第一种和第二种静态方法分别创建两种风格的 Toggle 控件用于演示控件效果，一种为文本开关控件，另一种为带有纹理的开关控件。案例运行效果如图 3-23 所示。使用时打开相应工程文件（Toggle_Demo）并双击场景文件（Toggle_Demo），然后单击播放按钮即可。

3. 开发流程

接下来笔者会通过一个案例来向读者展示，在实际游戏开发过程中如何使用 GUI 图形用户界面系统的 Toggle 控件。由于篇幅限制 Toggle 控件的

图 3-23　案例运行效果

创建方法并没有完全列出，读者可以查看 Unity 的官方技术文档深入学习。下面将对该案例的制作过程进行详细介绍，具体步骤如下。

（1）首先分别创建"Texture"和"C#"两个文件夹，一个用于放置图片资源，一个用于放置脚本文件。然后在 C#文件夹下单击鼠标右键，选择 Create→C# Script 创建一个 C#脚本并重命名为"Demo"。

（2）接下来双击创建的 Demo 脚本，进入脚本编辑器编辑代码，通过代码控制 GUI 图形用户界面系统在屏幕上创建出带有文本和图片的两种 TextArea 控件来演示该控件效果。编写完成后需要将脚本拖曳到主摄像机上，具体代码如下。

代码位置：见资源包中源代码/第 3 章目录下的 Toggle_Demo\Assert\C#\Demo.cs。

```
1    using UnityEngine;
2    using System.Collections;
3    public class Demo : MonoBehaviour {
4      public Texture texture;                //声明纹理图片
5      private bool textBool;                 //文本开关状态判定标志位
6      private bool textureBool;              //图片开关状态判定标志位
7      void OnGUI(){                          //重写 OnGUI 方法，用于控件绘制
8        if (!texture){                       //判断图片是否添加
9            Debug.LogWarning("请添加一张图片");   //如果没有添加就打印警告，提示用户添加
10           return;
11       }
12     textBool=GUI.Toggle(new Rect(Screen.width / 8.5f,  //使用第一种静态方法创建
13       Screen.height / 7, Screen.height / 5, Screen.height / 5), textBool, "开关控件");
14     textureBool=GUI.Toggle(new Rect(Screen.width / 4,  //使用第二种静态方法创建
15       Screen.height / 7, Screen.height / 5, Screen.height / 5), textureBool, texture);
16   }}
```

❑　第 4～6 行声明了控件将使用的图片和两个开关的状态判定标志位。

❑　第 8～11 行判断图片是否添加，如果没有就打印警告提示用户添加。

❑　第 12～13 行通过使用 position 和 text 来创建一个带有文本的开关控件，控件状态为 textBool。如果状态标志位为 false 表示关闭开关，true 为打开开关。

❑　第 14～15 行通过使用 position 和 texture 来创建一个带有图片的开关控件，控件状态为 textureBool。如果状态标志位为 false 表示关闭开关，true 为打开开关。

（3）脚本挂载到摄像机后，单击摄像机。在 Inspector 面板处会看到 Demo 脚本的设置面板，将 Texture 文件夹下的纹理图片"demo"拖曳到 Demo 脚本设置面板的 Texture 处，为 Toggle 控

件添加背景图片，如图 3-24 所示。完成后单击播放按钮即可查看效果。

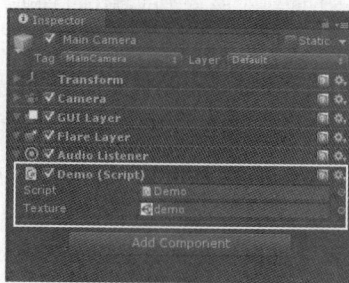

图 3-24　设置图片

3.1.9　SelectionGrid 控件

SelectionGrid 控件用于创建一个按钮网格。开发人员只需要指定该控件中按钮的数量以及每一排放置的按钮数量，控件就会在其中自动生成相应个数的网格按钮并且按照每一排的按钮数量来自动调整网格按钮的摆放方式，并且还可以指定按钮上显示的是文本内容还是图片。

1. 基本知识

SelectionGrid 控件可以方便快捷地创建出一组排列有序的网格按钮。在使用 GUI 图形用户界面系统创建 SelectionGrid 控件时，会有如下部分静态方法供开发人员使用，每当用户单击其中的按钮时，函数会返回该按钮的索引号。静态方法中各个参数的功能如表 3-13 所列。

```
1    static function SelectionGrid (position : Rect, selected : int, texts : String[],
xCount : int) : int
2    static function SelectionGrid (position : Rect, selected : int, images : Texture[],
xCount : int) : int
3    static function SelectionGrid (position : Rect, selected : int, images : Texture[],
xCount : int, style : GUIStyle) :  int
```

表 3-13　　　　　　　　　　　SelectionGrid 控件静态方法参数介绍

参　数　名	含　　义	参　数　名	含　　义
position	表示控件在屏幕上的位置以及大小	texts	显示在网格按钮上的字符串数组
images	显示在网格按钮上的纹理图片数组	contents	用于设置网格按钮的文本、图片和提示数组
style	表示控件使用的样式	selected	被选择的表格按钮的索引号
xCount	在水平方向上有多少元素，控件将缩放到适合宽度		

2. 案例效果

本案例通过使用第一种和第二种静态方法来创建两种风格的 SelectionGrid 控件，控件 1 中包括四个文本按钮，控件 2 中包括四个图片按钮。案例运行效果如图 3-25 所示。使用时打开相应工程文件（SelectionGrid_Demo）并双击场景文件（SelectionGrid_Demo），然后单击播放按钮即可。

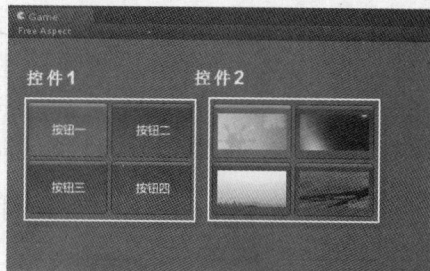

图 3-25　案例运行效果

3. 开发流程

接下来笔者会通过一个案例来向读者展示，在实际游戏开发过程中如何使用 GUI 图形用户界面系统的 SelectionGrid 控件。由于篇幅限制 SelectionGrid 控件的创建方法并没有完全列出，读者可以查看 Unity 的官方技术文档深入学习。下面将对该案例的制作过程进行详细介绍，具体步骤如下。

（1）首先分别创建 "Texture" 和 "C#" 两个文件夹，一个用于放置图片资源，一个用于放置脚本文件。然后在 C# 文件夹下单击鼠标右键，选择 Create→C# Script 创建一个 C# 脚本并重命名为 "Demo"。

（2）接下来双击脚本，进入脚本编辑器编辑代码，通过代码控制 GUI 图形用户界面系统在屏幕上创建使用文本表格按钮和图片表格按钮的两种风格的 SelectionGrid 控件，来演示控件效果。编写完成后需要将脚本拖曳到摄像机上，具体代码如下。

代码位置：见资源包中源代码/第 3 章目录下的 SelectionGrid_Demo\Assert\C#\Demo.cs。

```
1    using UnityEngine;
2    using System.Collections;
3    public class Demo : MonoBehaviour {
4      public Texture[] texture;                      //声明纹理数组
5      private string[] textStrings = new string[] { "按钮一", "按钮二", "按钮三", "按
钮四" }; //声明字符串数组
6      private int index;                             //第一个控件的索引
7      private int deindex;                           //第二个控件的索引
8      void OnGUI(){
9        index = GUI.SelectionGrid(new Rect(Screen.width / 40,Screen.height /
7,Screen.width / 5,
10         Screen.height /4),index,textStrings,2); //使用第一种静态方法，创建2×2的按钮网格
11         deindex = GUI.SelectionGrid(new Rect(Screen.width / 4, Screen.height / 7,
Screen.width / 5,
12          Screen.height / 4), deindex, texture, 2);//使用第二种静态方法，创建2×2的按钮网格
13    }}
```

❑ 第 4～5 行声明了字符串数组和图片数组，分别用于创建带有文本的按钮和带有图片的按钮。

❑ 第 6～7 行声明两个整型变量，用于储存当前被选中的按钮的索引号，当用户单击按钮时函数就会返回当前按钮的索引值并赋值给 index 或 deindex。

❑ 第 9～10 行通过使用 position 和 text 创建包含四个文本按钮并以 2×2 放置的 SelectionGrid 控件。

❑ 第 11～12 行通过使用 position 和 texture 创建包含四个图片按钮并以 2×2 方式放置的 SelectionGrid 控件。

（3）脚本挂载到摄像机后，单击摄像机。在 Inspector 面板处会看到 Demo 脚本的设置面板，首先将 Demo 脚本设置面板处的纹理数组大小（Size）设置为 4，将 Texture 文件夹下的纹理图片（本案例为 bg1、bg2、bg3、bg4）拖曳到 Texture 处，如图 3-26 所示。完成后单击播放按钮即可查看效果。

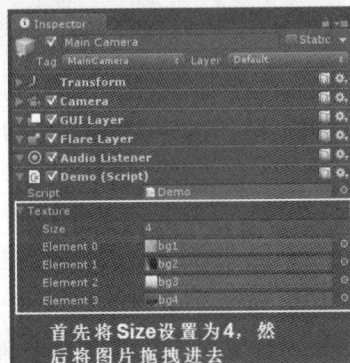

图 3-26　添加纹理

3.1.10　HorizontalScrollbar 控件与 VerticalScrollbar 控件

HorizontalScrollbar 控件用于创建一个水平滚动条，VerticalScrollbar 控件用于创建一个垂直滚动条。一般情况下当用户需要查看的内容的区域大于显示内容的窗口时，就需要使用 HorizontalScrollbar 控件与 VerticalScrollbar 控件来解决这一问题。

1. 基本知识

对水平（垂直）滚动条控件，用户都可以为其设定阈值。用户可以拖动滑块在最大值与最小值之间移动。在使用 GUI 系统创建控件的时候，会有如下部分静态方法供开发人员调用（1、2 为水平控件，3、4 为垂直控件），并返回 float 类型的数值。静态方法中各个参数的功能如表 3-14 所列。

```
1    static function HorizontalScrollbar (position : Rect, value : float, size : float,
leftValue : float, rightValue : float) :    float
2    static function HorizontalScrollbar (position : Rect, value : float, size : float,
leftValue : float, rightValue : float, style : GUIStyle) : float
3    static function VerticalScrollbar (position : Rect, value : float, size : float,
topValue : float, bottomValue : float, style : GUIStyle) : float
```

表 3-14　　　　　　　　　　　　　Scrollbar 控件静态方法参数介绍

参 数 名	含 义	参 数 名	含 义
position	表示控件在屏幕上的位置以及大小	value	设置滚动条的数值，确定滑块的位置
leftValue	滚动条最左边的值	rightValue	滚动条最右端的值
topValue	滚动条最上边的值	bottomValue	滚动条最下边的值
style	用于滚动条背景的样式	size	滑块的大小

2. 案例效果

该案例将通过 GUI 图形用户界面系统在屏幕上创建两种控件，一个为水平滚动条，另一个为垂直滚动条。案例运行效果如图 3-27 所示。使用时打开相应工程文件（ScrollBar_Demo）并双击场景文件（ScrollBar_Demo），然后单击播放按钮即可。

3. 开发流程

接下来笔者会通过一个案例来向读者展示，在实际游戏开发过程中如何使用 GUI 图形用户界面系统的 Scrollbar 控件。由于篇幅限制 Scrollbar 控件的创建方法并没有完全列出，读者可以查看 Unity 的官方技术文档深入学习。下面将对该案例的制作过程进行详细介绍，具体步骤如下。

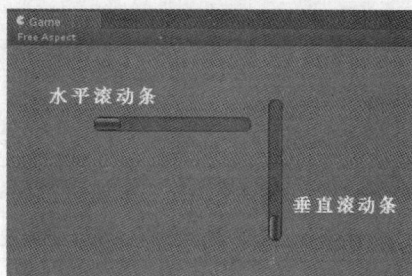

图 3-27　案例运行效果

（1）首先创建 "C#" 文件夹，用于放置脚本文件。然后在 C# 文件夹下单击鼠标右键，选择 "Create" → "C# Script" 创建一个 C# 脚本并重命名为 "Demo"。

（2）接下来双击脚本，进入脚本编辑器编辑代码，通过代码控制 GUI 图形用户界面系统在屏幕上创建 HorizontalScrollbar 控件与 VerticalScrollbar 控件，来演示控件效果。编写完成后需要将脚本拖曳到摄像机上，具体代码如下。

代码位置：见资源包中源代码/第 3 章目录下的 ScrollBar_Demo\Assert\C#\Demo.cs。

```
1    using UnityEngine;
2    using System.Collections;
3    public class Demo : MonoBehaviour {
4      private float value;                          //水平滚动条当前的数值
5      private float value2;                         //垂直滚动条当前的数值
```

```
6       void OnGUI(){                                    //重写 OnGUI 函数，用于控件绘制
7           value = GUI.HorizontalScrollbar(new Rect(Screen.width / 13.5f,Screen.height
/ 7,Screen.width
8             / 7.5f, Screen.height /8), value, 0.1f, 0.0f, 1.0f);   //通过第一种方法创建水平
滚动条控件
9           value2 = GUI.VerticalScrollbar(new Rect(Screen.width / 4.5f, Screen.height /
9.5f, Screen.width
10            / 8,Screen.height / 3.5f), value2, 0.1f, 1.0f, 0.0f);     //通过第二种方法创建
垂直滚动条控件
11    }}
```

❑   第 4～5 行声明两个 float 类型的变量，用于储存滑动条控件当前的数值。

❑   第 7～8 行通过使用 position、value、size、leftValue 和 rightValue 参数创建水平滚动条。

❑   第 9～10 行通过使用 position、value、size、topValue 和 bottomValue 参数创建垂直滚动条。

3.1.11 BeginGroup 容器和 EndGroup 容器

BeginGroup 容器和 EndGroup 容器需要配合使用以达到对屏幕上的各个控件进行分组的效果。在同一容器中创建的 GUI 控件为同一组，这些控件都以容器的左上角为原点（0,0）来确定自己的位置。当移动容器的位置后，容器内的组件整体会发生移动，但是组件之间的相对位置保持不变。

1. 基本知识

BeginGroup 容器用于开始一个容器， EndGroup 则用于关闭一个容器。容器的使用涉及用户界面对手机屏幕不同分辨率的自适应。在使用 GUI 系统创建控件时，会有如下部分静态方法供开发人员使用。静态方法中各个参数的功能如表 3-15 所列。

```
1   static function BeginGroup (position : Rect) : void
2   static function BeginGroup (position : Rect, text : string) : void
3   static function BeginGroup (position : Rect, image : Texture) : void
4   static function BeginGroup (position : Rect, content : GUIContent, style : GUIStyle) :
void
```

表 3-15   Group 控件静态方法参数介绍

参 数 名	含 义	参 数 名	含 义
position	表示控件在屏幕上的位置以及大小	text	控件上显示的文本
image	控件上显示的纹理图片	content	用于设置控件的文本、图片和提示
style	表示控件使用的样式		

2. 案例效果

该案例将创建两组 Group 容器，每一组里面有一个和 Group 限制区域大小相同的 Box 控件以及两个 Button 控件，在 Demo 脚本的设置面板处通过修改 value（value2）的值（修改 Group 控件的水平位置），可以看到同一组中的控件都会发生移动并保持控件间相对位置不动。

案例运行效果如图 3-28、图 3-29 所示。使用时打开相应工程文件（Group_Demo）并双击场景文件（Group_Demo），然后单击播放按钮即可。

3. 开发流程

接下来笔者会通过一个案例来向读者展示，在实际游戏开发过程中如何使用 GUI 图形用户界面系统的 Group 容器。由于篇幅限制 Group 容器的创建方法并没有完全列出，读者可以查看 Unity 的官方技术文档深入学习。下面将对该案例的制作过程进行详细介绍，具体步骤如下。

（1）首先创建"C#"文件夹，用于放置脚本文件。然后在 C#文件夹下单击鼠标右键，选择 Create→C# Script 创建一个 C#脚本并重命名为"Demo"。

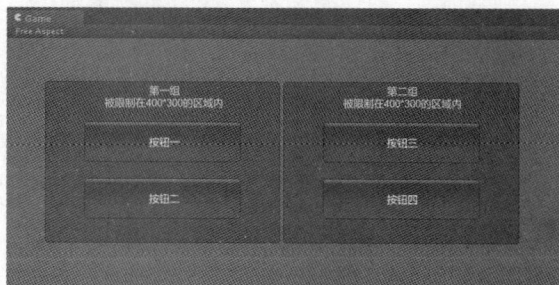

图 3-28　案例运行效果 1

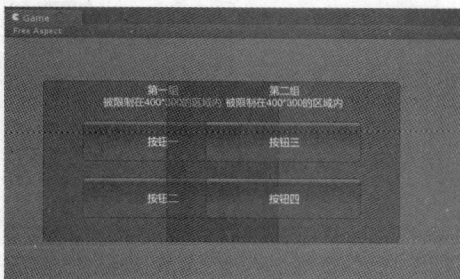

图 3-29　案例运行效果 2

（2）接下来双击脚本，进入脚本编辑器编辑代码，通过代码控制 GUI 图形用户界面系统在屏幕上创建两组 Group 容器、两个 Box 控件和四个 Button 控件，每一组容器中放置一个 Box 控件和两个 Button 控件。编写完成后需要将脚本拖曳到摄像机上，具体代码如下。

代码位置：见资源包中源代码/第 3 章目录下的 Group _Demo\Assert\C#\Demo.cs。

```
1    using UnityEngine;
2    using System.Collections;
3    public class Demo : MonoBehaviour {
4      public float value=25.0f;                    //用于修改 Group 的位置
5      public float value2 = 3.5f;
6      void OnGUI() {
7        GUI.BeginGroup(new Rect(Screen.width / value,
8         Screen.height / 9.5f, 300, 200)); //使用 BeginGroup 将区域限制为 300×200 像素大小
9        GUI.Box(new Rect(0,0,300,200),
10        "第一组\n 被限制在 400*300 的区域内");  //创建一个和限制区域相同大小的 Box 控件
11       GUI.Button(new Rect(50,50,200,50),"按钮一"); //创建 Button 控件
12       GUI.Button(new Rect(50, 120, 200, 50), "按钮二");
13       GUI.EndGroup();                              //结束组，需和开始组一起使用
14       GUI.BeginGroup(new Rect(Screen.width / value2,
15        Screen.height / 9.5f, 300, 200)); //使用 BeginGroup 创建一个 300×200 像素大小的容器
16       GUI.Box(new Rect(0, 0, 300, 200),
17        "第二组\n 被限制在 400*300 的区域内");  //创建一个和限制区域相同大小的 Box 控件
18       GUI.Button(new Rect(50, 50, 200, 50), "按钮三"); //创建 Button 控件
19       GUI.Button(new Rect(50, 120, 200, 50), "按钮四");
20       GUI.EndGroup();                      //结束组，需和开始组一起使用来关闭容器
21    }}
```

❑ 第 4～5 行声明两个 float 类型的变量，用来控制两个容器的水平位置。

❑ 第 7～8 行通过使用 position 创建一个限制区域大小为 300×200 像素的 Group 组。

❑ 第 9～10 行通过 position 和 text 创建一个和限制区域相同大小的 Box 控件。

❑ 第 11～12 行通过使用 position 和 text 创建两个带有文本的 Button 控件。

❑ 第 13 行为结束组，和 BeginGroup 成对使用，在它们之间创建的控件都为一组。

❑ 第 14～20 行和上面一样，在不同的位置创建了另一个 Group 组。

（3）脚本挂载到摄像机后，单击摄像机，在 Inspector 面板处会看到 Demo 脚本的设置面板，

读者可以在其中修改 value 和 value2 的值来调整 Group 容器的位置，观察控件移动的效果，如图 3-30 所示。完成后单击播放按钮即可查看效果。

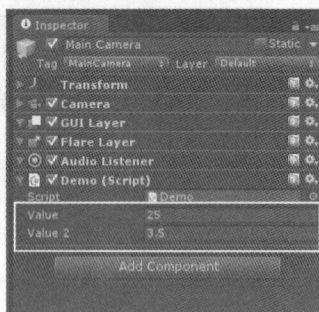

图 3-30 修改 Group 控件坐标

3.1.12 BeginScrollView 控件和 EndScrollView 控件

ScrollView 控件用于在屏幕上创建滚动视图，通过一片小区域查看较大区域的内容。当内容区域大于查看区域时，该控件就会自动生成垂直（水平）滚动条，用户可以通过拖曳滚动条来查看所有内容。重要的是 BeginScrollView 控件和 EndScrollView 控件需要配合使用，成对存在。

1. 基本知识

BeginScrollView 控件的绘制函数会返回 Vector2 类型的返回值，用来记录滚动条被修改的位置。在使用 GUI 系统创建控件时，会有如下部分静态方法供开发人员使用（第三行为创建 EndScrollView 控件的静态方法）。静态方法中各个参数的功能如表 3-16 所列。

```
1   static function BeginScrollView (position : Rect, scrollPosition : Vector2,
viewRect : Rect) : Vector2
2   static function BeginScrollView (position : Rect, scrollPosition : Vector2,
viewRect : Rect, alwaysShowHorizontal : bool, alwaysShowVertical : bool,
horizontalScrollbar : GUIStyle, verticalScrollbar : GUIStyle) : Vector2
3   static function EndScrollView () : void
```

表 3-16   ScrollView 控件静态方法参数介绍

参数名	含义	参数名	含义
position	表示控件在屏幕上的位置以及大小	scrollPosition	用来显示滚动位置
viewRect	滚动视图内使用的矩形	alwaysShowHorizontal	可选参数，总是显示水平滚动条，如果为 false 或者不设置，它仅在内矩形比外矩形大的时候显示
HorizontalScrollbar	用于水平滚动条的可选 GUIStyle	alwaysShowVertical	可选参数，总是显示垂直滚动条，如果为 false 或者不设置，它仅在内矩形比外矩形大的时候显示
VerticalScrollbar	用于垂直滚动条的可选 GUIStyle		

2. 案例效果

该案例创建一个滚动视图控件组，通过 300×200 像素大小的窗口来查看 400×300 像素大小的区域。使用时打开相应工程文件（ScrollView_Demo）并双击场景文件（ScrollView_Demo），然后单击播放按钮即可。案例运行效果如图 3-31、图 3-32 和图 3-33 所示。

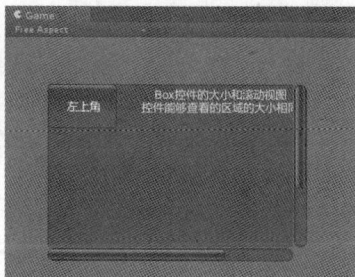

图 3-31　案例运行效果 1　　　　图 3-32　案例运行效果 2　　　　图 3-33　案例运行效果 3

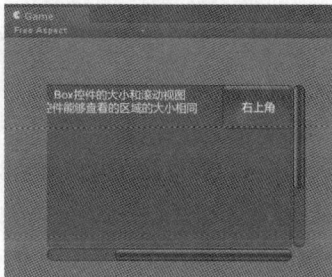

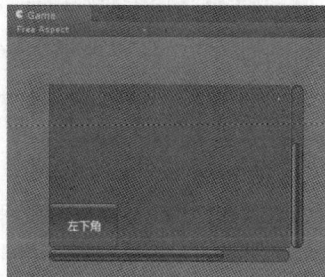

3. 开发流程

接下来笔者会通过一个案例来向读者展示，在实际游戏开发过程中如何使用 GUI 图形用户界面系统的 ScrollView 控件。由于篇幅限制 ScrollView 控件的创建方法并没有完全列出，读者可以查看 Unity 的官方技术文档深入学习。下面将对该案例的制作过程进行详细介绍，具体步骤如下。

（1）首先创建 "C#" 文件夹，用于放置脚本文件。然后在 C# 文件夹下单击鼠标右键，选择 Create→C# Script 创建一个 C# 脚本并重命名为 "Demo"。

（2）接下来双击脚本，进入脚本编辑器编辑代码，通过代码控制 GUI 图形用户界面系统在屏幕上创建 ScrollView 控件组为查看区域，创建 Box 控件为内容区域，其中包含四个 Button 控件，来演示控件效果。编写完成后需要将脚本拖曳到摄像机上，具体代码如下。

代码位置：见资源包中源代码/第 3 章目录下的 ScrollView_Demo\Assert\C#\Demo.cs。

```
1    using UnityEngine;
2    using System.Collections;
3    public class Demo : MonoBehaviour {
4      private Vector2 scrollPosition=Vector2.zero; //声明一个 Vector2 变量，储存滚动的位置
5      void OnGUI(){                                 //重写 OnGUI 函数，用于控件绘制
6        scrollPosition = GUI.BeginScrollView(new Rect(Screen.width / 25,
7          Screen.height / 9.5f, 300, 200), scrollPosition,
8          new Rect(0, 0, 400, 300), false, false); //创建一个 300×200 的滚动视图，滚动
内容为 400×300
9        GUI.Box(new Rect(0,0,400,300),"Box 控件的大小和滚动视图\n 控件能够查看的区域的大小相同");
10       GUI.Button(new Rect(0,0,80,50),"左上角"); //创建四个按钮放置在被查看区域的四个角
11       GUI.Button(new Rect(320, 0, 80, 50), "右上角");
12       GUI.Button(new Rect(0,250, 80, 50), "左下角");
13       GUI.Button(new Rect(320, 250, 80, 50), "右下角");
14       GUI.EndScrollView();                       //创建结束滚动视图控件
15   }}
```

❑ 第 4 行声明一个 Vector2 变量，初始值为（0,0），用于储存滚动的位置。

❑ 第 6～8 行通过使用 position、scrollPosition、viewRect、alwaysShowHorizontal、alwaysShow Vertical 参数来创建一个 300×200 像素的滚动视图窗口，可以查看大小为 400×300 像素的区域内的内容。并且只有在被查看区域大于滚动视图窗口时才显示水平（垂直）

滚动条。

- ❑ 第 9～13 行在被查看区域内创建了 Box 并在 Box 区域的每个顶角处创建一个 Button 控件，用来演示控件效果。
- ❑ 第 14 行创建结束滚动视图控件，该控件需要与开始滚动视图控件成对使用。

3.1.13　Window 控件

Window 控件用于创建一个弹出窗口，窗口浮动在普通 GUI 控件之上。Window 控件不同于其他控件，开发人员需要将放入窗口的控件的绘制方法写在单独的函数中，并为该函数设置一个 int 类型的形参用来接收窗口 ID，每个窗口都要有其唯一的 ID。

1．基本知识

在窗口中创建的其他控件都以窗口的左上角为原点（0,0），并且 Window 控件可以获取焦点。静态方法会返回 Rect 类型数据，内容为窗口的坐标以及大小。在使用 GUI 系统创建控件时，会有如下部分静态方法供开发人员使用。静态方法中各个参数的功能如表 3-17 所列。

```
1    static function Window (id : int, clientRect : Rect, func : WindowFunction, text :
String) : Rect
2    static function Window (id : int, clientRect : Rect, func : WindowFunction, image :
Texture) : Rect
3    static function Window (id : int, clientRect : Rect, func : WindowFunction, title :
GUIContent, style : GUIStyle) :    Rect
```

表 3-17　　　　　　　　　　Window 控件静态方法参数介绍

参　数　名	含　　义	参　数　名	含　　义
id	设置每个窗口自己的 ID	clientRect	设置控件在屏幕上的位置
func	在窗口中创建 GUI 的函数，该函数必须被传入窗口的 ID	text	控件上显示的文本
style	表示控件使用的样式	selected	被选择按钮的索引号
image	控件上显示的纹理图片		

2．案例效果

该案例将通过第一种静态方法创建两个 Window 控件，每一个 Window 控件中都会包含一个 Button 控件，用来演示控件效果，案例运行效果如图 3-34、图 3-35 所示。使用时打开相应工程文件（Window_Demo）并双击场景文件（Window _Demo），然后单击播放按钮即可。

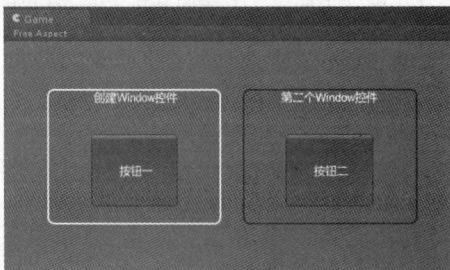

图 3-34　焦点在左窗口

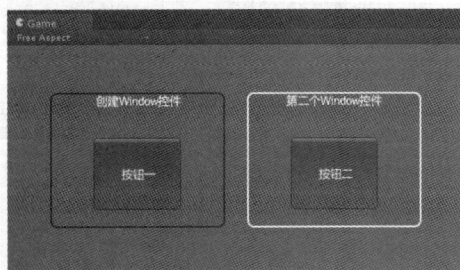

图 3-35　焦点在右窗口

3．开发流程

接下来笔者会通过一个案例来向读者展示在实际游戏开发过程中如何使用 GUI 图形用户界

面系统的 Window 控件。由于篇幅限制 Window 控件的创建方法并没有完全列出，读者可以查看 Unity 的官方技术文档深入学习。下面将对该案例的制作过程进行详细介绍，具体步骤如下。

（1）首先创建 "C#" 文件夹，用于放置脚本文件。然后在 C#文件夹下单击鼠标右键，选择 Create→C# Script 创建一个 C#脚本并重命名为 "Demo"。

（2）接下来双击脚本，进入脚本编辑器编辑代码，通过代码控制 GUI 图形用户界面系统在屏幕上创建出两个带有按钮并且都能够接收焦点的 Window 控件，来演示控件效果。编写完成后需要将脚本拖曳到摄像机上，具体代码如下。

代码位置：见资源包中源代码/第 3 章目录下的 Window _Demo\Assert\C#\Demo.cs。

```
1    using UnityEngine;
2    using System.Collections;
3    public class Demo : MonoBehaviour {
4      private int windowID=0;                          //窗口 ID，每一个窗口都要有唯一的 ID
5      private int windowID2 = 1;
6      private Rect windowRect=new Rect(Screen.width / 25,
7        Screen.height / 9.5f, 200, 150);               //窗口在屏幕上的位置以及大小
8      private Rect windowRect2 = new Rect(Screen.width / 4.5f, Screen.height / 9.5f,
200, 150);
9      void OnGUI(){
10       windowRect = GUI.Window(windowID, windowRect,
11         createWindow, "创建 Window 控件");             //通过第一种静态方法创建一个窗口
12       windowRect2 = GUI.Window(windowID2, windowRect2, createWindow2, "第二个
Window 控件");
13     }
14     void createWindow(int ID) {                      //该方法需要有一个形参
15       GUI.Button(new Rect(50, 50, 100, 80), "按钮一");     //创建 Button 控件
16     }
17     void createWindow2(int ID){
18       GUI.Button(new Rect(50, 50, 100, 80), "按钮二");
19   }}
```

❑ 第 4～5 行声明两个整型变量，用来设置 Window 控件的 ID，每个窗口都必须有唯一的 ID。

❑ 第 6～8 行声明两个 Rect 变量，用来设置 Window 控件在屏幕上的位置以及大小。

❑ 第 10～12 行使用 id、clientRect、finc 和 text 参数创建两个窗口。

❑ 第 14～18 行通过两个函数来分别创建属于特定窗口的 GUI 控件。

3.1.14　skin 皮肤

皮肤的使用是对 Unity 中 GUI 图形用户界面系统的整体风格的修改。开发人员可以从网上下载精美的皮肤，也可自行制作。skin 的设置面板中包含了大部分的 GUI 控件的参数信息，开发人员可以从中设置任意一种或多种控件的使用风格。

1. 基本知识

skin 文件的 Inspector 面板处会显示出其可以影响到的所有控件，如图 3-36 所示。展开任何一个控件菜单会显示其可以修改的内容，如图 3-37 所列，其中包括字体大小、字体类型、背景等。下面会介绍其中部分功能，具体的功能信息如表 3-18 所列。

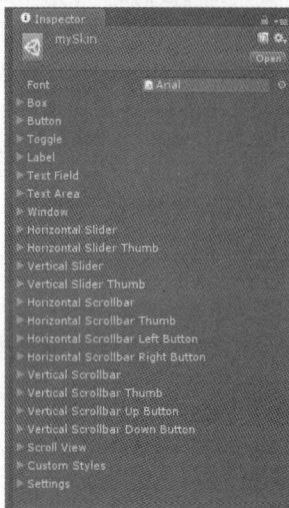

图 3-36 skin 面板

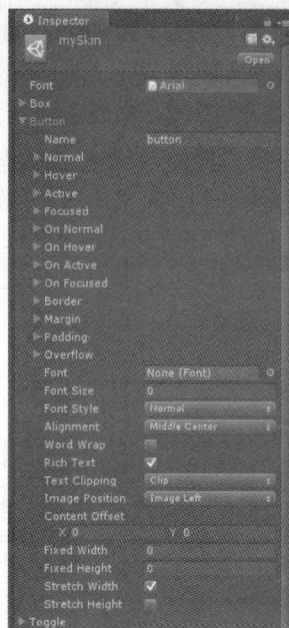

图 3-37 修改内容

表 3-18 skin 皮肤修改内容

选 项 名	含 义	选 项 名	含 义
Normal	没有操作的情况下控件的背景图（Back Ground）以及文本颜色（Text Color）	Hover	当鼠标悬停在当前控件上面时控件的背景图以及文本颜色
Font Size	对该控件上文字字号的设置，控制文字大小	Font Style	对该控件上文字风格的设置，包括正常（Normal）、加粗（Bold）、倾斜（Italic）和加粗并倾斜（Blod and Italic）

2. 案例效果

该案例使用了三种不同的皮肤文件，并通过用户对不同按钮的单击来更换皮肤样式，进而改变界面中 Button 控件的文本颜色、文本样式以及字体大小，案例运行效果如图 3-38、图 3-39 所示。使用时打开相应工程文件（Skin_Demo）并双击场景文件（Skin_Demo），然后单击播放按钮即可。

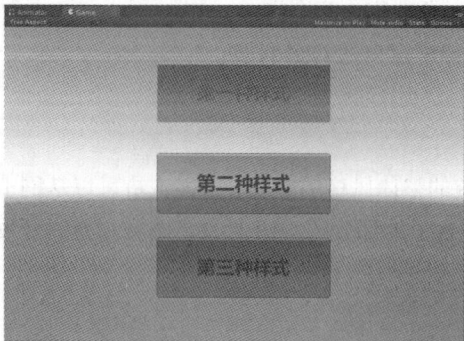

图 3-38 案例运行效果 1

图 3-39 案例运行效果 2

3. 开发流程

接下来笔者会通过一个案例来向读者展示在实际游戏开发过程中如何使用 GUI 图形用户界

面系统的 GUISkin 文件。由于篇幅限制 Skin 皮肤的相关技术并没有深入讲解，读者可以查看 Unity 的官方技术文档深入学习。下面将对该案例的制作过程进行详细介绍，具体步骤如下。

（1）首先分别创建 "Skin" 和 "C#" 两个文件夹，一个用于放置皮肤文件，一个用于放置脚本文件。然后在 C#文件夹下单击鼠标右键，选择 Create→C# Script 创建一个 C#脚本并重命名为 "Demo"。

（2）接下来双击脚本，进入脚本编辑器编辑代码，通过代码控制 GUI 图形用户界面系统在屏幕上创建出三个能够受到 skin 皮肤文件影响的文本按钮，来演示使用不同皮肤文件后 Button 控件的效果。编写完成后需要将脚本拖曳到摄像机上，具体代码如下。

代码位置：见资源包中源代码/第 3 章目录下的 Skin_Demo\Assert\C#\Demo.cs。

```
1    using UnityEngine;
2    using System.Collections;
3    public class Demo : MonoBehaviour {
4    public GUISkin[] skins;                //皮肤样式数组，用于储存多种皮肤
5    private int skinIndex;                 //皮肤数组索引，通过索引来改变为相应的皮肤文件
6    void Awake(){                          //重写系统 Awake 函数，当脚本加载时会被调用
7      Debug.LogWarning("请在面板处添加三个皮肤文件");    //打印警告，该案例需要放置三个皮肤文件
8      return ;
9    }
10   void OnGUI(){                          //重写 OnGUI 函数，该函数用于对图形控件的绘制
11     GUI.skin=skins[skinIndex];          //根据索引为 GUI 设置不同的皮肤文件
12     if (GUI.Button(new Rect(Screen.width / 3,
13       Screen.height /9, 300, 100), "第一种样式")){        //对 Button 进行定位、命名
14       skinIndex = 0;                    //当单击此 Button 时会将皮肤样式更换为第一个皮肤文件
15     }
16     if (GUI.Button(new Rect(Screen.width / 3, Screen.height /2.5f, 300, 100), "第
二种样式")){
17       skinIndex = 1;                    //当单击此 Button 时会将皮肤样式更换为第二个皮肤文件
18     }
19     if (GUI.Button(new Rect(Screen.width / 3, Screen.height /1.5f, 300, 100), "第
三种样式")){
20       skinIndex = 2;                    //当单击此 Button 时会将皮肤样式更换为第三个皮肤文件
21   }}}
```

- ❑ 第 4~5 行定义了一个公共 GUISkin 数组用于储存皮肤文件，在 Inspector 面板中 Demo 脚本下的 Skins 数组大小设置为 3，并将 "Skin" 文件夹下的皮肤文件分别拖曳到脚本上。同时定义了一个整型变量充当索引用于更换皮肤文件。

- ❑ 第 6~9 行重写系统的 Awake 函数，当脚本被加载时就会被调用，用于提示用户添加三个皮肤文件，否则会报错。

- ❑ 第 10~21 行是对系统 OnGUI 函数的重写，该函数用于对 GUI 控件的绘制，任何关于 GUI 系统的代码都需要写在其中。

- ❑ 第 11 行通过 GUI.skin 变量来修改 GUI 系统的皮肤样式。

- ❑ 第 12~20 行通过 GUI.Button 来创建 Button 控件，Rect 部分负责对 Button 控件的位置（前两个参数）、大小（后两个参数）进行设定，以像素为单位。后面的字符串是对 Button 控件的命名。

（3）下面就需要创建三种不同风格的皮肤文件，方法为在 "Project" 面板中单击鼠标右键，

选择 Create→GUI Skin，可以通过缓慢双击文件的名称来为其重新命名。然后单击创建的皮肤文件在 Inspector 面板处选择 Button，在展开的选项中设置相关参数，如图 3-40、图 3-41 和图 3-42 所示。

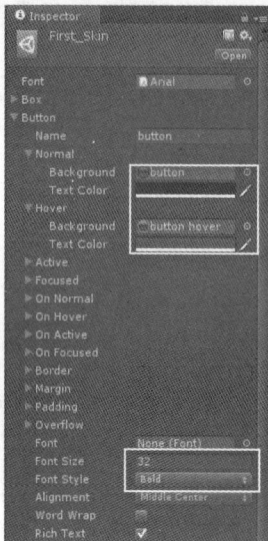

图 3-40　皮肤样式 1

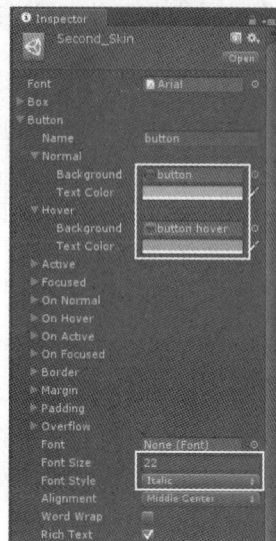

图 3-41　皮肤样式 2

（4）完成后单击摄像机。在 Inspector 面板处会看到 Demo 脚本的相关设置面板，将 Skins 数组的大小（Size）设置为 3，然后将 Skin 文件夹中的三个皮肤文件拖曳到下面的参数列表中，如图 3-43 所示。这样就为 GUI 系统添加了三种皮肤，可影响 Demo 脚本下创建的所有 Button 控件。

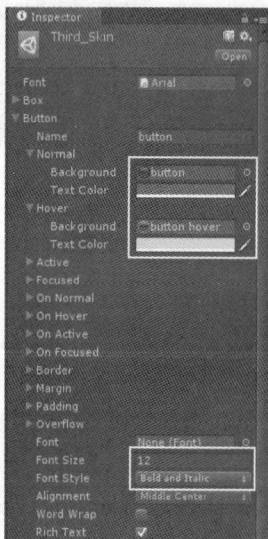

图 3-42　皮肤样式 3

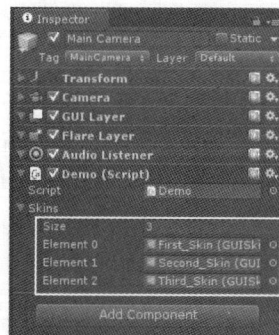

图 3-43　添加皮肤文件

3.1.15　GUI 图形用户界面的变量

GUI 系统提供了很多图形组件的变量，通过这些变量，可以对创建的 GUI 控件进行设置。其中包括 color、tooltip、contentColor 等等，下面将对这些变量的功能以及实现进行详细介绍。在

OnGUI 函数中设置变量后，该变量将影响其后所创建的 GUI 控件。

1. 基本知识

GUI 系统提供的图形组件变量功能丰富，例如设置文字颜色、组件背景、是否启动相关图形组件等，通过不同变量间的组合可以创建出精美的游戏界面。下面将对图形用户界面中常用的变量进行详细介绍，具体的参数信息如表 3-19 所列。

表 3-19　　　　　　　　　　　　　　　图形用户界面组件的变量

变 量 名	含　义	变 量 名	含　义
color	将影响全局 GUI 组件的背景和文本颜色	tooltip	控制鼠标通过当前控件的提示信息
contentColor	将影响全局 GUI 组件的文本颜色	eabled	控制图形用户界面组件是否被启用
depth	设置执行的 GUI 行为的深度排序		

2. 案例效果

该案例将创建一个界面，在 Box 控件内放置两个 Button 控件，通过 color 变量改变它们的颜色，通过 enable 变量控制按钮控件的启用和禁用。并且当鼠标悬停在按钮上时会通过 tooltip 变量在界面下方通过 Label 控件显示信息，按钮状态不同打印的信息也会不同。

案例运行效果如图 3-44、图 3-45 和图 3-46 所示。使用时打开相应工程文件（GUI_Demo）并双击场景文件（GUI_Demo），然后单击播放按钮即可。

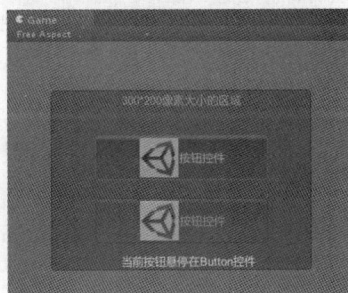

图 3-44　案例运行效果 1　　　　　图 3-45　案例运行效果 2　　　　　图 3-46　案例运行效果 3

3. 开发流程

接下来笔者会通过一个案例来向读者展示，在实际游戏开发过程中如何使用 GUI 图形用户界面系统的 GUI 变量，由于篇幅限制 GUI 变量的相关技术并没有深入讲解，读者可以查看 Unity 的官方技术文档深入学习。下面将对该案例的制作过程进行详细的介绍，具体步骤如下。

（1）首先分别创建"Texture"和"C#"两个文件夹，一个用于放置图片资源，一个用于放置脚本文件。然后在 C#文件夹下单击鼠标右键，选择 Create→C# Script 创建一个 C#脚本并重命名为"Demo"。

（2）接下来双击脚本，进入脚本编辑器编辑代码，通过代码控制 GUI 图形用户界面系统在屏幕上创建出 Box 控件、Button 控件和 Label，来演示使用不同变量后对控件的影响。编写完成后需要将脚本拖曳到摄像机上，具体代码如下。

代码位置：见资源包中源代码/第 3 章目录下的 GUI_Demo\Assert\C#\Demo.cs。

```
1    using UnityEngine;
2    using System.Collections;
3    public class Demo : MonoBehaviour {
```

```
4    public GUIContent guiContent;              //声明两个 GUIContent 变量
5    public GUIContent guiContent2;
6    private bool guiEnable;                     //设置控件启用、禁用判断标志位
7    void OnGUI() {                              //重写系统 OnGUI 函数用于控件绘制
8      GUI.color=Color.green;                    //color 变量用于更改其下所有控件的文字、背景颜色
9      GUI.BeginGroup(new Rect(Screen.width / 25,
10      Screen.height / 9.5f, 300, 200)); //创建一个开始组控件,将其他控件都放入其中
11     GUI.Box(new Rect(0,0,300,200),"300*200 像素大小的区域");      //放入 Box 控件
12     if (GUI.Button(new Rect(50, 50, 200, 50), guiContent)) { //创建 Button 控件,
更改标志位
13          guiEnable=!guiEnable;               //每单击一次将标志位置反
14        }
15     GUI.enabled = guiEnable;                   //设置 enabled 变量
16     GUI.color = Color.yellow;                  //color 变量用于更改其下所有控件的文字、背景颜色
17     if (!guiEnable){                           //通过判断按钮的状态来动态改变 tooltip 变量内容
18        guiContent2.tooltip = "当前按钮已禁用";
19     }else {
20        guiContent2.tooltip = "当前按钮已启用";
21     }
22     GUI.Button(new Rect(50, 120, 200, 50),
23       guiContent2);          //创建一个 Button 控件,它将受到 enabled 和 color 变量的影响
24     GUI.enabled = true;     //将 enabled 置为 true,其下控件将不会被禁用
25     GUI.Label(new Rect(80, 180, 200, 40), GUI.tooltip);
26     GUI.EndGroup();          //结束组控件,与开始组配合使用
27  }}
```

- ❑ 第 4~6 行声明 GUIContent 和 enabled 变量用于设置控件的文字、图片以及设置控件是否启用。
- ❑ 第 8 行 color 变量会更改其下所有控件的文字、背景颜色,直到遇到下一个 color 变量截止。
- ❑ 第 9~11 行创建开始组和 Box 控件,用于设置界面背景。
- ❑ 第 12~14 行通过创建并监听 Button 控件来改变标志位,进而控制另一个按钮的启用和禁用。
- ❑ 第 15~16 行设置 enabled 变量,如果为 true 将启用下面的控件,false 为禁用。设置 color 变量让下面的控件改变颜色,且不受第一个 color 变量影响。
- ❑ 第 17~21 行根据当前 enabled 变量的状态,修改 Button 控件所用的 GUIContent 中的 tooltip 变量。
- ❑ 第 22~23 行创建了一个会受到 enabled 变量影响的 Button 控件。
- ❑ 第 24~26 行将 enabled 变量设置为 true,其下的控件将不会被禁用,并设置一个 Label 控件用来显示 tooltip 变量的文本。

(3)将脚本挂载到摄像机后,单击摄像机。在 Inspector 面板处会看到 Demo 脚本的设置面板,本案例需要设置 2D 纹理图片和 GUIContent(如图 3-47 所示)。Content 会设置控件的文本、图片和提示。

图 3-47　设置 GUIContent

3.2　UGUI 图形用户界面系统

上一节中介绍了旧版的 GUI 图形用户界面系统的使用，在本节中将要介绍的是 Unity 3D 新增的图形用户界面系统 UGUI，旧版的 GUI 系统在使用时有很多不便。新版的 UGUI 系统相比于 GUI 系统更加人性化，而且是一个开源的系统，下面将进行详细的介绍。

3.2.1　UGUI 控件的创建及案例

本小节笔者将讲解 Canvas（画布）、EventSystem 等重要组件以及 UGUI 控件的基本创建。每一个控件都将通过一个小案例对其进行演示，来加深读者对 UGUI 系统的理解，在以后的开发过程中可以熟练地应用 UGUI 系统制作游戏界面。

1. UGUI 控件的创建以及重要组件介绍

在开始介绍 UGUI 之前，首先应该了解如何创建一个 UGUI 控件。比如创建一个 Button 控件，需要在 Unity 开发环境中依次单击 GameObject→UI→Button 菜单，如图 3-48 所示。在 Hierarchy 面板中会出现包含 Button 控件在内的三个游戏对象，如图 3-49 所示。

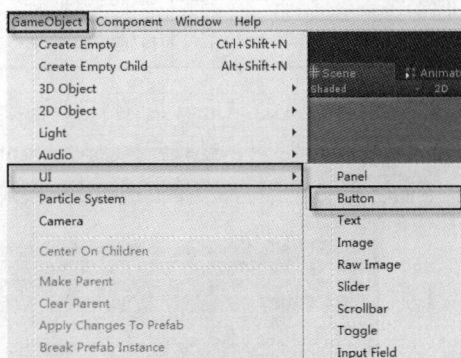

图 3-48　创建 Button 控件

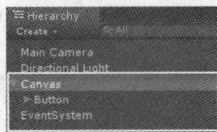

图 3-49　游戏对象

其中 Canvas 是画布，在场景中创建的所有控件都会自动变为 Canvas 游戏对象的子对象，若在场景中没有 "Canvas" 游戏对象，在创建控件时该对象会被自动创建。同时会自动创建一个名为 "EventSystem" 的游戏对象，上面挂载了若干与事件监听相关的组件可供设置。笔者在下面将详细介绍。

（1）EventSystem 游戏对象上挂载了一系列组件用于控制各类事件，如图 3-50 所示。其中 Standalone Input Module 组件用于响应标准输入，Touch Input Module 用于响应触摸输入。在这两个 Input Module 中封装了对 Input 模块的调用，根据用户操作触发对应的 Event Trigger。

（2）UGUI 中另一个重要组成部分即 Canvas（画布）下的每个控件都会包含一个 Rect Transform 组件，如图 3-51 所示。该组件继承自 Transform，用于控制 UI 元素的 Transform 信息。单击其左上角的准星图标，可在弹出的 Anchor Presets 面板中对锚点预设进行设置。Rect Transform 组件参数如表 3-20 所列。

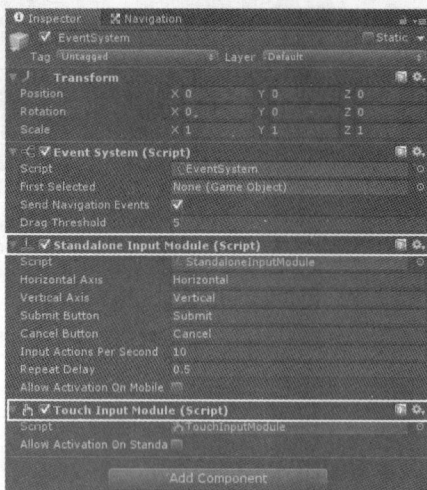

图 3-50　EventSystem 组件

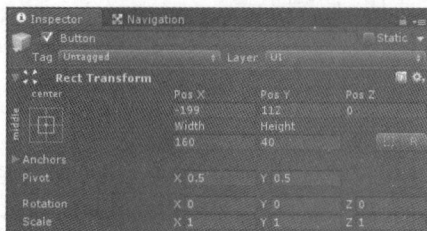

图 3-51　Rect Transform 组件

表 3-20　　　　　　　　　　　　　　　RectTransform 组件中的参数介绍

参　数　名	含　义	参　数　名	含　义
PosX、PosY、PosZ	UI 元素的位置	Width、Height	UI 元素的长度和高度
Anchors	相对于父对象的锚点	Pivot	UI 元素的中心
Rotation	按轴旋转值	Scale	按轴缩放大小

（3）在画布控件下的 Canvas 组件中还可以设置 UI 的渲染模式。Unity 共支持三种渲染模式，分别是 Screen Space-Overlay、Screen Space-Camera、World Space，如图 3-52 所示。Canvas Scaler 组件中可设置三种 UI 元素的缩放模式，如图 3-53 所示。下面将详细介绍每种渲染模式和缩放模式的特点。

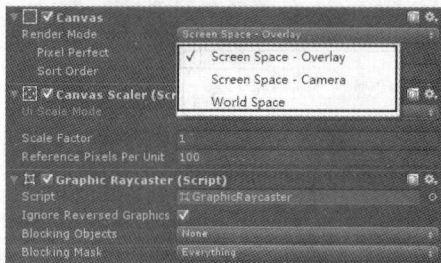

图 3-52　设置 UI 渲染模式

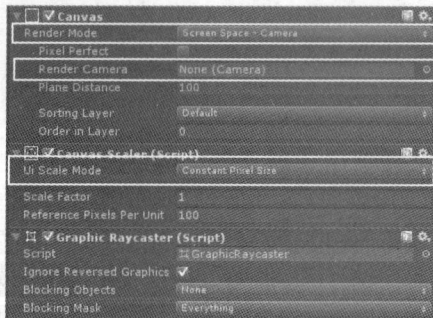

图 3-53　添加 Render Camera

❑ Screen Space-Overlay 渲染模式指的是将 UI 元素渲染在场景的最上层，类似于手机膜贴在手机屏幕的最上面。若是屏幕尺寸或屏幕分辨率发生变化，Canvas 也会自动和当前屏幕尺寸相适应，这也就很好地解决了屏幕自适应问题。

❑ Screen Space-Camera 渲染模式是指在 Canvas 的特定距离外摆放好一台摄像机，UI 元素通过该摄像机进行渲染。因此利用这种渲染模式时需要设定一个摄像机并将其绑定到 Canvas 组件下的 Render Camera 处。改变 Camera 则 UI 元素的渲染效果也会发生变化。

❑ World Space 渲染模式是将 Canvas 看作一个游戏对象，可以通过调整 Rect Transform 参数对画布进行缩放和旋转。这种渲染模式使得 UI 元素会和 3D 世界中的物体产生遮挡效果，使其成为 3D 物理世界中的一部分。

- ❑ Constant Pixel Size 缩放模式指的是保持 UI 元素的大小不变，无论设备屏幕尺寸如何变化。
- ❑ Scale With Screen Size 缩放模式是指 UI 元素大小跟随屏幕分辨率的变化而变化。
- ❑ Constant Physical Size 缩放模式是指 UI 元素保持固定的 Physical Size，无论屏幕大小如何变化。

（4）每个 Canvas 都有一个 Graphic Raycaster 组件，用于获取用户当前选中的 UGUI 控件，多个 Canvas 之间的事件响应顺序由其渲染顺序决定，即在 Hierarchy 面板中越靠上的 Canvas 越靠后响应。至此，Canvas 下的几个重要的组件就讲解完毕了。

2. 案例效果

在上一小节中笔者介绍了 Canvas 的重要组件，除了了解控件中相关组件的知识以外还要熟知 UI 元素的绘制顺序，UI 元素在 Canvas 中的绘制顺序与其在 Hierarchy 面板中的排列顺序是一致的，这样就会产生 UI 元素相互遮挡的效果。

此外，笔者还提到当 UI 的渲染模式变为 World Space 模式时，可以将 Canvas 看成一个游戏对象，会与 3D 世界中的物体相互遮挡。在这里笔者将通过一个简单的案例对上述的"两个遮挡"进行演示，案例运行效果如图 3-54 所示。

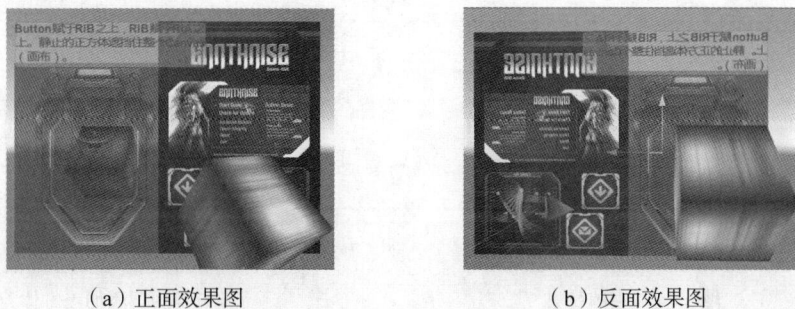

（a）正面效果图　　　　　　　　　（b）反面效果图

图 3-54

3. 开发流程

通过观察图 3-54（a）和图 3-54（b）正反两面的案例运行效果图以及效果图左上角的文本提示，读者可以看出 UI 元素之间的遮挡以及 Canvas 游戏对象和 3D 世界中物体之间的遮挡已经形成。接下来笔者将详细讲解该案例的开发过程。

（1）打开 Unity 集成开发环境，利用快捷键 Ctrl+N 新建一场景，按下 Ctrl+S 快捷键保存场景，命名为"Cengcixianshi"。在 Assets 目录下新建一文件夹并重命名为"Texture"，将开发过程中需要用到的图片资源放进该文件夹，本案例用到了三张图片，分别是 bg.jpg、jxone.jpg 以及 jxtwo.jpg，导入即可。

（2）根据前面的知识，在场景中创建两个 RawImage（有关 RawImage 的知识笔者将在后面介绍）控件和一个 Button 控件，将两个 RawImage 重命名为 RIA 和 RIB，保证 RIA 在 RIB 上方，布局如图 3-55 所示。将 Canvas 游戏对象的渲染模式修改为 World Space，将摄像机调整到适当位置。

（3）改变两个 RawImage 的位置，将其并列放置在摄像机的视野中间。选中 RIA 游戏对象将导入 Unity 的图片拖至 RawImage 的 Texture 右侧栏中，并且单击 Color 菜单选项将该图片的透明值调为一半。如图 3-56 和图 3-57 所示。重复该步骤为 RIB 添加纹理图（不修改透明度）。

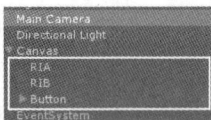
图 3-55　对象布局

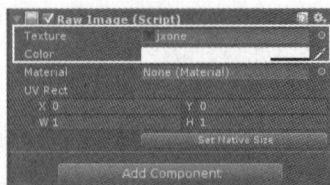
图 3-56　添加图片

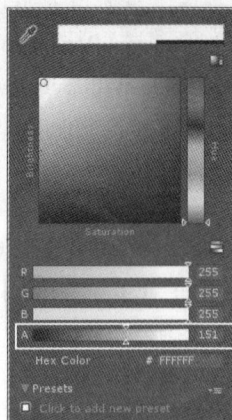
图 3-57　修改透明度

（4）在 Button 游戏对象的子对象 Text 的文本框中输入 "Button 赋于 RIB 之上，RIB 赋于 RIA 之上。静止的正方体遮挡住整个 Canvas（画布）"。调整 Text 字体的大小以及该 Button 的大小和位置，如图 3-58 所示。并且分别在 RIA 后面以及 RIB 前面创建两个相同的正方体，如图 3-59 所示。

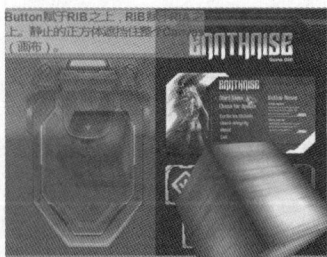
图 3-58　遮挡效果

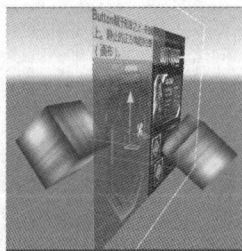
图 3-59　添加正方体

（5）将两个正方体分别重命名为 "leftcube" 和 "rightcube"，调整两个正方体的位置和旋转角度，并且将准备好的图片拖至 Scene 中两个 Cube 游戏对象上为其添加纹理图。至此，读者会发现 Canvas 游戏对象和正方体（此时正方体代表的是 3D 世界中的任意物体）相互遮挡，单击播放按钮运行即可。

3.2.2　Panel 控件和 Text 控件

本小节笔者将讲解 UGUI 系统中的 Panel 控件和 Text 控件，Panel 控件是 UGUI 中最基本的控件，可以作为整个界面的背景。而 Text 控件是可以进行文本信息显示的控件。在下面内容中笔者将详细介绍有关这两个控件的基础知识。

1．基础知识

按照步骤单击 GameObject→UI→Panel 菜单创建 Panel 控件，该控件是覆盖在整个屏幕上的面板，可以作为整个 UI 界面的背景，在其 Image 组件下的 Source Image 参数是用于放置需要显示的 Sprite，Color 属性也可以随意地更改其颜色以及透明度。

UGUI 中的 Text 控件是用来在固定区域内显示特定文本信息的控件，虽然大多时候在界面中需要显示的文字开发人员都会用图片代替，但是在只需要简单文字介绍或文本内容变动频繁的情况下，使用 Text 控件会更加方便，该控件包含的重要参数如表 3-21 所列。

表 3-21　　　　　　　　　　　　Text 控件中的参数

参　数　名	含　　义	参　数　名	含　　义
Rich Text	是否为多格式文本	Horizontal Overflow	水平溢出方式（文本超出 Text 控件长度时的显示方式）
Material	字体材质	Alignment	对齐方式
Best Fit	最佳匹配方式（字体大小会根据内容多少和 Text 控件大小自动更改）	Vertical Overflow	竖直溢出方式

Unity 支持多种字体，一般 TTF 格式的字体文件都可以使用。将准备好的字体格式导入 Assets/Font 文件夹中（如果没有请自行创建），在 Text 控件的 Font 参数中就可以找到该格式的字体。在 Font Style 参数列表中可以选择当前文本的字体样式，比如粗体、斜体等。

2. 案例效果

前面小节中读者学习了 Panel 和 Text 控件的基本知识，为了让读者对这两个控件有更加深刻的认识，笔者将通过一个案例来更加系统地介绍相关知识，使得读者在开发过程中可以更好地利用这些控件。案例的运行效果如图 3-60 所示。

3. 开发流程

根据前面的运行效果图可以看出在多彩的 Panel 背景上有

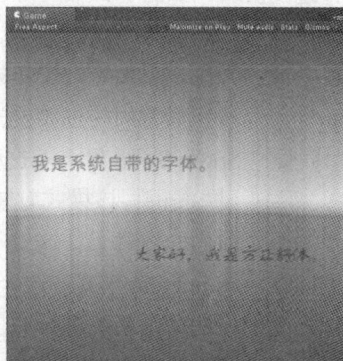

图 3-60　运行效果

两种不同字体的 Text 控件，读者可以了解到该案例使用到了 Unity 系统以外的字体，这就涉及字体导入的相关知识。下面笔者将详细地讲解该案例的开发流程，具体步骤如下。

（1）打开 Unity 集成开发环境，在 Project 面板单击鼠标右键，选择 Create→Folder，新建一个文件夹，重命名为"Font"，将下载好的 FZSTK.TTF 字体导入进 Font 文件夹。重复该步骤，再次新建一个文件夹并重命名为"Texture"，将开发过程中所需要的图片资源导进该文件夹。

（2）单击 GameObject→UI→Panel 菜单，创建一个 Panel 控件。选中导入的图片，在其属性面板中将 Texture Type 修改为 Sprite（2D and UI），单击 Apply 按钮。将修改后的图片拖曳到 Panel 中 Image 组件下的 Source Image 一栏中。并在 Color 参数中将其透明度修改为原来的一半。

（3）单击 GameObject→UI→Text，创建两个 Text 控件，并将其中一个重命名为"TextTwo"。在 Text 游戏对象的 Text 组件中的 Text 文本输入框中输入"我是系统自带的字体"，并在 Color 参数中将其颜色改为红色，字体则选择默认的字体即可。

（4）选择 TextTwo 游戏对象，单击 Font 参数右侧的设置按钮，如图 3-61 所示，在弹出的窗口中选择所需要的字体，在这里笔者选择导入的字体。同样在 Text 文本输入框中输入"大家好，我是方正舒体"。如图 3-62 所示，最后适当地调整两个 Text 的位置和 Text 文本框中字体的大小。

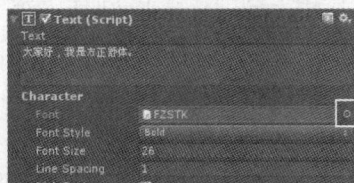

图 3-61　按钮单击

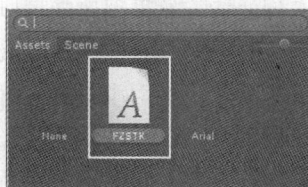

图 3-62　选择字体

3.2.3　Button 控件

本小节笔者将讲解 UGUI 系统中的 Button 控件，Button 控件是在游戏界面中最常用的控件之一。每个游戏界面中都会有交互式的 Button 控件，需要读者注意的是，该控件的亮点是其拥有三种过渡模式，包含 Color Tint、Sprite Swap 以及 Animation。

1. 基础知识

接下来介绍 Button 控件挂载的组件。每个按钮都挂有 Button 和 Image 组件，其中 Image 组件管理的是按钮的显示图片，Button 组件管理的是按钮监听以及单击后的变化。按钮在按下时有三种过渡模式，如图 3-63 所示。下面将对每种过渡模式进行讲解。

- ❑ Color Tint 模式。当使用该模式时，可以分别通过设置 Color 参数对按钮的四个状态下的颜色进行设定，按钮处于任一状态时都会显示开发人员设置的此状态的颜色。这是一般按钮最常用的过渡模式。
- ❑ Sprite Swap 模式。这种模式类似于 Color Tint 模式，只不过切换的不是颜色而是图片精灵 Sprite，该模式有三种状态可以对应不同的图片精灵。图片修改为 Sprite 的方法已在前面介绍过了，这里不再重复。
- ❑ Animation 模式。这个过渡模式是 UGUI 的特色，该功能可以使 UGUI 界面系统和 Unity 中的动画系统进行完美的结合，使用 Animation 可以对按钮的位置、大小、旋转、图片等大量参数进行设置。Animation 动画的制作不属于本章内容，读者可以参考相关章节。

Button 按钮在单击之后会实现特定功能，这就需要为按钮添加单击监听，笔者下面要介绍的是通过 Button 组件中的 On Click 方法添加按钮单击监听。首先编写一个脚本，其中 On Click 方法是对单击事件的处理，将脚本挂载到 Canvas 对象上，如图 3-64 所示，具体步骤将在开发流程中详细讲解。

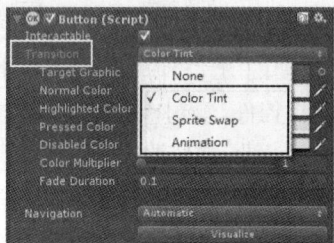

图 3-63　三种过渡模式　　　　图 3-64　添加 On Click 方法

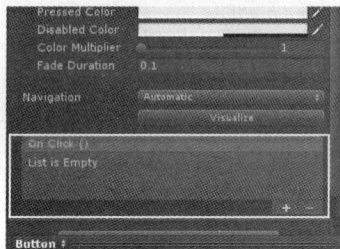

2. 案例效果

通过上一小节基础知识的介绍，相信读者对 Button 控件有了系统的认识，为了让读者对 Button 控件的单击事件监听更加清楚，笔者将开发一个案例对其进行讲解。在这个案例中首次单击 Button 会弹出 Text 文本信息，再次单击则文本信息消失。案例的运行效果如图 3-65 所示。

3. 开发流程

通过案例的运行效果图读者可以看出 Button 控件应用十分广泛，也会明白在游戏开发中 Button 控件的重要性。通过单击 Button 按钮不仅可以弹出显示信息还可以实现场景的切换等各种功能。下面笔者将对该案例的制作过程进行详细的讲解，具体步骤如下。

（1）打开 Unity 集成开发环境，在 Project 面板单击鼠标右键，选择 Create→Folder 菜单创建文件夹，重命名为 "Texture"，将准备好的纹理图片资源导入该文件夹。单击 GameObject→UI→Panel 创建面板，并将由图片修改成的图片精灵（Sprite）拖到 Source Image 中，创建一个 UI 背景。

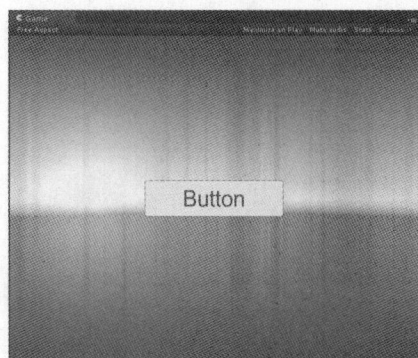

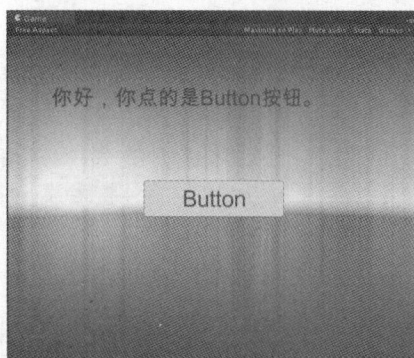

（a）单击效果前　　　　　　　　　　　　　　　（b）单击效果后

图 3-65

（2）单击 GameObject→UI→Button 创建一个 Button 控件，Button 的过渡模式选择默认即可。利用相同步骤创建 Text 控件，并在 Text 的文本输入框中输入"你好，你点的是 Button 按钮"。调整 Button 和 Text 控件的大小和位置。

（3）选中 Text 控件，在其属性面板中将控件名称前面的选项勾掉，就是将 Text 的 active 置为 false（即为不可见）。在 Project 面板中创建名为"C# Script"的文件夹，在文件夹中单击鼠标右键，选择 Create→C#Script，创建 C#脚本并重命名为"ButtonMethod"。双击进入编辑器编辑脚本。脚本具体代码如下。

代码位置：见资源包中源代码第 3 章目录下的 ButtonDemo\Assert\C# Script\ ButtonMethod.cs。

```
1   using UnityEngine;
2   using System.Collections;
3   public class ButtonMethod : MonoBehaviour{
4     public GameObject  obj;              //声明 Text 游戏对象
5     private int counter=1;               //声明计数器变量
6     void Update () {
7       if(counter%2==0){                  //当计数器值可以整除 2 时
8         obj.SetActive(true);             //Text 游戏对象的 active 置为 true
9       }else{
10        obj.SetActive(false);            //否则 Text 游戏对象的 active 置为 false
11    }}
12    public void OnClick(){               //声明 OnClick 方法
13      counter++;                         //计数器自加
14  }}
```

❑ 第 3～5 行声明了一个 Text 游戏对象变量，代表的是在游戏组成对象列表中的 Text 控件。声明整型变量用来记录 Button 被单击的次数。

❑ 第 6～11 行是重写 Update 方法，当计数器数值可以被 2 整除时，Text 控件的 active 变为 true 即为可见，否则变为不可见。

❑ 第 12～14 行是对计数器自加方法的介绍。

（4）将编写好的脚本保存并将其拖曳到 Canvas 的游戏对象上，将 Text 游戏对象拖曳到 Obj 变量上，如图 3-66 所示。选中 Button 游戏对象，单击"+"图标并将 Canvas 游戏对象拖曳到左侧栏中，在右侧的下拉列表中找到编写的脚本和方法，如图 3-67 所示。单击运行按钮即可查看。

图 3-66　挂载脚本

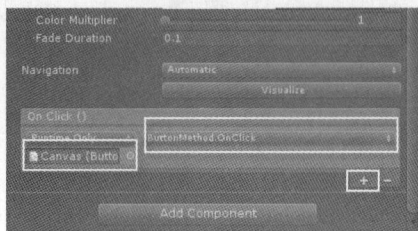

图 3-67　找到方法

3.2.4　Image 控件和 RawImage 控件

本小节笔者将讲解 UGUI 系统中的 Image 控件和 RawImage 控件，这两个控件是 UGUI 中最基本的控件，可以用作界面图标或者用来修饰界面。Image 组件下的 Source Image 只能放置图片精灵（Sprite），而 RawImage（原始图像）控件的 Texture 则可以放置任何纹理。

1. 基础知识

Image 控件是非交互式的控件，是常用的 UGUI 控件，可以用来装饰界面、充当图标。Image 只能用来显示 Sprite（图片精灵），在开发过程中需要将图片类型修改为 Sprite。选中图片在属性面板将 Texture Type 参数修改为 Sprite（2D and UI），单击 Apply 按钮即可。如图 3-68 所示。

RawImage 控件是用来显示非交互式的图像，它不像 Image 只能显示 Sprite，它可以显示任何形式的纹理图，还可以呈现出场景中某个摄像机的渲染图，即在 UI 界面中呈现出摄像机所拍摄的画面（在下面的案例中笔者将讲解如何开发）。

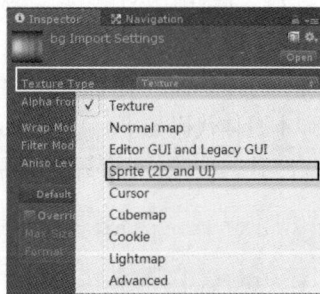

图 3-68　修改图片类型

2. 案例效果

通过上一小节基础知识的介绍，相信读者对 Image 以及 RawImage 控件有了系统的认识，为了让读者有更深刻的印象，尤其是 RawImage 可以显示某个摄像机渲染的图片，如图 3-69 所示，笔者将通过一个案例来更加系统地介绍有关知识，案例运行效果如图 3-70 所示。

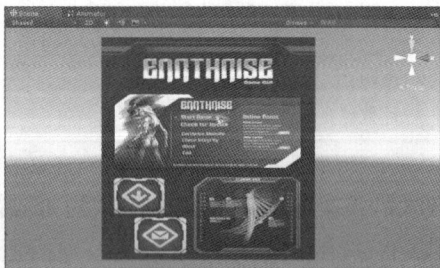

图 3-69　拍摄摄像机图像

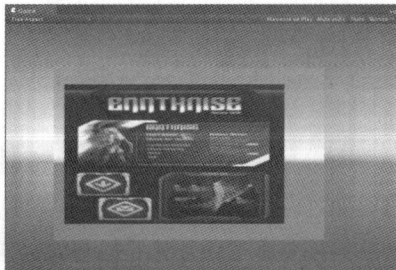

图 3-70　案例运行效果图

3. 开发流程

通过观察图 3-70 所示的案例运行效果图，读者可以看出在 UI 界面呈现的是由一个摄像机所渲染的场景。在游戏的开发过程中这一技术可以应用于监视器的开发。下面笔者将对上述案例的开发过程进行详细的讲解，具体步骤如下。

（1）首先在 Assets 目录下创建一个名为 Texture 的文件夹，将开发过程中所需要的图片资源导入该文件夹。在 Project 面板单击鼠标右键，选择 Create→Render Texture，创建一个渲染纹理，重命名为 "Rendertexture"。如图 3-71 所示。单击 GameObject→Camera 菜单，创建一个摄像机。如图 3-72 所示。

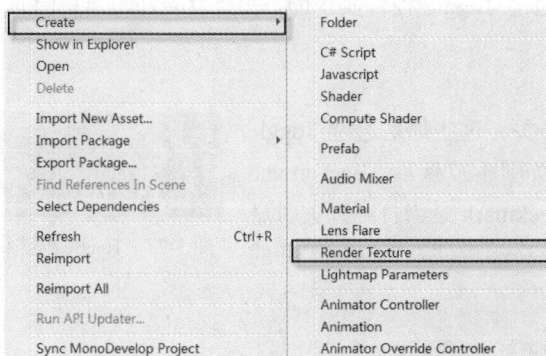

图 3-71　创建渲染纹理

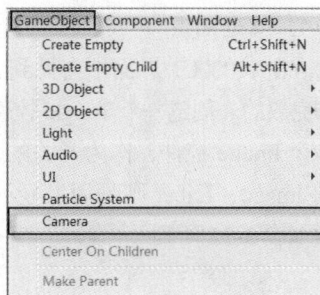

图 3-72　创建摄像机

（2）将 RenderTexture 渲染图片拖曳到笔者刚创建的摄像机中的 Target Texture 处，如图 3-73 所示。然后单击 GameObject→UI→Panel，将准备好的图片拖曳到 Panel 控件的 Image 组件中的 Source Image 上，如图 3-74 所示。创建一个背景，并通过修改 Color 参数将该背景图的透明度调为原来的一半。

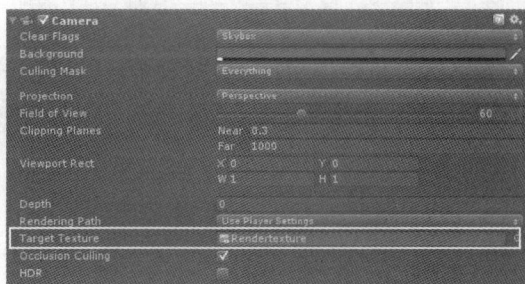

图 3-73　拖曳 Target Texture

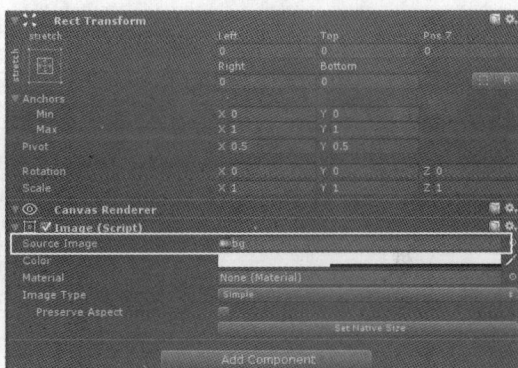

图 3-74　创建背景

（3）单击 GameObject→3D Object→Cube 创建一正方体，调整该正方体的大小和位置，使其位于 Camera（笔者刚创建的摄像机）的正前方，将背景图拖曳到该正方体上。如图 3-75 所示。为 Canvas 创建一个 RawImage，将 RenderTexture 拖曳到 RawImage 组件下的 Texture 中，如图 3-76 所示。

图 3-75　创建正方体

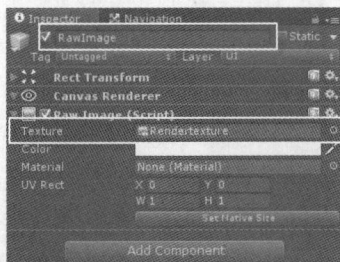

图 3-76　拖曳 RenderTexture

3.2.5　Toggle 控件

本小节笔者将讲解 UGUI 系统中的 Toggle 控件，每个界面都会存在一些开关部件，比如最常见的音乐、音效开关。而这些开关功能就是通过 Toggle 控件实现的。另外 Toggle 控件还可以打包成组，在组内每次选择时只可选择一个。

1. 基础知识

在游戏的 UI 界面中会见到各种各样的开关，这些都是通过 Toggle 制作完成的。创建一个 Toggle 控件，内部结构如图 3-77 所示。Background 是一个 Image 控件，作为开关的背景，而 Checkmark 是当打开开关时显示的 Image，Label 则是用来显示开关信息的 Text 控件。Toggle 组件的参数如表 3-22 所列。

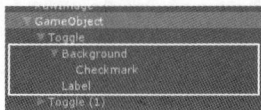

图 3-77　Toggle 内部结构

表 3-22　　　　　　　　　　　　　　　Toggle 控件的参数列表

参　数　名	含　　义	参　数　名	含　　义
Interactable	是否启用该控件	Transition	过渡模式
Navigation	导航，确认控件的顺序	Visualize	使导航顺序在 Scene 窗口中可视化
Is On	开关的状态（"开"或"关"）	Toggle Transition	开关的消隐模式，有 none 和 Fade（褪色消隐）两种模式
Graphic	Checkmark 子对象的引用	Group	成组（将一组开关变成多选一开关）

2. 案例效果

通过对 Toggle 参数列表中的 Group 参数的介绍，读者可以得知在开发过程中可以将几个 Toggle 组成一组，使其在选择 Toggle 时每次只可以选择一个。笔者将通过一个案例来更加系统地介绍相关知识。案例运行效果如图 3-78 所示。

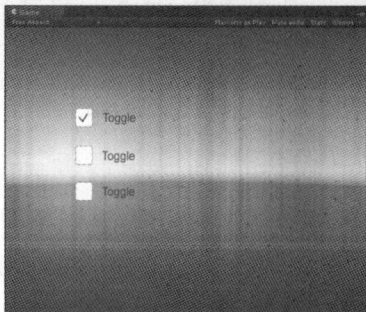

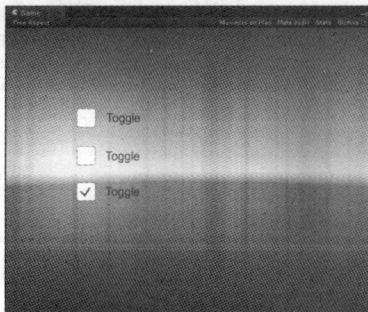

（a）案例运行效果 1　　　　　　　　　　　　（b）案例运行效果 2

图 3-78

3. 开发流程

通过案例运行效果图读者可观察出 Toggle 控件成组之后的特点，在每次选择开关时只可以选择其中一个。这种效果在游戏的开发过程中可以应用于游戏人物技能的选择。下面笔者将详细地介绍案例的开发流程，使读者在开发过程中可以熟练地使用。

（1）打开 Unity 集成开发环境，在 Project 面板单击鼠标右键，选择 Create→Folder 创建文件夹，重命名为 "Texture"，将准备好的纹理图片资源导入该文件夹。单击 GameObject→UI→Panel

菜单创建一个面板，并将图片精灵（Sprite）拖到 Source Image 中，创建一个 UI 背景。

（2）选择 GameObject→UI→Toggle 创建三个 Toggle 控件，调整这三个开关的位置和大小，并将其 Is On 参数统一置为 false，如图 3-79 所示。选中 Canvas（画布）游戏对象，利用快捷键 Ctrl+Shift+N 创建一个空游戏对象，并将三个 Toggle 控件设置为该游戏对象的子对象。如图 3-80 所示。

（3）将父子关系调整完成后，选中 GameObject 游戏对象，单击 Component→UI→Toggle Group 为该游戏对象添加 Toggle Group 组件。最后一步，将 GameObject 游戏对象分别拖曳到三个 Toggle 控件的 Group 参数中，如图 3-81 所示。单击运行按钮运行游戏，分别选择不同的开关来观察效果。

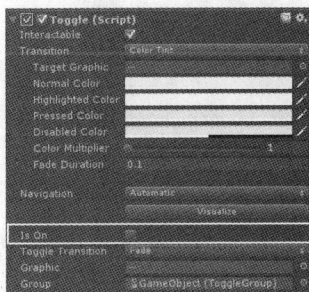

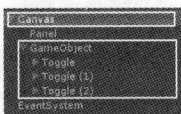

图 3-79　关闭选中　　　　图 3-80　调整父子关系　　　　图 3-81　拖曳 Group 游戏对象

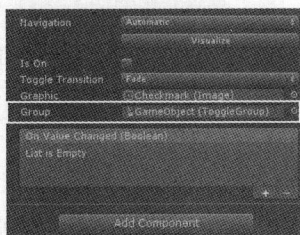

3.2.6　Slider 控件和 Scrollbar 控件

本小节笔者将讲解 UGUI 系统中的 Slider 控件和 Scrollbar 控件，大多数游戏界面都会存在一些控制部件，比如最常见的音量调节滑杆、灵敏度调节滑杆等，这些都可以通过 Slider 或者 Scrollbar 控件来实现。下面笔者将通过一个案例详细地介绍其相关知识。

1. 基础知识

在游戏的 UI 界面中会见到各种各样的滑块用来控制音量或者是摇杆的灵敏度。创建一个 Slider 控件，内部结构如图 3-82 所示。Background 是整个 Slider 的背景，Fill Area 下的子对象 Fill 为滑块起点与滑块当前位置之间的部分，Handle 子对象是可移动的滑块按钮。

Slider 控件的参数列表中有一个需要注意的参数是 Whole Number，该参数表示滑块的值是否只可为整数，开发人员可根据开发需要进行设置。除此之外，Slider 控件也可以挂载脚本，用来响应事件监听，如图 3-83 所示。具体步骤将在开发流程中进行详解。

Scrollbar 控件和 Slider 控件在结构和功能上是比较相似的，创建一个 Scrollbar 控件，内部结构如图 3-84 所示。因为这两个控件功能较相似，所以本小节笔者将主要讲解 Slider 控件，在 3.2.10 小节将通过 Scroll View（滚动视图）的创建来更加详细地介绍 Scrollbar 控件。

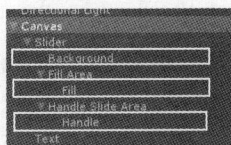

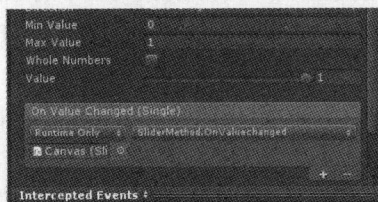

图 3-82　内部结构　　　　图 3-83　事件监听　　　　图 3-84　Scrollbar 内部结构

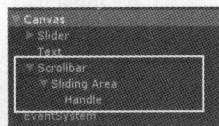

2. 案例效果

通过观察 Slider 参数列表，开发人员可以调整 Background、Fill 等游戏对象的颜色参数以便于区分，还可以在 OnValueChanged 列表中挂载事件监听方法。为使读者能够更加容易地掌握相关知识，笔者将通过一个案例来演示该控件，案例运行效果如图 3-85 所示。

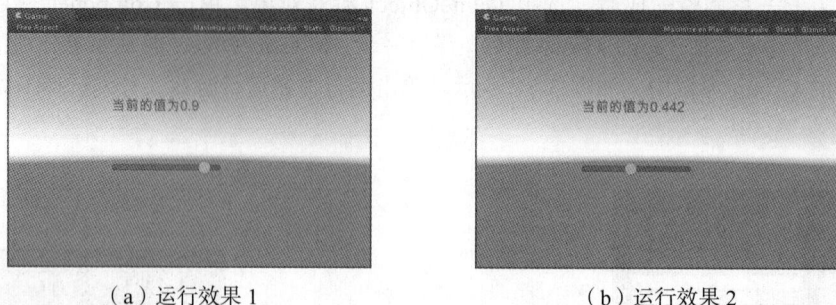

（a）运行效果 1　　　　　　　　　　　　　（b）运行效果 2

图 3-85

3. 开发流程

通过案例的运行效果图可以看出，笔者通过单击场景中的绿色滑块对 Slider 进行滑动，并且同时会有文本显示当前的 Slider 的 Value 值。（为了使得效果更加明显，笔者将 Slider 的每部分置为不同的颜色。）下面笔者将详细地讲解该案例的制作过程，具体步骤如下。

（1）单击 GameObject→UI→Slider 菜单，在游戏组成对象列表中会出现 Slider 控件。修改 Slider 控件中 Background、Fill、Handle 游戏对象的颜色值，以便于区分。利用同样的步骤创建 Text 控件，将 Text 文本输入框中的内容清空。调整 Slider 和 Text 控件的大小和位置。

（2）在 Project 面板创建名为 C#的文件夹，并且在该文件夹中创建名为 SliderMethod 的 C#脚本。双击该脚本进入编辑器编辑脚本。当 Slider 控件的当前值发生变化时该脚本会被调用，具体代码如下。

代码位置：见资源包中源代码第 3 章目录下的 SliderDemo\Assert\C#\SliderMethod.cs。

```
1    using UnityEngine;
2    using System.Collections;
3    using UnityEngine.UI;
4    public class SliderMethod : MonoBehaviour {
5      public Slider sd;                          //声明 Slider 变量用来挂载 Slider 控件
6      public Text text;                          //声明 Text 变量用来挂载 Text 控件
7      public void OnValuechanged(){
8        text.text = "当前的值为" + sd.value;      //改变 Text 控件下的 Text 文本输入框的内容
9    }}
```

❑ 第 4～6 行声明了一个 Text 游戏对象变量，用来挂载游戏组成对象列表中的 Text 控件，声明 Slider 控件变量用来挂载游戏组成对象列表中的 Slider 控件。

❑ 第 7～9 行就是对 Slider 控件事件监听的处理方法，将 Text 控件的 Text 输入框中的内容变为 Slider 控件当前的 value 值。

（3）将编写好的脚本挂载到 Canvas 游戏对象上，然后把 Slider 和 Text 游戏对象分别拖曳到脚本对应的变量上，如图 3-86 所示。选中 Slider 游戏对象，单击"+"图标并将 Canvas 游戏对象拖曳到左侧栏中，在右侧的下拉列表中找到编写的脚本和方法，如图 3-87 所示。单击播放按钮即可运行。

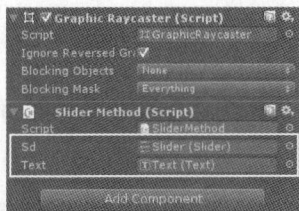

图 3-86　拖曳控件 1

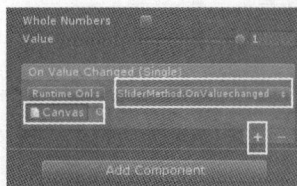

图 3-87　拖曳控件 2

3.2.7　InputField 控件

本小节笔者将讲解 UGUI 系统的 InputField 控件,部分游戏界面中会要求玩家输入自己的名称 ID 用来在游戏中区别于其他人,这就需要 InputField 控件来完成。UGUI 系统中的 InputField 控件使用起来十分方便,下面将讲解该控件的相关内容。

1. 基础知识

InputField 控件是 UGUI 系统中的输入框控件。在移动设备上使用时,该控件获得焦点后就会弹出用于输入的键盘,常用于玩家为游戏人物编写昵称或账号输入。在输入框中没有用户输入内容时,会显示默认的提示文本,其内部结构如图 3-88 所示。

InputField 控件的子对象里,Placeholder 是用于显示默认提示信息的文本框,Text 则是用来显示用户输入的文本。该控件可以监听两种事件:On Value Change 和 End Edit,分别表示当输入框的内容发生改变时以及用户输入结束时两种情况。如图 3-89 所示。

InputField 控件的输入框中可以输入任意的字符,并且在 Unity 集成开发环境已经为开发人员封装了多种文本形式如密码、电子邮箱等,如图 3-90 所示。关于这些输入情况的参数如表 3-23 所列。由于 InputField 控件的参数比较简单,这里就不再一一介绍。

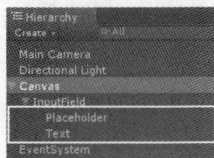

图 3-88　内部结构

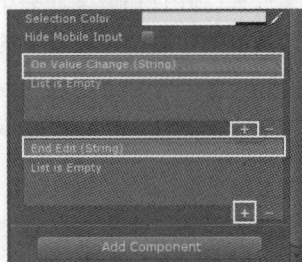

图 3-89　两个事件

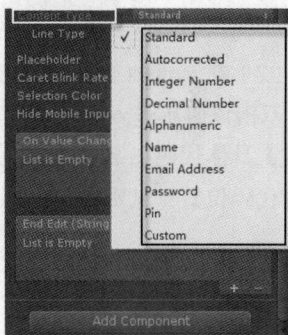

图 3-90　输入参数介绍

表 3-23　　　　　　　　　　　　　　Input Field 组件的参数

参 数 名	含 义	参 数 名	含 义
Standard	可以输入任何类型的字符	Autocorrected	自动校正未知字符利用合适的字符代替
Integer Number	只能输入整数	Decimal Number	只可输入带有一个小数点的小数
Alphanumeric	只能输入字母和数字	Name	自动大写首字母
Email Address	允许输入 Email 地址格式的字符	Password	用*自动隐藏用户输入的内容,可输入符号
Pin	用*隐藏用户输入内容,只可输入数字	Custom	可自定义输入类型

2. 案例效果

通过学习 InputField 控件的相关知识，读者了解到可以在 OnValueChanged 列表中和 End Edit 列表中挂载事件监听方法。下面笔者将通过一个案例来更加系统地介绍相关知识，使读者在开发过程中更加熟练地使用此控件，案例运行效果如图 3-91 所示。

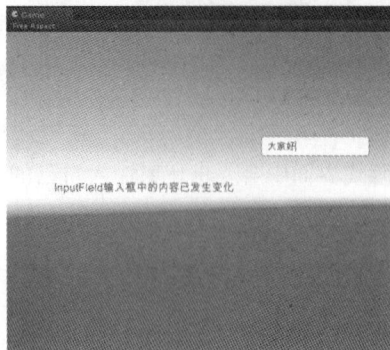

（a）案例运行效果 1　　　　　　　　　　　　　（b）案例运行效果 2

图 3-91

3. 开发流程

通过案例的运行效果图读者可以看出 InputField 控件两种事件的监听方式，在笔者输入第一个字符后，就会发现文本提示输入框中的内容已发生变化，当按下回车键（输入完成时）又会有一个文本提示显示在屏幕上。下面笔者将详细地讲解该案例的开发流程，具体步骤如下。

（1）单击 GameObject→UI→InputField 菜单，在游戏组成对象列表中会出现 InputField 控件。利用同样的步骤创建两个 Text 控件，控件名称就使用系统自动给出的即可。将两个 Text 文本输入框中的内容清空。调整 InputField 和 Text 控件的大小和位置。

（2）在 Project 面板创建名为 C#的文件夹，并且在该文件夹中创建名为 InputMethod 的 C#脚本。双击该脚本进入编辑器编辑脚本。该脚本的功能是对场景中的两个 Text 控件的显示文本进行修改，具体代码如下。

代码位置：见资源包中源代码第 3 章目录下的 InputFieldDemo\Assert\C#\InputMethod.cs。

```
1    using UnityEngine;
2    using System.Collections;
3    using UnityEngine.UI;
4    public class InputMethod : MonoBehaviour {
5      public Text te;              //声明 Text 变量用来挂载 Text 控件
6      public Text tex;
7        public void OnValueChanged(){ //当 InputField 输入框的内容发生变化时改变 Text 控件的内容
8          te.text = "InputField 输入框中的内容已发生变化";
9        }
10       public void endedit(){//当 InputField 输入框的内容编辑完成后改变 Text 控件的内容
11         tex.text = "InputField 输入框中的内容已输入完毕";
12  }}
```

❑　第 4~6 行声明了两个 Text 游戏对象变量，用来获取游戏组成对象列表中的两个 Text 控件。

❑　第 7~9 行是当 InputField 控件输入框中的内容发生变化时的处理方法，显示 Text 文本内容。

❑　第 10～12 行是对 InputField 控件输入框内容编辑完成后改变另外一个 Text 控件的 Text
文本信息，并在屏幕上显示。

（3）将编写好的脚本挂载到 Canvas 游戏对象上，然后把两个 Text 控件分别拖曳到脚本对应的变
量中，如图 3-92 所示。选中 InputField 游戏对象，单击"+"图标并将 Canvas 游戏对象拖曳到左侧栏
中，在右侧的下拉列表中找到编写好的脚本和方法，如图 3-93 所示，最后单击播放按钮即可。

图 3-92　添加游戏变量　　　　　　　　　　　　　　　　图 3-93　添加方法

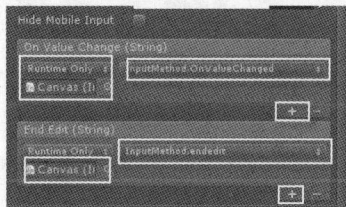

3.2.8　UGUI 布局管理

前面的小节中介绍了 UGUI 系统中常用控件的相关知识，在介绍完控件知识后，接下来将讲解如
何去管理、排列多个控件。这部分知识的运用常见于游戏中的奖励窗口，虽然无法预知玩家获得奖励的
数量，但是依旧能够让获得的奖励道具在窗口中的摆放十分合理，这就需要用到布局管理的知识了。

1．基础知识

在每个游戏界面中都会应用到控件的布局，Unity 中自带
的布局管理器有三种：Horizontal Layout Group、Vertical Layout
Group、Grid Layout Group，分别是水平布局、垂直布局、网格
布局。接下来笔者将逐个介绍其功能和用法。

（1）Horizontal Layout Group（水平布局管理器）。这种模
式将会使所有的控件按照一定的要求水平排列，在案例运行效果
中体现得十分明显。Horizontal Layout Group 组件参数如图 3-94
所示，参数列表如表 3-24 所列。

图 3-94　水平组件参数

表 3-24　　　　　　　　　　　　　　　　Horizontal Layout Group 组件参数

参 数 名	含 义	参 数 名	含 义
Padding	布局的边缘填充（即偏移）	Spacing	布局内的元素间距
Child Alignment	对齐方式	Child Force Expand	自适应宽和高

（2）Vertical Layout Group（垂直布局管理器）。顾名思义，这种模式会将所有的控件按照一定
的规律垂直排列，在案例运行效果中体现得十分明显。Vertical Layout Group 组件的部分参数和
Horizontal Layout Group 相同，读者可以参考表 3-24。

（3）Grid Layout Group（网格布局管理器），这个组件会将
其管理下的 UI 元素进行自动的网格型排列，该组件实现了自
动换行等功能，常见于游戏中的道具背包，内部的储物格为网格
型排列。组件参数布局如图 3-95 所示，内部参数列表如表 3-25
所列。

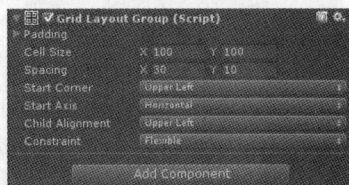

图 3-95　网格布局组件参数

表 3-25 Grid Layout Group 组件参数

参 数 名	含 义	参 数 名	含 义
Padding	偏移	CellSize	内部元素的大小
Spacing	每个元素间的水平间距和垂直间距	Start Corner	第一个元素的位置
Start Axis	元素的主轴线	Horizontal	在填满一行后启用一个新行
Vertical	在填满一列后启用一个新列	Child Alignment	对齐方式
Constraint	指定网格布局的行或列		

2. 案例效果

通过学习 UGUI 布局管理的基础知识，开发人员可以将场景中的控件任意排列。下面笔者将通过一个案例对每种布局管理器进行介绍，使读者可以更好地应用布局管理组件，案例运行效果如图 3-96 所示。

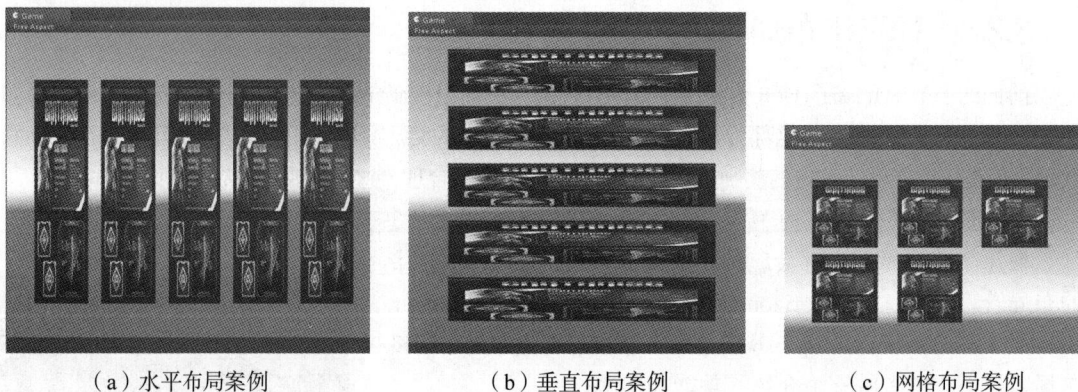

（a）水平布局案例　　　　（b）垂直布局案例　　　　（c）网格布局案例

图 3-96

3. 开发流程

通过案例的运行效果图读者可以看出 UGUI 布局管理器的主要作用，第一幅是水平布局管理器所形成的效果，第二幅是垂直布局管理器所形成的效果，第三幅则是网格布局管理器所形成的效果。下面笔者将详细地介绍该案例的开发流程，具体步骤如下。

（1）打开 Unity 开发环境，单击 GameObject→UI→Canvas 菜单，创建一个画布。利用快捷键 Ctrl+Shift+N 或者是单击 GameObject→Create Example 创建一个空的游戏对象，重命名为"GameObject1"。选中 GameObject1，单击鼠标右键，选择 UI→Image，建立五个 Image 控件，依次命名为 Image1 到 Image5。

（2）重复步骤（1），共建立 3 个 GameObject，依次命名为 GameObject1、GameObject2、GameObject3，也依次为每个 GameObject 添加 5 个 Image，布局结构如图 3-97 所示。将名为"jxtwo02"的纹理图拖曳到每个 Image 的 Source Image 中。

（3）选中 GameObject1 游戏对象，单击 Component→Layout→Horizontal Layout Group，添加水平布局组件。并且修改 Rect Transform 的宽度和高度值，这里笔者的 Width 修改为 490，Height 修改为 330。将 Spacing（控件间隔）修改为 20，该游戏对象的大小就是控件摆放空间的大小，如图 3-98 所示。

（4）选中 GameObject2 游戏对象，单击 Component→Layout→Vertical Layout Group，添加垂

直布局组件，修改 Rect Transform 的 Width 为 400，Height 为 400，将组件的 Spacing 修改为 20，该游戏对象的大小就是控件摆放空间的大小。

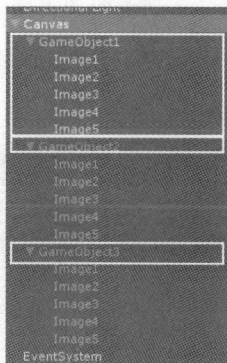

图 3-97　组织结构

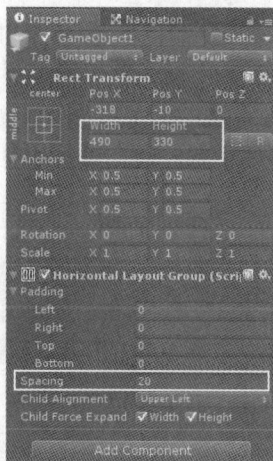

图 3-98　修改参数

（5）选中 GameObject3 游戏对象，单击 Component→Layout→Grid Layout Group 菜单，为其添加网格布局组件。将 Rect Transform 的 Width 修改为 400，Height 修改为 100。Cell Size 的 x、y修改为 100、100。Spacing 的值为 30、10，如图 3-99 所示。

（6）在该案例中默认的是水平布局案例。选中 GameObject2 和 GameObject3 两个游戏对象，将其 active 置为 false，即为不可见。如果想显示垂直布局，则将 GameObject3 的 active 置为 false，GameObject2 置为 true，如图 3-100 所示。依此类推即可。

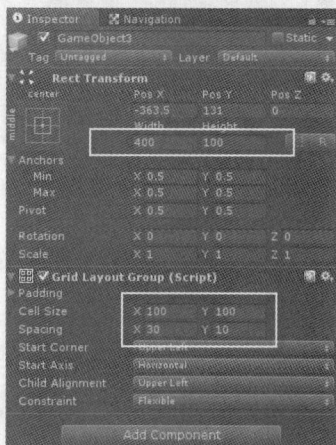

图 3-99　网格组件参数修改

图 3-100　Active 置为 false

3.2.9　UGUI 中不规则形状按钮的碰撞检测

部分游戏界面中开发人员为了界面的美观而将一些 Button 按钮做成不规则的形状，这种情况就需要为不规则的按钮添加不规则的碰撞检测。这一小节笔者将介绍 UGUI 中不规则形状按钮碰撞检测开发的相关知识。

1. 基础知识

UGUI 系统中自带的按钮是标准的矩形，虽然可由开发人员任意改变图片，但是其碰撞检测区域始终是矩形的。在某些时候，可能会用到特殊形状的按钮，当然其碰撞检测区域也要复合按钮的形状。这就需要用到 Polygon Collider 2D 组件，该组件用来制作不规则的碰撞区域。添加步骤如图 3-101 所示。

Polygon Collider 2D（多边形碰撞）组件可以编辑多边形碰撞器，通过这个组件改变 Button 控件的默认碰撞检测区域，能够更加方便地为不规则按钮添加不规则碰撞。该组件的参数如图 3-102 所示。

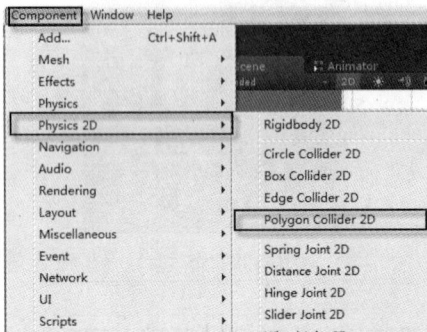

图 3-101　添加 Polygon Collider 2D 组件

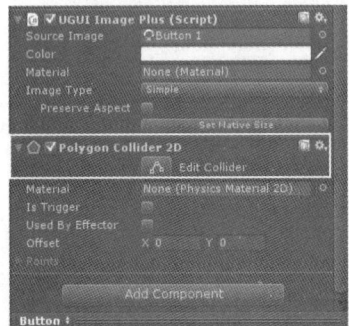

图 3-102　Polygon Collider 组件参数

2. 案例效果

通过学习 UGUI 系统中不规则形状按钮碰撞检测的基础知识，读者可以在场景中添加任意不规则的按钮并为其添加合适的碰撞器。下面笔者将通过一个案例来更加系统地介绍相关知识，使读者在开发过程中可以熟练地应用，案例运行效果如图 3-103 所示。

（a）案例运行效果 1

（b）案例运行效果 2

图 3-103

3. 开发流程

通过该案例运行效果图读者可以看出 UGUI 系统中不规则形状按钮碰撞检测的主要功能，读者可以单击不规则按钮的任意部分，在屏幕上都会显示提示信息。下面笔者将详细地讲解该案例的开发流程，具体步骤如下。

（1）创建两个文件夹，分别命名为"Texture"和"C#"。将开发过程中所需要的图片资源导入 Texture 文件夹，其中包括作为 Panel 背景的 bg01.png 和作为 Button 背景的 Button 1.png 图片。并且将其类型改为图片精灵（Sprite），具体方法已经在前面讲过，这里不再重复。

（2）单击 GameObject→UI→Panel 菜单创建一个背景，再将 bg01（图片 Sprite）拖曳到 Panel 的 Image 组件下的 Source Image 中，作为整个 UI 的背景。依次创建 Button 和 Text 控件。选中 Button 控件，删掉作为其子对象的 Text 控件。

（3）接下来要实现按钮的碰撞区域和不规则碰撞检测（下一步将添加）区域挂钩，这一步要重写 Image 类。新建一个 C#脚本。将其命名为"UGUIImagePlus.cs"，该脚本需要使用"UnityEngine.UI"命名空间，并继承 Image 类，脚本具体代码如下。

代码位置：见资源包中源代码第 3 章目录下的 IrregularCollisionDemo\Assert\C#\ UGUIImagePlus.cs。

```
1    using UnityEngine;
2    using System.Collections;
3    using UnityEngine.UI;
4    public class UGUIImagePlus : Image {
5      PolygonCollider2D collider;                      //声明多边形碰撞器组件
6      void Awake(){
7        collider = GetComponent<PolygonCollider2D>();   //获取 2D 多边形碰撞器组件
8      }
9       public override bool IsRaycastLocationValid(Vector2 screenPoint, Camera
eventCamera){
10        bool inside = collider.OverlapPoint(screenPoint); //判断触摸是否在圈出的多边形区域内
11        return inside;                                     //返回是否在多边形内
12    }}
```

❑　第 4～8 行声明多边形碰撞器组件变量，并且在 Awake 方法中获得挂载该脚本的游戏对象的多边形碰撞器组件。

❑　第 9～12 行通过重写 Image 类中的 IsRaycastLocationValid 方法判断触摸是否在圈出的多边形区域内，该方法会返回一个布尔值。

（4）在脚本编写完成后，将 Button 游戏对象组件中的 Image 去掉，单击右边的设置按钮，选择 Remove Component 即可。随后将编写好的脚本挂载到 Button 游戏对象上，然后将 Button 1 图片 Sprite 拖曳到该脚本的 Source Image 中。

（5）选中 Button 游戏对象，为该游戏对象添加 Polygon Collider 组件。单击该组件的 Edit Collider 按钮编辑不规则碰撞检测区域。如图 3-104 所示。编辑不规则区域如图 3-105 所示，该图中的绿色线条所圈出的区域即当前按钮的碰撞检测区域。

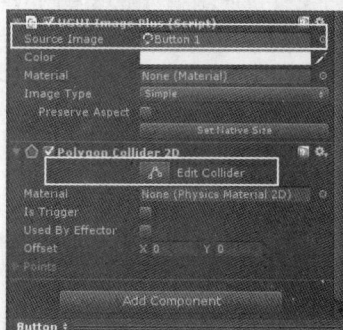

图 3-104　单击编辑按钮

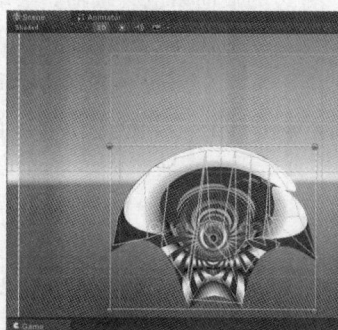

图 3-105　编辑不规则区域

（6）接下来为 Button 按钮挂载单击事件监听。具体添加方法在 3.2.3 小节中已详细介绍过，在这里挂载的监听方法依旧是 C#文件夹下 ButtonMethod.cs 脚本中的 OnClick 方法。这时不规则按钮的创建就完成了，单击播放按钮即可，通过单击不规则按钮会有 Text 提示文本弹出。

3.2.10　Scroll View 的制作

所谓 Scroll View 就是滚动视图，在游戏中非常常见，比如在选择对战人物时，无法一次显示完毕，就需要一个滚动视图可以让玩家上下拖动或者左右滑动以显示更多内容。UGUI 系统也可以通过各个组件与控件的配合实现这一功能。在本节中笔者将介绍如何制作一个 Scroll View。

1. 基础知识

这一节中所见到的 Scroll View 的创建实质是控件的创建、UGUI 系统布局管理知识的综合使用，以及一些新组件的介绍和使用，该组件在以后的开发过程中也会经常使用。在开发过程中笔者会对新的组件进行详细的介绍，这里就先省略此部分。

2. 案例效果

通过学习前面章节 UGUI 中的控件知识，读者了解了控件的功能和具体的使用方法。除了学习之外还要学以致用。下面笔者将通过一个大案例来更加系统地介绍相关知识，使读者在开发过程中更加熟练地使用 UGUI 系统。案例运行效果如图 3-106 所示。

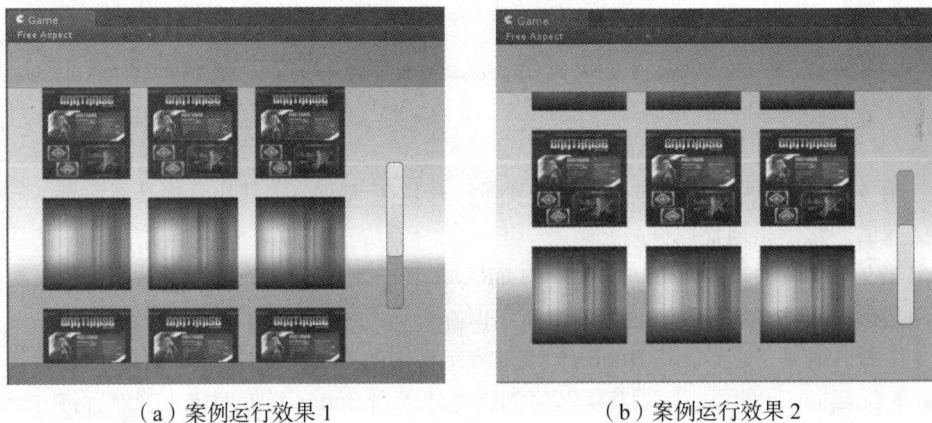

（a）案例运行效果 1　　　　　　　　（b）案例运行效果 2

图 3-106

3. 开发流程

通过案例的运行效果图读者可以感受到 ScrollView（滚动视图）的主要功能，读者通过滑动滚动视图，旁边的滚动条也会跟随其滚动，反之亦然。下面笔者将详细地讲解该案例的开发流程，使读者可以更加熟练地掌握滚动视图的制作方法，具体步骤如下。

（1）创建一个文件夹，重命名为 "Texture"。将所需要的图片资源导入 Texture 文件夹，其中 Imagebg01.png 和 jxtwo02.png 两张图片是作为 Image 组件下的图片精灵，需要将其类型修改为 Sprite，具体方法已经在前面讲过，这里不再重复。

（2）单击 GameObject→UI→Panel 菜单创建一个 Panel，将其重命名为 "ScrollView"，单击其属性面板左上角的准星图标将其锚点设置为 middle/center，如图 3-107 所示。并且在 Rect Transform 中将其 Width 修改为 500，Height 修改为 300。如图 3-108 所示。

（3）利用快捷键 Ctrl+Shift+N 或者是单击 GameObject→Create Example 创建一个空的游戏对象并重命名为 "Grid"。按照步骤为该游戏对象添加 Grid Layout Group（网格布局）组件。在 Grid

游戏对象的属性面板中修改 Width 为 400，Height 为 500。

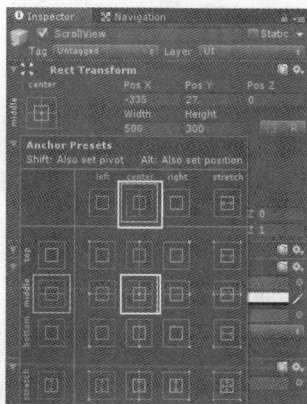

图 3-107　重置锚点

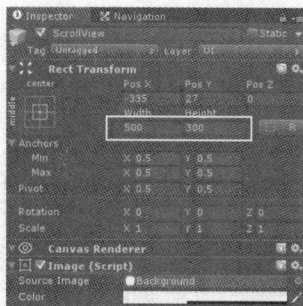

图 3-108　修改 Panel 大小

（4）选中 Grid 游戏对象，为其添加 12 个 Image 游戏对象，并且为每个 Image 添加图片 Sprite。添加方法已经在前面讲过，这里不再重复。为了让 12 个 Image 完美地显示在视图中，将 Grid 游戏对象网格布局组件的 Cell Size 参数修改为 100×100，Spacing 参数修改为 20×20。如图 3-109 所示。

（5）在这里笔者需要强调一下，Grid 控件设置的大小是用来存放 Image 图片的，而 ScrollView 的大小是整个滚动视图可以用来滚动的空间大小，所以在读者自己对各个游戏对象设置大小时需要注意各个控件的大小是否合适。

（6）到这一步读者可以看到 12 个 Image 游戏对象整齐地排列在 Grid 中，但是不存在于滚动视图中的 Image 不应该显示。为达到这一效果笔者为 ScrollView 添加 Mask 组件，单击 Component→UI→Mask 菜单达到添加 Mask 组件的目的。这时不在滚动区域内的 Image 就不会在屏幕上显示出来。

（7）为达到滚动视图中 Image 的滚动效果，选中 ScrollView 游戏对象，单击 Component→UI→Scroll Rect 菜单添加滚动组件。这时将 Grid 游戏对象拖曳到参数 Content 的右侧栏中，如图 3-110 所示。勾掉 Horizontal 的复选框选项。

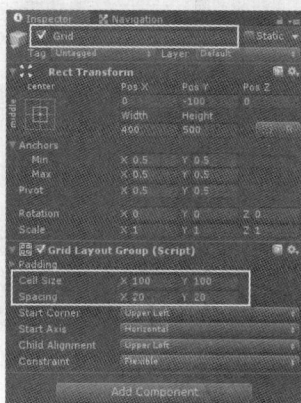

图 3-109　修改 Layout 参数

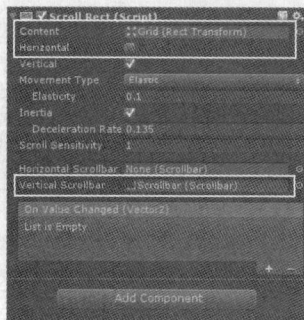

图 3-110　添加 Scrollbar

（8）至此完成了 ScrollView 的开发工作，为增强视觉效果为其添加一个 Scrollbar 控件，拖动此控件同样会滚动 ScrollView 中的图片，单击 GameObject→UI→Scrollbar 创建滚动条，并将其改为 Canvas 的子对象。调整其位置和大小，将 Direction 修改为 Bottom To Top，并将该滚动条拖曳到 Scroll Rect 组件下的 Vertical Scrollbar 栏中，如图 3-110 所示。

3.3　预制件 Prefab 资源的应用

在一个项目的开发过程中经常会应用到预制件 Prefab 资源。在场景的开发中会同时创建多个完全相同的游戏对象，如果——创建会耗费大量的游戏资源，在管理上也会有一定的难度。这时就需要使用预制件（Prefab）来辅助开发。

3.3.1　预制件 Prefab 资源的创建

Unity 中的 Prefab 不仅可以节省大量的游戏资源，而且在管理上也十分简单。通过对预制件的修改可以进而修改场景中所有由该预制件生成的游戏对象。这一节首先介绍关于创建预制件的知识。笔者还将通过一个案例对这部分知识进行总结应用。

1. 基础知识

通过上述内容的讲解，相信读者已经对 Prefab 有了初步的认知。用户可以通过将创建好的预制件拖曳到场景中来实例化预制件，也可以在脚本中对预制件进行实例化。比如塔防游戏中不断出现的小兵在出兵之前在场景中并不存在，而是在游戏开始后通过代码在脚本中实时创建的。

2. 案例效果

通过前面对 Prefab 基础知识的讲解，相信读者对其有了大致的了解。下面笔者将通过一个案例来更加系统地介绍有关知识，使读者在开发过程中能更加熟练地使用。案例的运行效果如图 3-111 所示。

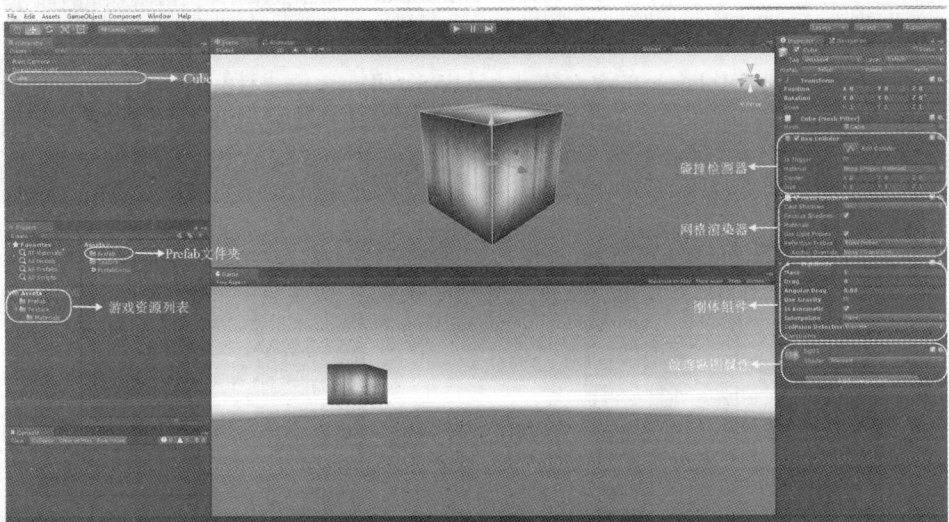

图 3-111　案例运行效果

3. 开发流程

通过案例的运行效果图读者可以看出 Prefab 的特点，在整个案例中笔者主要介绍了如何去创建一个简单的 Prefab，读者应该以小见大学会其他 Prefab 的制作。下面笔者将详细地讲解该案例的制作流程，具体步骤如下。

（1）这个案例只是简单介绍了 Prefab 的创建步骤。打开 Unity 开发环境，创建两个文件夹分别命名为"Texture"和"Prefab"。将名为 bg01.jpg 的图片导进 Texture 文件夹。在 Prefab 文件夹中单击鼠标右键，选择 Create→Prefab，创建一个空的 Prefab 并重命名为 "CubePrefab"。

（2）单击 GameObject→3D Object→Cube 菜单，在场景中创建一个简单的正方体游戏对象，将 Texture 中的纹理图拖曳到该游戏对象上，即为该 Cube 添加纹理，最后为其添加刚体组件。

（3）单击 Hierarchy 面板中的 Cube 游戏对象并将其拖曳到 Prefab 文件下的 CubePrefab 上，这样一个简单的 Prefab 就创建完成了。

3.3.2　通过 Prefab 资源进而实例化对象

在实际的开发过程中，若要创建大量的重复资源，就需要使用到 Prefab。通过脚本编写程序实例化这些游戏对象，这样既可以省略创建大量相同游戏对象的时间，也可以省去为各个游戏对象添加相同属性的繁琐操作，提高开发效率。

1. 基础知识

前一小节笔者介绍了如何在 Scene 中创建 Prefab，相信读者已经掌握了这部分的知识。这一小节将介绍通过 Prefab 资源实例化对象。该过程是在脚本中完成的，通过代码去控制 Prefab 实例化对象生成的位置和时间，既方便控制又节省游戏资源。

2. 案例效果

通过基础知识的学习，读者了解到在开发过程中可以很方便地通过脚本对 Prefab 进行实例化。下面笔者将通过一个案例来更加系统地介绍相关知识，使读者在开发过程中更加熟练地使用该知识。案例的运行效果如图 3-112 所示。

3. 开发流程

通过案例的运行效果图读者可以看到通过脚本代码在屏幕上实例化出 10 个一模一样的 Cube 游戏对象，这种功能都是在脚本中实现的，包括球的位置的摆放，通过这个案例读者就可以任意位置实例化任意的预制件资源。

图 3-112　Prefab 运行效果

（1）以上一小节的 CubePrefab 为例，关于 Prefab 的创建笔者就不再详细介绍了，读者可以参考上一小节的内容进一步对 Prefab 进行创建。

（2）在将 Prefab 创建完毕后，接下来就是利用脚本将 Prefab 资源实例化成游戏对象。在 Assets 目录下单击鼠标右键，选择 Create→c# Script 创建脚本，重命名为 "CubePrefabScript"，双击该脚本进入脚本编辑器，具体的实现代码如下所示。

代码位置：见资源包中源代码/第 3 章目录下的 PrefabDemoTwo\Assets\CubePrefabScript.cs。

```
1    using UnityEngine;
2    using System.Collections;
3    public class CubePrefabScript : MonoBehaviour{
4      public int i = 0;                                    //声明整型变量 i
5      public int j = 0;                                    //声明整型变量 j
6      public Rigidbody CubePrefab;                         //声明刚体 BallPrefab
7      public float x = 0.0f;                               //初始化 x, y, z 的坐标
8      public float y = 4.0f;
9      public float z = 0.0f;
10     public int n = 4;                                    //声明实例化球的行数
11     public float k = 2.0f;
```

```
12    int count = 0;                                    //声明一个计数器
13    public Rigidbody[] BP;                            //声明刚体数组
14    void Start(){                                     //声明 Start 方法
15      BP = new Rigidbody[10];                         //初始化刚体组数
16      count = 0;                                      //计数器置 0
17      for (i = 1; i <= n; i++){                       //对变量 i 进行循环
18        for (j = 0; j < i; j++){       //对变量 j 进行循环，在自定义位置实例化 10 个小球
19            BP[count++] = (Rigidbody)Instantiate(CubePrefab,
20            new Vector3(x - 2.0f * k * i + 4.0f * j * k, 2.0f, z - 2.0f * 1.75f * k
* i), CubePrefab.rotation);
21    }}}}
```

- ❑ 第 3～13 行主要声明了整型变量 i、j，刚体 BallPrefab，x、y、z 的坐标，刚体的行数以及计数器并且对相关的参数进行了赋值等。在开发环境下的属性查看器中可以为各个参数指定资源或者取值。
- ❑ 第 14～16 行是将刚体数组初始化，将计数器的值置为 0。
- ❑ 第 17～21 行是利用前面声明的整形变量 i 以及变量 j，对它们进行循环赋值，在固定的位置通过实例化刚体数组创建 10 个球体，并且对球体的位置进行有顺序的排列。

（3）将编写完的脚本挂载到摄像机上，单击 Unity 集成开发环境的播放按钮即可。本案例中通过脚本循环创建了 10 个 BallPrefab 对象，因此在游戏场景中会显示出 CubePrefab 实例化后的效果。读者也可以通过修改脚本中的相关参数体验不同的案例运行效果。

3.4　常用的输入对象

游戏的开发过程中，时常需要获取用户的输入情况，类似于手机平板中的多点触控、电脑端的键盘鼠标操作等行为。在其他的开发平台中，要获取这些操控参数往往需要通过开发人员编写代码来实现，而 Unity3D 引擎在设计时就封装好了这些常用的方法与参数。

3.4.1　Touch 输入对象

针对用户的输入，引擎专门为开发人员提供了两个输入对象——Touch 与 Input。开发人员通过 Touch 与 Input 输入对象中的方法以及参数可以非常方便地获取用户输入的各种参数，包括触控的位置、相位、手指按下位移以及用户鼠标键盘的输入等。下面首先介绍 Touch 输入对象。

1．基础知识

Touch 输入对象中提供了非常全面的参数以及方法，通过使用该对象可以详细地获取 Android、IOS 等移动平台中的触摸操控信息。读者可以将分析 Touch 的代码写在对应的脚本中，然后挂载到对应的游戏对象上，就可以简单地获取到 Touch 信息了。Touch 事件变量如表 3-26 所列。

表 3-26　　　　　　　　　　　　　　　Touch 输入对象的变量

变　量　名	含　　义	变　量　名	含　　义
fingerID	手指的索引	Position	手指的位置
deltaPosition	距离上次改变的距离增量	deltaTime	自上次改变的时间增量
tapCount	单击次数	Phase	触摸相位

Touch 触摸输入对象的各个参数在开发的过程中一般都是相互配合使用的，只有变量间相互配合才能满足开发的需求。接下来笔者将给出一个解析玩家手势操控的案例，希望读者可以通过该案例对学习的内容进行印证并加深理解。

2. 案例效果

在基础知识的学习之后，将通过一个案例来更加系统地介绍相关知识，使读者在开发过程中能够更加熟练地使用。案例的运行效果如图 3-113 所示。读者可以将该项目运行到手机上亲自体验球的缩放与旋转效果。

图 3-113　手机运行效果

3. 开发流程

读者将项目运行到真机上测试时可以对场景中的小球进行缩放旋转等操作，需要注意的是与 Touch 有关的项目都需要在真机上进行测试，在 Unity 中导出 APk 的相关知识笔者已在前面讲过，这里不再重复。下面将详细地讲解案例的开发流程。

（1）打开 Unity 集成开发环境，单击 GameObject→3D Object→Sphere 菜单，新建一个小球。调整小球的位置将其放置在坐标原点上，可通过选中 Sphere 游戏对象，单击 Transform 组件右侧的设置按钮，单击 Reset 按钮将其坐标重置，重置后的位置就是坐标原点。

（2）新建 Texure 文件夹，将 Sphere 的纹理图导入该文件夹，并为 Sphere 赋上纹理图。将 Camera 的坐标中的 Z 值调整为-20。新建 C#文件夹，在该文件夹下单击鼠标右键，选择 Create→C# Script，重命名为"TouchTest"。双击该脚本进入脚本编辑器编辑代码。脚本具体代码如下。

代码位置：见资源包中源代码/第 3 章目录下的 TouchDemo/Assets/C#/ TouchTest.cs。

```
1    using UnityEngine;
2    using System.Collections;
3    public class TouchTest : MonoBehaviour {
4      public GameObject ball;                          //声明 GameObject 变量
5      private float lastDis=0;                         //上一次两个手指的距离
6      private float cameraDis = -20;                   //摄像机距离球的距离
7      public float ScaleDump = 0.1f;                   //缩放阻尼
8      void Update() {
9        if (Input.touchCount ==1) {                    //判断是否为单点触控
10         Touch t = Input.GetTouch(0);                 //获取触控
11         if (t.phase == TouchPhase.Moved){            //手指移动中
12            ball.transform.Rotate(Vector3.right, Input.GetAxis("Mouse Y"),
Space.World); //竖直旋转
13            ball.transform.Rotate(Vector3.up,  -1  *  Input.GetAxis("Mouse X"),
```

```
Space.World); //水平旋转
    14          }}
    15      else if (Input.touchCount > 1){
    16          Touch t1 = Input.GetTouch(0);                        //获取触控
    17          Touch t2 = Input.GetTouch(1);                        //获取触控
    18          if (t2.phase == TouchPhase.Began){                   //开始触摸
    19              lastDis = Vector2.Distance(t1.position, t2.position); //初始化 lastDIs
    20          }else
    21          if (t1.phase == TouchPhase.Moved && t2.phase == TouchPhase.Moved){//两个
手指都在移动
    22              float dis = Vector2.Distance(t1.position, t2.position); //计算手指位置
    23                  if (Mathf.Abs(dis - lastDis)>1)              //若是手指距离>1
    24                  cameraDis += (dis - lastDis)*ScaleDump;       //设置摄像机到物体的距离
    25                  cameraDis=Mathf.Clamp(cameraDis, -40, -5);    //限制摄像机到物体的距离
    26                  lastDis = dis;                               //备份本次触摸结果
    27      }}}
    28      void LateUpdate(){
    29        this.transform.position = new Vector3(0,0,cameraDis);   //调整摄像机的位置
    30      }
    31      void OnGUI(){                                            //打印信息与退出按钮
    32        string s = string.Format("Input.touchCount={0}\ncameraDIS=\n{1}",
    33        Input.touchCount,cameraDis);                           //打印字符串
    34        GUI.TextArea(new Rect(0, 0, Screen.width / 10, Screen.height), s);     // 用
text 控件显示字符串
    35        if (GUI.Button(new Rect(Screen.width * 9 / 10, 0,
    36          Screen.width / 10, Screen.height / 10),"quit")){ //退出按钮
    37              Debug.Log("quit");                               //打印单击信息
    38              Application.Quit();                              //退出程序
    39      }}}
```

- 第 3～7 行的主要功能是声明场景中 Sphere 游戏对象的引用 Ball 和一些变量，方便下面对其进行旋转等变换，同时还声明了一些全局变量，用途将在后面进行介绍。

- 第 8～14 行是在 Update 方法中对单指操控行为进行解析，当发生触控并且手指在移动状态时，就可以通过 Input.GetAxis("Mouse X/Y")获取用户的手指位移，然后将其转换为旋转角对 ball 进行旋转。运行时就可以看到用户滑动手指，场景中的小球根据滑动方向进行旋转。

- 第 15～27 行是解析用户多点操控的行为，当手指数目大于 1 时，会计算两指间的距离，并与上一次计算出的距离进行比较，若是距离变大就将摄像机向近推产生放大的效果，反之摄像机向后推就可以得到缩小的效果。这里还在第 25 行对摄像机的位置进行了限制，使其不能无限放大或者缩小。最后备份下这一帧中手指间的距离并在下一帧中和新的距离进行比较。

- 第 28～30 行对 LateUpdate 方法进行重写，这个方法在 Update 方法回调完后进行回调。在这部分中根据上一步算出来的 cameraDis 对摄像机进行前推或者后拉，产生放大或缩小的效果。

- 第 31～39 行代码与触控的检测没有关系，主要是使用 Text 控件对触控的信息进行打印，使其在程序运行时可以看到，方便学习与调试。最后还设置了一个退出按钮，单击后程

序结束。

（3）到这一步，读者就可以将案例导入手机中运行，可以看到小球可以根据玩家手指在屏幕上的滑动操作使自身进行旋转，或者是根据两指的操控而放大或收缩，有兴趣的读者还可以开发出更多的手势检测来适应不同的游戏。

3.4.2　Input 输入对象的主要变量

针对用户的输入，除了 Touch 输入对象外，引擎专门为开发人员还提供了 Input 输入对象。开发人员通过 Touch 与 Input 输入对象中的方法以及参数可以非常方便地获取用户输入的各种参数，上一小节笔者介绍了 Touch 的相关知识，本小节中将介绍 Input 输入对象。

1. 基础知识

Input 输入对象中提供了非常全面的参数，该对象可以获取如 Android、iOS 等移动平台中详细的触摸操控信息。读者可以将分析 Input 的代码写在对应的脚本中，然后挂载到对应的游戏对象上，就可以简单地获取到 Input 的信息了。Input 事件变量如表 3-27 所列。

表 3-27　　　　　　　　　　　　　　　　Input 输入对象的主要变量

变　量　名	含　　义	变　量　名	含　　义
mousePosition	返回当前鼠标的像素坐标	anyKey	当前是否有按键按住，若有返回 true
anyKeyDown	用户单击任何键或鼠标按钮，第一帧返回 true	inputString	返回键盘输入的字符串

2. 案例效果

学习了基础知识，下面笔者将通过一个案例更加系统地介绍相关知识，使读者在开发过程中更加熟练地运用 Input 输入对象。案例运行效果如图 3-114 所示。这个案例是通过一些打印的信息来表明触摸事件的发生。读者注意最右侧的数字，右侧的数字表示该信息打印的次数。

3. 开发流程

观察案例运行效果图，了解 Input 输入对象变量的主要功能。程序通过打印信息来表示事件的发生。在 Console 面板中查看打印信息次数可以了解到脚本

图 3-114　运行效果图

中相关方法的工作原理，下面笔者将详细地介绍案例的开发流程，具体的开发步骤如下。

（1）打开 Unity 集成开发环境，在 Assets 目录下新建一个文件夹，并重命名为"C#"，在该文件夹下单击鼠标右键，选择 Create→C# Script，重命名为"InputDemo"。双击该脚本进入脚本编辑器编辑脚本。这一节讲的是对 Input 输入对象的变量的使用，所以没有界面的展示只有信息的打印。脚本具体代码如下。

代码位置：见资源包中源代码/第 3 章目录下的 InputDemo/Assets/C#/ InputDemo.cs。

```
1    using UnityEngine;
2    using System.Collections;
3    public class InputDemo : MonoBehaviour{
4      void Update (){                         //重写 Update 方法
5        if(Input.GetButtonDown("Fire1")){     //当开火键（默认的是鼠标左键）被按下时
6          Debug.Log("开火键（鼠标左键）被按在了"+Input.mousePosition );
```

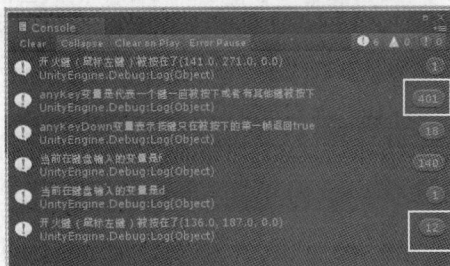

```
7         }                                    //打印开火键当时的被按下时的三维坐标
8       if(Input.anyKey ){                     //当键盘有键被按下时或者鼠标被单击时
9           Debug.Log("anyKey 变量是代表一个键一直被按下或者有其他键被按下");
10      }                                       //打印一些键被按下的信息
11      if (Input.anyKeyDown){                  //当有键被按下或者鼠标被单击的第一帧时
12          Debug.Log("anyKeyDown 变量表示按键只在被按下的第一帧返回 true");
13      }                                       //打印一些键被按下的信息
14      if(Input.inputString !=""){             //当键盘的输入信息不为空的字符串时
15          Debug.Log("当前在键盘输入的变量是" + Input.inputString);//打印由键盘输入的信息
16  }}}
```

- ❑ 第 3~7 行的主要功能是重写 Update 方法，当开火键（默认的是鼠标左键）被按下时会打印鼠标单击位置的坐标信息。
- ❑ 第 8~13 行使用了 anyKey 变量，当任意按键被按下（只要不抬起）时就会一直打印信息。而对于 anyKeyDown 变量则是只在按键被按下的瞬间才会返回布尔值并打印信息。
- ❑ 第 14~16 行的功能是当用户通过键盘输入信息时，打印由键盘输入的信息。

（2）当脚本编写完毕后单击保存按钮保存脚本。在场景中将脚本挂载到主摄像机上单击播放按钮运行程序，然后在 Game 窗体中单击鼠标或者通过键盘输入内容时，读者可以通过观察打印信息来判断 Input 变量的工作方式，更加熟练地掌握这些变量。

3.4.3 Input 输入对象的主要方法

上一小节笔者介绍了 Input 输入对象的主要变量，了解到每个变量的主要作用和用法。但需要注意的是在 Input 输入对象中不仅包括丰富的变量，还提供了大量的实用方法。下面笔者将对 Input 输入对象中封装的常用方法进行详细的介绍。

1. 基础知识

Input 输入对象中提供了非常丰富的方法参数，通过使用该对象可以获取 Android、iOS 等移动平台中的触摸操控信息。读者可以将方法写到脚本中通过简单的打印信息从而熟悉这些 Input 方法。该事件方法如表 3-28 所列。

表 3-28　　　　　　　　　　Input 输入对象中的主要方法

方 法 名	含 义	方 法 名	含 义
GetButton	若虚拟按钮被按下返回 true	GetButtonDown	虚拟按钮被按下的一帧返回 true
GetButtonUp	虚拟按钮抬起的一帧返回 true	GetKey	按下指定按钮时返回 true
GetKeyDown	按下指定按钮的一帧返回 true	GetKeyUp	抬起指定按钮的一帧返回 true
GetMouseButton	指定的鼠标按键按下时返回 true	GetMouseButton Down	指定的鼠标按键按下的一帧返回 true
GetMouseButton Up	指定鼠标按键抬起的一帧返回 true		

2. 案例效果

学习了基础知识，下面笔者将通过一个案例来更加系统地介绍相关知识，使读者在开发过程中更加熟练地使用该知识。案例的运行效果如图 3-115 所示。该案例通过一些打印的信息来代表触碰事件的发生。请读者注意打印信息中最右侧的数字。

3．开发流程

通过案例运行效果图读者了解到 Input 输入对象中各种方法的主要功能，笔者在脚本的方法中通过打印信息来表示碰触事件的发生，读者可以在 Console 面板中查看打印信息次数。下面笔者将详细地讲解该案例的开发流程，具体步骤如下。

（1）打开 Unity 集成开发环境，在 Assets 目录下新建一个文件夹，并重命名为"C#"，在该文件夹下单击鼠标右键，选择 Create→C# Script，重命名为"InputMethodDemo"。双击该脚本进入脚本编辑器编写脚本。这一小节讲的是 Input 输入对象的方法所以没有界面的展示只有信息的打印，脚本具体代码如下。

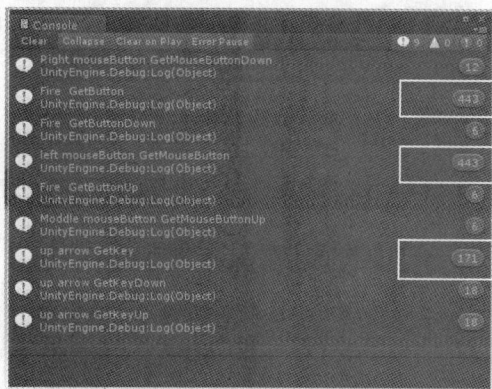

图 3-115　案例运行效果

代码位置：见资源包中源代码/第 3 章目录下的 InputDemoTwo/Assets/C#/ InputMethodDemo.cs。

```
1    using UnityEngine;
2    using System.Collections;
3    public class InputMethodDemo : MonoBehaviour{
4      void Update(){
5      if (Input.GetButton("Fire1")){
6          Debug.Log("Fire GetButton");            //打印信息
7      }
8      if (Input.GetButtonDown("Fire1")){           //使用 GetButtonDown 监听"Fire1"按键
9          Debug.Log("Fire GetButtonDown");         //打印信息
10     }
11     if (Input.GetButtonUp("Fire1")){             //使用 GetButtonUp 监听"Fire1"按键
12         Debug.Log("Fire GetButtonUp");           //打印信息
13     }
14     if (Input.GetKey("up")){                     //使用 GetKey 监听"↑"按键
15         Debug.Log("up arrow GetKey");            //打印信息
16     }
17     if (Input.GetKeyDown(KeyCode.UpArrow)){      //使用 GetKeyDown 监听"↑"按键
18         Debug.Log("up arrow GetKeyDown");        //打印信息
19     }
20     if (Input.GetKeyUp(KeyCode.UpArrow)){        //使用 GetKeyUp 监听"↑"按键
21         Debug.Log("up arrow GetKeyUp");
22     }
23     if (Input.GetMouseButton(0)){                // GetMouseButton 监听鼠标左键
24         Debug.Log("left mouseButton GetMouseButton");     //打印信息
25     }
26     if (Input.GetMouseButtonDown(1)){            // GetMouseButtonDown 监听鼠标右键
27          Debug.Log("Right mouseButton GetMouseButtonDown");    //打印信息
28     }
29     if (Input.GetMouseButtonUp(2)){              // GetMouseButtonUp 监听鼠标中键
30         Debug.Log("Moddle mouseButton GetMouseButtonUp");  //打印信息
31   }}}
```

❏ 第 3～7 行的主要功能是重写 Update 方法，当开火键（默认的是鼠标左键）被按下时打印信息。

❏ 第 8～13 行使用了 GetButtonDown 方法，当有按键被按下时的一瞬间会打印信息。而对于 GetButtonUp 方法则是只在按键弹起的瞬间才会返回布尔值。

❏ 第 14～16 行的功能是按下键盘的 Up 键才会打印信息。

❏ 第 17～22 行是当 Up 键被按下时 GetKeyDown 方法会返回 true，相反的是 GetKeyUp 方法只有 Up 键抬起时才会返回 true。

❏ 第 23～31 行的功能是当鼠标的左键、右键以及中键分别被按下时会打印相关的信息，其中 0 代表鼠标左键，1 代表鼠标右键，2 代表鼠标中键。

（2）当脚本编写完毕后单击保存按钮保存脚本。在场景中将脚本挂载到主摄像机上单击播放按钮运行程序，然后可以在 Game 窗体中单击鼠标或者在键盘输入内容，然后通过观察打印信息来判断方法的运作方式，更加熟练地掌握这些方法。

3.5　与销毁相关的方法

游戏的开发过程中，经常会遇到对象、组件、资源等在使用完毕后便失去了存在价值的情况，放任其不管的话轻则影响项目运行效率，重则可能影响到项目的正常运行。所以必须有一类方法来管理删除这些没有用的资源。在本节中将要介绍 Unity 中的各类销毁方法。

3.5.1　Object.Destroy 方法

Unity 中有很多 Destroy 方法，不同功能的 Destroy 方法用于销毁不同类型的资源。下面将讲解常用的多种 Destroy 方法的区别以及使用，从而使读者在开发过程中更好地利用这部分知识，使游戏运行得更加流畅。首先笔者将讲解 Object.Destroy 方法。

1. 基础知识

Object.Destroy 方法可以将对象立即销毁，也可以设置时延稍后销毁，如果删除的对象是一个组件，则该组件会被移除。下面将通过一段代码片段来说明 Object.Destroy 的使用方式，代码片段如下。

```
1    void Start () {
2        Destroy(ball.GetComponent<Rigidbody>());
3        Destroy(ball,5);
4    }
```

> 📝 说明　在这个代码片段中，ball 是场景中的一个挂有 Rigidbody 组件的游戏对象，在 Start 方法中，首先删除掉 ball 上挂载的刚体组件，然后在 5 秒后删除 ball 游戏对象。

2. 案例效果

学习了基础知识，下面笔者将通过一个案例来更加系统地介绍相关知识，使读者在开发过程中更加熟练地使用该知识。案例运行效果如图 3-116 和图 3-117 所示。这个案例在运行时会立即销毁小球对象上的刚体组件，5 秒之后销毁小球游戏对象。

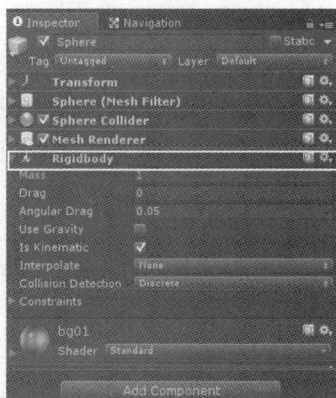

图 3-116　带有刚体组件

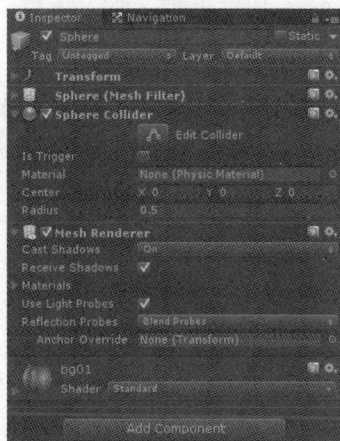

图 3-117　刚体组件消失

3. 开发流程

通过案例的运行效果图读者可以看出 Destroy 方法的作用，可以观察到挂载该脚本的游戏对象的刚体组件在运行游戏时立即被销毁，而小球则在 5 秒后被销毁，销毁时延可以在代码中进行设置。下面笔者将详细地讲解该案例的开发流程，具体步骤如下。

（1）打开 Unity 集成开发环境，单击 GameObject→3D Object→Sphere 菜单，新建一个小球对象。将小球放置在坐标原点上，可通过选中 Sphere 游戏对象，单击 Transform 组件右侧的设置按钮，单击 Reset 按钮将其坐标重置，重置的位置就是坐标原点，最后为其添加刚体组件。

（2）新建 Texure 文件夹，将 Sphere 的纹理图导进该文件夹，并为 Sphere 赋上纹理图。调整 Camera 的坐标值。新建"C#"文件夹，在该文件夹下单击鼠标右键，选择 Create→C# Script，重命名为"DestroyDemo"。双击该脚本进入脚本编辑器。脚本具体代码如下。

代码位置：见资源包中源代码/第 3 章目录下的 DestroyDemo/Assets/C#/ DestroyDemo.cs。

```
1    using UnityEngine;
2    using System.Collections;
3    public class DestroyDemo : MonoBehaviour{
4      public GameObject ball;                      //声明 GameObject 变量用来挂载 ball 游戏对象
5      void Start (){                               //重写 Start 方法
6        Destroy(ball.GetComponent<Rigidbody>());   //获取 ball 游戏对象的刚体组件并销毁
7        Destroy(ball,5);                           //5 秒之后销毁 ball 游戏对象
8    }}
```

❑　第 3～4 行的主要功能是声明一个游戏对象用来获取小球游戏对象的引用。

❑　第 5～8 行重写 Start 方法，获取其刚体组件并去掉该组件，5 秒之后销毁小球游戏对象。

（3）当脚本编写完毕后单击保存按钮保存脚本。在场景中将脚本挂载到主摄像机上，然后单击播放按钮运行程序，就可以在属性列表面板观察到小球游戏对象组件的变化以及其本身在 5 秒之后消失的现象，读者可以亲自编写脚本进行测试。

3.5.2　MonoBehavior.OnDestroy 方法

上一小节中笔者介绍了 Object.Destroy 方法，除此之外 Unity 中还包括很多有关销毁的方法，不同功能的 Destroy 方法用于销毁不同类型的资源。下面笔者将讲解在开发过程中会经常使用到

的 MonoBehavior.OnDestroy 方法。

1. 基础知识

MonoBehavior.OnDestroy 方法是 MonoBehavior 中的销毁回调方法。类似于脚本中常见的 Update()、Start()方法，该方法也由系统自动回调。这个方法的回调条件是当该脚本被移除时系统回调。如下面代码片段所示。

```
1    void Start () {
2      Destroy(this.GetComponent<DestroyTest>(), 5);              //移除该脚本
3    }
4    void OnDestroy(){
5      Debug.Log("this script has been destroy");                //移除该脚本时回调方法
6    }
```

> **说明** 　　将带有该代码片段的脚本挂载到摄像机上，在这段代码中首先在第 2 行指定 5 秒后从摄像机上删除这个脚本，所以等到 5 秒后删除脚本时就会看到第 5 行的打印，这是因为 OnDestroy()方法在移除该脚本时被自动回调了。

2. 案例效果

学习了基础知识，下面笔者将通过一个案例来更加系统地介绍相关知识，使读者在开发过程中更加熟练地使用该知识。案例运行效果如图 3-118 和图 3-119 所示。该案例在运行时立即销毁球自带的脚本组件，并且打印提示信息。如图 3-120 所示。

图 3-118　案例运行前　　　　图 3-119　销毁 DeleteDemo 脚本　　　　图 3-120　打印提示信息

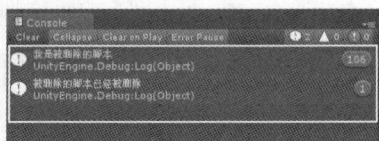

3. 开发流程

通过案例的运行效果图读者可以了解 OnDestroy 方法的作用和用法，在单击播放按钮运行游戏时，挂载在该游戏对象上的脚本会被立即销毁，并且在 Console 面板显示提示信息。下面笔者将详细地讲解该案例的开发流程，具体步骤如下。

（1）打开 Unity 集成开发环境，在 Assets 目录下新建一个文件夹，并重命名为 "C#"，在该文件夹下单击鼠标右键，选择 Create→C# Script，重命名为 "TishiDemo"。双击该脚本进入脚本编辑器编写脚本。脚本具体代码如下。由于 DeleteDemo 脚本十分简单，笔者在这里不再重复。

代码位置：见资源包中源代码/第 3 章目录下的 OnDestroyDemo/Assets/C#/ TishiDemo.cs。

```
1    using UnityEngine;
2    using System.Collections;
3    public class TishiDemo : MonoBehaviour{
4      void Start (){                                  //重写 Start 方法
5        Destroy(this.GetComponent <DeleteDemo >(),2); //获取挂载在摄像机上的 DeleteDemo 脚本
6      }
```

```
7    void OnDestroy(){                               //重写 OnDestroy 方法
8    Debug.Log("被删除的脚本已经被删除");              //打印脚本已被删除的信息提示
9    }}
```

❑ 第 3～6 行的主要功能是重写 Start 方法，通过 GetComponent 方法获取摄像机上的脚本
并删除该脚本组件。

❑ 第 7～9 行是重写 OnDestroy 方法，并打印提示信息。

（2）当脚本编写完毕后单击保存按钮保存脚本。在场景中将脚本挂载到主摄像机上单击播放
按钮运行程序，在属性面板上会观察到 2 秒后 DeleteDemo 脚本消失不见，在 Console 面板也有提
示信息被打印。读者可亲自编写脚本进行测试。

3.6　本章小结

本章首先从整体上对图形用户界面组件下的各个控件进行详细的讲解，使读者可以熟练地应用
图形用户界面的各个控件，然后对 Unity3D 在 4.6 版本后新增的图形用户界面系统 UGUI 进行了详
细讲解，新版的 UGUI 系统相比 GUI 系统有了很大的提升，使用起来更加方便，控件更加美观。

然后对预制件 prefab 资源的应用也进行了详细的介绍，分别通过预制件 prefab 的创建和对象
的实例化进行介绍。最后对开发过程中的常用输入对象以及销毁的相关方法进行了讲解。在一个
项目中，需要多种技术的相互配合，才能开发出使用户满意的游戏或应用。

3.7　习　　题

1. 说明 Unity3D 游戏开发引擎中有哪几种图形用户界面系统，并说明它们各自的特点。

2. 使用 GUI 图形系统创建 Button 控件，并通过单击 Button 来切换在屏幕上绘制的图片。

3. 使用 UGUI 系统创建一个 Scroll View，在其中添加多个 Button，并通过单击 Button 来切
换在屏幕上绘制的图片。

4. 将一个 3D 物体制作成预制件，并通过脚本在场景中将此预制件多次实例化。

5. 使用 Toggle 控件来控制屏幕中 Button 控件的启用与禁用。

6. 使用 Input 输入对象中的变量，当单击鼠标时使用 Debug 在 Console 面板中打印当前光标
在屏幕中的位置。

7. 为键盘上的任意按键添加监听，当按下键盘上相应的按键时使用 Debug 在 Console 面板中
打印不同的自定义信息。

8. 在场景中创建一个 3D 物体并为其挂载脚本文件，在脚本文件中使用代码实现在一定时间
后销毁该脚本，并在销毁该脚本时在 Console 面板中使用 Debug 打印自定义信息的功能。

9. 使用 GUI 图形系统，在屏幕上创建 Scrollbar 控件和 TextArea 控件，并通过 Scrollbar 控件
来控制屏幕中 TextArea 控件中文字内容的滚动。

10. 使用 UGUI 图形系统，在屏幕中创建一个不规则形状 Button 控件，并为其添加不规则碰
撞，每当单击该 Button 控件时，能够通过 Debug 在 Console 面板中打印自定义信息。

第4章
物理引擎

物理引擎对于当前大部分游戏都是必不可少的一部分。在虚拟现实逐渐兴起的今天，玩家对游戏的真实感、操作感以及打击感的要求越来越高，国外厂商的 3A 大作，都是在物理引擎上下足了功夫，令虚拟世界中的物体运动符合真实世界的物理定律，使游戏更加贴近现实。

Unity 3D 游戏引擎内置了由英伟达（NVIDIA）出品的 PhysX 物理仿真引擎，具有高效低耗、仿真度极高的特点。物理引擎通过为刚性物体赋予真实的物理属性的方式来计算它们的运动、旋转和碰撞反应，在 Unity 中开发人员只需要简单的操作便可完成对真实世界中的物体的模拟。

4.1　刚　　体

刚体使物体能在物理控制下运动。刚体可通过接受力与扭矩，使物体运行效果更加真实。任何物体想要受重力影响，受脚本施加的力的作用，或通过 NVIDIA PhysX 物理引擎来与其他物体交互，都必须包含一个刚体组件。

4.1.1　刚体特性

刚体使物体在物理引擎的控制下进行运动。它可以通过真实碰撞来开门，实现各种类型的关节及其他炫酷的功能。刚体在受物理引擎影响之前，必须明确添加给物体。可以通过选中物体，然后单击菜单 Components→Physics→Rigidbody 来增加一个刚体组件。

1. 刚体属性

正如上面所说，如果需要为游戏中的物体赋予真实的物理效果，就需要为其添加 Rigidbody 刚体组件，添加完成后可以在属性查看器面板中看到刚体组件的设置面板，如图 4-1 所示。其中提供了很多属性接口，开发人员可以很方便地对其进行修改，接下来将对这些属性进行详细的介绍。

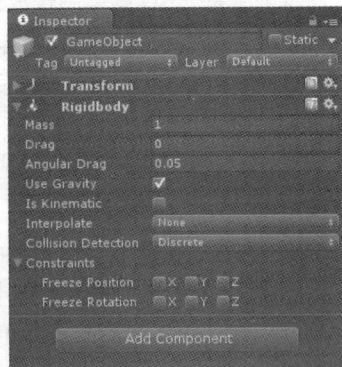

图 4-1　刚体组件

（1）质量（Mass）

该属性用来设定刚体的质量，如果将质量设置为 1，那么只需要给这个物体一个向上的 9.8N 的力便可抵消重力。在开发过程中要注意合理地对各个刚体的质量进行分配，并且在发生碰撞时，质量大的物体能够推开质量较小的物体。

（2）阻力（Drag）

Drag 参数默认为 0，即没有阻力，阻力的方向与物体运动方向相反，用来阻碍物体的运动。Drag 参数的数值越大，所受到的阻力也就越大，速度的衰减也会变得越快。

（3）旋转阻力（Angular Drag）

旋转阻力的方向与物体的旋转方向相反，用来阻碍物体的旋转运动，默认值为 0.05。设置了旋转阻力大小之后，物体在任何方向上的旋转运动都将会受到影响。如果将其设置为 0 后，在物体受到瞬时力开始旋转后，将不会停止旋转，数值越大速度衰减越快。

（4）使用重力（Use Gravity）

该属性用来设定是否需要在刚体上施加重力。模拟现实世界中的自由落体状态等，都需要使用到重力。勾选该参数后刚体将会受到重力的影响。如果需要模拟物体在无重力环境下的运动状态，那么就需要取消勾选，这样就不会再对刚体施加重力。

（5）是否遵循运动学（Is Kinematic）

该属性用来设置刚体是否遵循牛顿的物理学运动定律。如果勾选它，则表示该物体将不会调用物理计算，只受脚本和动画的影响而运动，作用力、关节和碰撞都不会对其产生任何作用。一般游戏中死去的 npc 都需要勾选该参数以减少物理计算。

（6）插值（Interpolate）

由于在 Unity 3D 中物理模拟和画面渲染不同步，如果不进行插值处理，计算得到的物理数据会是上一个物理模拟时间点的数据，而插值是获取近似当前渲染时间点数据的一种手段。然而，插值得到的值并非真实值，会产生轻微抖动的现象，建议在开发过程中，只对主要游戏对象进行插值处理。

（7）碰撞检测（Collision Detection）

刚体组件默认使用占用资源较少的离散模式（Discrete），一般用于静止或运动速度较慢的物体，而对于高速运动或体积较小的物体建议使用连续模式（Continuous），被使用了连续检测模式的物体所撞击的物体，则应该使用动态连续模式（Continuous Dynamic）。

（8）限制条件（Constraints）

限制条件用来设置物体在哪一个方向上运动或旋转将受到限制。默认情况下，物体的运动和旋转在各个方向上都不会受到限制。开发人员可以设置需要限制运动的对应的坐标轴，如果将 Freeze Position 下的 x 参数勾选，那么物体将无法在 x 轴方向上进行移动。

2．常用方法

除了上面介绍的可以通过设置面板来设置刚体组件的部分参数外，Unity 3D 游戏引擎也为开发人员提供了一些方法接口，使用这些接口，开发人员可以轻松地移动、旋转刚体或给刚体施加力。下面将对一些常用的方法进行详细介绍。

（1）AddForce 函数

AddForce 函数用来对刚体施加一个指定方向的力，作用于刚体使其发生移动。其函数签名如下所示。第一个函数使用 Vector3 来指定力的方向和大小，第二个函数使用三个浮点数表示力在三个坐标轴上的分量。这些函数并没有返回值，mode 为 ForceMode（力的模式）。

```
1  function AddForce (force : Vector3, mode : ForceMode = ForceMode.Force) : void
2  function AddForce (x : float, y : float, z : float, mode : ForceMode =
ForceMode.Force) : void
```

在函数中 ForceMode 有四种模式，分别为 Force、Impulse、Acceleration 和 VelocityChange，后两种分别表示对物体施加加速度和改变物体速度，并且它们都会忽略物体的质量，所以在不同质量的刚体上使用它们，所产生的效果相同。接下来将介绍 ForceMode 中常用的两种力的模式。

- ❑ Force。该模式下将对刚体施加一个持续的力。并且这种模式下刚体的移动还取决于刚体的质量，也就是重量大的物体需要更大的力才能移动。
- ❑ Impulse。该模式下将对刚体施加一个瞬间冲击力。该模式下刚体的运动同样取决于刚体的质量，质量越大需要的力就越大。通常用来模拟物体因爆炸或碰撞而被震飞的效果。

（2）MovePosition 函数

MovePosition 函数用来将刚体移动到 position 位置。此函数被调用时，系统会根据指定的参数，将刚体移动到相对应的位置，其效果是物体的位置会因为刚体的移动也随之移动。该方法经常用于 FixedUpdate 方法中。其函数签名如下所示。

```
1    function MovePosition (position : Vector3) : void
```

（3）MoveRotation 函数

MoveRotation 函数用来将刚体旋转到 rot。rot 为 Quaternion（四元数），会返回刚体需要旋转的角度。此函数被调用时，系统会根据指定的参数，将刚体旋转相对应的角度，其效果是物体会因为刚体的旋转也随之旋转。该方法经常用于 FixedUpdate 方法中。

```
1    function MoveRotation (rot : Quaternion) : void
```

3. 案例效果

该案例将使用到上面介绍的常用的三种函数，来实现对场景中的正方体施加力、移动和旋转的效果。在屏幕左上角设置了重置按钮，使正方体复位。在屏幕下方会出现四个由 GUI 系统实现的 Button 控件，依次为"施加瞬时力""施加恒力""移动方块"和"旋转方块"，案例运行效果如图 4-2 所示。

4. 制作流程

如需运行该案例，使用 Unity 软件打开资源包中的工程文件"Rigidbody_Demo"，在 Unity 集成开发环境中双击 Assets 目录下 Rigidbody_Demo 场景文件，然后单击播放按钮即可。读者可以通过单击不同的按钮来观察案

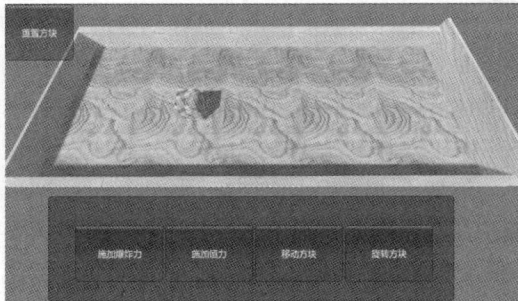

图 4-2　案例运行效果

例运行效果。下面将对该案例的制作进行详细的介绍，具体步骤如下。

（1）首先分别创建"Texture"和"C#"两个文件夹，一个用于放置图片资源，一个用于放置脚本文件。导入图片只需要在电脑中选中需要的图片，然后将其拖曳到 Unity 集成开发环境中的 Texture 文件夹中即可。也可以通过单击鼠标右键，选择 Import New Asset 来添加图片资源。

（2）单击菜单栏中的 File→Save Scene 保存场景并重命名为"Rigidbody_Demo"。单击菜单栏 GameObject→3D Object→Cube 菜单创建一个 Cube 对象，如图 4-3 所示。重复该步骤创建多个 Cube 搭建成围栏，调整 Cube 的大小和位置。如图 4-4 所示，四个方块代表在不同轴上对物体进行缩小和放大。

（3）搭建完成后如图 4-5 所示，然后再通过单击菜单栏 GameObject→3D Object→Plane 创建一个 Plane 对象用来充当地面，同样通过相同的方式来对 Plane 的尺寸进行修改使其大小和围栏的范围相同，完成后效果如图 4-6 所示。

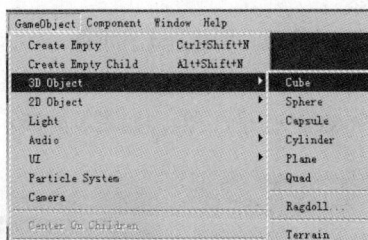

图 4-3　创建 cube

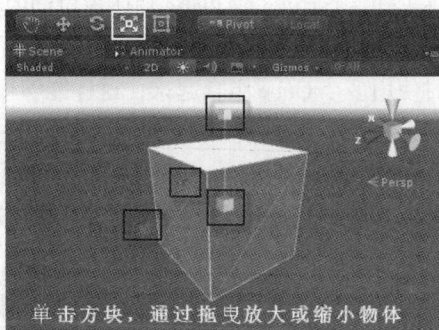

图 4-4　调整物体大小

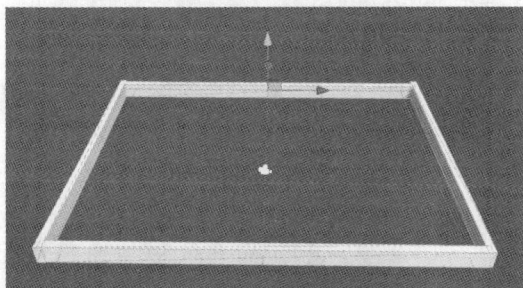

图 4-5　搭建围栏

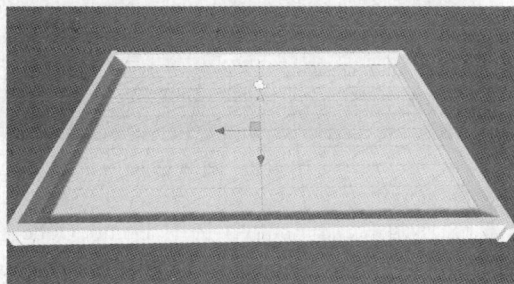

图 4-6　放置地板

（4）围栏搭建完成后，就需要对物体添加纹理贴图，来获得较好的视觉效果。本案例中将需要使用的纹理图都放在了最开始创建完成的 Texture 文件夹中，如图 4-7 所示，先为地板添加纹理，点住 wood 图片并将其拖曳到地板上即可完成添加，如图 4-8 所示。

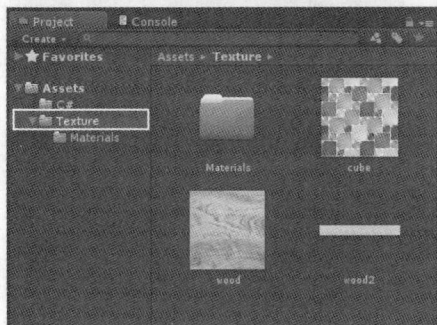

图 4-7　Texture 文件夹

图 4-8　为地板添加纹理

（5）接下来要为围栏添加纹理，需要注意的是图 4-7 中的 Materials 文件夹是在第一次为物体添加纹理时系统自行创建的，其中放置的是材质球，因为围栏由多个 Cube 构成，首先需要点住 wood2 图片并拖曳到其中一个 Cube 上为其添加纹理，然后打开 Materials 文件夹找到名为 wood2 的材质球，点住并拖曳到其他 Cube 上，否则会产生多个相同纹理的材质球，浪费资源。完成后如图 4-9 所示。

图 4-9　添加纹理

103

（6）当一个 Cube 或 Plane 物体被拉伸的幅度很大时，在添加纹理图后纹理可能会发生很严重的形变，尤其是围栏部分，围栏面积较小会使得纹理贴图被挤压得很窄。也可以在搭建围栏的一个边时使用多个 Cube 组合起来，这样能够很轻松地解决问题。

（7）接下来创建一个 Cube 作为本案例的主角，它将受到刚体的影响。创建方式和前面一样，重命名为 Demo_Cube，到 Texture 文件夹找到 cube 图片为其添加纹理，调整 Cube 的位置，如图 4-10 所示。然后为其添加刚体组件，选中物体单击菜单栏中 Component→Physical→Rigidbody，如图 4-11 所示。

图 4-10　放置 Cube

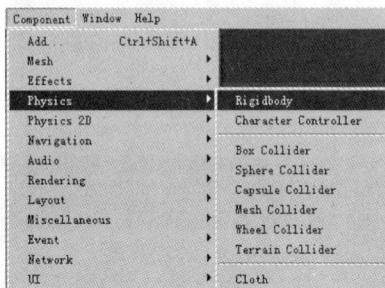

图 4-11　添加刚体组件

（8）刚体添加完成后，选中 Demo_Cube 在 Inspector 面板中就可以查看到 Rigidbody 的设置面板，在上面可以设置质量、阻力、插值等。本案例将重力、阻力进行了修改，如图 4-12 所示。在使用时可以进行任意的修改来查看不同的效果。

（9）完成后就需要编写脚本来对 Demo_Cube 进行操作。通过代码来对其施加力、位移与旋转。在 Assets 目录的 C#文件夹中，单击鼠标右键，选择 Create→C# Script，并重命名为"Demo"。双击创建好的脚本进入脚本编辑器编写代码，具体代码如下。

图 4-12　设置刚体组件

代码位置：见资源包中源代码/第 4 章目录下的 Rigidbody_Demo\Assert\C#\Demo.cs。

```
1    using UnityEngine;
2    using System.Collections;
3    public class Demo : MonoBehaviour {
4      public float force;                        //声明 float 类型变量，设置施加在物体上的力的大小
5      public float speed;                        //物体移动的速度
6      private bool ForceMode_Force;              //布尔类型的变量，判断当前是否对物体施加恒力
7      private bool CubeMovePosition;             //判断当前是否移动物体
8      private bool CubeMoveRotation;             //判断当前是否旋转物体
9      private Vector3 eulerAngleVelocity =
10     new Vector3(0, 100, 0);                    //声明三维向量，用来设置物体绕哪个轴旋转
11     private Vector3 cubePosition;              //用来存储物体的位置
12     private Quaternion cubeRotation;           //声明四元数变量，存储物体当前的旋转状态
13     void Awake(){                             //重写 Awake 函数，当脚本加载时被调用
14       cubePosition=this.transform.position;    //记录物体初始的位置
15       cubeRotation = this.transform.rotation;  //记录物体初始的旋转状态
16     }
```

```
17    void FixedUpdate() {
18      if (ForceMode_Force) {                //如果单击施加恒力按钮，就对物体施加向右的恒力
19        this.GetComponent<Rigidbody>().AddForce(Vector3.right * force, ForceMode.Force);
20      }
21      if (CubeMovePosition) {                //如果单击移动物体按钮，就使物体向右移动
22        this.GetComponent<Rigidbody>().MovePosition
23        (this.transform.position+Vector3.right*speed*Time.deltaTime);
24      }
25      if (CubeMoveRotation) {                //如果单击旋转物体按钮，就使物体旋转
26        Quaternion deltaRotation = Quaternion.Euler(eulerAngleVelocity * Time.deltaTime);
27        this.GetComponent<Rigidbody>().MoveRotation(this.transform.rotation*deltaRotation);
28    }}
29    void OnGUI() {                           //重写 OnGUI 函数，用于控件绘制
30      GUI.BeginGroup(new Rect(Screen.width / 12,
31      Screen.height / 1.56f, 600, 150));                 //在指定的位置创建 Group 控件
32      GUI.Box(new Rect(0, 0, 600, 150)," ");             //在其中创建一个 Box 控件
33      if (GUI.Button(new Rect(39, 42, 130, 80), "施加爆炸力")) {  //创建 Button 控件
34        this.GetComponent<Rigidbody>().AddForce
35        (Vector3.right * force, ForceMode.Impulse);    //当单击时对物体施加爆炸力
36      }
37      if (GUI.Button(new Rect(172, 42, 130, 80), "施加恒力")){
38        ForceMode_Force = !ForceMode_Force;            //当单击时就将 ForceMode_Force 置反
39      }
40      if (GUI.Button(new Rect(305, 42, 130, 80), "移动方块")){
41        CubeMovePosition = !CubeMovePosition;          //当单击时就将 CubeMovePosition 置反
42      }
43      if (GUI.Button(new Rect(438, 42, 130, 80), "旋转方块")){
44        CubeMoveRotation = !CubeMoveRotation;          //当单击时就将 CubeMoveRotation 置反
45      }
46      GUI.EndGroup();
47      if (GUI.Button(new Rect(0, 0, 100 , 80), "重置方块")){   //创建一个重置按钮，
将物体复位
48        this.GetComponent<Rigidbody>
49        ().isKinematic = true;        //使其不遵循物理学定律，消除物体的旋转、平移的状态
50        this.GetComponent<Rigidbody>
51        ().isKinematic = false;       //使其遵循定律，使 Rigidbody 的函数能够影响到物体
52        this.transform.position=cubePosition;        //将物体的位置修改为初始位置
53        this.transform.rotation = cubeRotation;      //将物体的旋转状态修改为初始状态
54    }}}
```

❑ 第 4～5 行声明两个 float 类型变量，分别设置对物体施加的力的大小以及移动的速度。由于为 public 类型，所以能够在 Inspector 面板处直接进行修改。

❑ 第 6～8 行声明了三个布尔类型的变量，分别用来判断是否对当前的物体施加力或者使其发生平移、旋转。

❑ 第 9～12 行声明了两个三维向量和一个四元数，两个三维向量分别用来指定物体旋转的旋转轴与储存物体的初始位置坐标，四元数用来存储物体初始的旋转状态，用于物体的复位。

❑ 第 13～16 行通过使用 Awake 函数，该函数在脚本被加载时调用，用来存储物体的位置与旋转状态。

❑ 第 18～20 行首先判断 ForceMode_Force 变量的值，如果为 false 就不执行，如果为 true 就通过 AddForce 函数对物体施加一个水平向右，力度大小为 force 的恒力。

- 第 21～24 行首先判断 CubeMovePosition 变量的值，如果为 false 就不执行，如果为 true 就通过 MovePosition 函数将物体向右移动。

- 第 25～28 行首先判断 CubeMoveRotation 变量的值，如果为 false 就不执行，如果为 true 就声明一个四元数变量 deltaRotation，用来记录每一帧物体的欧拉角，然后通过 MoveRotation 将该四元数的数值赋给物体，形成旋转的效果。

- 第 30～32 行通过 GUI 系统，创建一个 Group 控件和 Box 控件。

- 第 33～36 行首先创建一个 Button 控件，当该控件被单击时就用 AddForce 函数对物体施加一个水平向右，大小为 force 的爆炸力。

- 第 37～45 行创建了三个 Button 控件，分别用来控制对物体施加恒力、物体移动和物体旋转的布尔变量，通过连续单击同一个 Button 可以开启或关闭效果。

- 第 47～53 行首先通过将刚体的 Is Kinematic 属性置为 false，使物体不会再受到物理效果的影响，也可以理解为停止下落、旋转和移动。然后再将 Is Kinematic 属性置为 true，使物体能够受到刚体组件的影响。最后将物体的位置、旋转状态都设置为初始参数，使其复位。

（10）将脚本保存，并在 Unity 中将 Demo 脚本拖曳到游戏物体 Demo_Cube 上，然后在 Inspector 面板中就会看到该脚本的设置面板，如图 4-13 所示。本案例中将 force 大小设置为 1000，speed 大小设置为 10。参数可以随意修改来查看不同的效果。

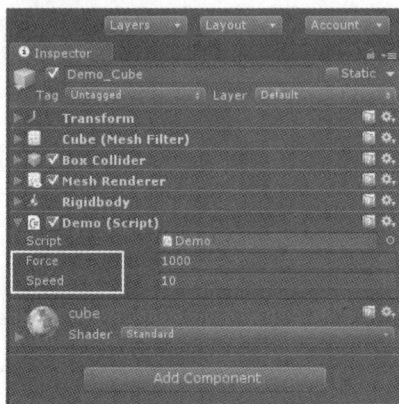

图 4-13　设置 Demo 脚本

4.1.2　物理管理器

在使用 Unity 集成开发环境开发游戏时，开发人员可以使用物理管理器来对全局的物理效果进行设置。开发人员可以修改重力的大小和方向、默认材质等，例如当修改了默认材质后，开发人员再次向场景中添加带有碰撞体的物体时，碰撞体就会默认使用修改后的材质。

1．物理管理器界面

在 Unity 3D 集成开发环境中，如果想要打开物理管理器（PhysicsManager）并对其中的参数进行修改，可以通过单击菜单栏中的 Edit→Project Settings→Physics 来打开物理管理器，如图 4-14、图 4-15 所示。完成后就能够在 Inspector 面板中打开 PhysicsManager 设置面板。

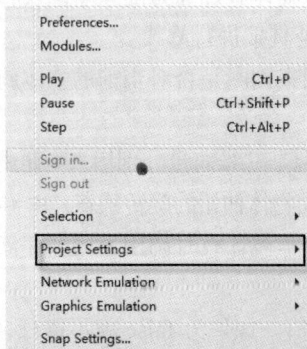

图 4-14　打开管理器 1

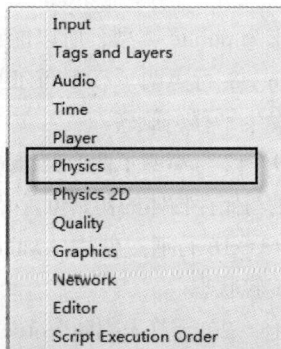

图 4-15　打开管理器 2

PhysicsManager 设置面板如图 4-16 所示。在该界面中就可以对 Unity 中的全局物理属性进行设置，其中包括重力、默认材质、反弹阈值、层碰撞器矩阵等参数，这些参数的改变都将直接影响 Unity 开发环境中虚拟的物理世界，参数的功能将在后面进行详细的介绍。

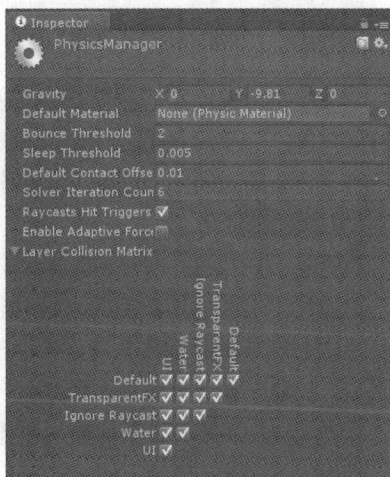

2. 物理管理器变量

物理管理器（PhysicsManager）中部分参数的工作机制晦涩难懂，且在多数情况下无需修改。为了更加适合 Unity 新手的学习，这里仅对重要且易于理解的部分参数进行介绍，其中包括重力、默认材质、反弹阈值、射线检测触发器以及层碰撞矩阵。

图 4-16　物理管理器界面

（1）Gravity（重力）

在 Unity 中默认的重力方向为 y 轴负方向，大小为 9.81N。在物理管理器中可以对其进行任意的修改，包括重力的方向、大小。例如需要模拟失重的环境时，只需要将重力在各个坐标轴的分量设置为 0 即可，模拟反重力环境时只需要将 y 轴数据修改为 9.81 即可。

（2）Default Material（默认材质）

全局管理器中默认没有使用任何物理材质，在其中开发人员可以为其添加物理材质。添加的物理材质便会成为物理引擎中默认使用的物理材质，在之后创建的物体碰撞器，都会使用添加的物理材质。关于物理材质的使用在后面的章节会有详细的介绍，这里先不做讲解。

（3）Bounce Threshold（反弹阈值）

该参数的修改同样会应用于所有的刚体，当两个相互碰撞的刚体间的相对速度小于阈值时，就不会再进行反弹计算，这样会有效地减少模拟物理过程中物体的抖动与物理计算。

> 说明　相对速度是指以参与碰撞的两个刚体中的一个为静止参照物，得到的另一个刚体的速度值。

（4）Raycasts Hit Triggers（射线检测触发器）

Unity 集成开发环境的物理引擎中 3D 射线拾取功能需要和碰撞器相互配合使用，即射线命中碰撞器之后会返回命中信息，被开发人员捕获后可以实现特定的功能。当勾选该选项后，射线命中到碰撞器时就会返回命中信息，反之则不会返回命中信息。

（5）Layer Collision Matrix（层碰撞矩阵）

Unity 集成开发环境中开发人员可以对场景中的物体进行分层，将不同功能或类型的物体区分开来。在物理管理器中，可以使用层碰撞矩阵来设置不同层的物体间的碰撞计算。两个层的交叉处就是设置碰撞检测的标志位。如果为 false 那么这两个层的物体之间将不会进行碰撞计算。

4.2　碰　撞　器

上一节讲解了刚体的主要特性和使用方法，本节笔者主要介绍碰撞器（Collider）的相关知识。碰撞器在 Unity 内置物理引擎中起着很重要的作用。理解碰撞器的原理和概念以及掌握碰撞器的使用技巧对于 Unity 游戏开发引擎的学习是十分重要的。

4.2.1 碰撞器的添加

下面将对碰撞器的基础知识和使用技巧进行讲解。在 Unity 集成开发环境中，开发者想要为游戏对象添加碰撞器是一件很简单的事情。在 Unity 中，碰撞器作为游戏对象的一种组件，可随意地进行添加或删除。接下来笔者将介绍碰撞器的相关知识。

1. 基础知识

Unity 中内置了六种碰撞器，分别是盒子碰撞器、球体碰撞器、胶囊碰撞器、网格碰撞器、车轮碰撞器以及地形碰撞器。这几种可以满足开发过程中的大部分需求，因为 Unity 并未限制同一物体上挂载碰撞器的数量，若碰上不规则物体读者可以将这几种碰撞器组合使用。

（1）盒子碰撞器（Box Collider）

盒子碰撞器是一种基本方形碰撞器的原型，可以调整成不同大小的长方体，参数如图 4-17 所示。一般情况下，该碰撞器应用于比较规则的物体上，可以恰好将作用对象的主要部分包裹起来，适用于冰箱、门窗、桌子等物体。适当使用该碰撞器可以在一定程度上减少物理计算，提高游戏性能。

（2）球体碰撞器（Sphere Collider）

球体碰撞器是一种基本球形碰撞器的原型，在三维方向均可以调整大小但是不能单独调整某一维。参数如图 4-18 所示。该碰撞器主要应用于圆形物体，比如篮球、弹珠、石头等。每种碰撞器都可以和相同类型的碰撞器任意组合，为不规则物体添加碰撞器。

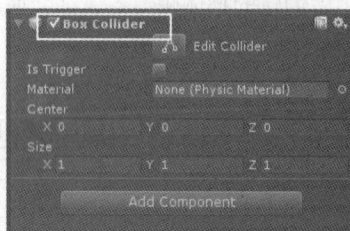

图 4-17　Box Collider 参数　　　　　　　　　图 4-18　Sphere Collider 参数

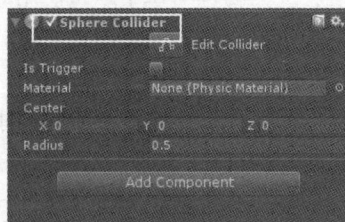

（3）胶囊碰撞器（Capsule Collider）

胶囊碰撞器是类似胶囊形状的碰撞器，由一个圆柱体和两个上下的半球组成。参数如图 4-19 所示。胶囊碰撞器的高度和半径长度均可以单独调节。该碰撞器主要应用于角色控制器或者是和其他碰撞器组合使用为不规则的物体添加碰撞器。

（4）网格碰撞器（Mesh Collider）

网格碰撞器是一种在物体网格资源上构建的碰撞器，用于对复杂网状模型物体的检测。参数如图 4-20 所示。网格碰撞器比上述的几个原型碰撞器要精确得多，其大小和位置取决于该物体的大小和位置。网格碰撞器比较精确，在计算时比较耗费资源。

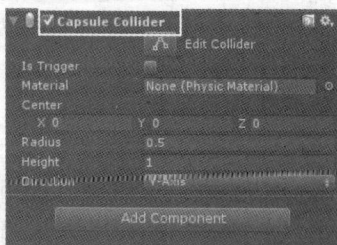

图 4-19　Capsule Collider 参数　　　　　　　图 4-20　Mesh Collider 参数

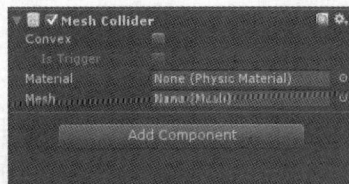

（5）车轮碰撞器（Wheel Collider）

车轮碰撞器是一种特殊的碰撞器，该碰撞器包含碰撞检测、车轮物理引擎和基于滑动的轮胎摩擦模型。参数如图 4-21 所示。专门为车辆的轮胎设计，同时也可以应用于其他对象。该碰撞器的相关知识将在车轮碰撞器章节进行详细介绍。

（6）地形碰撞器（Terrain Collider）

地形碰撞器是主要作用于地形的碰撞器。用于检测地形和地形上物体对象的碰撞，防止地形上加有刚体属性的物体无限制下落。参数如图 4-22 所示。该碰撞器和车轮碰撞器的使用范围类似，只是对于特定物体而量身定做的特定形式的碰撞器。

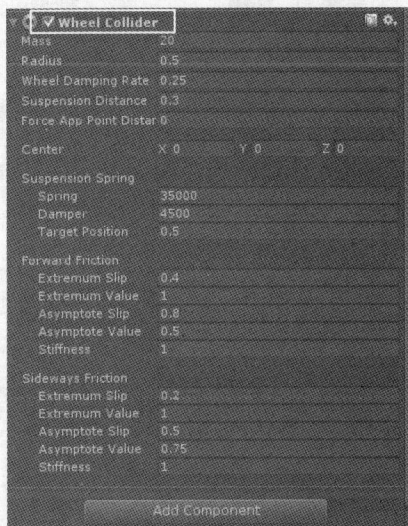

图 4-21　Wheel Collider 参数

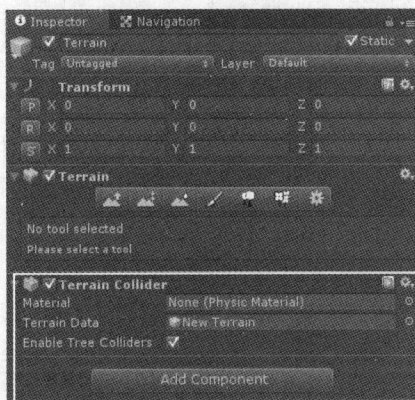

图 4-22　Terrain Collider 参数

介绍完上述六种类型的碰撞器后，读者需要了解每种碰撞器的具体参数。前几种基本碰撞器除了形态不同外，其他参数基本相同，笔者将介绍它们共同的属性参数，参数如表 4-1 所列。对于车轮碰撞器和地形碰撞器笔者会在后面的章节中具体介绍。

表 4-1　　　　　　　　　　　　　　碰撞器的参数列表

参　数　名	含　　义	参　数　名	含　　义
Is Trigger	如果启用，此碰撞体（Collider）则用于触发事件，会由物理引擎忽略	Material	引用可确定此碰撞体与其他碰撞体的交互方式的物理材质
Size	碰撞器在 xyz 轴上的尺寸	content	碰撞器在本地对象的位置
Radius	球体碰撞器的半径大小	Height	胶囊碰撞器圆柱体的高度

2. 案例效果

通过上一小节对碰撞器类型、用途以及其相关参数的讲解后，相信读者对于碰撞器有了初步的认知。下面笔者将通过一个案例更加系统地介绍相关知识，使读者在开发过程中能更加熟练地应用碰撞器组件。案例运行效果如图 4-23 和图 4-24 所示。

3. 开发流程

通过案例运行效果图读者可以看出碰撞器的组合效果，虽然该案例较简单但是它涉及了碰撞器的添加、删除以及组合使用，这几项操作在游戏开发中十分实用且重要。下面笔者将详细地讲解该案例的开发流程，具体步骤如下。

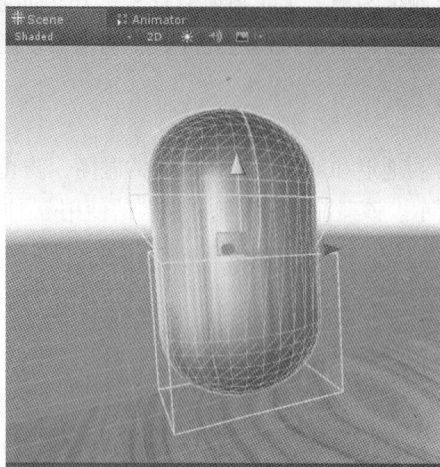

图 4-23　案例运行效果 1

图 4-24　案例运行效果 2

（1）打开 Unity 集成开发环境，在 Assets 目录下新建一名为 Texture 的文件夹，并将 Diban.jpg 和 bg01.jpg 导入该文件夹，分别作为地板和胶囊的纹理图。单击 GameObject→3D Object→Plane 菜单创建一个地板，赋上纹理图。

（2）再次单击 GameObject→3D Object→Capsule 菜单创建胶囊游戏对象，为其赋上纹理图并调整该胶囊和地板的距离使其在地板上方。选中 Capsule 游戏对象，为其添加刚体组件。选择 Capsule Collider 组建右侧的设置按钮，选择 Remove Component 菜单，移除该组件。如图 4-25 所示。

（3）此时的胶囊游戏对象没有碰撞器。选中 Capsule 游戏对象，单击 Component→Physics→ Box Collider，如图 4-26 所示。胶囊属性列表中增加了 Box Collider 组件，单击 Box Collider 的编辑按钮，其每个面中心都会出现一个点，调整其尺寸包裹住半个胶囊对象。如图 4-27 所示。

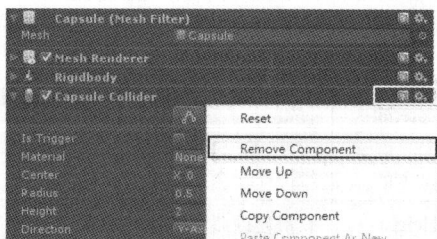

图 4-25　去除胶囊碰撞器

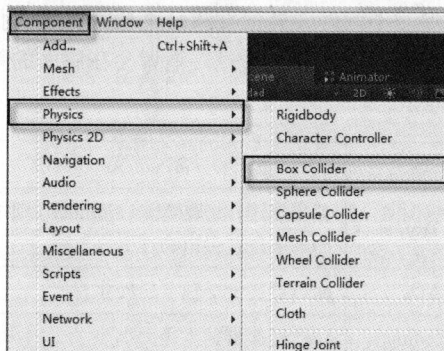

图 4-26　添加盒子碰撞器

（4）按照上述步骤再次为胶囊添加 Sphere Collider 碰撞器组件，在 Center 参数列表中调整其位置，将 Y 值调整为 0.4，并且单击编辑按钮调整其半径大小，也可以在 Radius 参数中调整该碰撞器组件的半径的大小。如图 4-28 所示。

（5）单击播放按钮运行该案例，观察到胶囊会从空中掉卜来但并卜会穿过 Plane 落到下面去，这是刚体和碰撞器结合而产生的效果。在开发过程中读者可以对不规则物体添加组合碰撞器使游戏运行效果更加真实。

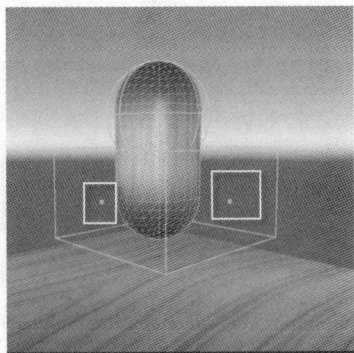

图 4-27　调整 Box Collider

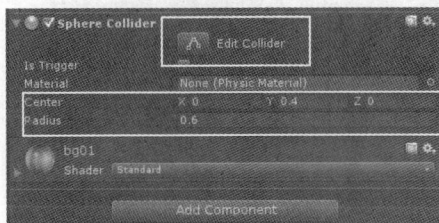

图 4-28　修改参数

4.2.2　碰撞过滤

在 Unity 游戏开发过程中，如果对于某些游戏对象之间不需要检测碰撞效果或者两者之间的碰撞不符合现实，那么就要规避这种碰撞。Unity 开发平台的物理环境不仅能够通过开发环境中的菜单项进行设置，还可以通过编写脚本来控制设置。

1. 基础知识

为规避不必要的碰撞检测，既可以通过开发平台进行菜单设置又可以通过脚本中的代码进行控制。首先笔者介绍如何在脚本中进行规避碰撞。使两个对象之间不进行碰撞检测的原理是当脚本激活时，使当前对象的"不检测碰撞体"指定为另一个对象。代码片段如下所示。

```
1    void Start () {                              //开始方法在对象被激活时开始执行
2    Physics.IgnoreCollision(ballA.GetComponent<Collider>(),ballC.GetComponent
<Collider>());
3    Physics.IgnoreCollision(ballB.GetComponent<Collider>(), ballC.GetComponent
<Collider>());
4                             //控制 ballC 对象不和 ballA 和 ballB 发生碰撞
5    }
```

> **说明**　该代码片段主要是通过获取游戏对象的 Collider 组件，调用 Physics 类的 IgnoreCollision 方法使得两个球之间忽略碰撞检测。

在介绍脚本代码控制忽略碰撞后，接下来为读者介绍通过菜单设置忽略碰撞。大致的原理是将需要产生碰撞的游戏对象设置在同一层，忽略碰撞检测的对象放置在不同层中，然后通过物理管理器设置忽略层与层之间的碰撞。具体的设置方法将在后面案例的开发过程中讲解。

2. 案例效果

通过上一小节介绍如何规避不必要的碰撞，相信读者对其有了初步的认识，下面笔者将通过一个案例更加系统地介绍相关知识，使读者在开发过程中更加熟练地掌握碰撞器方面的知识。案例运行效果如图 4-29 和图 4-30 所示。

3. 开发流程

通过上面的两幅效果运行图，读者可以看出第一列的红绿蓝三个球融合在一起而第二列球却没有融合而是叠加在一起。其他列相同颜色的球则可以相互穿透而不同颜色的球则直接碰撞分离。这是因为笔者设置在不同层的颜色球不可以忽略碰撞，同色则反之，第一列则是通过脚本控制，具体步骤如下。

图 4-29　案例运行效果 1

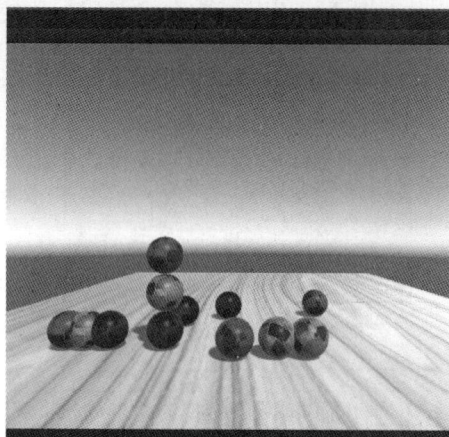

图 4-30　案例运行效果 2

（1）打开 Unity 集成开发环境，利用快捷键 Ctrl+N 新建一个 Scene，用快捷键 Ctrl+S 保存场景并命名为"IgnoreCollisionDemo"。在 Assets 目录下新建三个文件夹，分别命名为 Texture（存放需要使用的纹理图）、C#（存放开发中 C#脚本文件）、Material（存放开发过程中的材质球）。

（2）利用快捷键 Ctrl+Shift+N 新建一个空游戏对象，命名为 Ball，用来存放场景中的所有小球游戏对象。在 Ball 游戏对象下，再次新建三个空游戏对象，重命名为 RedBall、GreenBall、BlueBall。下面以新建一个红色球为例介绍所有颜色球的开发。整体的结构图如图 4-31 所示。

（3）将准备好的两幅纹理图片导入 Texture 文件夹，分别作为 Plane 和球的纹理图，单击 GameObject→3D Object→Plane 新建一个地板，将 Diban.jpg 纹理图拖曳到该游戏对象上。单击 GameObject→3D Object→Sphere 菜单，分别命名为 Redone 到 Redfour。

（4）在 Material 文件夹中新建三个 Material，单击鼠标右键，选择 Create→Material，分别命名为 Redmaterial、Greenmaterial、Bluematerial。如图 4-32 所示。选中 Redmaterial 材质球，将 Texture 文件夹中的 BallBG 纹理图拖曳到 MainMaps 下的 Albedo 中，并将右侧的颜色版调制为红色，如图 4-33 所示。

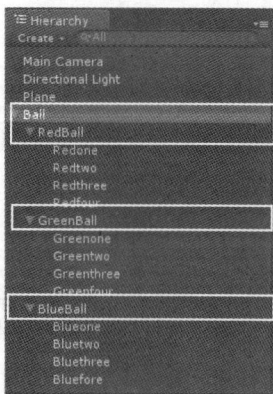

图 4-31　内部结构

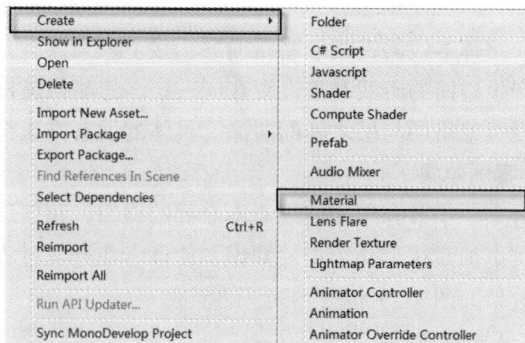

图 4-32　创建材质

（5）红色小球制作完成后按照此步骤分别制作绿色球材质和蓝色球材质，并将它们分别拖曳到与其对应的小球上，调整小球位置和案例运行前一样。至此就完成了场景的开发，接下来笔者将讲解如何通过创建层和编写脚本去控制小球的碰撞检测。

（6）在 Hierarchy 面板随意选中一个游戏对象，在其属性面板会看到 Layer 下拉列表，笔者需要新建一个层，单击 Add Layer，如图 4-34 所示。这时会出现一个如图 4-35 所示的界面。从 Layer0 到 Layer7 都是系统默认的，开发人员不可以更改，从 Layer8 笔者依次建立 Red、Green、Blue 层。

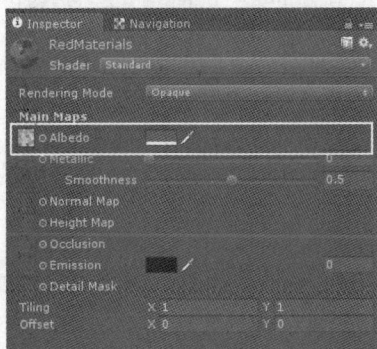

图 4-33　制作红球材质　　　　　　　　　　图 4-34　添加层

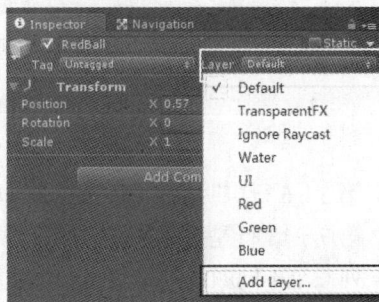

（7）在层创建完成后需要为场景中不同游戏对象设置不同的层，选中所有的红球将其 Layer 设置为 Red，如图 4-36 所示。所有的绿球设置为 Green，所有的蓝色球设置为 Blue。到这一步，就完成了对所有球游戏对象进行不同层的设置。

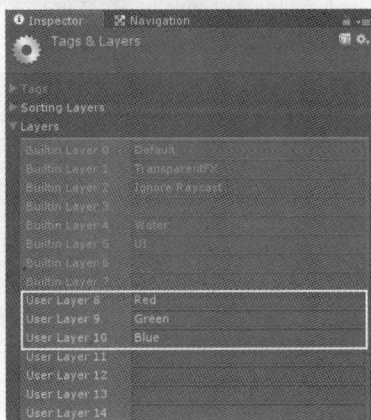

图 4-35　添加三个层　　　　　　　　　　图 4-36　设置层次

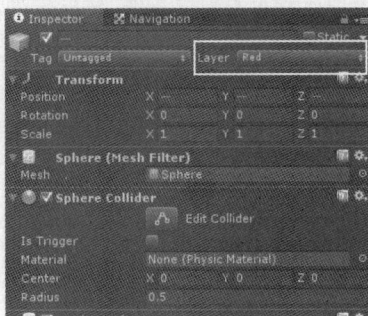

（8）单击 Edit→Project Settings→Physics 菜单，打开物理管理器，在属性面板呈现出排列比较整齐的层次矩阵。细心的读者会发现每一层和每一层的物理关系都可以调节。这时笔者设置同一颜色层可以忽略碰撞，反之则不可。如图 4-37 所示。

（9）到这一步，处于相同层次的游戏对象就会忽略碰撞而不同层次的对象还发生物理碰撞，那么如何实现案例运行效果中第一列不同颜色球重叠在一起的效果，这里就涉及脚本控制了。在 C#文件夹中新建名为"IgnoreCollision"的 C#脚本。脚本代码如下。

代码位置：见资源包中源代码/第 4 章目录下的 Unity_Demo/Assets/ Acceleration/MoveBall.cs。

```
1    using UnityEngine;
2    using System.Collections;
3    public class IgnoreCollision : MonoBehaviour{
4      public Transform RedBall;                        //声明挂载场景中红色球的变量
```

```
5       public Transform GreenBall;                        //声明挂载场景中绿色球的变量
6       public Transform BlueBall;                         //声明挂载场景中蓝色球的变量
7       void Start (){                                     //重写 Start 方法
8         Physics.IgnoreCollision(RedBall .GetComponent <Collider >(),GreenBall .GetComponent
<Collider >());
9         Physics.IgnoreCollision(BlueBall. GetComponent <Collider>(),GreenBall.
GetComponent<Collider >());
10                                 //调用 Physics 类中的方法使得绿色球与蓝色和红色球忽略碰撞
11        Physics.IgnoreCollision(RedBall .GetComponent <Collider >(),BlueBall .GetComponent
<Collider >());
12                                 //调用 Physics 类中的方法使得蓝色球和红色球忽略碰撞
13   }}
```

❑　第 3～6 行声明挂载场景中的不同颜色球的变量。
❑　第 7～13 行是重写 Start 方法，调用 Physics 类中的 IgnoreCollision 方法使得场景中第一列三个不同颜色的球忽略物理碰撞，从而产生重叠在一起的效果。

（10）编辑完脚本之后单击保存按钮保存脚本，并将其挂载到 Main Camera，将每个颜色第一列的球拖曳到对应变量上，笔者这里用的是 Redfour、Greenfour、Bluefour。如图 4-38 所示。在将每个颜色的球调整完成后单击播放按钮运行即可查看效果。

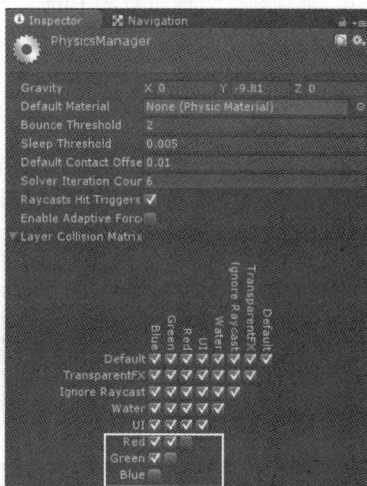

图 4-37　设置层次　　　　　　　　　图 4-38　添加变量

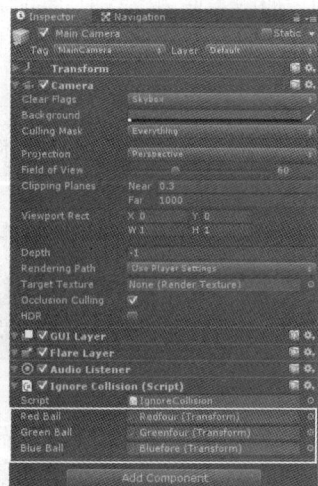

4.2.3　物理材质

游戏开发过程中，开发人员往往需要特殊的碰撞效果，比如篮球从高空落到地板上时会弹起、铅球落在沙堆里不会弹起的效果等，实现这些碰撞效果需用到物理材质。顾名思义，物理材质就是指定了物理特性的一种特殊材质，其中包括物体的弹性和摩擦因数等。本小节笔者将对其进行详细介绍。

1．基础知识

物理材质有多个参数可以调节，其中最常用的三个参数为 Bounciness、Dynamic Friction 和 Static Friction，这三个参数共同决定了物理材质的弹性和动、静摩擦系数。

同时还可以通过修改 Friction Combine 参数来设置碰撞体间摩擦系数的混合模式。实际开发过程中若有需要还可以通过修改 Friction Direcion 2 参数来设置物体应用 Dynamic Friction 2 和 Static Friction 2 参数的方向。上述这些参数的信息如表 4-2 所列。

表 4-2　　　　　　　　　　　　　　　　　　　物理材质参数列表

属　性　名	含　　义	属　性　名	含　　义
Dynamic Friction	滑动摩擦系数，通常取值在 0～1 之间	Static Friction	静摩擦系数，通常取值在 0～1 之间
Bounciness	表面弹性	Friction Combine	碰撞体间摩擦系数的混合模式
Dynamic Friction 2	作用于 Friction Direction 2 方向的滑动摩擦系数	Friction Direction 2	各向异性摩擦力的方向。如果这个向量是非零的，各向异性摩擦力将被启用，滑动摩擦系数 2 与静摩擦系数 2 将应用于该方向
Bounce Combine	表面弹性混合方式	Static Friction 2	作用于 Friction Direction 2 方向的静摩擦系数

说明　各向异性摩擦力是指物体不同方向可以有不同的摩擦力，比如一辆小车，它向前和向后的摩擦力都很小，但是在向左或向右平移时摩擦力就会很大，物理材质就是通过修改物体在不同方向上的摩擦系数来实现这一效果。在需要的情况下灵活使用各向异性摩擦力，可以大大提高场景的真实感。

介绍完物理材质的具体参数之后，笔者将讲解如何去创建一个物理材质。单击鼠标右键，选择 Create→Physics Material，创建一个物理材质，如图 4-39 所示。创建完成后物理材质的设置面板如图 4-40 所示。为物理材质各个参数设置合理的数值是成功使用物理材质的关键。

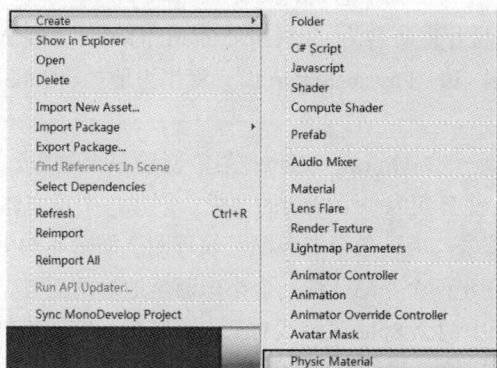

图 4-39　创建物理材质　　　　　　　　　　图 4-40　物理材质参数

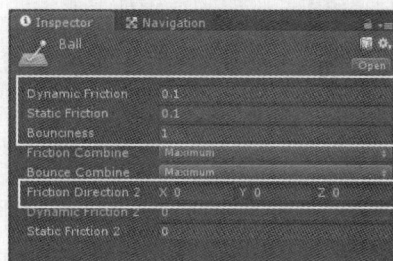

说明　本小节讲解的是 Unity 5.1 版本中的物理材质，在 Unity5.2 版本的物理材质中各向异性摩擦力 2、滑动摩擦系数 2 以及静摩擦系数 2 这三个参数会被删掉。其余参数的信息与前面介绍的完全相同。

（1）首先是 Dynamic Friction（滑动摩擦系数）和 Static Friction（静摩擦系数），这两个摩擦系数的取值范围是 0～1。当取值为 0 时，被该物理材质控制的物体将会产生类似于冰面的效果，流畅感很强。当取值为 1 时受控对象就会产生类似于橡胶面的效果，流畅感很差。

（2）接下来是 Bounciness（表面弹性），该值的范围也是 0～1，当弹性因子设为 0 时则受控物体没有弹性，与其碰撞的物体碰撞后不会产生反弹效果。而当弹性因子设为 1 时，受控物体的弹性很强，与其碰撞的物体会发生完全碰撞，没有能量损耗。

（3）最后是 Friction Direction 2（各向异性摩擦力方向），通过设置该参数可以实现运动的物体在某一方向上运动十分流畅而其他方向却很缓慢的效果。在其参数下面的 Dynamic Friction 2 和 Static Friction 2 就是应用在该方向上的动、静摩擦系数。

2. 案例效果

前面讲解了物理材质的参数以及相关功能，相信读者对这部分知识有了一定的了解。下面笔者将通过一个具体的案例对这部分知识进行系统的讲解，使得读者在开发过程中可以熟练地应用这部分知识。案例运行效果如图 4-41 和图 4-42 所示。

图 4-41　运行效果 1　　　　　　图 4-42　运行效果 2

3. 开发流程

通过上面的案例运行效果图，读者可以看出里面的小球从斜坡上滚落下来，这里用到的是刚体的特性，而上面的球从高空坠落再弹起的效果，除了利用刚体组件之外还有物理材质这一特性。下面笔者将详细介绍该案例的开发流程。

（1）打开 Unity 集成开发环境，新建一个项目并重命名为 "PhysicsMaterialDemo"。在 Assets 目录下新建两个文件夹，分别重命名为 "Texture" 和 "PhysicsMaterial"，将作为地板、Cube 以及小球的纹理图导入 Texture 文件夹。

（2）纹理图导入完成后，单击 GameObject→3D Object→Plane 菜单创建一个地板。将其 Transform 组件下 Rotation 中的 X 值修改为 20，使其变为一个倾斜的地板。创建一个正方体，调整其大小和位置参数，将 Cube 与 Plane 的底端重合。为这两个对象赋上纹理图。如图 4-43 所示。

（3）单击 GameObject→3D Object→Sphere 创建两个小球，将一个小球调至地板的上方，另外一个则放置在地板上使其可以自由滚落。这时选中两个 Sphere 游戏对象，为其添加刚体组件。

（4）在 PhysicsMaterial 文件夹下创建两个材质，单击鼠标右键，选择 Create→Physics Material，重命名为 Ball 和 BallTwo，将这两个物理材质参数统一设置为如图 4-44 所示。并将 Ball 和 BallTwo 两个材质分别拖曳到 Ball 和 BallTwo 两个游戏对象的 Collision 组件下的 Material 中，单击播放按钮即可观察效果。

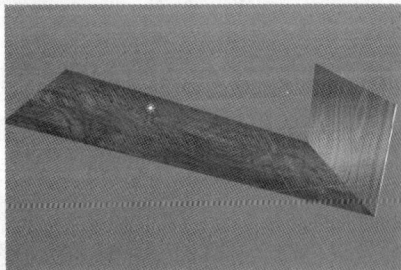

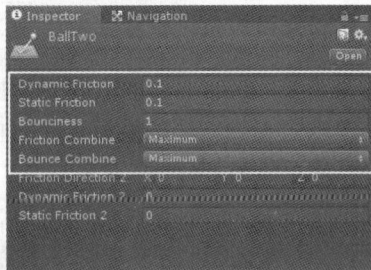

图 4-43　制作地板　　　　　　图 4-44　调整物理材质参数

说明　上述案例中使用的物理材质中摩擦系数混合模式为 Maximum（最大值），即当两个物体接触时物体间的摩擦系数为两者中系数最大的那个。并且没有添加物理材质的物体默认的动、静摩擦系数都为 0.6。由于案例中地板并没有添加物理材质，所以案例中小球与地板间的动、静摩擦系数均为 0.6。

4.3　粒　子　系　统

游戏中我们时常能够看到绚丽的爆炸、水花、烟雾、火焰等特效。如果通过编程来实现这些特效将会大大增加程序开发的难度与时间。在 Unity 集成开发环境中开发人员可以通过粒子系统（Particle System）组件来轻松地实现绚丽的游戏特效。

粒子系统通过对一两个材质进行重复的绘制来产生大量的粒子，并且产生的粒子能够随时间在颜色、体积、速度等方面发生变化，不断产生新的粒子销毁旧的粒子，基于这些特性就能够很轻松地打造出绚丽的浓雾、雨水、火焰、烟花等特效。

4.3.1　粒子系统的创建

Unity 集成开发环境中创建粒子系统有两种方式，一种是通过菜单直接创建一个粒子系统对象添加在场景中，另一种方式就是将粒子系统以组件的形式挂载到场景中的物体上。这两种创建方式创建出来的粒子系统并没有本质的区别。下面将对这两种创建方式进行介绍。

1. 创建粒子系统对象

首先打开 Unity 集成开发环境，在菜单栏中单击 GameObject→Particle System，如图 4-45 所示，这样就会在场景中创建一个粒子系统对象，而且在 Hierarchy 列表中会生成名为 "Particle System" 的游戏对象，单击该对象就能够在 Inspector 面板中查看粒子系统的设置面板，如图 4-46 所示。

图 4-45　创建粒子系统对象

（a）设置面板 1　　　　　（b）设置面板 2

图 4-46

2. 添加粒子系统对象组件

首先需要打开 Unity 集成开发环境并在场景中创建一个游戏对象，然后选中该游戏对象，单击菜单栏中 Component→Effect→Particle System，如图 4-47 所示。这样就会在选中的游戏物体上添加粒子系统组件，在游戏对象的 Inspector 面板中同样可以看到粒子系统的设置面板。

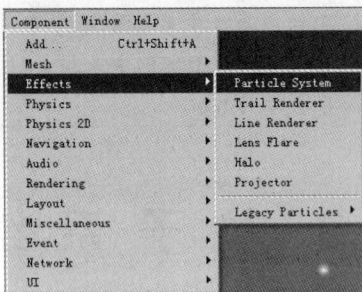

图 4-47　添加粒子系统组件

4.3.2　粒子系统特性

正因为粒子系统功能的强大，它可以创造出绝大部分的关于火焰、烟雾、天气等特效，所以粒子系统在其参数设置方面也十分复杂。这对于初学者来说很难上手，为了方便学习，下面就将对粒子系统中常用且容易理解的参数进行介绍，并制作一个简单的案例来加深理解。

1. 基础知识

粒子系统由若干模块组成，每一个模块都负责不同的功能。接下来将介绍日常开发过程中常用的粒子系统的三个设置模块，分别为粒子初始化、Emission（喷射）、Shape（形态）三个模块。每一个模块下都有若干相关参数可以进行修改。

（1）粒子初始化模块

粒子初始化模块主要对粒子的形态与数量进行设置，如图 4-48 所示，其中包含粒子的速度、颜色、生存周期、粒子最大数量等属性。单击场景中的粒子对象，粒子系统便会开始

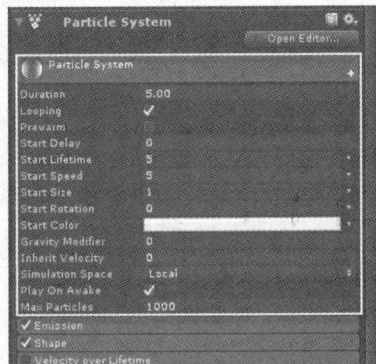

图 4-48　粒子设置

工作，修改参数的同时，场景中出现的粒子也会实时改变，设置面板内的参数信息如表 4-3 所列。

表 4-3　　　　　　　　　　　　　　　粒子设置参数列表

参　数　名	含　　义	参　数　名	含　　义
Duration	粒子的喷射周期	Start Color	粒子颜色
Looping	是否循环喷射	Inherit Velocity	新生粒子的继承速度
Start Rotation	粒子的旋转角	Simulation Space	粒子系统的模拟空间
Play On Awake	创建时自动播放	Gravity Modifier	相对于物理管理器中重力加速度的重力密度（缩放比）
Start Lifetime	粒子的生命周期	Prewarm	预热（Looping 状态下预产生下一周期粒子）
Start Speed	粒子的喷射速度	Start Delay	粒子喷射延迟（Prewarm 状态下无法延迟）
Start Size	粒子的大小	Max Particles	一个周期内发射的粒子数，多于此数目停止发射

（2）Emission（喷射）

Emission（喷射）模块主要控制粒子系统中粒子发射的速率，通过增大粒子发射速率，在粒子的生存时间内，可实现瞬间产生大量粒子的效果，在模拟烟花效果时非常实用，面板如图 4-49 所示。下面将对其中的参数进行详细的介绍。

- ❑ Rate（速率）选项下有两个参数，其中上面的参数表示粒子发射数量。下面的参数有两种选项，分别为 Time 和 Distance，前者以时间为标准定义每秒的喷射的粒子个数，后者表明以距离为标准定义每个单位长度里喷射的粒子个数。
- ❑ Bursts（爆发）选项只有在以时间为基准的情况下才能使用，用来在粒子生存时间内的特定时刻喷射额外数量的粒子。Time 用来设置爆发时间，Particles 用来设置喷射的粒子数。

（3）Shape（形态）

形态模块是用来设置粒子生成器的形状，不同形状的生成器发射出来的粒子的运动轨迹也不尽相同，形态模块如图 4-50 所示。其中包括七种粒子发射器的形态，每一种形态下的设置参数都不相同，发射器形态参数如表 4-4 所列。

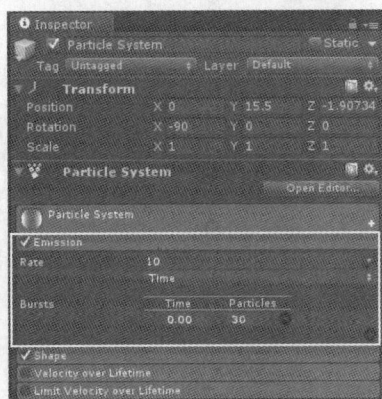

图 4-49　喷射模块

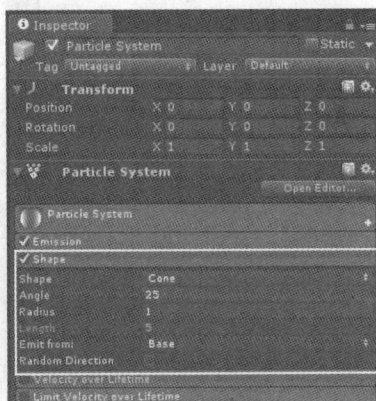

图 4-50　形态模块

表 4-4　　　　　　　　　　　　　　　　发射器形态参数列表

参　数　名	含　　义	参　数　名	含　　义
Sphere	球体发射器	HemiSphere	半球体发射器
Cone	圆锥体发射器	Box	盒状发射器
Mesh	网格发射器	Circle	环形发射器
Edge	线形发射器		

2. 案例效果

本案例将通过球状发射器来瞬间发射大量的粒子，来演示粒子爆发效果。其中粒子会随着喷射的距离而逐渐变小，每个粒子发射的方向是随机的，案例运行效果如图 4-51、图 4-52 所示。粒子系统如果使用不当就会耗费大量的运算资源，在开发过程中要合理使用，尽量避免产生过多的粒子。

3. 制作流程

如需运行该案例，使用 Unity 软件打开资源包中的工程文件夹 "ParticleSystem_Demo"，在 Unity 集成开发环境中双击 Assets 目录下 ParticleSystem_Demo 场景文件，然后单击播放按钮即可。下面将对案例的制作流程进行详细的介绍，具体步骤如下。

图 4-51　案例运行效果 1

图 4-52　案例运行效果 2

（1）首先使用 Unity 新建一个工程，打开工程文件进入到 Unity 集成开发环境中，单击菜单栏中的 File→Save Scene 保存场景并重命名为"ParticleSystem_Demo"。然后单击菜单栏 GameObject→ParticleSystem，如图 4-53 所示，此时就能够在场景中看到有粒子被发射出来，如图 4-54 所示。

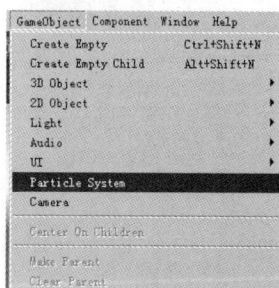

图 4-53　创建粒子系统对象

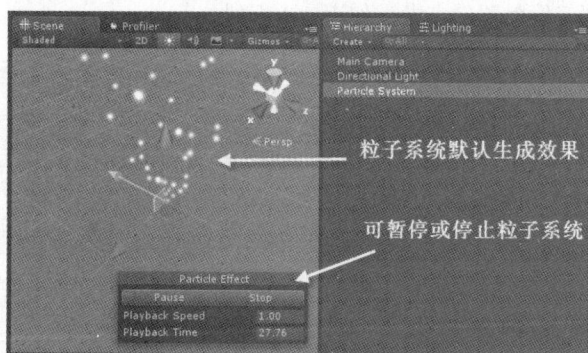

图 4-54　默认粒子效果

（2）接下来选中创建的粒子系统对象，在 Inspector 面板中就可以查看到其设置面板，首先需要修改粒子系统初始化模块中的参数，修改其发射周期为 10，粒子的初始速度为 10，粒子大小在 5 到 2 之间变化，最大粒子数设置为 500。

（3）下面修改生成的粒子颜色。单击 StartColor 参数后面的向下箭头选择"Random Between Two Gradients"（颜色在两个梯度间变化），单击两个颜色条的其中一个，在弹出的窗口中开始和结尾处选择任意颜色，如图 4-55 所示。对另一个颜色条也进行相同的操作，完成后设置面板参数如图 4-56 所示。

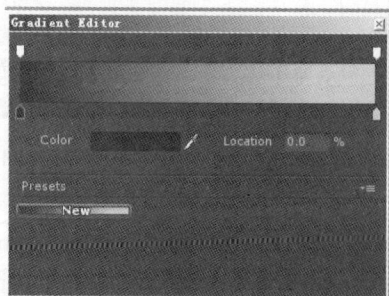

图 4-55　设置粒子颜色

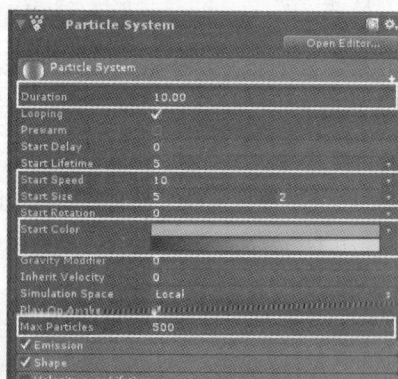

图 4-56　粒子初始化面板

（4）初始化完成后，要对喷射模块进行设置，以达到粒子爆发的效果。在 Rate（速率）选项中，将粒子喷射个数设置为 500，与初始化中的最大粒子数相同，并选择"Time"以时间为基准，这样粒子系统才会在单位喷射时间内将全部粒子释放出来，如图 4-57 所示。

（5）喷射模块完成后，要对发射器形态模块进行设置。在本案例中粒子全部喷射出来后形成的是球状粒子群，所以这就需要使用球状粒子发射器，单击 Shape 选项后面的箭头，在出现的下拉菜单中选择 Sphere，如图 4-58 所示，并将 Radius（半径）设置为 28，勾选 Random Direction（随机方向）这样发射出来的粒子的方向是随机的，如图 4-59 所示。

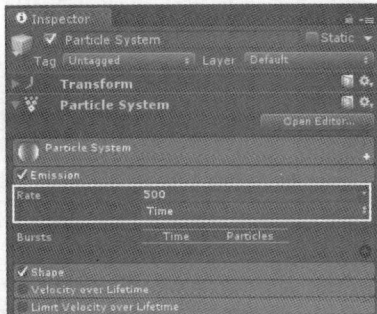

图 4-57　设置喷射模块

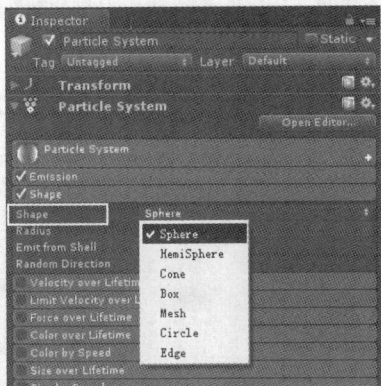

图 4-58　选择发射器形态

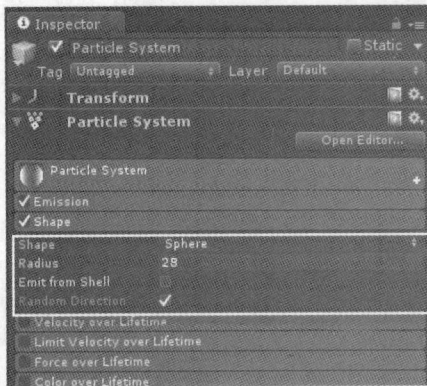

图 4-59　设置球状发射器的半径以及粒子发射方向

4.4　关　节

在现实生活中，大部分的运动物体并不是一个单独的简单基本体，而是要和其他对象进行交互，这其中必然存在内在联系。例如枪械对象的设计，枪械对象的刚体组件并不是一个简单的基本刚体，而是通过多个刚体组件拼接而成。拼接过程中就需要用到关节知识。

在 Unity 3D 中，关节包括铰链关节（Hinge Joint）、固定关节（Fixed Joint）、弹簧关节（Spring Joint）等作用于物体对象间的关节。通过关节组装可以轻松地实现人体、机车等游戏模型的模拟。下面笔者将对每个关节逐一地进行讲解。

4.4.1　铰链关节

在 Unity 3D 基本关节中，铰链关节是用途十分广泛的一种，利用铰链关节可以制作门、风车甚至是机动车的模型。铰链关节是将两个刚体链接在一起并在两者之间产生铰链的效果。下面笔者将通过对基础知识和案例开发流程的讲解来介绍铰链关节。

1. 基础知识

铰链关节组件在游戏的开发中是用途最广泛的组件之一，尤其是大型游戏场景中一些门、风车等模型都可以用该关节制作出所需要的效果。铰链关节的主要属性参数如表 4-5 所列。关于铰链关节的创建如图 4-60 所示，单击 Component→Physics→Hinge Joint 菜单，关节的参数如图 4-61 所示。

表 4-5　　　　　　　　　　　　　　　铰链关节主要属性表

参　数　名	含　　义
Connected Body	目标刚体，指与带有铰链组件的刚体组成铰链组合的目标刚体
Anchor	本体的锚点，目标刚体旋转时围绕的中心点
Axis	锚点和目标锚点的方向，指定了本体和目标刚体旋转时的方向
Connected Anchor	连接体的锚点，本体旋转时围绕的中心点
Auto Configure Connected Anchor	勾选该选项，给出本体锚点的坐标，系统会自动给出目标锚点的位置
Use Spring	关节组件中是否使用弹簧，只有勾选此选项时 Spring 参数才会起作用
Spring	弹簧力，表示维持对象移动到一定位置的力
Damper	阻尼大小，表示物体移动时受到的阻力大小，该值越大对象的移动越缓慢
Target Position	目标位置，表示弹簧旋转的角度，弹簧负责将该对象拉到这个目标
Use Motor	使用马达，规定了在关节组件中是否使用马达
Target Velocity	目标速度，表示对象试图达到的速度，其会以该速度进行加速或者减速
Break Force	给出一个力的限值，当关节受到的力超过此值时关节会受损

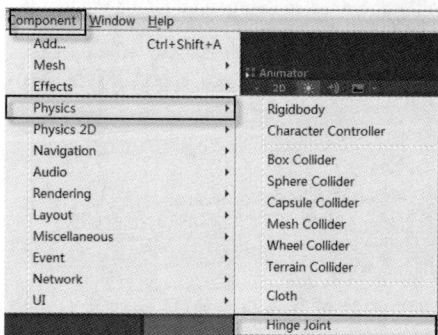

图 4-60　添加铰链关节

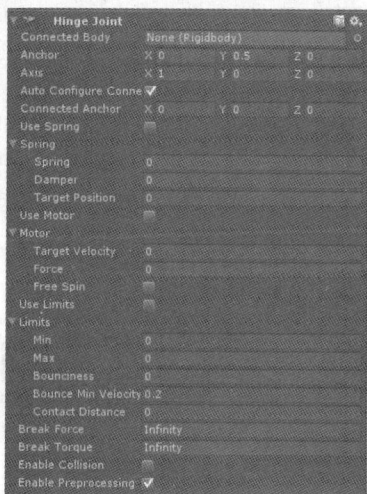

图 4-61　铰链关节参数

2. 案例效果

通过前面知识的讲解，相信读者对铰链关节知识有了系统的了解。笔者将通过一个案例对这部分知识进行更系统的讲解，使读者在开发过程中更加熟练地应用该组件。这样读者在场景中就可以实现门、窗的开关效果。案例的运行效果如图 4-62 和图 4-63 所示。

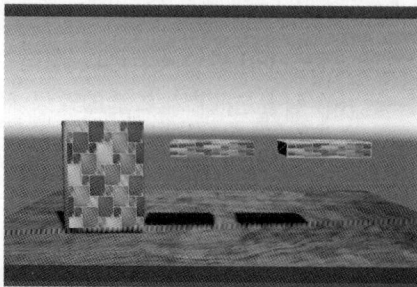

图 4-62　案例运行效果 1

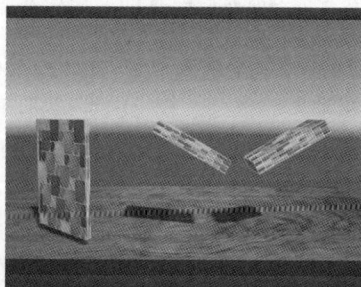

图 4-63　案例运行效果 2

3. 开发流程

通过观察上面的案例运行效果图，读者可以了解到在单击播放按钮之后模仿门的 Cube 开始旋转，右边的两个 Cube 按照一定的弹力弹起笔者规定的角度。为了让读者更加清晰地了解该组件，笔者将详细地介绍该案例的开发过程。

（1）打开 Unity 集成开发环境，新建一个文件夹 Texture，将作为地板、Cube 和圆柱的纹理图导入进该文件夹。新建一个圆柱 Cylinder，调整其大小和位置，使其变成门柱的样式。这时新建一个 Cube，调整其位置和大小，与 Cylinder 构成一扇门的形状。如图 4-64 所示。

（2）为这两个游戏对象添加刚体并且勾选 Cylinder 刚体组件下的 Is Kinematic 选项。将其位置调整完成后，选中 Cylinder 游戏对象，单击 Component→Physics→Hinge Joint 菜单，为其添加 Hinge Joint 组件。要求门转动时是绕着圆柱转动，那么将其 Axis 的参数调整为（0,1,0）。

（3）这时需要通过调整 Anchor 参数来改变 Hinge Joint 的位置，如图 4-65 所示。因为所要达到的效果是让门绕着 Cylinder 转动，笔者将 Anchor 调整到 Cylinder 的中心。将 Cube 拖到铰链的连接体参数上。使用马达，并且调整马达下的目标旋转速度和所施加的力，如图 4-66 所示。

图 4-64　建造转动的门

图 4-65　添加 Hinge Joint

（4）这里还有一个 Use Limits 选项，这是对旋转时的角度限制，笔者在这里设置的 Min 是-100，Max 是 0 度。需要读者注意的是要确保该物体旋转的方向，根据方向再设置 Limits 的角度大小。当启用该选项时如果角度参数不起作用则换个方向即可。

（5）在将整个参数设置完成后单击播放按钮运行游戏时，读者会发现门板不停地围绕 Cylinder 转动。这样转门的开发就完成了。但是细心的读者会发现在开发过程中还有一个 Spring 参数没有使用。下面笔者将在同一个场景中添加弹簧关节的案例。

（6）在同一个场景中添加两个 Cube，一个为 Cube(1)，另一个为 Cube（2）。调整两个 Cube 的大小和位置，并

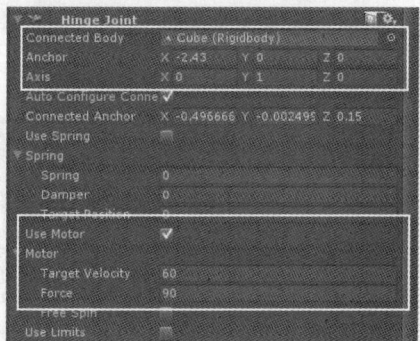

图 4-66　修改 Hinge Joint 参数

为其添加纹理图，效果如图 4-67 所示。为其添加刚体，并勾掉两个刚体组件下的 Use Gravity 选项。这样在游戏运行时 Cube 不会坠落。

（7）选中其中一个游戏对象，笔者这里选择的是 Cube（1），为其添加 Hinge Joint 组件，具体步骤已在前面讲过这里不再重复。根据转门开发过程中调整 Axis 和 Anchor 的步骤调整该 Hinge

Joint 的相关参数。这里将 Axis 参数调整为（0，0，1），并将 Cube（2）拖曳到 Connected Body 参数中。

（8）在将部分参数调整完成后，勾选 Use Spring 选项，并且调整 Spring 下的参数，将 Spring（弹力）调整为 30，Target Position（目标位置）调节为 60，Damper（阻尼）调整为 20，读者也可以任意改变参数大小来达到不同的效果，如图 4-68 所示。

图 4-67　创建长方体

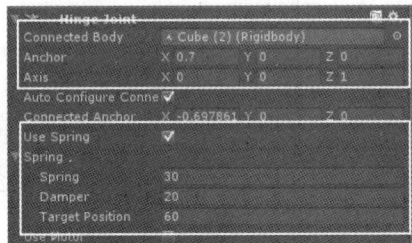

图 4-68　调整 Hinge Joint 参数

4.4.2　固定关节

上一节为读者讲解了 Hinge Joint（铰链关节）的基础知识以及案例的开发过程，相信读者已经掌握了组件的使用方法。这一节笔者将讲解固定关节，相对比而言该关节更加容易一些，相信在这一节读者学习起来会更加轻松。

1. 基础知识

在 Unity 3D 基本关节中，固定关节起到的往往是组装的作用，利用固定关节可以拼接刚体。固定关节可以将两个刚体束缚在一起，使两者之间的相对位置保持不变，在开发过程中用途十分广泛。该关节的具体属性如表 4-6 所列。

表 4-6　　　　　　　　　　　固定关节参数列表

属 性 名	含 义	属 性 名	含 义
Connected Body	连接目标对象	Break Force	一个力的限值，当关节受到的力超过此限值时关节就会损坏
Enable Collision	允许碰撞检测	Break Torque	一个力矩的限值，当关节受到的力矩超过此值时关节就会损坏
Enable Preprocessing	允许进行预处理		

在学习该关节的参数之后，需要掌握如何去添加该组件。在场景中选中要为其添加关节组件的游戏对象，单击 Component→Physics→Fixed Joint 菜单，如图 4-69 所示。添加之后的属性列表中会看到该组件的详细参数，如图 4-70 所示。

2. 案例效果

基础知识中笔者对固定关节的每个参数都进行了详细的介绍，接下来笔者会通过一个小案例对该部分知识进行详细地讲解，这样在游戏场景中可以随意建立两个固定在一起的刚体。案例的运行效果如图 4-71 和图 4-72 所示。

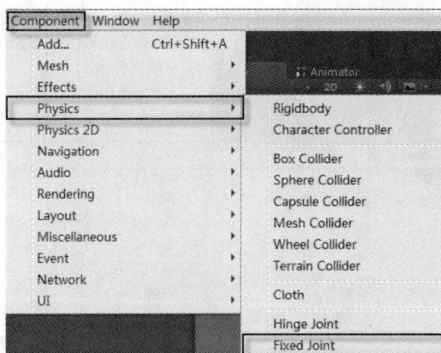

图 4-69　添加固定关节组件

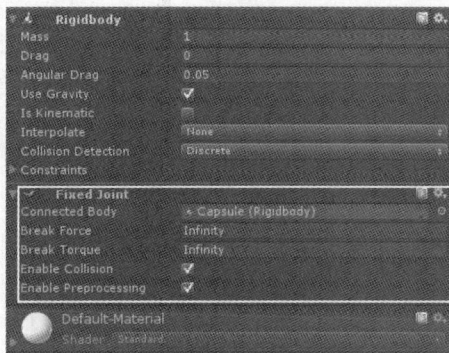

图 4-70　固定关节组件参数

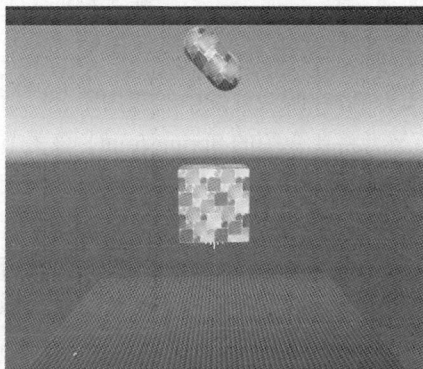

图 4-71　案例运行效果 1

图 4-72　案例运行效果 2

3. 开发流程

通过观察上面案例的运行效果，读者可以发现在案例运行前两个刚体悬浮在地板之上，距离地板有一定距离。在案例运行后，会发现两个刚体坠落在地板上，但是两者之间的距离和两者的姿态并没有发生变化。这就是固定关节的作用。案例的开发步骤如下。

（1）打开 Unity 集成开发环境，新建一个 Scene，保存为 "Fixed JointDemo"。在 Assets 下新建一个文件夹，重命名为 "Texture"，将地板以及 Cube 的纹理图导入该文件夹。

（2）单击 GameObject→3D Object→Plane 新建一个地板，并且将地板的贴图拖曳到该游戏对象上。在属性列表中点开 Diban 贴图属性，在 Base 中修改 Tiling（瓦片参数）值。笔者将其修改为较大的值，如图 4-73 所示，这样看起来比较美观。

（3）单击 GameObject→3D Object→Cube，创建一个正方体游戏对象，调整其大小与位置。利用同样的方式创建 Capsule 游戏对象，将其调整到正方体的正上方，然后为 Capsule 和 Cube 赋上同样的纹理图，修改其渲染模式为 Mobile 中的 Bumped Diffuse，如图 4-74 所示。

（4）选中 Capsule 和 Cube 游戏对象，单击 Component→Physics→Rigidbody 菜单，为这两者添加刚体组件，因为在这个案例中需要用到刚体的重力特性，所以采用刚体的默认参数值。选中 Capsule 对象，为其添加 Fixed Joint 组件。

（5）按步骤单击 Component→Physics→Fixed Joint 菜单，为胶囊添加该固定关节组件。并且将 Cube 游戏对象拖曳到其 Connected Body 的参数中，其他参数采用默认值即可。单击播放按钮运行游戏，观察该案例中固定关节的作用效果。

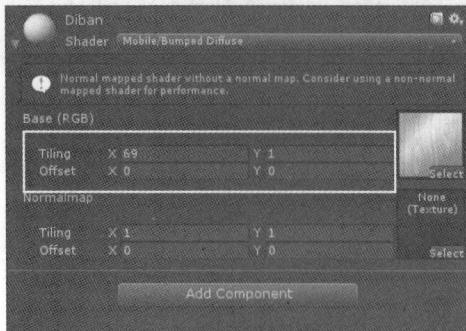

图 4-73　修改贴图属性

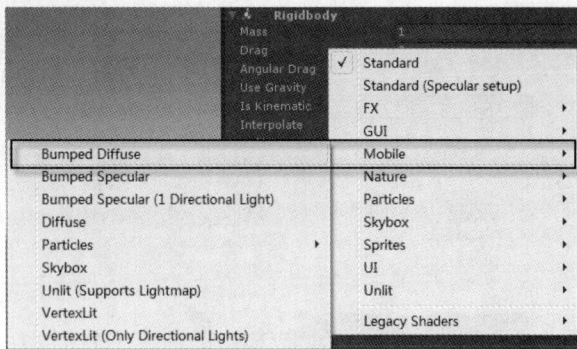

图 4-74　修改渲染模式

4.4.3　弹簧关节

上面两小节中为读者介绍了铰链关节和固定关节，这两者在游戏开发中的应用十分广泛。但是还有一种关节在开发过程中也必不可少，这就是本节笔者将要介绍的 Spring Joint，该关节和上述讲解的两个关节都是作用在两个物体之间的关节组件。

1. 基础知识

在 Unity 3D 基本关节中，弹簧关节的效果极佳，其模拟效果非常真实。利用弹簧关节可以模拟出多种物理模型。弹簧关节将两个刚体束缚在一起，使两者之间好像有一个弹簧连接一样。弹簧关节的具体属性如表 4-7 所列。

表 4-7　　　　　　　　　　　　　　弹簧关节主要属性列表

属 性 名	含 义	属 性 名	含 义
Damper	阻尼值越高弹簧减速越快	Connected Body	连接目标刚体，是关节所依赖的可靠刚体参考对象，缺省时关节将连接至世界空间
Min Distance	弹簧两端的最小距离	Anchor	锚点，基于本体的模型坐标系，表示弹簧的一端
Max Distance	弹簧两端的最大距离	Connected Anchor	目标锚点，基于连接目标的模型坐标系，表示弹簧的另一端
Break Force	破坏弹簧所需的最小力	Spring	表示弹簧的劲度系数，此值越高，弹簧的弹性效果越强

2. 案例效果

通过学习弹簧关节的基础知识，读者可以了解到弹簧关节和固定关节的性质是一样的，都是对两个物体的简单连接，无非一种是通过固定的形式而另外一种则是通过弹簧的形式。所以读者在学习的时候完全可以参照上一节讲解的 Fixed Joint 知识。该案例的运行效果如图 4-75 和图 4-76 所示。

3. 开发流程

通过观察上面的案例运行效果，读者可以看出在案例运行前，三个 Cube 都是整齐摆放的。单击播放按钮后上面的两个 Cube 会从空中坠落下来，其中有一个会落在其下面的 Cube 上，但是不会坠落到地板上。并不只是因为底下有 Cube 的支撑更是因为在两个长方体之间有 Spring Joint 组件。开发步骤如下。

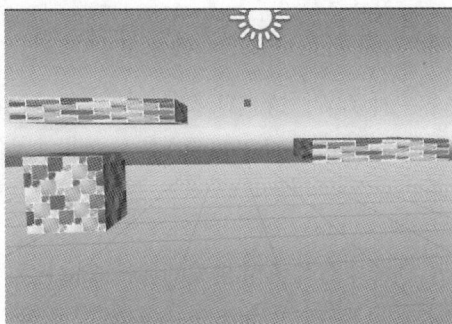

图 4-75　案例运行效果 1　　　　　　　图 4-76　案例运行效果 2

（1）打开 Unity 集成开发环境，新建一个 Scene，保存为 "Spring JointDemo"。在 Assets 下新建一个文件夹，重命名为 "Texture"，将 BallBG 图片导入该文件夹作为 Cube 的纹理贴图，准备工作完成后就开始进行案例的开发。

（2）单击 GameObject→3D Object→Plane 新建一个地板，这里笔者为了凸显 Cube 的运行效果不对 Plane 进行贴图。单击 GameObject→3D Object→Cube 菜单，创建三个正方体游戏对象，这时游戏组成对象面板布局如图 4-77 所示。

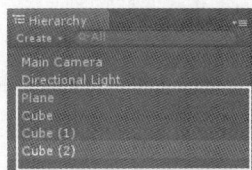

图 4-77　组成布局

（3）其中 Cube 代表场景中的左上角的正方体，Cube（1）是右上角的正方体，Cube（2）代表的则是 Cube 下的正方体，如图 4-78 所示。选中 Cube、Cube（1）游戏对象单击 Component→Physics→Rigidbody 为其添加刚体组件，因为需要 Cube（1）和 Cube（2）向下坠落，所以刚体组件选择默认属性。

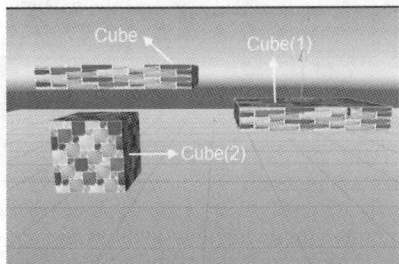

图 4-78　对象命名

（4）将所有 Cube 游戏对象贴图的渲染模式修改为 Mobile/Bumped Diffuse 模式。选中 Cube 游戏对象单击 Component→Physics→Spring Joint 菜单为其添加弹簧关节组件。调整该组件的 Axis 值和 Anchor 值。读者可以参看该组件的标志点，如图 4-79 所示。

（5）在将两个值调整完成后把 Cube（2）拖曳到该弹簧关节的连接体上，适当调节该关节的弹力和阻尼值，笔者在这里已经调整好，如图 4-80 所示。单击播放按钮运行可以查看案例运行效果，可以修改其不同的参数观察不同案例效果。

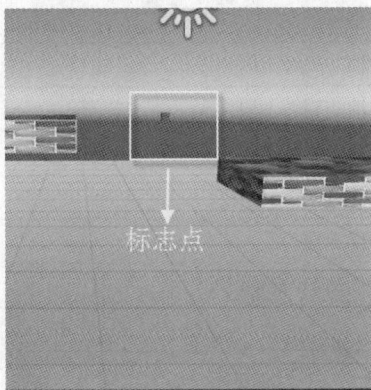

图 4-79　Spring Joint 标志点

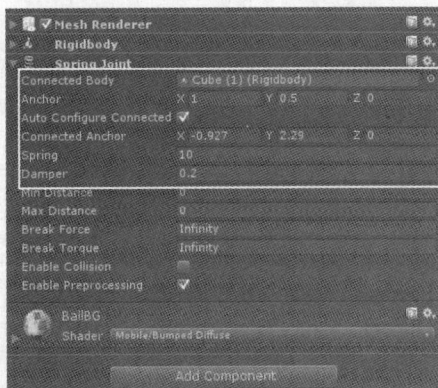

图 4-80　修改 Spring Joint 参数

4.4.4　可配置关节

前面笔者讲解了铰链关节、固定关节、弹簧关节三种关节，这三种不同的关节虽然各有各的特色但是功能较为单一。本小节将要讲解的可配置关节（Configurable Joint）是一个非常灵活的关节组件，功能十分完善。

1.　基础知识

可配置关节是可定制的。可配置关节将 PhysX 引擎中所有与关节相关的属性都设置为可配置的，因此可以用此组件创造出与其他关节类型行为相似的关节。正是由于其灵活性，也造成了其复杂性。下面将介绍一下可配置关节的主要属性。其属性如表 4-8 所列。

表 4-8　　　　　　　　　　　　　　　　可配置关节重要属性表

属　　性	含　　义
Xmotion	限定物体沿 x 轴的平移模式
Ymotion	限定物体沿 y 轴的平移模式
Zmotion	限定物体沿 z 轴的平移模式
Angular XMotion	限定物体沿 x 轴的旋转模式
Angular YMotion	限定物体沿 y 轴的旋转模式
Angular ZMotion	限定物体沿 z 轴的旋转模式
Spring	进行反弹的弹簧系数
Damper	弹簧阻尼
Target Position	目标位置关节应到达的位置
Target Velocity	目标速度关节应达到的速度
XDrive	x 轴驱动沿 x 轴运动的方式
YDrive	y 轴驱动沿 y 轴运动的方式
ZDrive	z 轴驱动沿 z 轴运动的方式
Position Spring	位置弹力朝定义方向的弹力
Anchor	关节的中心点，所有的物理模拟都以此点为中心进行计算
Axis	主轴，即局部旋转轴，定义了物理模拟下物体的自然旋转
Secondary Axis	副轴，与主轴共同定义了关节的局部坐体系
Linear Limit	以与关节原点距离的形式定义物体的平移限制
Low Angular XLimit	以与关节原点距离的形式定义物体 x 轴的旋转下限
High Angular XLimit	以与关节原点距离的形式定义物体 x 轴的旋转上限
Angular YLimit	以与关节原点距离的形式定义物体 y 轴的旋转上限
Angular ZLimit	以与关节原点距离的形式定义物体 z 轴的旋转上限
Bouncyness	反弹系数，当物体达到限制值给予的反弹值
Mode	目标位置或目标速度或两者都有，默认是 Disabled 模式
Position Damper	位置阻尼，朝着定义方向的弹力阻尼
Maximum Force	朝着定义方向的最大力
Target Rotation	目标角度，用一个四元数表示，定义了关节的旋转目标

续表

属　　性	含　　义
Target Angular Velocity	目标角速度，用一个 Vector3 值表示，表示了关节的目标角速度
Rotation Drive Mode	旋转驱动模式，表示用 x&yz 角驱动或插值驱动控制物体的旋转
Angular XDrive	x 轴角驱动，定义了关节如何绕 x 轴旋转，只有当旋转驱动模式为 x&yz 角驱动时才有效
Angular YZDrive	y 轴角驱动，定义了关节如何绕 y 轴旋转，只有当旋转驱动模式为 x&yz 角驱动时才有效
Slerp Drive	插值驱动，定义了关节如何绕所有局部旋转轴旋转，只有当旋转驱动模式为插值时才有效
Projection Mode	投影模式，表示当物体离开它受限的位置太远时让它迅速回到受限的位置
Projection Distance	投影距离，当物体与连接体的距离差异超过投影距离时，才会迅速回到受限的位置
Projection Angle	投影角度，当物体与连接体的角度差异超过投影角度时，才会迅速回到受限的位置
Configure in World Space	若启动此项，所有与目标相关的计算都会在世界坐标系中进行
Break Force	当受力超过该值时，关节结构将会被破坏
Break Torque	当力矩超过该值时，关节结构将会被破坏

2. 案例效果

可配置关节功能完善，使用灵活，使用时也较为复杂。通过观察可配置关节参数列表，读者可以发现该关节具有很多参数。读者通过学习这些参数可以在开发过程中制作出更加符合要求的关节。笔者开发了一个简单的案例。案例运行效果如图 4-81 和图 4-82 所示。

图 4-81　案例运行效果 1　　　　图 4-82　案例运行效果 2

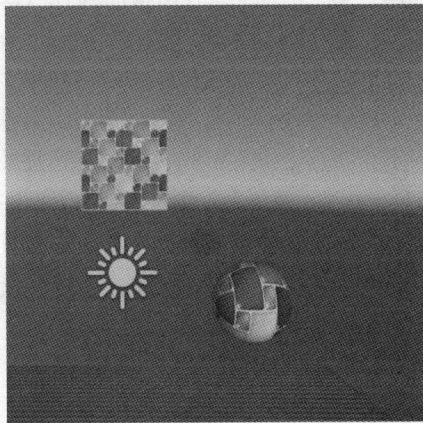

3. 开发流程

通过案例运行效果图，可以观察出小球会围绕正方体旋转。虽然可以通过铰链关节制作出同样的效果，但是这也体现了可配置关节的灵活性。不仅如此，读者还可以根据相关参数配置出更符合要求的关节。案例的开发流程的具体步骤如下。

（1）打开 Unity 集成开发环境，在 Assets 目录下新建一名为 Texture 的文件夹，将 Diban.jpg 和 BallBG.jpg 导入该文件夹。单击 GameObject→3D Object→Plane 新建一个地板，将 Diban.jpg 图片拖曳到 Plane 上，为其赋上纹理图。

（2）创建一个球体对象和一个立方体对象，具体操作方法为，依次单击 GameObject→3D Object→Sphere 和 GameObject→3D Object→Cube，分别创建 Sphere 和 Cube 对象，并为其赋上纹理图。然后将这两个对象摆放到合适位置，如图 4-83 所示。

（3）依次选中 Sphere 和 Cube 游戏对象，单击 Component→Physics→Rigidbody 菜单分别为 Sphere 和 Cube 对象添加刚体组件，如图 4-84 所示，只有挂载了刚体组件的对象才能使用关节（且不可以勾选 Is Kinematic 选项），刚体组件采用系统默认参数。

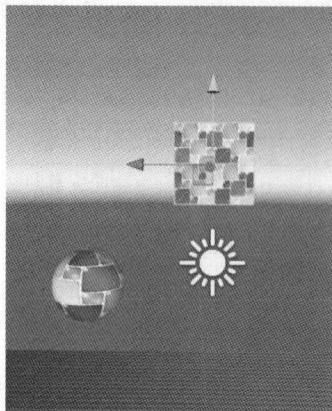

图 4-83　新建两个对象

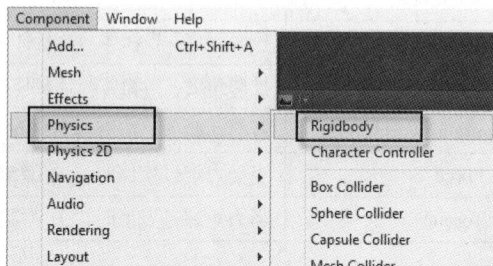

图 4-84　添加刚体组件

（4）选中 Cube 对象，依次单击 Component→Physics→Configurable Joint 为其添加一个可配置关节，如图 4-85 所示。然后在属性查看面板中修改其属性参数，使其与图 4-86 参数相符。将 X Motion、Y Motion 和 Z Motion 参数都修改为 Locked。

（5）选中 Cube 对象，修改其刚体组件中的参数使其固定在原点，如图 4-87 所示。单击播放按钮，此时的 Sphere 游戏对象会在 Cube 对象下面左右摆动。不仅如此，可配置关节还可以模拟出许多其他有趣的效果，由于篇幅有限，在此就不再赘述，读者可自行尝试。

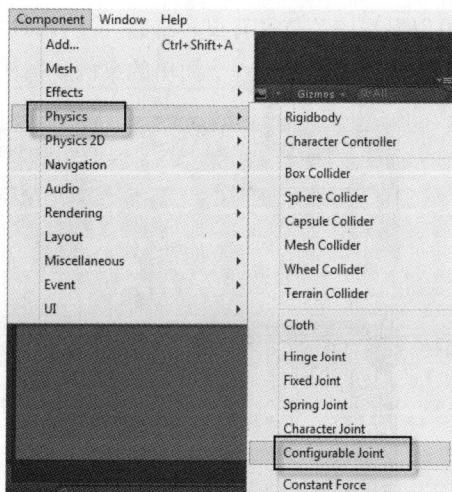

图 4-85　添加可配置关节

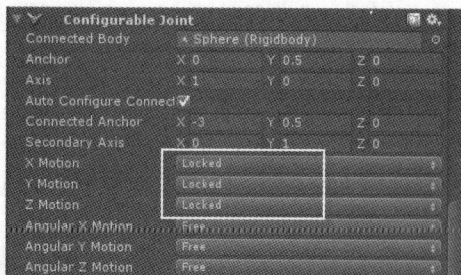

图 4-86　可配置关节属性

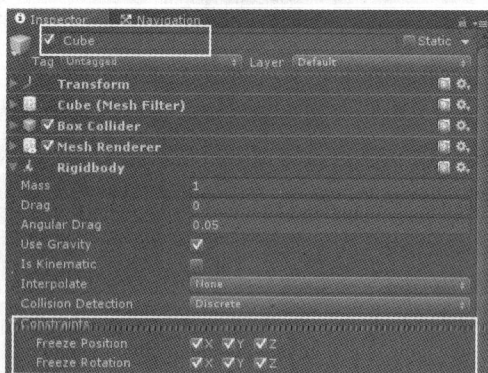

图 4-87　修改刚体参数

4.5　车轮碰撞器

众多的游戏类型中，赛车竞速类的游戏由于其真实的感官体验以及紧张刺激的游戏赛事使得玩家爱不释手。为了能够真实地模拟现实生活中汽车的运动方式，Unity 游戏引擎为开发者提供了相关的开发工具——车轮碰撞器。

车轮碰撞器是开发赛车类游戏时必不可少的工具，游戏中赛车的行驶是通过对摆放在车轮位置的车轮碰撞器施加力矩来实现的，车辆的制动也同样如此，需要时只需要添加制动力矩即可，并且车轮碰撞器还提供车辆悬挂的模拟，使车辆能在崎岖不平的路面行驶。

4.5.1　车轮碰撞器的创建

接下来将介绍如何在 Unity 集成开发环境中使用车轮碰撞器。需要注意的是只有在挂载车轮碰撞器的游戏对象为一个挂载有刚体组件的游戏对象的子对象时，车轮碰撞器才能够正常地使用，否则无法在场景中看到创建的车轮碰撞器。

创建过程即在 Unity 中选中场景中需要添加车轮碰撞器的游戏对象，然后在菜单栏中单击 Component→Physics→Wheel Collider 即可添加车轮碰撞器，如图 4-88 所示。在 Inspector 面板中可以看到车轮碰撞器的参数面板（后面会详细介绍），如果车轮碰撞器能够正常使用，在场景中便能够看到车轮碰撞器的碰撞范围，如图 4-89 所示。

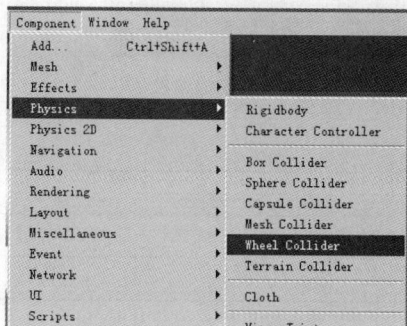

图 4-88　添加车轮碰撞器　　　　　图 4-89　车轮碰撞器碰撞范围

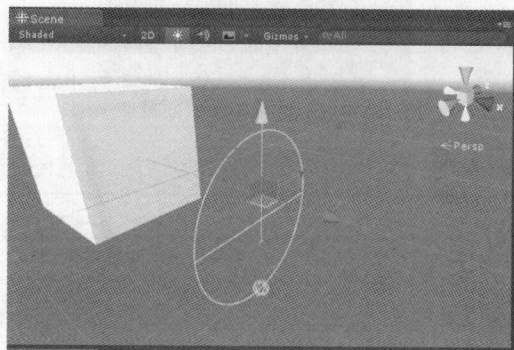

4.5.2　车轮碰撞器的特性

轮子碰撞器用于车轮模型。它能够模拟弹簧和阻尼悬挂装置，并使用一个基于滑动轮胎摩擦力模型计算车轮接触力，而且可通过改变车轮碰撞器的 forwardFriction 和 sidewaysFriction 参数来模拟不同的道路材质。下面将对车轮碰撞器的参数以及案例的制作进行详细的介绍。

1. 基础知识

车轮碰撞器虽然通过力矩来驱动赛车，但是附加车轮碰撞器的物体会始终保持固定不动。而对于赛车游戏，车轮的转动是不可或缺的，这种情况下就需要将车轮模型和车轮碰撞器分离开，将车轮碰撞器挂载到空对象上，并在场景中将空对象放置到车轮位置即可，对象列表如图 4-90 所示。

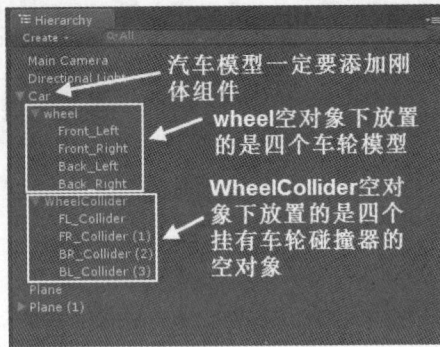

图 4-90　分离模型与碰撞器

由于车轮碰撞器功能十分完善，所以该组件下会提供很多的参数接口让开发人员使用，其中包括车轮的正向摩擦力、侧向摩擦力和车辆阻尼悬挂等，通过对各个参数的调整可以模拟多种不同类型车辆的行驶效果，参数面板如图 4-91、图 4-92 所示，参数具体功能如表 4-9 所列。

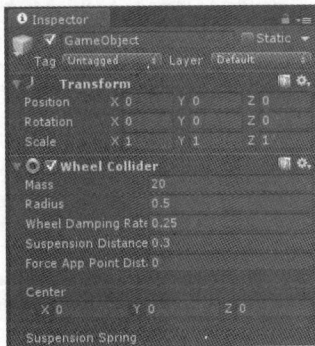

图 4-91　碰撞器参数面板 1

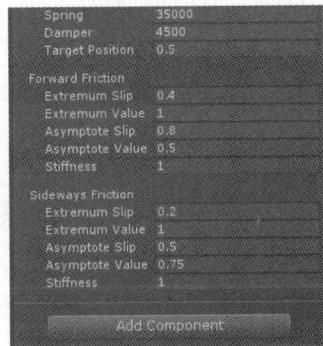

图 4-92　碰撞器参数面板 2

表 4-9　　　　　　　　　　　　　　　　　　　车轮碰撞器属性

属 性 名	含 义
Mass	车轮的重力
Radius	车轮的半径
Wheel Damping Rate	车轮旋转阻尼
Suspension Distance	悬挂高度，可提高车辆稳定性，不小于 0 且方向垂直向下
Force App Point Distance	悬挂力应用点
Center	基于模型坐标系的车轮碰撞器的中心点
Spring(Suspension Spring)	达到目标中心的弹力，值越大到达中心越快（悬挂弹簧参数）
Damper(Suspension Spring)	悬浮速度的阻尼，值越大车轮归位所消耗的时间越长
Target Position(Suspension Spring)	悬挂中心
Extremum Slip(Forward Friction)	前向摩擦曲线滑动极值（车轮前向摩擦力）
Extremum Point(Forward Friction)	前向摩擦曲线的极值点
Asymptote Slip(Forward Friction)	前向渐近线的滑动值
Asymptote Point(Forward Friction)	前向曲线的渐近线点
Stiffness(Forward Friction)	刚度，控制前向摩擦曲线的倍数

续表

属 性 名	含 义
Extremum Slip(Sideways Friction)	侧向摩擦曲线滑动极值（车轮侧向摩擦力）
Extremum Point(Sideways Friction)	侧向摩擦曲线的极值点
Asymptote Slip(Sideways Friction)	侧向渐近线的滑动值
Asymptote Point(Sideways Friction)	侧向曲线的渐近线点
Stiffness(Sideways Friction)	刚度，控制侧向摩擦曲线的倍数

2. 案例效果

本节笔者将通过开发一个汽车案例，来详细地向读者介绍如何在开发过程中使用车轮碰撞器，该案例为汽车的四个车轮处添加了车轮碰撞器，并通过脚本驱动碰撞器使汽车能够行驶，并在道路上设置了不同的障碍用来体现车辆悬挂效果，案例运行效果如图 4-93 所示。

3. 制作流程

如需运行该案例，使用 Unity 软件打开资源包中的工程文件夹"Wheel_Demo"，在 Unity 集成开发环境中双击 Assets 目录下 Wheel_Demo 场景文件，然后单击播放按钮即可。下面将对案例的制作流程进行详细的介绍，具体步骤如下。

（1）首先打开 Unity 集成开发环境，使用快捷键 Ctrl+N 新建一个场景然后使用快捷键 Ctrl+S 保存场景并重命名为"Wheel_Demo"，也可以通过单击菜单栏 File→New Scene 或者 Save Scene 来创建或保存场景，创建过程如图 4-94 所示。

图 4-93　案例运行效果

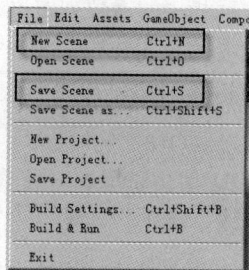

图 4-94　创建和保存场景

（2）在 Assets 目录下，通过单击鼠标右键，选择 Create→Folder 来创建三个名为"Texture""C#"和"Model"的文件夹，分别用来存放图片资源、脚本文件和模型资源。创建完成后如图 4-95 所示。然后将场景中需要的图片资源、模型文件分别导入到相关的文件夹中，如图 4-96、图 4-97 所示。

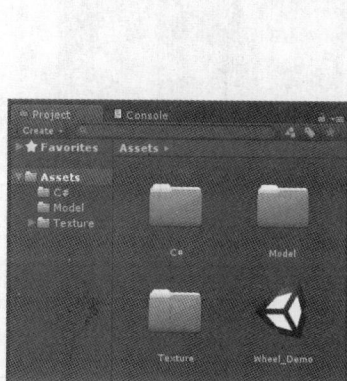

图 4-95　创建文件夹

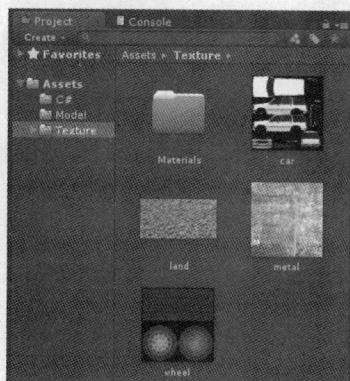

图 4-96　图片资源

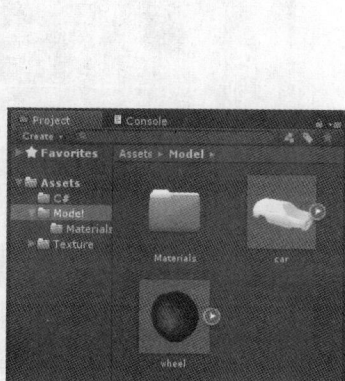

图 4-97　模型资源

（3）接下来需要创建汽车行驶的道路，通过单击 GameObject→3D Object→Plane（Cylinder 或 Sphere）创建 3D 物体然后为它们添加纹理。Plane 用于制作路面和跳台，Cylinder 和 Sphere 用来制作路面上的障碍物。可通过缩放和调整位置将它们随意组合出任意一种路面，本案例搭建的道路如图 4-98 所示。

（4）完成后就需要在场景中添加车辆模型，单击 Model 文件夹中的车辆模型然后将其拖曳到场景中即可添加。添加完成后如果没有纹理，就将 Texture 文件夹中的纹理图 "Car" 拖曳到车身上即可，重复上面的过程将 Model 文件夹中的车轮模型添加到场景中，最终效果如图 4-99 所示。

图 4-98　搭建路面

图 4-99　添加车辆模型

（5）为了开发方便，在车辆模型添加完成后还需要对 Hierarchy 面板中的对象列表进行整理，在汽车对象 "Car" 中创建两个空对象，分别命名为 "Wheel" 和 "WheelCollider"，在 WheelCollider 对象下新建四个空对象用来挂载车轮碰撞器，为了便于区分，对所有的对象都进行了重新命名，如图 4-100 所示。

（6）为了使车轮碰撞器能够正常工作，首先为汽车对象添加刚体组件，选中汽车对象 "Car" 然后单击 Component→Physics→Rigidbody 添加组件，本案例为了不让汽车被弹飞，将刚体质量 mass 设置为 5000，如图 4-101 所示。最后为汽车对象添加碰撞器，如图 4-102 所示。

图 4-100　整理对象列表

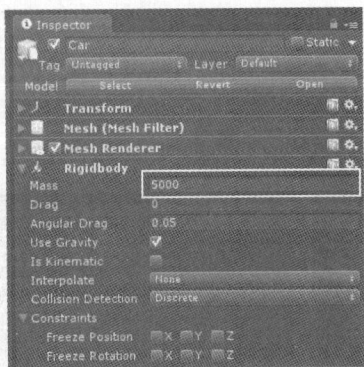

图 4-101　添加刚体组件

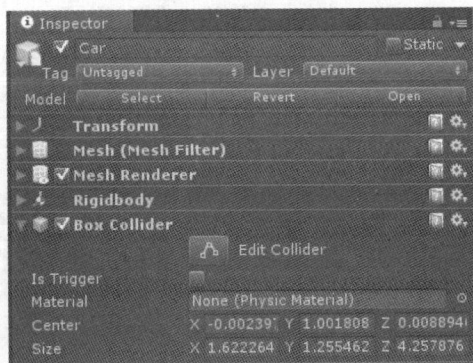

图 4-102　添加碰撞器

（7）下面就需要将车轮碰撞器挂载到 WheelCollider 下的四个空对象中，车轮碰撞器的创建使用前面介绍的方法即可，本案例中修改了车轮碰撞器的半径使其和车轮一般大。添加完成后调整挂有碰撞器的四个对象的位置让碰撞器位于车轮处，如图 4-103 所示。

图 4-103　添加车轮碰撞器

（8）场景、模型的搭建和组件的添加已经完成，下面就需要编写脚本，让场景中的汽车动起来了。在脚本中编写的功能就是对汽车的车轮碰撞器施加力矩使其转动并带动车辆前进，在 C# 文件夹中单击鼠标右键，选择 Create→C# Script，重命名为 "MoveCar"。双击脚本进入到脚本编辑器，具体代码如下。

代码位置：见资源包中源代码/第 4 章目录下的 Wheel_Demo\Assert\C#\MoveCar.cs。

```
1    using UnityEngine;
2    using System.Collections;
3    public class MoveCar : MonoBehaviour {
4      public GameObject BRWheel;          //声明游戏对象变量，用来获取挂有车轮碰撞器的对象
5      public GameObject BLWheel;          //获取两个车轮同时驱动车辆
6      public float torque;                //声明 floa 类型变量，用于设置力矩的大小
7      void FixedUpdate() {
8        BRWheel.GetComponent<WheelCollider>().motorTorque = torque; //获取车轮碰撞器
9        BLWheel.GetComponent<WheelCollider>().motorTorque = torque; // 并为引擎转矩变量赋值
10   }}
```

> **说明**　该脚本能够通过两个 public 类型的游戏对象变量绑定任意两个挂有车轮碰撞器的游戏对象，然后获取其中的车轮碰撞器组件的 motorTorque 变量并为其赋值，值越大车辆行驶得就越快。

（9）脚本编辑完成后，单击脚本将其拖曳到汽车对象 "Car" 上即可。然后在汽车对象的 Inspector 面板处便可看到 MoveCar 脚本的设置面板，将放置在汽车后轮处的游戏对象 "BR_Collider" 和 "BL_Collider" 拖曳到 "BR Wheel" 和 "BL Wheel" 变量处，并将力矩设置为 3000，如图 4-104 所示。

（10）MoveCar 脚本设置完成后，在程序运行时汽车后轮上的两个碰撞器就能够同时转动并驱动车辆向前行驶。为了使汽车更加真实，在汽车的行驶过程中还需要轮子同时转动，在 C#文件夹中单击鼠标右键，选择 Create→C# Script，重命名为 "WheelRotate"。双击脚本进入到脚本编辑器，具

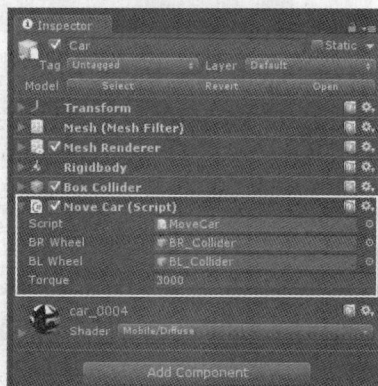

图 4-104　设置 MoveCar 脚本

体代码如下。

代码位置：见资源包中源代码/第 4 章目录下的 Wheel_Demo\Assert\C#\ WheelRotate.cs。

```
1   using UnityEngine;
2   using System.Collections;
3   public class WheelRotate : MonoBehaviour {
4     public GameObject wheel;                //声明游戏对象变量，用于获取挂有车轮碰撞器的对象
5     private float wheelAngle;               //声明 float 类型的变量，用于设置车轮旋转角
6     private WheelCollider wheelCollider;                    //声明车轮碰撞器变量
7     void Awake() {
8       wheelCollider = wheel.transform.GetComponent<WheelCollider>();  //获取车轮碰撞器
9     }
10    void Update () {
11      this.transform.rotation =           //修改当前车轮对象的旋转角度，仅绕 x 轴旋转
12        wheelCollider.transform.rotation * Quaternion.Euler(wheelAngle,0,0);
13      wheelAngle += wheelCollider.rpm * 360 / 60 * Time.deltaTime;      //计算车轮每秒
旋转多少度
14    }}
```

说明　　该脚本通过当前放置在车轮位置的车轮碰撞器的转速变量，计算出车轮每秒应该旋转的角度，保持车轮对象的旋转角度的 y 轴、z 轴分量和车轮碰撞器相同，通过欧拉角改变车轮对象在 x 轴方向转动的角度，这样即使在车辆侧翻时，车轮也能和车辆保持相对静止。

（11）脚本编写完成后，将每一个车轮对象都挂载该脚本，并在脚本的 wheel 变量处添加放置在当前车轮处的车轮碰撞器对象，如图 4-105、图 4-106 所示。

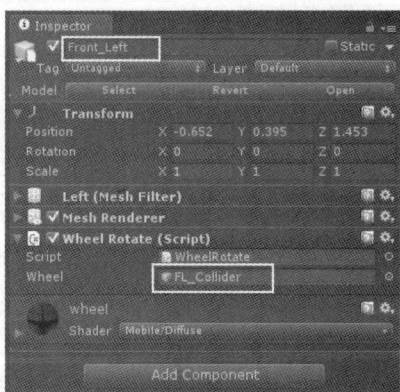

图 4-105　设置 WheelRotate 脚本 1　　　　　　图 4-106　设置 WheelRotate 脚本 2

（12）程序运行时为了能够看到汽车全程的行驶效果，需要将场景中的摄像机和运动的汽车模型保持相对静止，实现起来很简单只需要简单的几句代码，在 C#文件夹中单击鼠标右键，选择 Create→C# Script，重命名为 "FollowCar"。双击脚本进入到脚本编辑器，具体代码如下。

代码位置：见资源包中源代码/第 4 章目录下的 Wheel_Demo\Assert\C#\ FollowCar.cs。

```
1   using UnityEngine;
2   using System.Collections;
3   public class FollowCar : MonoBehaviour{
4     public GameObject Car;                        //声明游戏对象变量，用于获取汽车对象
```

```
5    private float y;                          //声明 float 类型变量，用于设置摄像机 y 轴坐标
6    private float z;                          //声明 float 类型变量，用于设置摄像机 z 轴坐标
7    void Awake() {
8      z = this.transform.position.z;          //获取车辆的 z 轴坐标并赋值给变量 z
9      y = this.transform.position.y;          //获取车辆的 y 轴坐标并赋值给变量 y
10   }
11   void FixedUpdate(){
12     this.transform.position =
13     new Vector3(Car.transform.position.x, y, z);        //通过三维向量来实时更新位置
14   }}
```

> 该脚本通过对汽车对象的坐标在 *x* 轴的分量的获取，来实时更新摄像机坐标在 *x* 轴的分量，且保持摄像机 *y* 轴、*z* 轴不变，这样当汽车在颠簸时摄像机也能平稳地跟随车辆移动。在程序运行前需要将摄像机摆在合适的位置。

（13）上述脚本完成后，需要将 FollowCar 脚本拖曳到主摄像机上，并将汽车对象添加到 FollowCar 脚本下的变量 Car 处，如图 4-107 所示。运行程序，汽车会自动向前行驶，读者可以明显地看到车辆悬挂的作用效果，并且在车辆侧翻后后轮还会持续转动，而前轮会慢慢停止转动。

图 4-107　设置 FollowCar 脚本

4.6　布　　料

本节主要向读者介绍布料的相关知识。在 5.0 及之后的版本中，为提高布料的物理模拟效率，Unity3D 废弃了之前 "Interactive Cloth" 和 "Cloth Renderer" 组件，转而使用 "Cloth" 和 "Skinned Mesh Renderer" 组件代替，以实现布料功能，其所有参数属性也随之变化。

1. 基础知识

在进行布料组件的讲解前，很有必要先介绍一下 Skinned Mesh Renderer（蒙皮网格）的特性。该组件的重要属性如表 4-10 所列。蒙皮网格可以模拟出非常柔软的网格体，不但在布料中充当非常重要的角色，同时还支撑了人形角色的蒙皮功能，通过运用该组件，可以模拟出许多与皮肤类似的效果。

表 4-10　　　　　　　　　　Skinned Mesh Renderer 组件重要属性列表

属　　性	含　　义
Cast Shadows	投影方式，包括关（Off）、单向（On）、双向（Two Sided）、仅阴影（Shadows Only）
Receive Shadows	是否接受其他对象对自身进行投射阴影

属　　　性	含　　　义
Materials	为该对象指定的材质
Reflection Probes	反射探头模式，包括混合（Blend Probes）、混合及天空盒（Blend Probes And Skybox）、单一（Simple），灯光探头和反射探头的相关知识将在后面的章节中进行讲解
Anchor Override	网格锚点，网格对象将跟随锚点移动并进行物理模拟
Lightmap Parameters	光照烘焙参数，指定所使用的光照烘焙配置文件
Quality	影响任意一个顶点的骨头数量，包括自动（Auto）、一/二/三个（1/2/3 Bones）
Update When Offscreen	在屏幕之外的部分是否随帧进行物理模拟计算
Mesh	该渲染器所指定的网络对象，通过修改该对象可以设置不同形状的网格
Root Bone	根骨头
Bounds(Center)	包围盒的中心点坐标，该坐标值基于网格的模型体系，且不可修改
Bounds(Extents)	包围盒三个方向的长度，不可修改，当网格在屏幕之外时，使用包围盒进行计算

　　Unity3D 将布料封装为一个组件，任何一个物体，只要挂载了蒙皮网格和布料组件，就拥有了布料的所有功能，即能够模拟出布料的效果。布料 Cloth 组件的属性如表 4-11 所列。在该表格中显示了布料组件中重要参数的含义及使用方法。

表 4-11　　　　　　　　　　　　　　Cloth 组件重要属性列表

属　　　性	含　　　义
Stretching Stiffness	布料的韧度，其值在区间(0，1]之内，表示布料的可拉伸程度
Bending Stiffness	布料的硬度，其值在区间(0，1]之内，表示布料的可弯曲程度
Use Tethers	是否对布料进行约束，以防止其出现过度不合理的偏移
Damping	该布料的运动阻尼系数，其值区间为[0，1]
External Acceleration	外部加速度，相当于对布料施加一个常量力，可以模拟随和风扬起的旗帜
Random Acceleration	随机加速度，相当于对布料施加一个变量力，可以模拟随强风鼓动的旗帜
World Velocity Scale	世界坐标系下的速度缩放比例，原速度经过缩放后成为实际速度
World Acceleration Scale	世界坐标系下的加速度缩放比例，原加速度经过缩放后成为实际加速度
Friction	布料相对于角色的摩擦力
Use Continuous Collision	是否使用连续碰撞模式，连续碰撞模式的知识请参考刚体相关内容
Solver Frequency	计算频率，即每秒的计算次数，应权衡性能和精度对该值进行设置
Capsule Colliders(Size)	可与布料产生碰撞的胶囊碰撞器个数，并在下方进行指定
Sphere Colliders(Size)	可与布料产生碰撞的球碰撞器的个数
First/Second	First 和 Second 两个球碰撞器相互连接组成胶囊碰撞器，适当的设置可调整成锥形胶囊体

　　细心的读者会发现在 Cloth 组件右上方有一个编辑按钮，如图 4-108 所示，该按钮可以打开布料的编辑 Constraint 模式。单击后如图 4-109 所示。下面笔者将讲解 Cloth Constraints 面板参数，以便读者在开发过程中可以更熟练地应用 Cloth 组件。

　　❑　Select 编辑模式要先通过框选或者通过 Shift 加单击来选择多个顶点，然后勾选 Max Distance 或者 Surface Penetration 前面的复选框再在后面填写数值即可。

- ❏ Paint 是代表要开启绘制模式。
- ❏ Max Distance 可以设置每个顶点最大可移动距离，可以将不能动的点设置为零。
- ❏ Surface Penetration 控制的是顶点最大可以嵌入到 Mesh 里面的程度。
- ❏ Manipulate Backfaces 的功能是选择是否让操作影响视口背面的顶点。

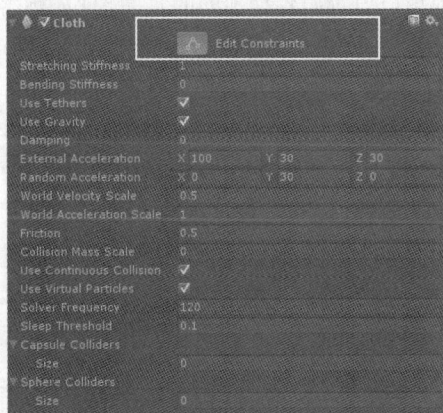

图 4-108　单击 Edit Constraints

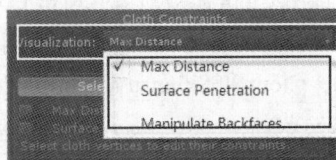

图 4-109　Cloth Constraints 面板

2. 案例效果

通过学习布料组件的相关参数，相信读者对其有了更清晰的了解。需要提醒读者的是布料的物理模拟是单向的，比如参数列表中的 Friction，该摩擦力的大小只会影响布料的模拟而不会影响与其碰撞的物体。下面笔者将通过一个案例对布料组件进行更系统的讲解，案例运行效果如图 4-110 和图 4-111 所示。

图 4-110　案例运行效果 1

图 4-111　案例运行效果 2

在该案例中，左上角的布料会因重力而向下坠落，坠落到其底部的圆球上时因阻力而缓慢滑落。因为在开发过程中并没有将地板设置成该布料的碰撞器所以布料可以穿过地板。右边的旗帜则会在其位置上"随风"飘扬。

3. 开发流程

通过观察案例的运行效果，读者可以看出布料可以设置出各种不同的效果，比如飘落的布料、随风飘扬的旗帜等。在 Unity 系统中要达到这种效果，开发人员只需修改相应的参数即可。下面笔者将详细地介绍案例的开发过程。

（1）打开 Unity 集成开发环境，在 Project 面板新建名为 Texture 的文件夹，将作为地板和布料的纹理图导入该文件夹。创建一个 Plane 作为地板，并为其添加 Diban 纹理图。利用快捷键 Ctrl+Shift+N 或者是单击 GameObject→Create Empty 创建一个空的游戏对象，重命名为"Cloth"。

（2）选中 Cloth 游戏对象，单击 Component→Physics→Cloth 菜单或者是在其属性面板的搜索框中输入 Cloth 为该游戏对象添加布料组件，如图 4-112 所示。添加完成后属性面板会同时出现两个组件，Cloth 和 Skinned Mesh Renderer，如图 4-113 所示。

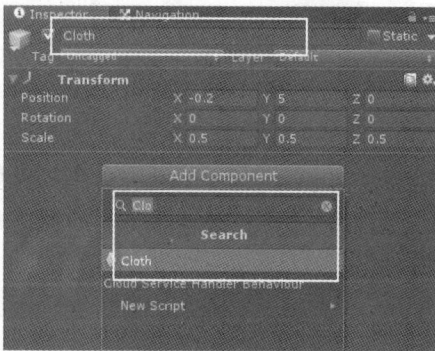

图 4-112　添加 Cloth 组件

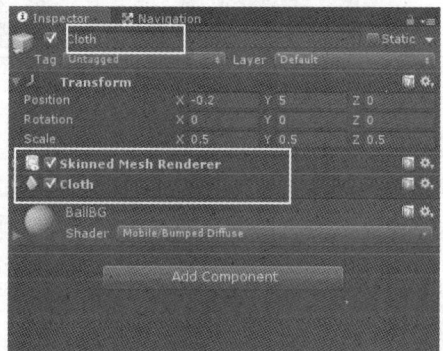

图 4-113　两个组件

（3）下面是为 Cloth 选择 Mesh，单击 Skinned Mesh Renderer 组件下 Mesh 参数右边的设置按钮，在弹出的 Select Mesh 面板选择 Mesh，如图 4-114 所示。这时笔者选择 Plane 作为布料的 Mesh，如图 4-115 所示。同时选择 Cloth 游戏对象为 Root Boon 的参数。

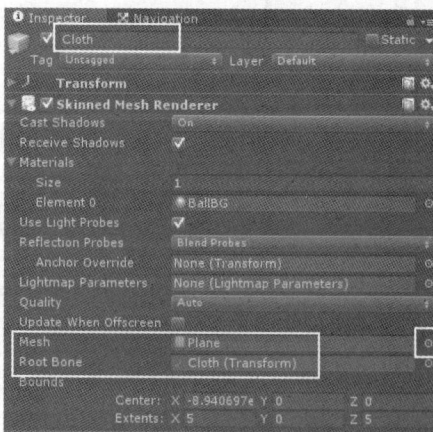

图 4-114　选择 Mesh 参数

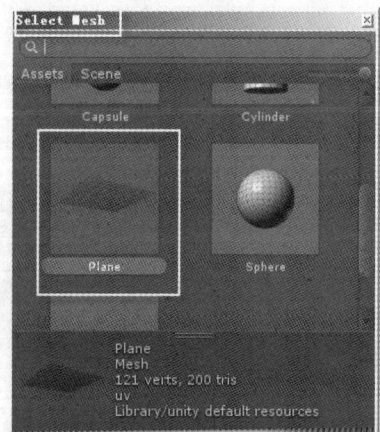

图 4-115　选择 Plane Mesh

（4）将 BallBG 纹理图拖曳到 Cloth 的属性面板中为其添加纹理图，并将渲染模式修改为

Mobile/Bumped Diffuse。调整 Cloth 的位置并在其底部创建一个 Sphere 作为阻挡布料飘落的球体，如图 4-116 所示。在 Cloth 组件中将该 Sphere 设置为布料的碰撞器，如图 4-117 所示。

图 4-116　创建 Sphere

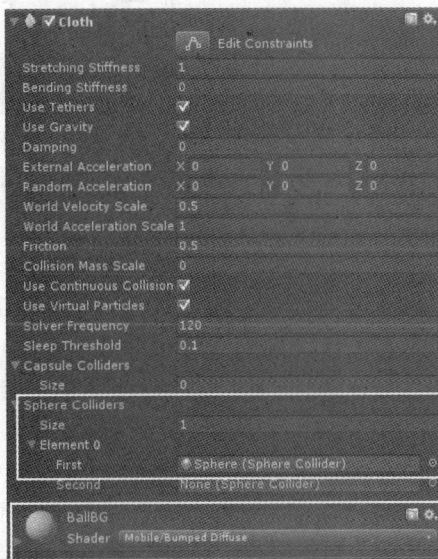

图 4-117　设置碰撞器

（5）至此飘落布料的开发就完成了，接下来继续讲解飘扬旗帜的开发流程。重复第（2）、（3）步创建名为 Clothtwo 的游戏对象，为其添加名为 Hong 的纹理图，调整位置使 Clothtwo（以下称之为旗帜）面向摄像机。单击 Edit Constraints 按钮对旗帜进行设置。

（6）采用框选方式选中旗帜最左侧的一列点，并将 Max Distance 设置为零，也就意味着这一列的点是不可移动的，如图 4-118 所示。利用这种方法将其他点的 Max Distance 设置为 100。为实现旗帜随风飘扬的效果，设置 Cloth 组件下的 External Acceleration、Random Acceleration 参数，如图 4-119 所示。

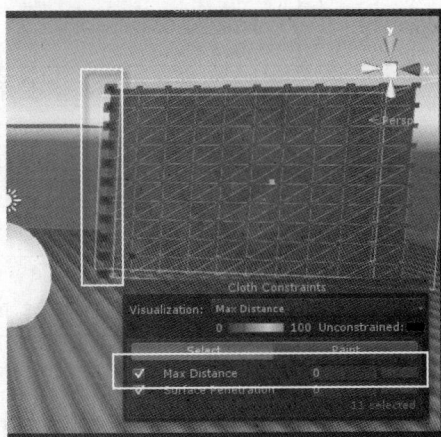

图 4-118　设置 Max Distance 参数

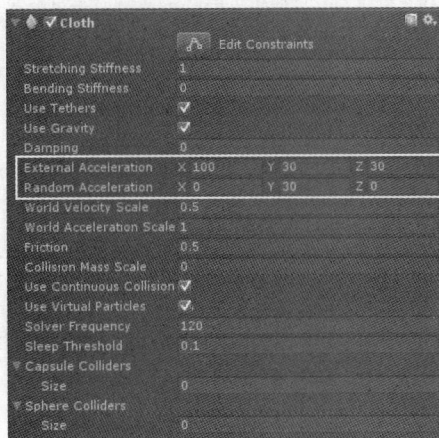

图 4-119　修改加速度参数

（7）笔者这里将 External Acceleration 设置为（100,30,30），Random Acceleration 设置为（0,30,0），读者可以修改该参数以达到更好的飘扬效果。单击播放按钮，可以观察到左侧的布料飘落到 Sphere 上后滑下坠落，而右侧的旗帜则"随风飘扬"。

4.7 角色控制器

角色控制器主要用于第三人称或第一人称游戏主角的控制。角色在使用角色控制器后，其物理模拟计算将不再使用刚体组件，挂载的刚体组件将失去效果。角色控制器不会受力的影响，只可以通过 Move 和 SimpleMove 函数来控制运动，但仍能够受到碰撞的制约。

4.7.1 角色控制器的特性

Unity 集成开发环境中，角色控制器以组件的形式被应用在程序中，即在需要使用的游戏对象上挂载角色控制器组件，但是 Unity 引擎也为开发人员提供了组件中各个参数的接口，使得开发人员能够在脚本中动态修改角色控制器的参数以及调用其功能方法。

1. 角色控制器相关参数

选中需要添加游戏控制器的游戏对象，然后单击菜单栏中 Component→Physics→Character Controll 完成添加，在 Inspector 面板中可以看到角色控制器组件的设置面板，如图 4-120 所示。下面将对角色控制器中的所有参数进行介绍，这些参数都可以在脚本中获取使用，参数列表如表 4-12 所列。

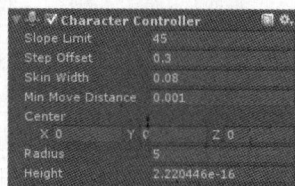

图 4-120　角色控制器组件面板

表 4-12　　　　　　　　　　　　　　　角色控制器参数列表

参　数　名	含　　义	参　数　名	含　　义
Min Move Distance	最小移动距离，如果角色移动的距离小于该值，那角色就不会移动	StepOffset	以米为单位的角色控制器的台阶偏移量（台阶高度）
Skin Width	皮肤厚度，决定两个碰撞器可以互相渗入的深度	Velocity	角色当前的相对速度
Center	该值决定胶囊碰撞器在世界空间中的位置	Radius	胶囊碰撞器的半径长度
Height	角色的胶囊碰撞器高度	isGrounded	在最后的移动角色控制器是否触碰地面
Collision Flags	在最后的 CharacterController.Move 调用期间，胶囊体的哪个部分与周围环境相碰撞	Slope Limit	角色控制器的坡度度数限制
Detect Collisions	其他的刚体和角色控制器是否能够与本角色控制器相碰撞		

2. 角色控制器相关函数

Unity 集成开发环境中角色控制器不同于刚体，角色控制器并不会受到力的影响，如果想要带有角色控制器组件的物体移动就需要使用 Move 和 SimpleMove 函数，而想要对其他刚体产生碰撞效果就需要使用到 OnControllerColliderHit 函数，下面将对其进行详细的介绍，函数签名如下所示。

```
1    function SimpleMove (speed : Vector3) : bool
2    function Move (motion : Vector3) : CollisionFlags
3    function OnControllerColliderHit (hit : ControllerColliderHit) : void
```

❑ SimpleMove 函数。该函数功能为将物体以一定的速度（speed）移动，并且会返回布尔值来判断物体是否着地。使用该函数物体在 y 轴上速度被忽略即无法实现物体的跳跃功能，速度以米/秒为单位，重力被自动应用。

❑ Move 函数。这个函数比 SimpleMove 函数更复杂，SimpleMove 函数是提供控制器速度来驱动物体，而 Move 函数是通过提供动力（motion）来驱动物体，使用该函数时，将不会自动应用重力，开发人员需要自行模拟重力，并且会返回角色与其他物体碰撞的信息。

❑ OnControllerColliderHit 函数。当角色碰撞到一个可以执行移动的碰撞器时，这个函数将会被调用。例如需要角色来推开一个带有刚体的物体，就可以将对角色碰到的刚体的控制代码写在这个函数中，在后面的案例中会进一步讲解。

4.7.2　角色控制器的应用

完成了对角色控制器（Character Controll）的介绍，本小节将会制作并讲解一个使用角色控制器控制角色移动的案例，为了适合新手学习本案例将会使用 SimpleMove 函数来控制角色的移动，读者可以查看 Unity 的官方技术手册来深入学习。

1. 案例效果

本案例将会设计一个场景，其中包括落差来说明 SimpleMove 函数会自动地应用重力，通过键盘方向键来控制角色移动，角色可以通过台阶并且能够爬上斜度为 65 度的斜坡。场景中还会有数个应用刚体的小球，当角色碰撞到它们时能够将它们推开，案例运行效果如图 4-121 所示。

图 4-121　案例运行效果

2. 制作流程

如需运行该案例，使用 Unity 软件打开资源包中的工程文件夹 "CharacterControll_Demo"，在 Unity 集成开发环境中双击 Assets 目录下 CharacterControll_Demo 场景文件，然后单击播放按钮即可。下面将对案例的制作流程进行详细的介绍，具体步骤如下。

（1）首先分别创建 "Texture" 和 "C#" 两个文件夹，一个用于放置图片资源，一个用于放置脚本文件。导入图片只需要在电脑中选中需要的图片，然后将其拖曳到 Unity 集成开发环境中的 Texture 文件夹中即可。也可以通过单击鼠标右键，选择 Import New Asset 来添加图片资源。

（2）单击菜单栏中的 File→Save Scene 保存场景并重命名为 "CharacterControll_Demo"。接下来创建 Plane、Cube 和 Sphere 来搭建场景，并为场景的各个部分添加纹理。这些操作在前面都已经介绍完毕，这里就不再赘述，搭建完成后场景效果如图 4-122 所示。

（3）完成后为场景中的每一个 Sphere 对象都挂载上刚体组件，选中小球单击菜单栏 Component→Physics→Rigidbody 完成添加，然后选中主摄像机单击菜单栏 Component→Physics→Character Controll 来为摄像机添加角色控制器，主摄像机就会出现胶囊碰撞器，如图 4-123 所示。

图 4-122　搭建场景

图 4-123　添加角色控制器

（4）添加完成后在 Inspector 面板中就会看到角色控制器设置面板，然后将 Slope Limit（坡度限制）设置为 66，因为本案例将场景中的斜坡角度设置为 65 度。将 Step Offset（台阶偏移量）设置为 0.3，这个参数可根据场景中台阶在 y 轴的尺寸（scale）来调节，设置面板如图 4-124 所示。

（5）前面全部设置完成，下面就需要编写脚本，让场景中的角色移动。该脚本实现的功能是允许玩家通过键盘的方向键来控制角色转身、前进和后退，并且角色能够推动小球。在 C#文件夹中单击鼠标右键，选择 Create→C# Script，重命名为 "Demo"。双击脚本进入到脚本编辑器，具体代码如下。

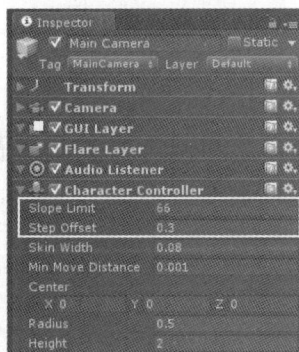

图 4-124　设置角色控制器

代码位置：见资源包中源代码/第 4 章目录下的 CharacterControll_Demo\Assert\C#\Demo.cs。

```
1    using UnityEngine;
2    using System.Collections;
3    public class Demo : MonoBehaviour {
4      CharacterController controller;                              //声明角色控制器
5      public float pushPower = 5.0f;                               //推动物体的力量
6      public float speed = 6.0f;                                   //角色移动速度
7      public float rotateSpeed=3.0f;                               //角色转身速度
8      void Awake() {
9        controller = this.GetComponent<CharacterController>();     //获取角色控制器组件
10     }
11     void Update() {
12       transform.Rotate(new Vector3(0, Input.GetAxis("Horizontal") *
13         rotateSpeed, 0));                        //单击键盘方向键 "←" "→" 来转动角色
14       Vector3 forward = transform.
15         TransformDirection(Vector3.forward);     //从自身坐标到世界坐标变换方向
16       controller.SimpleMove(forward * speed*
17         Input.GetAxis("Vertical"));              //当单击键盘方向键 "↑" "↓" 时通过函数移动物体
18     }
```

```
19     void OnControllerColliderHit(ControllerColliderHit hit){      //当碰撞到可移动的物
体时被调用
20       Rigidbody body = hit.collider.attachedRigidbody;         //获取被碰撞的物体的
刚体组件
21       if (body == null || body.isKinematic) {   //如果物体没有组件或不符合运动学定律就返回
22         return;
23       }
24       if (hit.moveDirection.y < -0.3F){
25         return;                    //如果角色碰撞器中心到触碰点的方向的 y 轴分量小于-0.3 时返回
26       }
27       Vector3 pushDir = new Vector3(hit.moveDirection.x, 0,
28         hit.moveDirection.z);                 //设置被碰撞的物体的移动方向
29       body.velocity = pushDir * pushPower;        //改变被碰撞的物体的速度
30     }}
```

- 第 4~7 行声明的 controller 变量用来获取角色控制器，pushPower、speed、rotateSpeed 变量分别用来设置角色推动物体的力量、角色移动速度和角色转身速度。
- 第 8~10 行为重写 Awake 函数，当脚本被加载时会获取挂载该脚本的对象的角色控制器组件。
- 第 12~15 行当玩家按下方向键 "←" "→" 时通过 Rotate 来旋转角色，并通过 TransformDirection（方向变换）函数来保证角色旋转过后当玩家单击方向键 "↑" 时，角色能够朝着角色当前的面对的方向前进。
- 第 16~18 行使用 SimpleMove 函数来控制角色移动，即当玩家单击方向键 "↑" "↓" 时角色能够朝着 forward 三维向量指定的方向移动。
- 第 19~26 行当角色碰撞到可执行移动的物体时调用该函数，首先获取被碰撞的对象所挂载的刚体组件，如果没有刚体组件或者不遵循运动定律，程序就不再向下执行。如果角色碰撞器中心到触碰点的方向的 y 轴分量小于-0.3 时程序也会终止。
- 第 27~30 行使用三维向量 pushDir 来存储被碰撞的物体的移动方向，忽略 y 轴即不会向上或向下移动物体。最后修改被碰撞物体的刚体的速度值，使被碰撞的物体开始移动。

（6）脚本编写完成后保存，在 Unity 集成开发环境中将该脚本拖曳到主摄像机上，完成后就能够在主摄像的 Inspector 面板中看到 Demo 脚本的设置面板，如图 4-125 所示。读者可以在设置面板中调节角色的移动速度、转身速度和推开物体的力量大小。

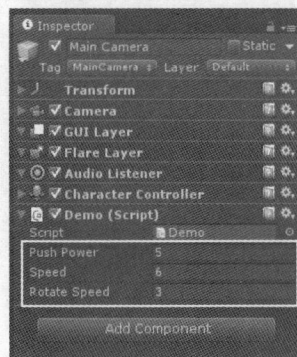

图 4-125　Demo 脚本设置面板

4.8　本章小结

Unity3D 的便利之处在于，仅仅需要几步简单的操作，就可以使游戏中的物体严格按照物理法则运动。刚体和碰撞器特性模拟了物理的实体性，每个对象将不仅仅是呈现在屏幕上的虚假现象，它可以与游戏玩家发生仿真的交互。

本章的内容不仅涉及了物理引擎的刚体和碰撞器特性，也介绍了关节、粒子系统和角色控制器的使用方法。在 Unity3D 的学习过程中，最关键的是对对象的关键物理特性的理解，开发者应该时刻保持"仿真"的心态，以更加贴近现实为目标开发出最为真实的游戏场景。

4.9 习 题

1. 解释一下 Rigidbody 组件中 Is Kinematic 参数在什么情况下使用。
2. 编写一个脚本对刚体的几种常用方法进行测试。
3. 了解 Unity3D 游戏引擎自带的规则碰撞器，并导入一个不规则模型为其添加不规则碰撞器。
4. 运行并调试 4.2 节中碰撞过滤的案例，并自行开发出相似的案例效果。
5. 在场景中新建物理材质，并实现小球从高空落下可弹起的功能。
6. 根据本章节所学的粒子系统知识，自己制作出一种工厂烟雾的粒子效果。
7. 运行并调试 4.4 节中铰链关节、固定关节、弹簧关节的案例。
8. 根据 4.4.4 小节所学的可配置关节知识，制作出一种不同于铰链关节、固定关节、弹簧关节的关节效果。
9. 运行并调试 4.5 节中车轮碰撞器的案例。
10. 根据角色控制器的相关知识，实现摄像机爬上山坡的功能效果。

第5章
着色器编程基础

开发者在游戏的开发过程中常常遇到的一个问题就是如何实现更加炫酷的游戏效果，这一点往往要涉及着色器与着色器语言——ShaderLab。着色器和着色器语言是 Unity 开发中相当复杂且不可或缺的一部分，学好着色器对于读者今后的游戏开发至关重要。

本章将对 Unity 开发中的着色器及着色器语言进行初步的介绍，经过本章的学习，读者将会对 Unity 中的着色器的开发有基本的了解。下面将先对 Unity 中的着色器进行简要概述，帮助各位对着色器有一个初步的认识。

5.1　初识着色器

游戏的视觉体验在游戏的开发过程中是一个相当重要的方面，这就要开发者在特效上花费功夫。游戏中的许多特效，比如特殊的光影效果、卡通特效等，都要使用着色器来实现的。这些效果如果直接通过编程实现会比较困难，并且也会影响游戏的整体运行。

5.1.1　着色器概述

着色器是一款运行在 GPU 上用来实现图像渲染的程序。Unity 中大多数的渲染都是通过着色器来完成的，并且 Unity 中有大量内置的着色器程序，开发人员可以直接使用，也可以根据需求开发自己的着色器程序。

目前有三种高级图像语言可供选择：HLSL 语言、Cg 语言和 GLSL 语言，这三种语言的特点和适用人群也各不相同。当然 Unity 引擎对着色语言的支持非常全面，但其中重点支持 Cg 语言。

5.1.2　ShaderLab 语法基础

Unity 中的着色器程序使用的是 ShaderLab 着色语言，该语言具备了显示材质所需的一切信息，同时还支持使用 Cg、HLSL 或 GLSL 语言编写的着色器程序。下面将介绍 ShaderLab 的基本语法结构。

1. Shader

Shader 是一个着色器程序的根命令，每个着色器程序都必须唯一定义一个 Shader，其中定义了对象材质和如何使用这个着色器渲染对象。Shader 命令的语法为：

```
1    Shader "name" { [Properties] Subshaders｛...｝[Fallback] }
```

该语法中着色器程序定义了一个名为"name"的 Shader，然后通过 Properties 来可选地定义一个显示在材质设定界面的属性列表，后面紧跟 SubShader 的列表，并可额外添加一个代码块用于应对 Fallback 的情况。

2. Properties

着色器程序中有一个用来定义着色器属性的列表，即 Properties。任何定义在其中的属性都可以由开发人员在 Unity 的 Inspector 面板中编辑和调整，典型的属性包括颜色、纹理以及任何被着色器所使用的数值数据。Properties 的基本语法为：

```
1    Properties { Property [Property ...] }
```

上述语法中定义了属性块，属性块中可包含多个属性，其定义如表 5-1 所列。

表 5-1 Properties 类型

类 型	说 明
name ("display name", Range (min, max)) = num	定义浮点数范围属性，在属性查看器中可通过一个标注了最大值和最小值的滑动条来修改
name ("display name", Float) = num	定义浮点数属性
name ("display name", Int) = num	定义整型属性
name ("display name", Color) = (num, num, num, num)	定义颜色属性，num 取值范围 0～1
name ("display name", Vector) = (num, num, num, num)	定义四维向量属性
name ("display name", 2D) = " name " { options }	定义 2D 纹理属性，缺省值为"white"、"black"、"gray"、"bump"
name ("display name", Rect) = " name " { options }	定义矩形纹理（尺寸非 2 次方）属性，缺省值同 2D 纹理属性相同
name ("display name", Cube) = " name " { options }	定义立方贴图纹理属性，缺省值同 2D 纹理属性相同
name ("display name", 3D) = " name " { options }	定义 3D 纹理属性

❏ 着色器程序的属性列表通过"name"来索引其中的属性，通常方法是下划线加一个属性的名字，并且属性值也要通过"name"来访问。属性会将"display name"显示在属性查看器中，还可以在等号后为每个属性提供默认值。结构如图 5-1 所示。

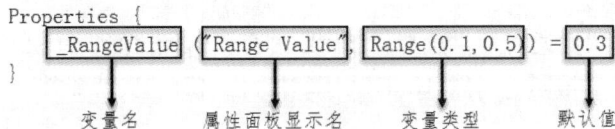

图 5-1 属性结构

❏ 包含在纹理属性的大括号中的 options（选项）是可选的，可选的选项如表 5-2 所列。

表 5-2 纹理属性选项

选项名称	说明
TexGen	纹理生成模式，纹理自动生成纹理坐标时的模式。可以是 ObjectLinear、EyeLinear、SphereMap、CubeReflect 或 CubeNormal，这些模式和 OpenGL 纹理生成模式相对应。注意如果使用自定义顶点片元着色器，那么纹理生成将被忽略
LightmapMod	光照贴图模式，如果给出这个选项，纹理会被渲染器的光线贴图所影响，即纹理不能被应用在材质中，而是使用渲染器中的设定

下面将通过一段最简单的代码片段来说明上述 Properties 的定义方法。

```
1   Properties {
2       _RangeValue ("Range Value", Range(0.1,0.5)) = 0.5    //定义一个浮点数范围属性
3       _FloatValue ("Float Value", Float) = 1.5             //定义一个浮点数属性
4       _Color ("Color", Color) = (1,1,1,1)                  //定义一个颜色属性
5       _Vector ("Vector", Vector) = (1,1,1,1)               //定义一个四维向量属性
6       _MainTex ("Albedo (RGB)", 2D) = "white" {TexGen EyeLinear}//定义 2D 纹理属性
7       _Rect("RectTex", Rect)= "black" {TexGen EyeLinear}   //定义矩形纹理属性
8       _Cube("CubeTex", Cube)="skybox"{ TexGen CubeReflect}//定义立方贴图纹理属性
9   }
```

> **说明** 此段代码片段对应表 5-1 中的类型，分别定义了浮点数属性、颜色属性、四维向量属性、2D 纹理属性等，读者在编写时可以仿照上述代码格式编写。

3. Subshader

着色器程序还包含一个子着色器列表，即 Subshaders。子着色器列表是真正用来呈现渲染物体的部分。子着色器列表中有且至少有一个子着色器，即 Subshader。当加载一个着色器程序时，Unity 将遍历该列表来获取第一个能被用户机器支持的子着色器。

Subshader 的基本语法为：

```
1   Subshader { [Tags] [CommonState] Passdef [Passdef ...] }
```

> **说明** 子着色器由可选标签（Tags）、通用状态（CommonState）和一个通道（Pass）列表构成。其中通道列表能够选择是否为所有通道初始化所需要的通用状态。

当 Unity 3D 选择一个 Subshader 进行渲染的时候，将优先渲染一个被每个通道所定义的对象。并且有时在一些显卡上，所需要的效果不能通过单次通道来完成，就必须使用多次通道。定义通道的类型有 RegularPass、UsePass 和 GrabPass，这部分将在下面进行讲解。

下面的代码片段是一个简单的子着色器。

```
1   SubShader {
2       Tags { "Queue" = "Transparent" }                 //渲染队列为透明队列
3       Pass {
4           Lighting Off                                 //关闭光照
5           SetTexture [_MainTex] {}                      //设置纹理
6   }}
```

> **说明** 此段代码中将对象的渲染队列设置为透明队列，然后关闭了光照并且定义了一个纹理图，此部分的详细运用将在后边进行讲解。

4. Subshader Tags

子着色器使用标签来告诉渲染引擎何时渲染以及如何渲染对象，这个标签就是 Subshader Tags。也就是说，Tags 相当于向系统传递渲染信息的一个总指令。Tags 的基本语法为：

```
1   Tags { "TagName1" = "Value1" "TagName2" = "Value2" }
```

　　上述语法是通过为标签指定对应的值来实现的。简单来说标签的标准就是键值对，并且标签可以有任意多个。

常用的标签有三种类型，如下所列。

（1）队列标签（Queue tag）。队列标签可以决定对象被渲染的次序，也就是说，着色器通过对象所归属的渲染队列来保证哪些物体先渲染，哪些物体后渲染。并且任何透明物体都可以通过这种方法确保自身在不透明物体渲染之后渲染。

ShaderLab 中有 3 种预定义的可选值，下面将初步地介绍用途以及对应值（渲染队列将在 5.3.2 一节中详细介绍）。

- ❑ Background（背景）：用于渲染天空盒之类的对象，对应值为 1000。
- ❑ Geometry （几何体）：不透明的几何体使用这个队列。此队列为默认选项，被用于大多数对象，对应值为 2000。
- ❑ AlphaTest（Alpha 测试）：用于开启 Alpha 测试，对应值为 2450。
- ❑ Transparent（透明）：与 Geometry 相对，透明的物体使用这个队列。任何采用 alpha 混合的对象应该在这里渲染，比如玻璃、粒子效果等，对应值为 5000。
- ❑ Overlay（覆盖）：此渲染队列被用于实现叠加效果。任何需要最后渲染的对象应该放置在此处，比如镜头光晕，对应值为 4000。

队列标签的使用如下。

```
1   Tags { "Queue" = "Transparent" }                          //设置渲染队列为"透明"
```

　　透明渲染队列为了达到最优的性能，优化了对象绘制次序，其他渲染队列根据距离来排序对象，从最远的对象开始，由远至近渲染。

（2）自定义队列标签。有时在实际开发中会遇到一些特殊的需要，上述几个预定值也无法满足，此时就可以使用中间队列来实现。每一个队列都有自己对应的数值，通过着色器可以自定义一个队列，例如下面的代码：

```
1   Tag { "Queue" = " Geometry +600" }                        //自定义渲染队列
```

　　上面的代码使对象的设置渲染队列为 Geometry+600，即 2600，在 AlphaTest 队列和 Transparent 队列之间渲染。

（3）渲染类型标签（RenderType tag）。渲染类型标签将着色器分为若干个预定义组。比如透明着色器还是采用 alpha 测试的着色器等。这个由着色器替换使用，有时用于生成相机的深度纹理。渲染类型标签的预定义值如表 5-3 所列。

表 5-3　　　　　　　　　　　　　　　　渲染类型标签可选值

队列名称	说　　明	队列名称	说　　明
Opaque	不透明，用于大多数着色器（法线着色器、自发光着色器、反射着色器以及地形着色器）	TreeOpaque	地形引擎树皮着色器
Background	天空盒着色器	TreeBillboard	地形引擎布告板树

续表

队列名称	说　　明	队列名称	说　　明
GrassBillboard	地形引擎布告板草	TreeTransparentCutout	地形引擎树叶
Transparent	透明，用于大多数半透明着色器（透明着色器、粒子着色器、字体着色器、地形额外通道着色器）	Grass	地形引擎草
Overlay	GUITexture、光晕着色器、闪光着色器	Transparent Cutout	遮蔽的透明着色器（透明镂空着色器、两个通道植被着色器）

5. Pass

着色器列表渲染物体是通过一个个通道来执行的，而 Pass 就是着色器中的通道，用来控制被渲染的对象的几何体。SubShader 中可以包括一个或多个 Pass 块，并且每个 Pass 都能使几何对象被渲染一次。Pass 的基本语法为：

```
1    Pass { [Name and Tags] [RenderSetup] [TextureSetup] }
```

说明　如上所示，基本的通道命令由一个定义的名字和任意多的标签（Tags）、一个可选的渲染设置命令（RenderSetup）的列表和可选的纹理设置命令（TextureSetup）的列表三部分构成。Pass 块的 Name 一般用来引用此 Pass，并且命名时必须使用大写。

通道渲染设置命令用于设置显卡的各种状态，比如打开 alpha 混合、使用雾等。这些命令如表 5-4 所列。

表 5-4　　　　　　　　　　　通道渲染设置命令

命　　令	含　　义	说　　明
Lighting	光照	开启或关闭顶点光照，开关状态的值为 On 或 Off
Material（材质块）	材质	定义一个使用顶点光照管线的材质
ColorMaterial	颜色集	当计算顶点光照时使用顶点颜色，颜色集可以是 AmbientAndDiffuse 或 Emission
SeparateSpecular	开关状态	开启或关闭顶点光照相关的镜面高光颜色，开关状态的值为 On 或 Off
Color	颜色	设置当顶点光照关闭时所使用的颜色
Fog（雾块）	雾	设置雾参数
AlphaTest	Alpha 测试	Less、Greater、LEqual、GEqual、Equal、NotEqual、Always（小于、大于、小于等于、大于等于、等于、不等于、一直），默认值为 LEqual
ZTest	深度测试模式	设置深度测试模式，有 Less、Greater、LEqual、GEqual、Equal、NotEqual、Always
ZWrite	深度写模式	开启或关闭深度写模式。开关状态的值为 On、Off
Blend	混合模式	设置混合模式，混合模式有 SourceBlendMode、DestBlendMode、AlphaSourceBlendMode、AlphaDestBlendMode
ColorMask	颜色遮罩	设置颜色遮罩，颜色值可以是 RGB、A、0、任何 R、G、B、A 的组合，设置为 0 将关闭所有颜色通道的渲染
Offset	偏移因子	设置深度偏移，这个命令仅接收常数参数

上述渲染通道为普通通道（RegularPass），除此之外，还有两个特殊的通道能用于反复利用普通通道或是实现一些高级特效，如表 5-5 所列。

表 5-5   两个特殊通道语法及说明

通道名称	语　法	说　明
UsePass	UsePass"Shader/Name"	插入所有来自给定着色器中的给定名字的通道。"Shader"为着色器的名字，"Name"为通道的名字
GrabPass	GrabPass{ ["纹理名"] }	捕获屏幕到一个纹理，该纹理通常使用在靠后的通道中。"纹理名"是可选项

在着色器中通过 UsePass 重用其他着色器中已存在的通道，提高了代码的重用率。为了让 UsePass 能正常工作，必须将期望被使用的通道命名，通道的命名用"Name"命令。下面将通过一个代码片段对此进行说明。

```
1   UsePass "Specular/BASE"          //插入镜面高光着色器中名为"BASE"的通道
2   Name "MyPassName"                //通道命名为 MyPassName
```

> 说明　GrabPass 是一种特殊的通道类型，它会捕获物体所在位置的屏幕内容然后将其写入一个纹理当中，这个纹理能被用于后续的通道中并完成一些高级图像特效。

GrabPass 中同样可以使用 Name 和 Tags 命令。将 GrabPass 放入 SubShader 中有两种方式。

- GrabPass {}：捕获当前屏幕的内容并将其写入一个纹理中，纹理能在后续通道中通过 _GrabTexture 进行访问。但要注意的是该形式的捕获通道将在每一个使用该通道的对象渲染过程中，执行极耗资源的屏幕捕获操作。
- GrabPass { "纹理名" }：捕获屏幕内容并将其写入一个纹理中，但只会在每帧中处理第一个使用该给定纹理名的纹理对象。该纹理在后续的通道中可以通过给定的纹理名访问。当在一个场景中拥有多个使用 GrabPass 的对象时将提高游戏性能。

6. Fallback

降级，即 Fallback 操作定义在所有子着色器后。它的功能是当系统没有采用着色器列表中的任何一个着色器的时候，便会采用降级着色器。从某种意义上来说，降级也是一种子着色器。Fallback 有两种常见的语法，相关参数说明如下。

```
1   Fallback "name"
```

> 说明　"name"为指定的着色器名称，此方法将退回到以该名称命名的着色器。

```
1   Fallback Off
```

> 说明　此方法运行后不会进行降级操作且不会得到任何回应，包括不会打印任何警告，甚至没有子着色器会被当前硬件运行。

5.2　表面着色器

本章将对着色器的三种形态进行初步的介绍，并对 Unity 开发中最常用的表面着色器进行详细介绍，包括表面着色器的编译指令、输入输出参数结构体、自定义光照模型等。通过本章的学习，读者可以初步编写一个简单的表面着色器。

5.2.1　着色器的三种形态

Unity 下着色器可以使用三种不同的形态来编写，它们分别为固定管线着色器、顶点片元着色器和表面着色器。这三种着色器分别代表了着色器发展的不同阶段，拥有不同的难度和使用人群。在本节中将大致介绍一下这三种不同的着色器。

- ❑ 固定管线着色器（fixed function shader）：最简单原始的着色器类型，只能使用 U 系统自带的固定的语法和方法，适用于任何硬件，使用难度最小。
- ❑ 顶点片元程序着色器（vertex and fragment shader）：效果较为丰富，使用 Cg/HLSL 语言规范，着色器由顶点程序和片元程序组成，所有效果都需要自己编写，使用难度相对较大。
- ❑ 表面着色器（surface shader）：类似于顶点片元着色器，同样由顶点程序和片段程序组成，但开发者可以根据自己期望的效果进行编写。除此之外，既可以使用系统自带的一些光照模型，也可以由开发者自己编写光照模型，所以可以编写出较为丰富的效果，使用难度相对适中。

表面着色器是 Unity 开发中最常使用的着色器，它比固定管线着色器更加灵活，比顶点片元着色器更能方便地处理光照，整合了三种着色器的优点，是最适合 Unity 开发者学习使用的着色器。本书会在下面的章节中详细介绍表面着色器的基础知识。

5.2.2　表面着色器基础知识

本小节详细介绍表面着色器的基础知识，主要包括表面着色器的编译指令、表面着色器函数输入和输出参数的结构体等。表面着色器需要放置于 CGPROGRAM....ENDCG 块中，并且必须将其放置于子着色器块中，而不能放在通道中，表面着色器自身会编译为多个通道。

1. 编译指令

表面着色器需要一句指令来向系统表明自己，告诉系统这是表面着色器，这个指令就是编译指令。表面着色器的编译指令为#pragma surface，具体语法以及参数说明如下。

```
1    #pragma surface <surfaceFunction> <lightModel> [optionalparams]
```

- ❑ surfaceFunction：表面着色器函数名称，用来表示 Cg 函数中有表面着色器代码。此函数的格式是 void surf (Input IN,inout SurfaceOutput o)，其中 Input 是开发者自己定义的输入结构，应该包含所有纹理坐标和表面函数所需要的额外的必需变量，SurfaceOutput 是输出结构。（此函数的结构体将在下一小节进行详细介绍。）
- ❑ lightModel：光照模型。通过该指令告诉编译器这个表面着色器所使用的光照模型。Unity 内置的光照模型为 Lambert（漫反射）和 BlinnPhong（高光），也可以自定义光照模型。
- ❑ optionalparams：可选参数。可用的可选参数如表 5-6 所列。

表 5-6　　　　　　　　　　　　　　表面着色器编译指令可选参数

可选参数	说　　明	可选参数	说　　明
alpha	Alpha 混合模式。将该参数用于半透明着色器	exclude_path:prepass 或 exclude_path:forward	使用指定的渲染路径
vertex:VertexFunction	自定义名为 Vertex Function 的顶点函数	dualforward	将双重光照贴图用于正向渲染路径中

续表

可选参数	说　明	可选参数	说　明
decal:add	附加印花着色器	novertexlights	在正向渲染中不使用球面调和光照或逐顶点光照
softvegetation	使表面着色器仅在 Soft Vegetation 开启时被渲染	fullforwardshadows	在正向渲染路径中支持所有阴影类型
addshadow	添加阴影投射器和集合通道	decal:blend	附加半透明印花着色器
nodirlightmap	在这个着色器上禁用方向光照贴图	noambient	不使用任何环境光照或者球面调和光照
approxview	对于有需要的着色器，逐顶点而不是逐像素计算规范化视线方向。这种方法更快速，但当相机靠近表面时，视线方向不会完全正确	nolightmap	在这个着色器上禁用光照贴图
alphatest: VariableName	Alpha 测试模式。将该参数用于透明镂空着色器。镂空值（VariableName）为浮点型德尔变量	noforwardadd	禁用正向渲染添加通道。这会使这个着色器支持一个完整的方向光和所有逐顶点/SH 计算的光照
finalcolor: ColorFunction	自定义名为 ColorFunction 的最终颜色修改函数	halfasview	将半方向向量（而非视线方向向量）传递到光照函数中。半方向向量将会被逐顶点计算和规范化。这种方法更快速，但不会完全正确

2．输入输出参数结构体

表面着色器函数中有两个参数，分别为 Input 结构体和 SurfaceOutput 结构。Input 结构体用于向表面着色器函数中输入所需的纹理坐标和其他的数据。SurfaceOutput 结构体用于输出数据，但其写入值必须与表面着色器函数中一一对应。

Input 结构体中的纹理坐标的命名格式为"uv"后接纹理名字，如果物体带有第二个纹理坐标，则带有"uv2"的纹理坐标为物体所带的第二纹理坐标，即"uv2"后接第二个纹理名字。Input 结构体中可附加一些可用数据，如表 5-7 所列。

表 5-7　　　　　　　　　　　　Input 结构体其他可用的数据

可用的数据	说明
float3 viewDir	视图方向。为了计算视差、边缘光照等效果，Input 需要包含视图方向
float4 color	每个顶点颜色的插值
float4 screenPos	屏幕空间中的位置。为了获得反射效果，需要包含屏幕坐标
float3 worldPos	世界坐标空间位置
float3 worldRefl	世界空间中的反射向量。但必须表面着色器不写入 o.Normal 参数
float3 worldNormal	世界空间中的法线向量。但必须表面着色器不写入 o.Normal 参数
float3 worldRefl; INTERNAL_DATA	世界坐标反射向量，但必须表面着色器写入 o.Normal 参数。要基于逐像素法线贴图获得反射向量，请使用 WorldReflectionVector (IN, o.Normal)
float3　　　　　　worldNormal; INTERNAL_DATA	世界坐标法线向量，但必须表面着色器写入 o.Normal 参数。要基于逐像素法线贴图获得法线向量，请使用 WorldNormalVector (IN, o.Normal)

说明

Input 结构体用于从顶点函数传数据给表面着色器函数，不但可以包含上面所列的数据也可以包含自定义的数据。

表面着色器的输出结构体 SurfaceOutput 是内置定义好的，只需在表面着色器函数中为需要的变量赋值即可，标准的表面着色器输出结构体如下。

```
1    struct SurfaceOutput {
2        half3 Albedo;                          //漫反射的颜色值
3        half3 Normal;                          //法线坐标
4        half3 Emission;                        //自发光颜色
5        half Specular;                         //镜面反射系数
6        half Gloss;                            //光泽系数
7        half Alpha;                            //透明度系数
8    };
```

说明

表面着色器的输出结构体用于从自定义光照模型函数传数据给表面着色器函数。并且表面着色器可以由开发者自定义，自定义输出结构必须首先包含 SurfaceOutput 结构体的所有变量，然后添加自己需要的变量。

3. 自定义光照模型

表面着色器描述的是一个表面的属性（比如反射率颜色、法线等），并且由光照模型完成光照交互的计算。系统内置了 Lambert（漫反射光照）和 BlinnPhong（高光光照）两个光照模型。

除了上述的两种光照模型，有时也需要开发自定义光照模型，这在表面着色器中是可以实现的。自定义的光照模型是以 Lighting 开头与名字组合在一起的函数实现的，并且开发者可以在着色器文件或导入文件中的任何一个地方声明它。

自定义光照模型的声明形式有三种，相关参数说明如下。

```
1    half4 Lighting<Name> (SurfaceOutput s, half3 lightDir, half atten)
```

说明

此种声明在正向渲染路径中用于非与视线方向相关的光照模型（例如，漫反射），并且并不取决于视图的方向。

```
1    half4 Lighting<Name> (SurfaceOutput s, half3 lightDir, half3 viewDir, half atten)
```

说明

此种声明在正向渲染路径中用于与视线方向相关的光照模型，并且取决于视图的方向。

```
1    half4 Lighting<Name>_PrePass (SurfaceOutput s, half4 light):
```

说明

此种声明用于延时光照路径中的光照模型。

上述声明方法中 SurfaceOutput 结构体用于和表面着色器函数传输数据，这个结构体也可以自己定义，但必须与表面着色器函数的输出结构体相同。lightDir 参数为点到光源的单位向量，viewDir 参数为点到摄像机的单位向量，atten 参数为光源的衰减系数。

光照模型函数的返回值为经过光照计算的颜色值。下面通过一个带自定义光照模型的表面着色器的案例来详细介绍自定义光照模型。

（1）创建 Cube 对象。单击 GameObject→3D Object→Cube，创建一个 Cube 对象。

（2）创建 Shader 脚本。在 Assets 面板中右键单击 Create→Shader，创建一个着色器脚本，并命名为"BNUSurfShader"。然后双击文件在脚本编辑器中编辑脚本，具体的代码实现如下。

代码位置：见资源包中源代码/第 5 章目录下的 BNUSurfaceShader/Assets/BNUSurfShader.shader。

```
1   Shader "Custom/BNUSurfShader" {
2     Properties {
3       _Color ("Color", Color) = (1,1,1,1)            //主颜色数值
4       _MainTex ("Albedo (RGB)", 2D) = "white" {}     //2D 纹理数值
5       _Shininess ("Shininess ", Range(0,10)) = 10    //镜面反射系数
6     }
7     SubShader {
8       CGPROGRAM
9       #pragma surface surf Phong                     //表面着色器编译指令
10      sampler2D _MainTex;                            //2D 纹理属性
11      fixed4 _Color;                                 //主颜色属性
12      float _Shininess;                              //镜面反射系数属性
13      struct Input {
14        float2 uv_MainTex;                           //uv 纹理坐标
15      };
16      float4 LightingPhong(SurfaceOutput s, float3 lightDir,half3 viewDir, half atten){
17                                                     //光照模型函数
18        float4 c;
19        float diffuseF = max(0,dot(s.Normal,lightDir)); //计算漫反射强度
20        float specF;
21        float3 H = normalize(lightDir+viewDir);      //计算视线与光线的半向量
22        float specBase = max(0,dot(s.Normal,H));     //计算法线与半向量的点积
23        specF = pow(specBase,_Shininess);            //计算镜面反射强度
24        c.rgb = s.Albedo * _LightColor0 * diffuseF *atten + _LightColor0*specF;
25           //结合漫反射光与镜面反射光计算最终光照颜色
26        c.a = s.Alpha;
27        return c;                                    //返回最终光照颜色
28      }
29      void surf (Input IN, inout SurfaceOutput o) {//表面着色器函数
30        fixed4 c = tex2D (_MainTex, IN.uv_MainTex) * _Color;
31                                                     //根据 UV 坐标从纹理提取颜色
32        o.Albedo = c.rgb;                            //设置颜色
33        o.Alpha = c.a;                               //设置透明度
34      }
35      ENDCG
36    }
37    FallBack "Diffuse"                               //降级着色器
38  }
```

❑ 第 2~6 行为着色器的属性块，案例中定义了主颜色数值、2D 纹理数值以及镜面反射系数等参数，均可在材质球属性面板查看和修改。

❑ 第 9~15 行为表面着色器编译指令和定义属性。编译指令中的"Phong"是指表面着色

器自定义名称为 Phong 的光照模型，并且名称为 LightingPhong 的函数为光照模型函数，其余参数与属性块中定义的属性相对应。

- □ 第 16~28 行为自定义光照模型函数。其中通过法线和光线的点积求出漫反射强度，然后通过视线与光线的半向量与法线的点积求出镜面反射强度，最后结合漫反射光与镜面反射光计算最终光照颜色，并将结果返回。

- □ 第 29~32 行为表面着色器函数。该函数主要实现了从纹理提取颜色为 Albedo 参数和 Alpha 参数赋值。

- □ 第 37 行为备用的着色器。如果着色器中的子着色器均未被启用，则会调用 FallBack 下的着色器，即"Diffuse"漫反射。

（3）创建 Material 材质球。在 Assets 面板中单击鼠标右键，选择 Create→Material，创建材质球，并命名为"SurfMaterial"，再将刚刚编写好的"BNUSurfShader"脚本挂载到材质球上。然后将材质球拖曳到 Cube 的属性面板中。单击材质球，为材质球选择"Texture.jpg"贴图，材质球属性如图 5-2 所示。

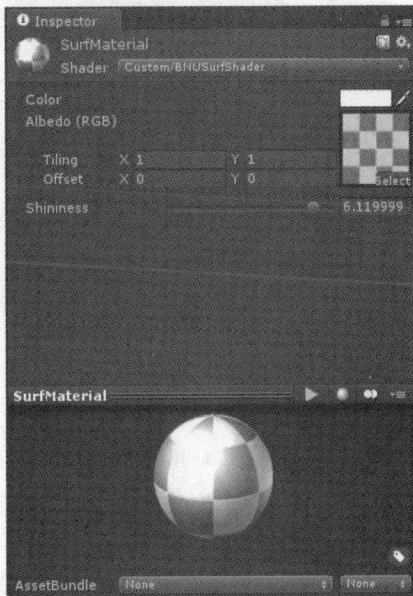

图 5-2 材质球属性

（4）运行项目。单击游戏运行按钮运行该案例，在项目效果查看界面可以看到通过调整材质球属性面板的参数，Cube 对象的光照会发生变化，如图 5-3 和图 5-4 所示。

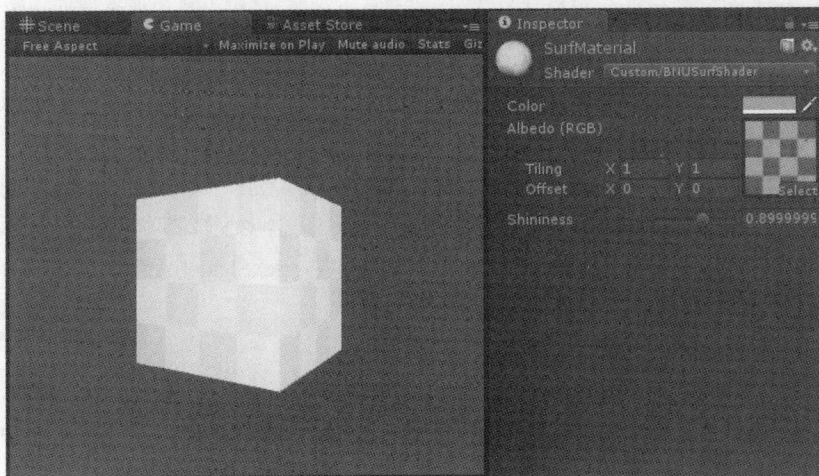

图 5-3 自定义光照效果 1

4. 顶点变换函数

顶点变换函数可以修改顶点着色器中的输入顶点数据以及为表面着色器函数传递顶点数据，这可用于实现程序性动画、沿法线的挤压等功能。表面着色器编译指令 vertex:<Name>，其中 Name 为顶点函数的名称，顶点函数的声明有以下几种形式，用于不同的需求。

```
1    void <Name> (inout appdata_full v)
```

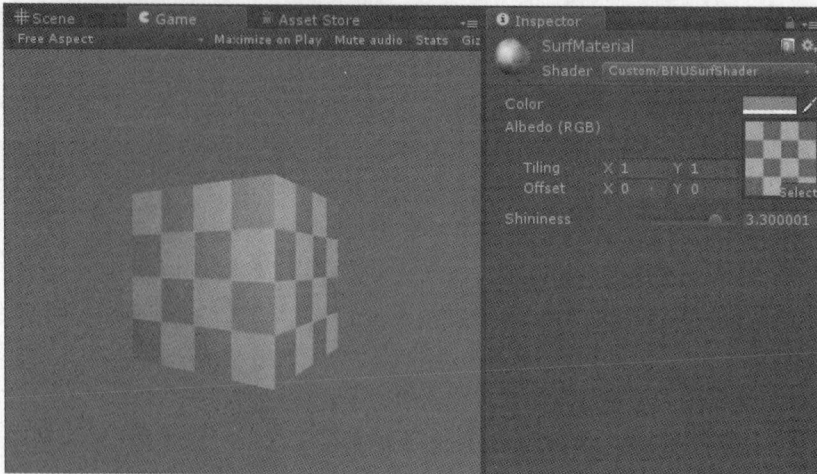

图 5-4　自定义光照效果 2

此函数用于只修改顶点着色器中的输入顶点数据。

```
1    half4 <Name> (inout appdata_full v, out Input o)
```

此函数用于修改顶点着色器中的输入顶点数据以及为表面着色器函数传递数据。

　　其中 inout 类型的结构体使用了顶点数据结构体，用于给顶点函数输入顶点数据。out 类型的结构体为表面着色器中使用的输入结构体，用于顶点变换函数为表面着色器函数传递数据。

　　下面通过一个顶点变换函数实现吹气膨胀效果的表面着色器案例来详细介绍顶点函数。

　　（1）导入模型对象。将目标模型对象导入工程文件夹中（本案例模型对象为资源包中第 5 章目录下的 BNUVertexShader/Assets/panda.FBX）。

　　（2）创建 Shader 脚本。在 Assets 面板中单击鼠标右键，选择 Create→Shader，创建一个着色器脚本，并命名为 "BNUVertex"。然后双击文件在脚本编辑器中编辑脚本，具体的代码实现如下。

　　代码位置：见资源包中源代码/第 5 章目录下的 BNUVertexShader/Assets/BNUVertex.shader。

```
1    Shader "Custom/ BNUVertex " {
2      Properties {
3      _MainTex ("Texture", 2D) = "white" {}              //2D 纹理数值
4      _Amount ("Extrusion Amount", Range(0,0.1)) = 0.05  //膨胀系数数值
5      }
6      SubShader {
7       CGPROGRAM
8       #pragma surface surf Lambert vertex:vert          //表面着色器编译指令
9       struct Input {                                    //Input 结构体
10        float2 uv_MainTex;                              //uv 纹理坐标
11       };
12      float _Amount;                                     //定义膨胀系数属性
13      sampler2D _MainTex;                                //定义 2D 纹理
14       void vert (inout appdata_base v) {                //顶点变换函数
```

```
15        v.vertex.xyz += v.normal * _Amount;          //通过法线挤压实现充气的效果
16      }
17      void surf (Input IN, inout SurfaceOutput o) {   //表面着色器函数
18        o.Albedo=tex2D (_MainTex, IN.uv_MainTex).rgb; //从纹理提取颜色为漫反射颜色赋值
19      }
20      ENDCG
21    }
22    Fallback "Diffuse"                                //降级着色器
23  }
```

- 第 2～5 行为着色器的属性块。其中定义了 2D 纹理数值和膨胀系数数值用于表面着色器的顶点变换函数的计算。
- 第 8～13 行为表面着色器编译指令和定义属性。编译指令中的 "vertex:vert" 告诉编译器表面着色器名称为 vert 的函数为顶点变换函数。
- 第 14～16 行为顶点变换函数。其原理是通过将顶点向法线方向移动来实现物体充气的效果。
- 第 17～19 行为表面着色器函数。该函数主要实现了从纹理提取颜色为 Albedo 参数并赋值的功能。
- 第 22 行为降级着色器。如果着色器中的子着色器均未被启用，则会调用 FallBack 下的着色器，即 "Diffuse" 漫反射。

（3）运行项目。将刚刚编写好的 BNUVertex.shader 着色器拖曳到导入模型对象的材质球上（本案例中为 panda 模型下的 Object04.obj 对象），单击游戏运行按钮运行该案例，在项目效果查看界面可以看到经过顶点变换函数膨胀处理过的模型对象会充气膨胀，如图 5-5 和图 5-6 所示。

图 5-5 膨胀处理前效果

图 5-6 膨胀处理后效果

5.3 渲染通道的通用指令

固定管线着色器、顶点片元着色器以及表面着色器都可以通过一些指令来控制渲染通道。这

些通用指令可以用来实现一些游戏中常用的特效，例如半透明效果、镜面及倒影等。下面将详细介绍一些基本的通用指令。

5.3.1 设置 LOD 数值

着色器中可以在 SubShader 里设置一个 LOD 数值，如果 SubShader 中设置的 LOD 值小于或等于脚本中设置的最大 LOD 数值就可以使用此 SubShader，反之，则不会使用 SubShader。

除了针对某一特定着色器设置最大 LOD 数值外，也可在脚本中设置一个全局最大 LOD 数值。通过设置 Shader.globalMaximumLOD 属性的数值来设置全局最大 LOD 数值。Unity 内置的着色器都有 LOD 分级，内置着色器的 LOD 分级如表 5-8 所列。

表 5-8　　　　　　　　　　　　　LOD 分级

LOD 分级	对　应　值
VertexLit kind of shaders	100
Decal、Reflective VertexLit	150
Diffuse	200
Difuse Detail、Reflective Bumped Unlit、Reflective Bumped VertexLit	250
Bumped	300
Bumped Specular	400
Parallax	500
Parallax Specular	600

> 说明　LOD 为 "Levels of Detail" 的简称，意为细节层次技术。LOD 技术指根据物体模型的节点在显示环境中所处的位置和重要度，决定物体渲染的资源分配，降低非重要物体的面数和细节度，从而获得高效率的渲染运算。LOD 技术不仅在着色器中有所体现，也在很多游戏和软件中得到很好的应用。

下面通过一个控制 LOD 数值来改变模型对象的颜色的着色器案例来详细介绍 LOD 数值的使用方法。

（1）导入模型对象。将目标模型对象导入工程文件夹中（本案例模型对象为资源包中第 5 章目录下的 BNULODShader/Assets/dabai.FBX）。

（2）创建 Shader 脚本。在 Assets 面板中单击鼠标右键，选择 Create→Shader，创建一个着色器脚本，并命名为 "BNULOD"，然后双击文件在脚本编辑器中编辑脚本，具体的代码实现如下。

代码位置：见资源包中源代码/第 5 章目录下的 BNULODShader/Assets/ BNULOD.shader。

```
1   Shader "Custom/BNULOD" {
2    SubShader {                                    //使物体渲染为红色的 SubShader
3     LOD 600                                       //设置 LOD 数值为 600
4     CGPROGRAM
5     #pragma surface surf Lambert                  //表面着色器编译指令
6     struct Input {                                //Input 结构体
7       float2 uv_MainTex;
8     };
9     void surf (Input IN, inout SurfaceOutput o) {//表面着色器函数
```

```
10        o.Albedo = float3(1,1,1);                    //设置颜色为白色
11      }
12      ENDCG
13    }
14    SubShader {                                      //使物体渲染为绿色的 SubShader
15      LOD 500                                        //设置 LOD 数值为 500
16      CGPROGRAM
17      #pragma surface surf Lambert                   //表面着色器编译指令
18      struct Input {                                 //Input 结构体
19        float2 uv_MainTex;
20      };
21      void surf (Input IN, inout SurfaceOutput o) {  //表面着色器函数
22        o.Albedo = float3(1,0,0);                    //设置颜色为红色
23      }
24      ENDCG
25    }
26    SubShader {                                      //使物体渲染为蓝色的 SubShader
27      LOD 400                                        //设置 LOD 数值为 400
28      CGPROGRAM
29      #pragma surface surf Lambert                   //表面着色器编译指令
30      struct Input {                                 //Input 结构体
31        float2 uv_MainTex;
32      };
33      void surf (Input IN, inout SurfaceOutput o) {  //表面着色器函数
34        o.Albedo = float3(0,0,1);                    //设置颜色为蓝色
35      }
36      ENDCG
37    }}
```

- ❏ 第 2~3 行的主要功能为使物体渲染为白色的 SubShader 设置 LOD 数值为 600。
- ❏ 第 9~11 行的主要功能为在表面着色器函数设置物体表面颜色为白色。
- ❏ 第 14~15 行的主要功能为使物体渲染为红色的 SubShader 设置 LOD 数值为 500。
- ❏ 第 21~23 行的主要功能为在表面着色器函数设置物体表面颜色为红色。
- ❏ 第 26~27 行的主要功能为使物体渲染为蓝色的 SubShader 设置 LOD 数值为 400。
- ❏ 第 33~35 行的主要功能为在表面着色器函数设置物体表面颜色为蓝色。

（3）创建 Material 材质球。在 Assets 面板中单击鼠标右键，选择 Create→Material，创建材质球，并命名为"LODMaterial"，再将刚刚编写好的"BNULOD"脚本拖曳到材质球"LODMaterial"上，最后将材质球拖曳到模型对象的属性面板中（本案例中为 dabai 模型下的 body.obj 对象）。

（4）编写控制最大 LOD 数值的 C#脚本。在 Assets 面板中右键单击 Create→C#，创建一个 C#脚本，命名为"SetLOD.cs"，然后双击在脚本编辑器中编辑脚本，具体的代码实现如下。

代码位置：见资源包中源代码/第 5 章目录下的 BNULODShader/Assets /SetLOD.cs。

```
1    using UnityEngine;
2    using System.Collections;
3    public class SetLOD : MonoBehaviour {
4      public Shader myShader;                         //定义着色器
5      private float val = 6;                          //LOD 数值
6      void Update(){
```

```
7      myShader.maximumLOD = (int)val * 100;          //设置最大 LOD 数值
8    }
9    void OnGUI(){
10   val = (int)GUI.HorizontalSlider(new Rect(100,125,300,30),val,3,6);
11                                  //显示控制 LOD 数值的滑动控件
12   GUI.Label(new Rect(333,100,170,30),"Current LOD is:"+val*100);
13                                  //显示当前的最大 LOD 数值
14   }}
```

- ❑ 第 4～5 行的主要功能为定义 "BNULOD" 着色器引用以及 LOD 数值。
- ❑ 第 6～8 行重写了 Update 方法，在 Update 方法中设置着色器最大 LOD 数值。
- ❑ 第 9～14 行的主要功能为在屏幕上显示控制 LOD 数值的滑动控件用来调节最大 LOD 数值，以及显示当前的最大 LOD 数值。

（5）将创建的 "SetLOD.cs" 脚本拖曳到主摄像机上，然后将 "BNULOD" 着色器拖曳到主摄像机的 "SetLOD.cs" 脚本组件的 myShader 属性栏中。

（6）运行项目。单击游戏运行按钮运行该案例，从右到左依次调节 LOD 数值为 600、500、400、300，观察大白颜色发生的变化，在项目效果查看界面可以看到不同的颜色，如图 5-7 所示。

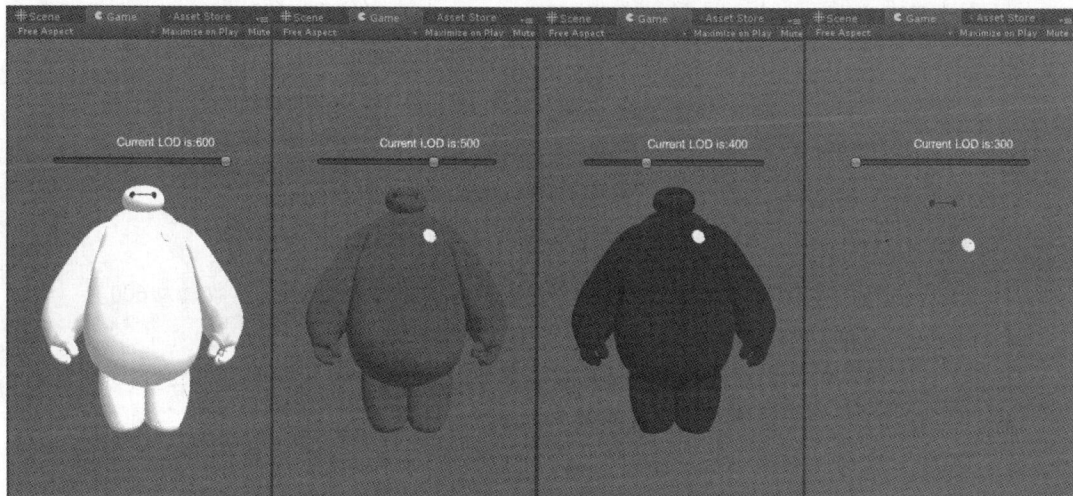

图 5-7　LOD 值不同时大白颜色不同

> **说明**　当 LOD 数值为 600 时，使物体渲染为白色的 SubShader 被使用，而下面的 SubShader 虽然符合要求，但不再被使用，说明在着色器里第一个符合条件的 SubShader 优先被使用。当 LOD 数值为 300 时，找不到符合要求的 SubShader，物体就不会被渲染。

5.3.2　渲染队列

渲染队列数值可以决定渲染场景时物体的先后渲染顺序，这在很多特殊情况下非常有用。例如关闭了深度检测的情况下还是希望近处的物体可以遮挡远处的物体，或者在启用了混合后要保证半透明的物体远处的先渲染近处的后渲染等。

Unity 中内置了 5 种默认的渲染队列的值，如表 5-9 所列。

队列名称	说　　明
Background	背景，对应值为 1000，这个渲染队列在所有队列之前被渲染，通常用于渲染真正需要放在背景上的物体，比如天空盒
Geometry	几何体（默认值），对应值为 2000，这个队列是默认的渲染队列，被用于大多数对象。不透明的几何体使用这个队列
AlphaTest	Alpha 测试，对应值为 2450，alpha 测试的几何结构使用这种队列。它是一个独立于 Geometry 的队列，因为它可以在所有固体对象绘制后更有效地渲染采用 alpha 测试的对象
Transparent	透明，对应值为 3000，这个渲染队列在 Geometry 队列之后被渲染，采用从后到前的次序。任何采用 alpha 混合的对象（不对深度缓冲产生写操作的着色器）在这里渲染，比如玻璃、粒子效果
Overlay	覆盖，对应值为 4000，这个渲染队列被用于实现叠加效果。任何需要最后渲染的对象应该放置在此处，比如镜头光晕

表 5-9　　　　　　　　　　　　　　　队列标签可选值

下面通过一个更改两个小球渲染次序的案例来详细介绍渲染队列。

（1）创建小球对象。单击 GameObject→3D Object→Sphere，创建两个 Sphere 对象，并分别命名为 "Ball1" 和 "Ball2"，并调节两个小球的位置，将 "Ball1" 放在 "Ball2" 前方，保证摄像机视角中 "Ball1" 遮住 "Ball2"。

（2）创建 Shader 脚本。在 Assets 面板中单击鼠标右键，选择 Create→Shader，创建两个着色器脚本，并分别命名为 "BNURender100" 和 "BNURender200"。然后双击文件在脚本编辑器中编辑脚本，"BNURender100" 具体的代码实现如下。

代码位置：见资源包中源代码/第 5 章目录下的 BNURenderQueue/Assets/ BNURender100.shader。

```
1   Shader "Custom/BNURender100" {
2     Properties {
3       _Color ("Main Color", Color) = (0,0,0,0)        //主颜色数值
4     }
5     SubShader {
6       Tags { "Queue"="Geometry+100" }                 //设置渲染队列数值
7       ZTest off                                       //关闭深度检测
8       CGPROGRAM
9       #pragma surface surf Lambert                    //表面着色器编译指令
10      fixed4 _Color;                                  //主颜色属性
11      struct Input {                                  //Input 结构体
12        float2 uv_MainTex;
13      };
14      void surf (Input IN, inout SurfaceOutput o) {   //表面着色器函数
15        o.Albedo = _Color;                            //设置物体表面颜色
16      }
17      ENDCG
18  }}
```

❑　第 2～4 行为属性块，其中定义了主颜色数值用于表面着色器设置物体表面颜色。

❑　第 6～7 行的主要功能为设置渲染队列数值为"Geometry+100"并且关闭深度检测。为了达到后渲染的物体遮挡住先渲染的物体的效果需要关闭深度检测。

❑　第 10～13 行的主要功能为定义主颜色属性以及 Input 结构体，其中主颜色属性用于在表面着色器函数中设置物体表面颜色。

- 第 14～16 行为表面着色器函数，其中使用主颜色数值设置物体表面颜色。

（3）然后再编写另一个着色器脚本，该脚本除了渲染队列数值设置为 "Geometry+200"，其他代码与 "RenderQueue100" 着色器基本相同，需要的读者可以参考随书案例中的源代码。

（4）创建 Material 材质球。在 Assets 面板中单击鼠标右键，选择 Create→Material，创建两个材质球，并分别命名为 "RenderQueue100" 和 "RenderQueue200"，再将刚刚编写好的 "BNURender100" 和 "BNURender200" 脚本分别拖曳到这两个材质球上，然后将材质球拖曳到两个小球对象的属性面板中。

（5）单击游戏运行按钮，观察效果。发现虽然 "Ball1" 在 "Ball2" 的前面，但是 "Ball1" 无法遮挡住 "Ball2"，如图 5-8 所示。这是因为 "Ball2"

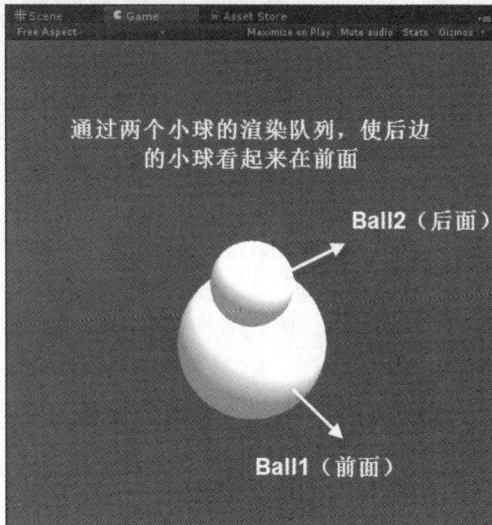

图 5-8　渲染队列案例演示

材质的渲染队列数值比 "Ball1" 的大，所以后渲染的 "Ball2" 小球遮挡住先渲染的 "Ball1" 小球。

5.3.3　Alpha 测试

Alpha 测试是阻止片元被写到屏幕的最后一次机会，通俗地说这是最后一次能够决定让片元显示或者不显示的修改。在最终渲染出的颜色被计算出来之后，通过将颜色的透明度值和一个固定值比较，如果 Alpha 值满足要求，则通过测试，绘制此片元，否则丢弃此片元，不进行绘制。Alpha 测试指令如下。

- AlphaTest 开关状态

开关状态为 Off 时关闭 Alpha 测试绘制所有片元，开关状态为 On 时开启 Alpha 测试，默认情况下为 Off，关闭 Alpha 测试。

- AlphaTest 比较模式 [测试值]

设置 Alpha 测试只渲染透明度值在某一确定范围内的片元。常用的比较模式如表 5-10 所列。

表 5-10　　　　　　　　　　　　　　　　　Alpha 测试模式

Alpha 测试模式	说　　明	Alpha 测试模式	说　　明
Greater	大于	GEqual	大于等于
Less	小于	LEqual	小于等于
Equal	等于	NotEqual	不等于
Always	渲染所有片元，等于 AlphaTest Off	Never	不渲染任何片元

下面给出一个通过使用 Alpha 测试来控制面显示区域的案例来详细介绍 Alpha 测试，具体步骤如下。

（1）创建面对象。单击 GameObject→3D Object→Plane，创建一个 Plane 对象，并调节 Plane 的角度，使其正面正对摄像机。

（2）创建 Shader 脚本。在 Assets 面板中单击鼠标右键，选择 Create→Shader，创建一个着色器脚本，并命名为"BNUAlphaT"。然后双击文件在脚本编辑器中编辑脚本，具体的代码实现如下。

代码位置：见资源包中源代码/第 5 章目录下的 BNUAlphaTest/Assets/ BNUAlphaT.shader。

```
1   Shader "Custom/BNUAlphaT" {
2     Properties {
3     _Color ("Main Color", Color) = (1,1,1,1)          //主颜色数值
4     _MainTex ("Albedo (RGB)", 2D) = "white" {     }   //2D 纹理
5     _CutOff("Alpha cutoff",Range(0,2))=0.0            //Alpha 范围数值
6     }
7   SubShader {
8     Tags { "Queue"="AlphaTest" }                      //设置渲染队列为 AlphaTest
9     Pass{
10     Material{
11       Diffuse [_Color]                               //设置漫反射颜色
12       Ambient [_Color]                               //设置环境光颜色
13     }
14     AlphaTest GEqual [_CutOff]                        //进行 Alpha 测试
15     Lighting On                                       //打开光照
16     SetTexture [_MainTex]{                            //设置纹理
17       constantColor [_Color]                         //定义颜色常量
18       Combine texture*primary DOUBLE,texture*constant//计算最终颜色
19   }}}}
```

❑ 第 2~6 行为属性块，其中定义了主颜色数值、2D 纹理和 Alpha 范围等数值。

❑ 第 7~8 行的主要功能为设置渲染队列数值为"AlphaTest"，这样做的目的是为了使该对象在场景中其他普通物体被渲染后再渲染，因为带 Alpha 测试的物体需要在普通物体渲染后再渲染，否则就不会显示出 Alpha 测试的效果。

❑ 第 10~13 行为固定管线着色器的材质块，主要设置了漫反射颜色和环境光颜色。

❑ 第 14~15 行的主要功能为开启 Alpha 测试和打开光照。其中进行 Alpha 测试的比较模式设置为 GEqual，这样做的目的是只渲染 Alpha 值大于或等于 _CutOff 数值的片元。

❑ 第 16~19 行为处理纹理块并计算最终颜色，该部分为固定管线着色器。

（3）创建 Material 材质球。在 Assets 面板中单击鼠标右键，选择 Create→Material，创建材质球，并命名为"AlphaTMaterial"，再将刚刚编写好的"BNUAlphaT"脚本拖曳到材质球上。

（4）添加纹理图。将半透明渐变纹理图拖曳到材质球的 Texture 属性上（本案例模型对象为资源包中第 5 章目录下的 BNUAlphaTest/Assets/Mesh.png），渐变纹理图的 Alpha 值从左到右依次递减，如图 5-9 所示。图中灰白相间的格子区域表示透明区域，格子越清楚 Alpha 值越小。

（5）单击游戏运行按钮，在材质球的属性界面中调整材质球 Alpha 值发现 Plane 能显示出来的黑色区域会增大或减小，如图 5-10 所示。

说明　本案例原理是 Plane 对象的纹理图是渐变的，图上区域的 Alpha 值从右到左不断增大。而着色器属性栏中调节 _CutOff 数值相当于一个测试 Aplha 值的门槛，_CutOff 数值增大或者减小，门槛的值也在变化，所以纹理图能够显示出来的大小也会不断变化。

165

图 5-9 "Mesh"纹理图

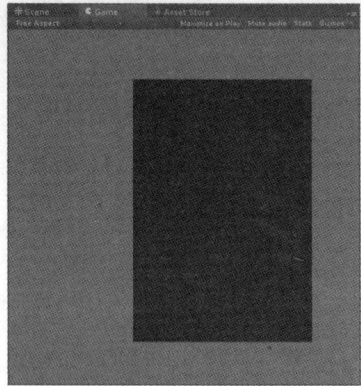

图 5-10 Alpha 测试效果图

5.3.4 深度测试

深度测试能够保证距离摄像机近的物体遮挡住距离摄像机远的物体，这样才能符合真实世界的物理规律。当片元写入到帧缓冲前，需要将待写入的片元的深度值 Z 与深度缓冲区对应的深度值进行比较测试，只有测试成功才会写入帧缓冲。深度测试指令如下。

❑ ZWrite 深度写开关

控制是否将来自对象的片元深度值 Z 写入深度缓冲，此测试默认开启。如果绘制不透明物体，设置为 On；绘制半透明物体时设为 Off。

❑ ZTest 深度测试模式

设置深度测试模式执行。默认模式是 LEqual（使深度值 Z 小于或等于深度缓冲区对应的深度值的片元写入帧缓冲，实现距离摄像机近的物体遮挡住距离摄像机远的物体）。测试模式如表 5-11 所列。

表 5-11　　　　　　　　　　　　　　深度测试模式

深度测试模式	说　　明	深度测试模式	说　　明
Less	小于	Greater	大于
LEqual	小于等于	GEqual	大于等于
Equal	等于	NotEqual	不等于
Always	总是渲染，相等于关闭深度测试		

❑ Offset Factor , Units

允许使用两个参数（因子（factor）和单元（units））指定深度偏移的量，因子衡量多边形 Z 轴与 X 轴或 Y 轴的最大斜率，而单元衡量可分解的最小深度缓存值。这使开发者可以强制性地将一个多边形绘制在另一个多边形上，即使它们实际上处于相同位置。比如"Offset 0, -1"是忽略多边形的斜率，使其靠近相机，而"Offset -1, -1"使多边形从切线角看时更加靠近相机。

下面通过一个控制深度测试模式更改面显示效果的案例来详细介绍深度测试，具体内容如下。

（1）创建 Plane 对象。单击 GameObject→3D Object→Plane，创建四个 Plane 对象，并分别命名为"MainPlane""RedPlane""BluePlane"和"GreenPlane"，并调节四个 Plane 的位置，使它们两两对称且交叉倾斜，如图 5-11 所示。

（2）创建 Material 材质球。在 Assets 面板中单击鼠标右键，选择 Create→Material，创建 3 个材质球，并分别命名为"RedMaterial""BlueMaterial"和"GreenMaterial"，并将"RedMaterial"

材质设为红色，"BlueMaterial"材质设为蓝色，"GreenMaterial"材质设为绿色。最后将三个材质球分别设置为"RedPlane""BluePlane"和"GreenPlane"三个 Plane 对象的材质。

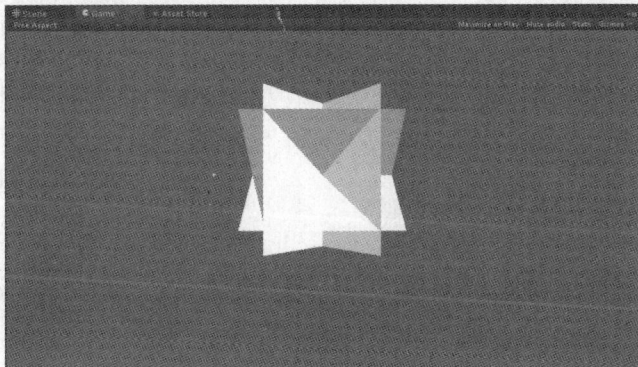

图 5-11　4 个 Plane 对象在场景中的位置

（3）在 Asserts 下新建一个文件夹，并命名为"Shader"，在该文件夹下创建七个材质资源，分别命名为"Always""Equal""GEqual""Greater""LEqual""Less"和"NotEqual"。然后再创建七个着色器，名字和七个材质资源一一对应。

（4）将七个着色器分别拖曳到对应名字的材质的着色器属性栏中。这七个着色器除了深度测试模式不同外其他部分都相同，而七个着色器的深度测试模式与其名字相同。下面以"LEqual"着色器为例来介绍。

代码位置：见资源包中源代码/第 5 章目录下的 BNUZTest/Assets/Shader/BNULEqual.cs。

```
1   Shader "Custom/BNULEqual" {
2    SubShader {
3     ZTest LEqual                                //深度测试
4     CGPROGRAM
5     #pragma surface surf Lambert                //表面着色器编译指令
6     struct Input {                              //Input 结构体
7       float2 uv_MainTex;                        //UV 纹理坐标
8     };
9     void surf (Input IN, inout SurfaceOutput o) {  //表面着色器函数
10      o.Albedo = float3(1,1,1);                 //设置漫反射颜色为白色
11     }
12    ENDCG
13   }}
```

❑ 第 2～3 行的主要功能为设置深度测试模式。此着色器的深度测试模式设为 LEqual，其他几个着色器的深度测试模式分别与其着色器的名字相同。

❑ 第 4～14 行为一个简单的表面着色器，主要功能为将物体漫反射颜色设置为白色。

（5）创建功能脚本。在 Assets 文件夹下创建一个脚本，并命名为"BNUZTest.cs"，然后将其拖曳到"MainPlane"对象上，双击打开该脚本，开始"BNUZTest.cs"脚本的编写。

代码位置：见资源包中源代码/第 5 章目录下的 BNUZTest/Assets/BNUZTest.cs。

```
1   using UnityEngine;
2   using System.Collections;
3   public class BNUZTest : MonoBehaviour {
4     public Renderer rd;                         //渲染器组件
```

```
5     public Material[] mats;                              //材质数组
6     public string[] labels;                              //用于显示当前深度测试模式
7     public Rect rect,tip;                                //滑动控件和显示控件的位置和大小
8     public int n;                                        //渲染器当前使用材质的序列号
9     void Start () {
10      rd=this.GetComponent<MeshRenderer>();              //获取渲染器组件
11    }
12    void Update () {
13      rd.material = mats[n];                             //为渲染器设置材质
14    }
15    void OnGUI(){
16      n = (int)GUI.HorizontalSlider(rect, n, 0, 6);//显示滑动控件并获取滑动控件的值
17      GUI.Label(tip,"Current ZTest "+labels[n]);         //显示当前深度测试模式
18  }}
```

❑ 第 4～8 行的主要功能为定义变量，主要定义了渲染器组件、材质数组、用于显示当前深度测试模式以及渲染器当前使用材质的序列号等变量。

❑ 第 9～11 行的主要功能为重写了 Start 方法，在 Start 方法中获取渲染器组件并为渲染器设置材质。

❑ 第 12～14 行的主要功能为重写了 Update 方法，在 Update 方法内根据滑动控件设置的值来为渲染器设置对应序列号的材质。

❑ 第 15～18 行为 OnGUI 方法的重写，主要功能为显示滑动控件并获取滑动控件的值以及显示当前深度测试模式。

（6）设置"MainPlane"对象的"BNUZTest.cs"脚本组件的相应参数，具体参数设置如图 5-12 所示。其中将 Mats 数组数量设为 7，然后将 Shader 文件夹下的 7 个材质资源按照名称分别拖曳到相应位置，将 Labels 的 Size 设置为 7，分别输入 7 种深度测试模式的名称。

（7）单击游戏运行按钮，观察效果。"MainPlane"对象使用的默认材质深度测试模式为 LEqual，距离摄像机近的物体遮挡住距离摄像机远的物体，场景符合物理规律，如图 5-13 所示。然后拖动滑动条切换深度测试模式，会出现不同的效果。

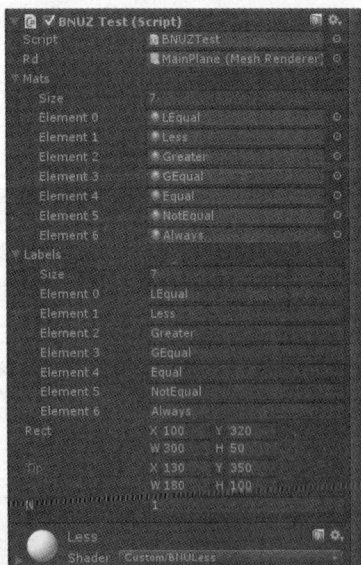

图 5-12 "BNUZTest" 脚本组件的参数设置

图 5-13 案例运行效果

5.3.5 通道遮罩

通常情况下渲染结果输出时 RGBA 四个通道皆会被写入，但通道遮罩可以指定渲染结果的输出通道，从而实现一些特殊的效果。通道遮罩的可选参数是 RGBA 的任意组合以及 0，如果参数为 0，就意味着不会写入到任何通道，但会做一次深度测试并会写入深度缓冲。

下面通过一个案例来详细地介绍一下通道遮罩。

（1）创建 Plane 对象。单击 GameObject→3D Object→Plane，创建两个 Plane 对象，并命名为"FrontPlane"和"BackPlane"，并调两个 Plane 的位置和大小，使其一前一后出现在摄像机前，并且后面的 Plane 对象要比前面的大，如图 5-14 所示。

（2）创建 Material 材质球。在 Assets 面板中单击鼠标右键，选择 Create→Material，创建一个材质球，并命名为"FrontMaterial"，然后将其设置为"FrontPlane"的材质。

（3）创建 Shader 脚本。在 Assets 面板中单击鼠标右键，选择 Create→Shader，创建一个着色器脚本，并命名为"BNUFront"，将其拖曳到"FrontMateial"材质球的属性面板上。然后双击文件在脚本编辑器中编辑脚本，具体的代码实现如下。

代码位置：见资源包中源代码/第 5 章目录下的
BNUMask/Assets/BNUFront.shader。

图 5-14　两个 Plane 对象的位置

```
1    Shader "Custom/BNUFront" {
2      SubShader {
3        Tags {"Queue"="Geometry+2"}              //设置渲染队列
4        Pass{
5          Color(1,1,1,1)                         //设置物体表面颜色
6    }}}
```

此着色器的功能是设置渲染队列，使该物体在场景中在最后被渲染，并且渲染为白色。

（4）添加纹理图。为"BackPlane"添加纹理图（本案例纹理图为资源包中第 5 章目录下的 BNUMask/Assets/texture.jpg）。然后在场景中创建一个小球，设置小球的位置使小球在"FrontPlane"对象的前面。

（5）然后创建一个材质球，命名为"ColorMask"。将创建的材质资源设置为小球对象的材质。再创建一个着色器命名为"BNUMask"，将创建着色器拖曳到"ColorMask"材质的着色器属性栏中。然后双击打开该着色器，开始"BNUMask"着色器的编写。

代码位置：见资源包中源代码/第 5 章目录下的 BNUMask/Assets/BNUMask.shader。

```
1    Shader "Custom/BNUMask" {
```

```
2    SubShader {
3      Tags{"Queue"="Geometry+1"}                          //设置渲染队列
4      Pass{
5        ColorMask 0                                        //设置通道遮罩模式为0
6        Color(1,1,1,1)                                     //设置物体表面颜色
7    }}}
```

> 说明　此着色器的功能是设置渲染队列使该物体在"FrontPlane"对象渲染前，"BackPlane"对象渲染后被渲染，并且通道遮罩模式设置为0，使物体的 RGBA 通道都不会被写入。

（6）单击游戏运行按钮，观察效果。发现在小球的位置会透过"FrontPlane"对象直接看到"BackPlane"对象，如图 5-15 所示。

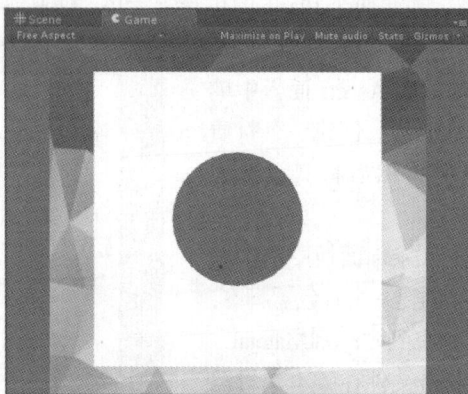

图 5-15　案例运行效果

> 说明　本案例场景中最先渲染"BackPlane"对象，然后渲染小球。因为小球的 RGBA 通道都不写入，只将深度值写入了深度缓冲，使最后渲染的"FrontPlane"对象上对应着小球的区域的片元深度测试失败，所以出现了图中的透视效果。

5.4　通过表面着色器实现体积雾

本章中对 Unity 的表面着色器进行了较为系统的介绍，下面将用一个表面着色器的案例来完整地讲解一下表面着色器的使用。本案例是使用表面着色器来实现一个简单的山中烟雾缭绕的效果。

现实世界中的山中雾气往往是随风变化的，所以每一个位置的雾的浓度也会随时间变化，而简单雾特效也有一定的局限性。为了能很好地模拟山中烟云效果，本小节将介绍一种雾特效技术——体积雾。

1. 基本原理

介绍具体的案例之前，首先需要了解一下本案例中体积雾的基本原理。体积雾实现的关键点在于计算出每个待绘制片元的雾浓度因子，然后根据雾浓度因子、雾的颜色以及片元本身采样的纹理颜色计算出片元的最终颜色。

体积雾雾浓度因子的计算模型不像简单的雾特效那样是一个简单呆板的公式，体积雾雾浓度因子的计算模型如图 5-16 所示，基本原理为，首先通过当前待处理片元的位置与摄像机的位置确定一条射线，通过雾平面的高度求出摄像机位置到射线与雾平面交点位置的距离与摄像机位置到片元位置的比值 t。如果片元位置在雾平面以下，通过 t 值计算出射线与雾平面交点的坐标。求出交点到待处理片元位置的距离。根据此距离的大小求出雾浓度因子，距离越大雾越浓。

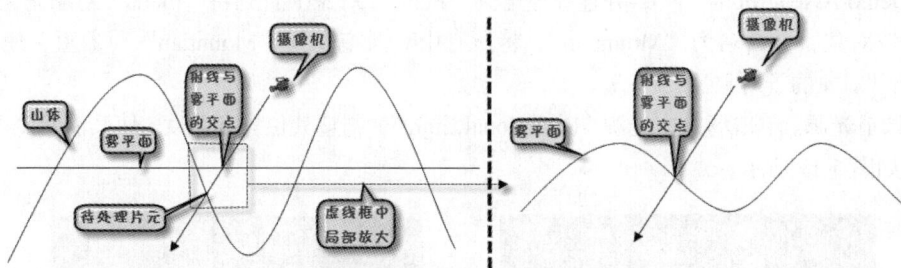

图 5-16　体积雾计算模型原理

> **说明**　为了进一步增加真实感，实际案例中的雾平面并不是一个完全的平面，而是加入了正弦函数的高度扰动使得雾平面看起来有波动效果，如图 5-16 中右侧所示。

2. 案例效果

本案例运行后在游戏窗口界面中可以看到烟雾缭绕山群，效果真实，符合真实物理规律，如图 5-17 所示。通过上下左右键可以控制摄像机移动。当然，读者还可以导入到 Android 设备上运行，通过虚拟摇杆控制摄像机的移动。

图 5-17　体积雾运行效果

3. 开发流程

前面介绍了体积雾特效开发的基本原理，相信读者对体积雾特效的开发有了一定的了解。下面将通过一个案例来向读者详细介绍体积雾特效的开发。案例的设计目的是使用体积雾特效实现山中烟雾缭绕的效果。

（1）新建场景。在菜单栏中单击 File→New Scene，创建一个场景。按下快捷键 Ctrl+S 保存该场景，命名为 "Fog"。

（2）创建 "Plane" 对象。单击 GameObject→3D Object→Plane，然后设置 "Plane" 对象的位置和大小，具体参数如图 5-18 所示。

（3）导入山模型，将山模型文件导入到场景（本案例模型对象在资源包中第 5 章目录下的 BNUFogDemo/Assets/Model 下），并连续覆盖到 "Plane" 对象上直到将 "Plane" 对象完全覆盖。创建一个空对象，并命名为 "Mountain"，将所有山对象拖曳到 "Mountian" 对象上，使其成为 "Mountain" 对象的子对象。

（4）调节光源。单击场景中光源 "Directional Light"，调整其位置和角度，使其能够照亮场景，具体参数如图 5-19 所示。

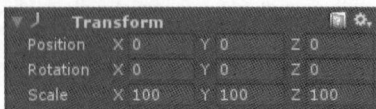

Transform			
Position	X 0	Y 0	Z 0
Rotation	X 0	Y 0	Z 0
Scale	X 100	Y 100	Z 100

图 5-18 "Plane" 对象的位置参数

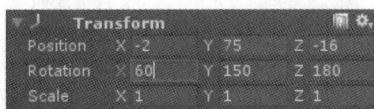

Transform			
Position	X -2	Y 75	Z -16
Rotation	X 60	Y 150	Z 180
Scale	X 1	Y 1	Z 1

图 5-19 光源的位置和大小

（5）开发体积雾特效的着色器。创建一个文件夹，并命名为 "Shader"。在 "Shader" 文件夹中单击鼠标右键，选择 Create→Shader 创建一个着色器，并命名为 "BNUFog"，然后双击打开该着色器，开始 "BNUFog" 着色器的编写。

代码位置：见资源包中源代码/第 5 章目录下的 BNUFogDemo/Assets/Shader/BNUFog.shader。

```
1   Shader "Custom/BNUFog" {
2     Properties {
3       _MainTex ("Pic", 2D) = "white" {}              //岩石纹理
4       _MainTex1 ("Pic1", 2D) = "white" {}            //草皮纹理
5       _CameraPosition("CameraPosition",Vector)=(0,0,0,1)   //摄像机位置
6       _StartAngel("startAngel",float)=0              //扰动起始角
7       _FogColor("FogColor",Color)=(1,1,1,1)          //雾颜色
8     }
9   SubShader {
10      Tags { "RenderType"="Geometry " }              //要确保渲染顺序在透明之前
11      CGPROGRAM
12      #pragma surface surf Lambert vertex:myVertex
13      sampler2D _MainTex;                            //岩石纹理
14      sampler2D _MainTex1;                           //草皮纹理
15      float4 _CameraPosition;                        //摄像机位置
16      float _StartAngel;                             //扰动起始角
17      float4 _FogColor;                              //雾颜色
18      struct Input{
19        float2 uv_MainTex;                           //纹理坐标
20        float3 originPosition;                       //片元位置
21      }
22      .../此处省略了用于计算体积雾浓度因子的方法，在下面将详细介绍
23      void myVertex(inout appdata_full v, out Input o){
24        UNITY_INITIALIZE_OUTPUT(Input,o);            //初始化结构体
25        o.orignPosition=v.vertex.xyz;                //设置 orignPosition 参数为该顶点位置
```

```
26          }
27      void surf (Input IN, inout SurfaceOutput o) {
28          float3 pLocation=IN.originPosition;          //获取片元位置
29          half4 c = tex2D (_MainTex1, IN.uv_MainTex);//从纹理图中获取片元颜色
30          if(pLocation.y<20){                          //如果片元位置 y 坐标小于 20
31            c = tex2D (_MainTex1, IN.uv_MainTex);      //从草皮纹理中获取片元颜色
32          }
33          else if(pLocation.y>=36){                    //如果片元位置 y 坐标大于 36
34            c = tex2D (_MainTex, IN.uv_MainTex);       //从岩石纹理中获取片元颜色
35          }else{                                       //如果片元 y 坐标在草皮和岩石混合处
36            float te=(pLocation.y-20)/16;              //计算岩石纹理所占的百分比
37          //将岩石、草皮纹理颜色按比例混合
38          c=tex2D (_MainTex, IN.uv_MainTex)*(te)+
39                tex2D (_MainTex1, IN.uv_MainTex)*(1-te);
40          }
41          o.Alpha =1.0;                                //设置 Alpha 值
42          float fogFactor=tjFogCal(pLocation);         //计算雾浓度因子
43          //根据雾浓度因子、雾的颜色及片元本身采集的纹理颜色计算出片元的最终颜色
44          o.Albedo=c.rgb*(fogFactor)+(1-fogFactor)*half3(_FogColor.rgb);
45        }
46      ENDCG
47    }
48    FallBack "Diffuse"
49 }
```

❑ 第 1～8 行的主要功能为着色器参数声明，在这部分中声明的参数会在着色器面板中看到相应的 UI。在这里声明了 2 种纹理图以及对应的色调，还有摄像机位置、扰动起始角和雾颜色等一系列因子以便下面代码使用。

❑ 第 9～21 行添加了一个 SubShader。之后将 Properties 块中声明过的变量再声明一次作为着色器内部参数，相当于参数的传递，将在 Unity 中传递进的参数赋值给着色器中的参数以供使用。声明了一个结构体 Input，里面带有贴图的 UV 以及顶点位置。

❑ 第 22～26 行的主要功能是计算体积雾浓度因子和顶点着色器。在顶点着色器中的工作是将顶点位置信息储存在结构体中的 originPosition 变量中，此处省略了用于计算体积雾浓度因子的方法，在下面将详细介绍。

❑ 第 27～44 行为表面着色器，在表面着色器中的工作是获取片元位置，并且通过判断片元位置 y 坐标来确定从哪个纹理图中采集纹理颜色。通过调用计算体积雾浓度因子的方法来计算雾浓度因子，根据雾浓度因子、雾的颜色及片元采集的纹理颜色计算出片元的最终颜色。

（6）上面介绍了 "BNUFog" 着色器中的顶点着色器和表面着色器，下面将介绍用于计算体积雾浓度因子的 "tjFogCal" 方法。

代码位置：见资源包中源代码/第 5 章目录下的 BNUFogDemo/Assets/Shader/BNUFog.shader。

```
1  float tjFogCal(float3 pLocation){
2      float startAngle=_StartAngel;              //获取扰动起始角
3      float slabY=24.0;                          //设置雾平面高度
4      float3 uCamaraLocation=_CameraPosition.xyz; //获取摄像机位置
5      float fogFactor;
6      float xAngle=pLocation.x/30.0*3.1415926;   //计算出顶点 x 坐标折算出的角度
```

```
7      float zAngle=pLocation.z/30.0*3.1415926;        //计算出顶点 z 坐标折算出的角度
8      float slabYFactor=sin(xAngle+zAngle+startAngle)*1.5f; //计算出角度和的正弦值
9      float t=(slabY+slabYFactor-uCamaraLocation.y)/(pLocation.y-
10     uCamaraLocation.y); //求从摄像机到顶点射线参数方程 Pc+(Pp-Pc)t 中的 t 值
11     if(t>0.0&&t<1.0){                              //有效的 t 的范围应该在 0~1 范围内
12        float xJD=uCamaraLocation.x+(pLocation.x-
13        uCamaraLocation.x)*t;                       //求出射线与雾平面的交点 x 坐标
14        float zJD=uCamaraLocation.z+(pLocation.z-
15        uCamaraLocation.z)*t;                       //求出射线与雾平面的交点 z 坐标
16        float3 locationJD=float3(xJD,slabY,zJD);    //射线与雾平面的交点坐标
17        float L=distance(locationJD,pLocation.xyz); //求出交点到顶点的距离
18        float L0=20.0;
19        fogFactor=(L0/(L+L0));                      //计算雾浓度因子
20     }else{
21        fogFactor=1.0;//若待处理片元不在雾平面以下，则此片元不受雾影响
22     }
23     return fogFactor;                              //返回雾浓度因子
24  }
```

- ❑ 第 2~8 行的主要功能是声明一些变量，这些变量主要包括扰动起始角、雾平面高度、摄像机位置以及雾平面高度波动的正弦值。
- ❑ 第 9~19 行的主要功能是计算从摄像机到顶点射线参数方程 Pc+(Pp-Pc)t 中的 t 值，如果 t 的范围在 0~1，则表示该片元在雾平面以下。通过 t 值计算出射线与雾平面的交点坐标，求出交点到顶点的距离，通过距离计算出雾浓度因子。
- ❑ 第 20~24 行的主要功能是如果 t 值不在 0~1 的范围内，表示待处理片元不在雾平面以下，则此片元不受雾影响。最好返回雾浓度因子。

（7）创建体积雾材质。新建一个文件夹，并命名为"Material"，在"Material"文件夹中，单击鼠标右键，选择 Create→Material 创建一个材质球，并命名为"VolumeFog"。

（8）设置"VolumeFog"材质着色器的各个参数。将材质的"Shader"属性设置为"Custom/VolumeFog"，并且第一个纹理设置为"Assets\Texture"文件夹下的"Mountain"纹理图，第二个纹理设置为"Assets\Texture"文件夹下的"grass"纹理图，其他详细参数设置如图 5-20 所示。

（9）设置山物体的网格渲染器的材质。选中所有的山物体，将网格渲染器组件中"Material"参数设为上面创建的"VolumeFog"材质，如图 5-21 所示。

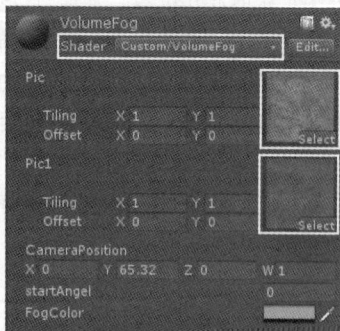

图 5-20　材质球参数

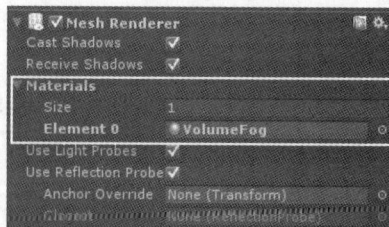

图 5-21　设置网格渲染器组件

（10）创建脚本文件。新建一个文件夹，并命名为"Script"，在"Script"文件夹下新建一个

用于向体积雾着色器中传递参数的脚本，并命名为"VolumeFog.cs"。脚本编写完毕以后，将此脚本分别拖曳到所有的山对象上，具体代码如下。

代码位置：见资源包中源代码/第 5 章目录下的 BNUFogDemo/Assets/Script/VolumeFog.cs。

```
1   using UnityEngine;
2   using System.Collections;
3   public class VolumeFog : MonoBehaviour {
4     public GameObject CameraA;                         //主摄像机对象
5     float StartAngel = 0;                              //扰动起始角
6     void Update () {
7         StartAngel+=0.05f%360f;                        //不断改变扰动起始角
8         GetComponent<Renderer>().material.SetVector("_CameraPosition",CameraA.
9         transform.position);                           //将摄像机位置传递给着色器
10        GetComponent<Renderer>().material.SetFloat("_StartAngel",
11        StartAngel);                                   //将扰动起始角传递给着色器
12  }}
```

说明　　该脚本重写了 Update 方法，物体每次被绘制时该方法被调用。主要功能是不断改变扰动起始角，并将摄像机位置和扰动起始角传递给着色器。

（11）创建控制摄像机移动的虚拟摇杆。这些步骤在介绍虚拟摇杆的章节有详细的介绍，这里不再重复介绍，读者可以参考本书介绍虚拟摇杆的章节进行创建。

（12）创建控制摄像机移动的脚本。在"Script"文件夹中创建脚本并命名为"Control.cs"，该脚本主要功能为用键盘和虚拟摇杆控制摄像机的移动。该脚本编写完毕以后，将此脚本拖曳到摄像机对象上，脚本代码如下。

代码位置：见资源包中源代码/第 5 章目录下的 BNUFogDemo/Assets/Script/Control.cs。

```
1   using UnityEngine;
2   using System.Collections;
3   public class Control : MonoBehaviour {
4     void Update () {
5       if ((Input.GetKey(KeyCode.UpArrow))){            //如果按下向上键
6         Vector3 te = transform.position;               //获取摄像机位置
7         if (te.z > -224f){                             //如果摄像机位置 z 坐标大于-224
8           te.z--;                                      //摄像机向前移动
9         }
10        transform.position = te;                       //设置摄像机位置
11      }
12      ...//此处省略了按下向下键控制摄像机向后移动的代码，请读者翻看资源包中的源代码
13      if (Input.GetKey(KeyCode.LeftArrow)){            //如果按下向左键
14        Vector3 te = transform.position;               //获取摄像机位置
15        if (te.x < 300f){                              //如果摄像机位置 x 坐标小于 300
16          te.x++;                                      //摄像机向左移动
17        }
18        transform.position = te;                       //设置摄像机位置
19      }
20      ...//此处省略了按下向右键控制摄像机向右移动的代码，请读者翻看资源包中的源代码
21    }
```

```
22    ...//此处省略了脚本开启、停用等时系统回调方法的代码,请读者翻看资源包中的源代码
23    void OnJoystickMove(MovingJoystick move){
24      float joyPositonX = move.joystickAxis.x;              //获得摇杆偏移量 x 的值
25      float joyPositonY = move.joystickAxis.y;              //获得摇杆偏移量 y 的值
26      ...//此处省略了通过虚拟摇杆控制摄像机移动的代码,请读者翻看资源包中的源代码
27    }}
```

❑ 第 5～12 行的主要功能是当按下向上或向下键时,通过改变摄像机位置 z 坐标使摄像机向前或向后移动。此处省略了摄像机向后移动的代码,读者可以自行翻看资源包中的源代码。

❑ 第 13～20 行的主要功能是当按下向左或向右键时,通过改变摄像机位置 x 坐标使摄像机向左或向右移动。此处省略了摄像机向右移动的代码,读者可以自行翻看资源包中的源代码。

❑ 第 23～27 行的主要功能是通过虚拟摇杆控制摄像机的移动。通过获得摇杆偏移量 x 和 y 的值来确定摄像机移动的方向。此处省略了通过虚拟摇杆控制摄像机移动的代码,读者可以自行翻看资源包中的源代码。

(13)单击游戏运行按钮,观察效果,如图 5-17 所示。在 Game 窗口中可以看到烟雾缭绕山群。通过上下左右键可以控制摄像机移动。

5.5 本章小结

本章简要介绍了 Unity 中开发高级特效的着色语言以及着色器编程,主要介绍了 ShaderLab 的基本语法、表面着色器等。通过本章的学习,读者应该对 Unity 中着色语言有了一定的了解,能够初步开发着色器,为以后开发复杂的、更加真实的 3D 场景打好基础。

5.6 习 题

1. 简述什么是着色器和着色器语言。
2. 常见的三种着色器包括哪些,各有什么特点?
3. 简述 ShaderLab 语法的各部分名称及用法。
4. 渲染通道指令中的 LOD 数值有何含义,其作用是什么?
5. 分别简述深度测试和通道遮罩效果是如何实现的。
6. 编写着色器,实现物体透明化的效果。
7. 简述书中体积雾案例实现原理。
8. 思考深度测试在实际开发中有哪些具体的用途。
9. 使用顶点着色器简单实现水波纹特效的开发。
10. 查阅相关资料和书籍,尝试镜面效果的实现。

第6章
3D 游戏开发常用技术

开发一款 3D 游戏时，仅仅能够搭建场景、编写游戏功能脚本是远远不够的。在一款成熟的 3D 游戏中还有着丰富的音效来渲染游戏气氛，使用虚拟摇杆来方便玩家在移动端对游戏进行操作等。这些都是在游戏开发中常用且必不可少的开发技术，在本章笔者将对这些常用技术进行讲解。

6.1 天空盒的应用

玩家在玩游戏时，常常能够看到天空、云彩，感觉游戏场景好像在另一个世界当中。在 Unity 集成开发环境中就可以使用天空盒来模拟真实的天空环境，可以把天空盒想象成一个将这个游戏场景包裹起来的盒子，而在盒子的内壁上贴上天空纹理图模拟天空环境。

6.1.1 天空盒基础知识

目前 Unity 最新的 5.2 版本中提供了两种天空盒供开发人员使用，其中包括六面天空盒和系统天空盒，如图 6-1 所示。这两种天空盒都会将游戏场景包含在其中，用来显示远处的天空、山峦等。制作天空盒需要使用六张能够无缝拼接的天空纹理图。

天空盒的添加也需要注意，例如在游戏场景中有多个摄像机时，如果开发人员需要所有摄像机拍摄出来的画面都使用同一种天空盒，就需要通过单击菜单栏中的 Window→Lighting 菜单，在打开面板中的 Skybox 变量处添加天空盒，如图 6-2 所示。如果是不同的摄像机显示不同的天空盒，就需要在摄像机上挂载天空盒组件并在其中添加不同的天空盒，如图 6-3 所示。下面会对两种天空盒进行详细的讲解。

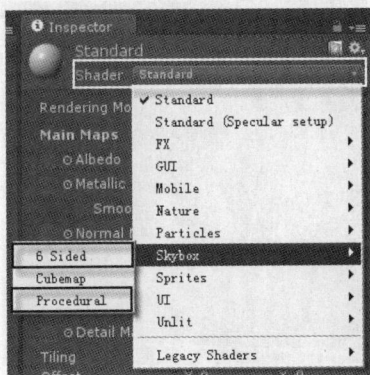

图 6-1 天空盒种类

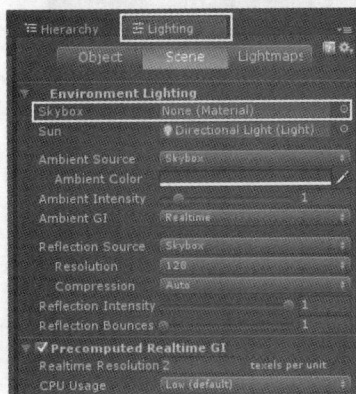

图 6-2 添加摄像机共用的天空盒

（1）6 Sided——六面天空盒

这种天空盒在游戏开发中最为常用，其使用六张天空纹理图组成一个天空场景。创建这种天空盒首先需要创建一个材质，即在 Project 面板中单击鼠标右键，选择 Create→Material。创建完成后单击材质球然后将其着色器类型选择为 6 Sided 即可，如图 6-4 所示，在其中添加六张纹理图，面板如图 6-5 所示。

图 6-3 添加天空盒组件

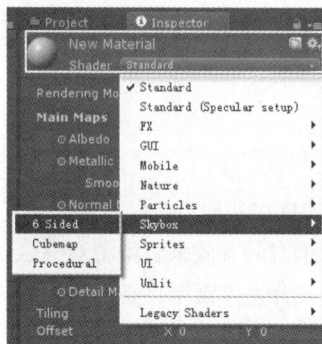

图 6-4 着色器类型修改为 6 Sided

说明　　设置面板中 Tint Color 参数用来修改天空盒纹理的颜色，Exposure 参数用来设置曝光度，数值越大场景越亮，Rotation 参数用来修改天空盒的旋转角度，天空盒仅围绕其自身 y 轴旋转。

（2）Procedural——系统天空盒

系统天空盒即 Unity 游戏开发引擎自带的一个天空盒，开发人员是无法对系统天空盒修改纹理贴图的，创建这种天空盒首先需要创建一个材质，即在 Project 面板中单击鼠标右键，选择 Create→Material。创建完成后单击材质球然后将其着色器类型选择为 Procedural 即可，面板如图 6-6 所示。

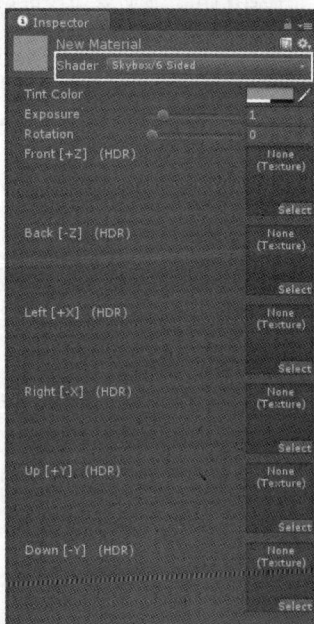

图 6-5 6 Sided 天空盒设置面板

图 6-6 系统天空盒设置面板

虽然无法更改纹理，但是其功能比六面天空盒丰富。设置面板中的 Sun 参数用来设置天空中太阳的贴图质量，Sun Size 参数用来修改太阳的大小，Atmosphere Thickne 参数用来修改大气层的厚度，Sky Tint 参数用来修改天空的色调，Ground 参数用来修改地面色调，Exposure 参数用来修改曝光度。

6.1.2 天空盒案例开发

前面笔者已经介绍了 Unity 游戏开发引擎中天空盒的功能以及种类，为了能够使读者对部分知识理解得更加深刻。在本小节笔者将通过一个案例来介绍 Unity 游戏开发引擎中天空盒的使用，使读者能够清晰地了解到天空盒的特点以及使用方法。

1. 案例效果

本案例在同一个场景中使用了两个摄像机实现分屏效果。一台摄像机拍摄到的天空盒是在 Light 面板中设置的天空盒，另一台摄像机拍摄到的天空盒是挂载在摄像机上的天空盒组件中设置的天空盒，案例运行时读者可以单击空格键来切换不同的天空盒纹理。案例运行效果如图 6-7 所示。

图 6-7 案例运行效果

2. 开发流程

为不同氛围的游戏场景搭配合适的天空盒，能够大大地加强游戏的视觉效果。如果需要运行本案例，可使用 Unity 软件打开资源包中的 Sky_Demo 工程文件并双击工程中的场景文件 Sky_Demo，最后单击播放按钮即可，下面将详细介绍案例的开发流程，具体步骤如下。

（1）首先打开 Unity 集成开发环境，新建一个工程并重命名为 "Sky_Demo"，进入工程并通过快捷键 Ctrl+S 来保存当前场景并重命名为 "Sky_Demo"，然后在 Assets 目录下新建两个文件夹并重命名为 "Texture"、"C#"，分别用来放置天空纹理图和脚本文件，如图 6-8 所示。

（2）下一步将需要使用的天空纹理图导入到 Texture 文件夹中，本案例一共导入了六套天空纹理图，如图 6-9 所示。每一套纹理图都由六张纹理图组成，为了方便区分笔者将每一套天空纹理图都放在 Texture 文件夹下的一个子文件夹中，如图 6-10 所示。

（3）完成后在场景中创建两个摄像机，单击菜单栏中的 GameObject→Camera 即可在场景中创建一个摄像机。然后单击菜单栏中的 GameObject→Create Empty 创建一个空对象，将两个摄像机设置成该对象的子对象，并将它们在 x 轴的角度设置为 338，如图 6-11 所示。

（4）接下来将实现分屏效果，即将两个摄像机拍摄到的画面分开显示，如图 6-12 所示。选中摄像机对象，在 Inspector 面板中的 Camera 组件下会看到 Viewport Rect（视口矩形）参数，将其下的 Y 值修改为-0.5，另一台摄像机设置为 0.5 即可实现上下分屏效果，如图 6-13 所示。

图 6-8　目录结构

图 6-9　纹理图文件夹

图 6-10　天空纹理图

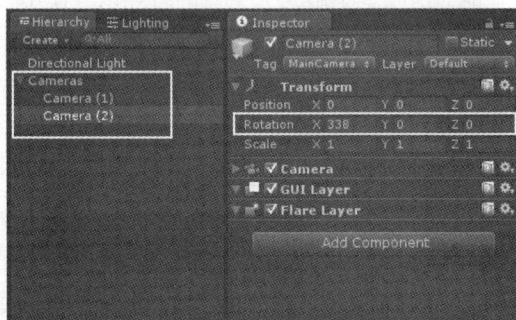

图 6-11　设置摄像机角度

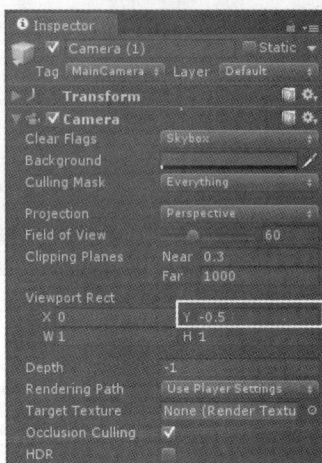

图 6-12　设置摄像机参数 1

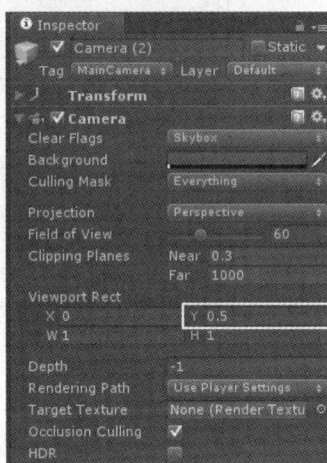

图 6-13　设置摄像机参数 2

（5）接下来需要使用导入的天空纹理图来创建天空盒，本案例使用的是六面天空盒（6 Sided）。六面天空盒的创建在前面已经介绍过了，这里不再赘述。读者需要在 Texture 文件夹下创建六个纹理不同的天空盒，命名从"Sky1"到"Sky6"，如图 6-14 所示。

> 说明　在将六张天空纹理图添加到天空盒之前读者需要将纹理的 Wrap Mode（覆盖模式）设置为 Clamp（拉伸），这样每张纹理图就会完全覆盖住天空盒的一个面，否则会出现缝隙。单击纹理图后在其 Inspector 面板中就可以设置。

（6）下面要在场景中添加创建好的天空盒，首先单击菜单栏中 Window→Light，在打开的 Light

面板中将天空盒添加到 Skybox 处，如图 6-15 所示。然后选中一台摄像机，单击菜单栏中 Component→Rendering→Skybox 为其添加天空盒组件并在其中添加天空盒材质，如图 6-16 所示。

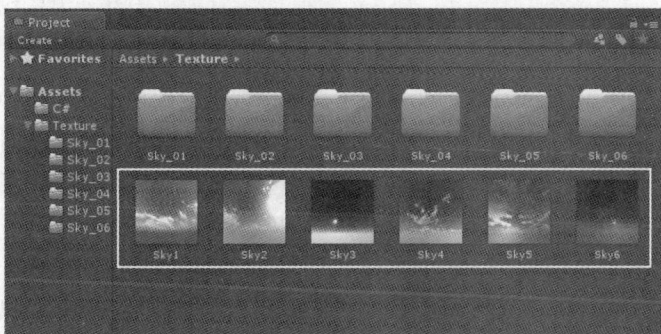

图 6-14　创建天空盒

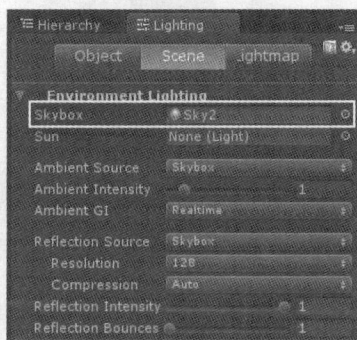

图 6-15　添加天空盒 1

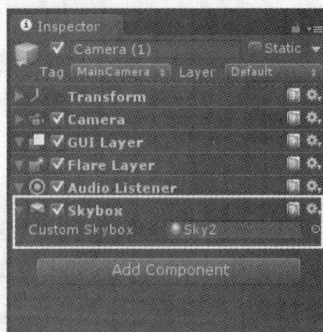

图 6-16　添加天空盒 2

（7）完成后就需要编写脚本来实现旋转摄像机以及可使用空格键来切换天空盒的功能。该脚本最主要的是关于天空盒切换的代码，请读者注意学习。在 C#文件夹下单击鼠标右键，选择 Create→C# Script 创建一个 C#脚本并重命名为"Demo"。双击脚本进入脚本编辑器编辑代码，具体代码如下。

代码位置：见资源包中源代码/第 6 章目录下的 SkyBox_Demo\Assert\C#\Demo.cs

```
1   using UnityEngine;
2   using System.Collections;
3   public class Demo : MonoBehaviour {
4     public float rotateSpeed = 15.0f;          //设置摄像机的旋转速度
5     private GameObject camera1;                 //声明游戏对象用来获取摄像机
6     public Material[] First;                    //声明材质数组用于放置需要切换的天空盒
7     public Material[] Second;
8     private int index;                          //第一个材质数组的索引
9     private int deindex;                        //第二个材质数组的索引
10    void Awake() {
11      camera1 = transform.FindChild("Camera (1)").gameObject;
12      //获取挂载该脚本的游戏对象下名为"Camera（1）"的子对象并将其转换为 GameObject 类型
13    }
14    void Update () {
15      this.transform.Rotate(new Vector3(0,rotateSpeed*Time.deltaTime,0));
16      //通过 Rotate 函数使挂载该脚本的游戏对象绕 y 轴以每秒 15 度的速度旋转
17      if (Input.GetKeyDown(KeyCode.Space)){    //添加键盘监听，判断空格键是否被按下
```

```
18      RenderSettings.skybox = First[index++%First.Length];//修改 Light 面板中的 Skybox 材质
19      camera1.transform.GetComponent<Skybox>().material  =  Second[deindex++  %
Second.Length];
20                                          //修改摄像机上天空盒组件的 Skybox 材质
21  }}}
```

- ❑ 第 4~5 行声明了 float 类型的变量用于设置摄像机的旋转速度,声明 GameObject 变量来获取摄像机对象,在后面可通过摄像机来获取挂载其上的天空盒组件。
- ❑ 第 6~9 行的索引值与材质数组配合使用,材质数组用来存放需要切换的天空盒材质。在后面会通过改变索引值的方式来更换天空盒材质。
- ❑ 第 11 行搜索挂载该脚本的游戏对象中名为 "Camera (1)" 的子对象,并赋给 camera1 变量。
- ❑ 第 15 行使用 Rotate 函数使挂载该脚本的游戏对象能够旋转,本案例将该脚本挂载到空对象上,由于两个摄像机都是其子对象,所以旋转空对象时两个摄像机也会同时旋转。
- ❑ 第 17~20 行首先判断键盘的空格键是否被按下,如果被按下就修改索引并将其对材质数组的长度取模来防止数组下标越界。第 18 行代码可修改 Light 面板中的 Skybox 变量,第 19 行代码通过获取天空盒组件来修改天空盒组件的材质。

(8)脚本编写完成后,将其拖曳到创建的空对象上。在空对象的 Inspector 面板中就可以看到 Demo 脚本的设置面板,读者可以修改 Rotate Speed 的参数来调整摄像机的旋转速度,将 First 和 Second 两个数组的大小设置为 3,然后分别为数组添加三个天空盒材质,如图 6-17 所示,完成后单击播放按钮即可。

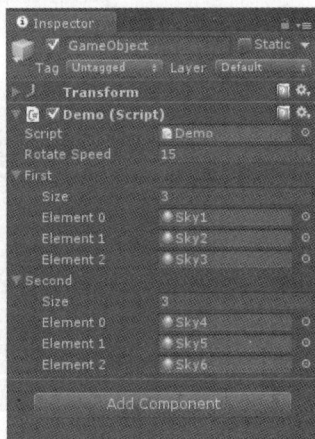

图 6-17 设置 Demo 脚本

6.2 3D 拾取技术

对于一款成熟的游戏来说,良好的交互性是必不可少的一部分。在 PC 端玩游戏时,游戏都会需要玩家使用鼠标来对场景中的物体执行拾取、移动、选择等操作。而在移动端平台上,游戏都需要玩家通过触摸屏幕来执行相关的操作。

6.2.1 3D 拾取技术基本知识

3D 拾取就是玩家可以通过鼠标或手指在屏幕上的操作来进一步影响游戏世界中的物体。比如 PC 平台上的解密类游戏,玩家需要使用鼠标单击场景中的物体来收集道具、查看信息,移动端平台上的休闲益智类游戏也同样需要玩家使用手指单击屏幕来完成,例如植物大战僵尸、水果忍者等。

开发人员使用 Unity 游戏开发引擎可以很轻松地完成对 3D 拾取功能的开发。3D 拾取的原理是当玩家用手指单击屏幕时生成一条由屏幕发射到游戏世界的射线,起点就是玩家手指触摸的地方。当射线与游戏世界中的物体发生碰撞之后则会返回被检测到的物体的具体信息,其代码片段如下。

```
1  foreach (Touch touch in Input.touches) {                    //对当前触控进行循环
```

```
2        Ray ray = Camera.main.ScreenPointToRay(touch.position);  //声明由触控点和摄像机组
成的射线
3        RaycastHit hit;                              //声明一个 RayCastHit 型变量 hit
4        if (Physics.Raycast(ray, out hit)){          //判断此物理事件
5          touchname = hit.transform.name;            //获得射线碰触到物体的名称
6          /*此处省略事件处理代码*/
7        }}
```

这段触摸拾取的代码仅适用于移动端平台，不能在 PC 平台上使用。在后面的案例中笔者会介绍 PC 平台上的触摸拾取如何实现，下面笔者将会对这段代码中的内容进行详细的介绍。

（1）Touch（触摸）

Touch 用来记录一根手指触摸在屏幕上的状态，其中常用的变量有 position（手指触摸的位置）、tapCount（单击次数）以及 phase（描述触摸的相位）。片段中的第一行就是通过 foreach 函数将手指触摸在屏幕上的信息存储在 Touch 类型的变量中。

（2）Ray（射线）

Ray 表示射线，即一条从起点射出的能够达到无穷远的线。其中包含 origin（起点）和 director（方向）两个变量，代码的第二行使用 ScreenPointToRay 函数来创建一条射线，使用该函数时需要传递给它当前手指触摸的位置，这样该函数就会创建一条以手指触摸位置为起点并射向 3D 世界的射线。

（3）RaycastHit（光线投射碰撞）

RaycastHit 用来获取从 Raycast（光线投射）函数反馈回来的信息。其常用的变量有 distance（射线起点到碰撞点的距离）、collider（碰到的碰撞器）、transform（碰到的变换组件）。代码第 5 行就是通过其 transform 变量来获取射线触碰到的物体的名称。

（4）Physics.Raycast（光线投射）

Raycast 函数的重载方法有很多，这里仅做简要介绍。Raycast 函数用来向 3D 世界投射射线，其返回值为布尔型，如果碰到了带有碰撞器的物体就返回 true，否则就返回 false。在代码片段中笔者给其传递了两个参数，第一个参数是之前创建好的射线 ray，另一个是用来存储反馈信息的 hit 变量。

6.2.2　3D 拾取案例开发

前面笔者已经对 3D 拾取技术进行了详细的介绍，但前面介绍的知识仅适用于移动端，通过玩家单击屏幕来完成射线的投射。本小节还将开发一个小案例来进一步完善知识，案例中使用的代码的功能是通过玩家在屏幕上单击鼠标来完成射线投射，这部分代码在移动端同样适用。

虽然通过单击鼠标的方式在场景中投射射线适用于移动端，但这只能做到单点触控。而移动端的游戏一般都需要玩家使用两根手指进行操作，比如横版闯关类游戏需要玩家控制角色移动和攻击，这就需要两根手指来完成，而想要实现多点触控，那么就需要使用笔者前面介绍的知识了。

1. 案例效果

本案例场景中有两个 cube，通过拾取代码可以对其进行移动。案例中笔者编写了两个脚本，一个脚本是在 PC 和移动端通用的拾取代码，但同一时刻只能控制一个方块，另一个脚本为适用移动端的拾取代码，可以用两根手指同时移动两个方块，案例运行效果如图 6-18、图 6-19 所示。

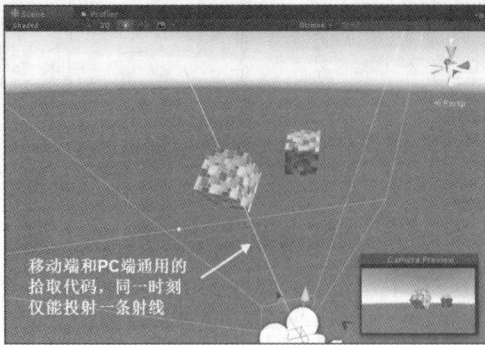

图 6-18　案例运行效果 1

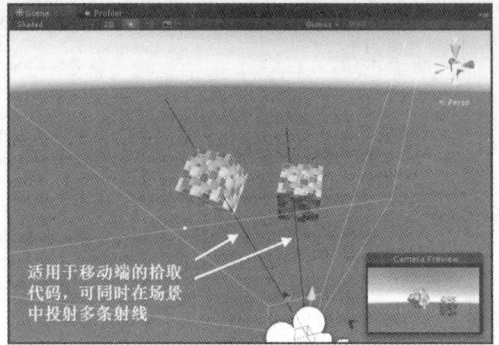

图 6-19　案例运行效果 2

2. 开发流程

由于本案例中有两个脚本来进行射线投射，所以读者使用时需要切换挂载到主摄像机上的脚本文件，如果需要运行本案例，可使用 Unity 软件打开资源包中的 Raycast_Demo 工程文件并双击工程中的场景文件 Raycast_Demo，最后单击播放按钮即可。下面将详细介绍案例的开发流程，具体步骤如下。

（1）首先打开 Unity 集成开发环境，新建一个工程并重命名为 "Raycast_Demo"，进入工程通过快捷键 Ctrl+S 来保存当前场景并重命名为 "Raycast_Demo"，然后在 Assets 目录下新建两个文件夹命名为 "Texture"、"C#"，分别用来放置纹理图和脚本文件，如图 6-20 所示。

（2）下面将需要使用的纹理图导入到 Texture 文件夹中，然后在场景中创建两个 cube，方法为单击菜单栏 GameObject→3D Object→Cube。创建完成后为其添加纹理贴图，最后调整两个 cube 位置以及旋转角度，完成效果如图 6-21 所示。

图 6-20　目录结构

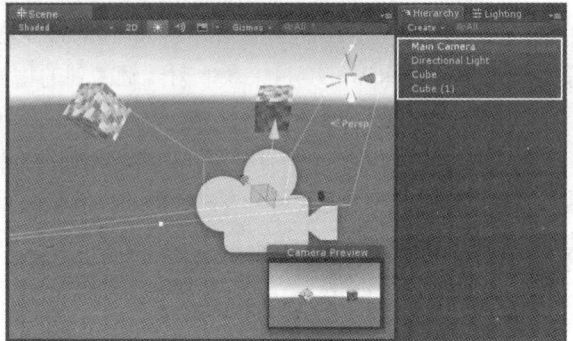

图 6-21　场景搭建

（3）完成后就需要编写脚本来实现 3D 拾取功能，本案例共需要编写两个脚本。第一个脚本使得读者可通过鼠标来控制方块的移动。在 C#文件夹下单击鼠标右键，选择 Create→C# Script 创建一个 C#脚本并重命名为 "Demo"。双击脚本进入脚本编辑器编辑代码，具体代码如下。

代码位置：见资源包中源代码/第 6 章目录下的 Raycast_Demo\Assert\C#\Demo.cs。

```
1    using UnityEngine;
2    using System.Collections;
3    public class Demo : MonoBehaviour {
4      public float smooth = 3f;              //声明 float 类型变量，用于设置物体跟随鼠标移动的速度
5      Transform currentObject;               //Transform 类型的变量
6      Vector3 mouse3DPosition;               //Vector3 类型变量，用于存储鼠标在世界坐标系的位置
```

```
7    void Update() {
8      if(Input.GetMouseButton(0)){                    //判断鼠标左键是否被单击
9        Ray rays = Camera.main.
10       ScreenPointToRay(Input.mousePosition);         //创建一条起点为光标位置的射线
11       Debug.DrawRay(rays.origin,
12       rays.direction * 100, Color.yellow);           //将射线以黄色的细线表示出来
13       RaycastHit hit;                                //创建一个RaycastHit变量用于存储反馈信息
14       if (Physics.Raycast(rays, out hit)){//将创建的射线投射出去并将反馈信息存储到hit中
15         currentObject = hit.transform;               //获取被射线碰到的对象transform变量
16       }
17       if (currentObject == null){  //如果当前没有可被移动的对象,程序将不再继续执行
18         return;
19       }
20       Vector3 mp = Input.mousePosition;              //存储光标在屏幕坐标系的位置
21       mp.z = 6;                                      //设置屏幕坐标转换到世界坐标系时世界坐标的深度
22       mouse3DPosition = Camera.main.ScreenToWorldPoint(mp); //将屏幕坐标转换为世界坐标
23       currentObject.position = Vector3.Lerp
24       (currentObject.position, mouse3DPosition, smooth * Time.deltaTime);
25       //使用lerp函数将物体的位置平滑地过渡到光标所在世界坐标系中的位置
26     }
27     if (Input.GetMouseButtonUp(0)){        //如果鼠标左键抬起,就将射线获取到的对象删除
28       currentObject = null;
29  }}}
```

❑ 第4~6行声明一些变量用来设置物体移动速度,存储被碰撞到的物体的 Transform 变量以及存储光标在世界坐标系中的坐标。

❑ 第8行是对鼠标的监听,GetMouseButton 函数用来监听指定的鼠标按钮是否被按下,如果被按下就返回 true。传入的参数 0 表示鼠标左键,1 表示右键,2 表示中键。

❑ 第9~16行用于创建需要被投射的射线,创建存储返回信息的 RaycastHit 变量并将被射线检测到的物体的 Transform 变量存储在前面创建的 currentObject 中。

❑ 第17~19行用来判断当前是否有可被移动的物体,如果没有程序就不再向下执行,防止程序出错,如果没有可移动的对象但还是执行下面的移动代码程序就会报错。

❑ 第20~26行用来将光标在屏幕坐标系中的二维位置坐标,结合深度值转换为世界坐标系中的三维位置坐标,并用 lerp 函数将物体移动到光标所对应的世界坐标系中的位置坐标。需要注意的是屏幕坐标转世界坐标需要设置其深度值,否则将无法正确转换。

❑ 第27~28行中 GetMouseButtonUp 函数用于监听指定的鼠标按钮是否被弹起。如果弹起就返回 true。传入的参数 0 表示鼠标左键,1 表示右键,2 表示中键。

（4）完成后就需要编写第二个脚本,第二个脚本仅适用于移动端平台,读者可使用多根手指同时操控多个物体。在 C#文件夹下单击鼠标右键,选择 Create→C# Script 创建一个 C#脚本并重命名为"Demo2"。双击脚本进入脚本编辑器编辑代码,具体代码如下。

代码位置：见资源包中源代码/第 6 章目录下的 Raycast_Demo\Assert\C#\Demo2.cs。

```
1   using UnityEngine;
2   using System.Collections;
3   public class Demo2 : MonoBehaviour {
4     public float smooth = 30.0f;        //声明float类型变量,用于设置物体跟随手指的速度
```

```
5    Vector3 touch3DPosition;                //Transform 类型的变量
6    Transform currentObject;            //Vector3 类型变量，用于存储手指触摸点在世界坐标系的位置
7    void Update() {
8      foreach (Touch touch in Input.touches) {
9        Ray ray = Camera.main.
10       ScreenPointToRay(touch.position);       //创建一条起点为手指触摸点的射线
11       RaycastHit hit;                         //创建一个 RaycastHit 变量用于存储反馈信息
12       if (Physics.Raycast(ray, out hit)){//将创建的射线投射出去并将反馈信息存储到 hit 中
13         currentObject = hit.transform;        //获取被射线碰到的对象 transform 变量
14         Debug.DrawRay(ray.origin,
15         ray.direction * 20, Color.blue);      //将投射的射线以蓝色的细线表示出来
16       }
17       if (currentObject == null){           //如果当前没有可被移动的对象，程序将不再继续执行
18         return;
19       }
20       Vector3 mp = touch.position;         //存储手指触摸点在屏幕坐标系的位置
21       mp.z = 6.0f;                          //设置屏幕坐标转换到世界坐标系时世界坐标的深度
22       touch3DPosition = Camera.main.ScreenToWorldPoint(mp);//将屏幕坐标转换为世界坐标
23       currentObject.position = Vector3.Lerp
24       (currentObject.position, touch3DPosition, Time.time);
25          //使用 lerp 函数将物体的位置平滑地过渡到手指触摸点所在世界坐标系中的位置
26       if (touch.phase == TouchPhase.Ended) { //如果手指抬起，就将射线获取到的对象删除
27         currentObject = null;
28 }}}}
```

📝 **说明**　　Demo2 脚本中的代码与 Demo 脚本中的代码功能与结构基本一致。不同的是 Demo 脚本是根据鼠标左键的状态来控制物体，而 Demo2 脚本中使用的是本节开始介绍的 3D 拾取代码片段中的代码，其根据手指的触摸状态来控制物体的移动。

（5）脚本全部编写完成后就需要将两个脚本全部挂载到主摄像机上，由于这两个脚本的功能相同而实现方法不同，所以每次只需要启用一个脚本即可，单击主摄像机对象，在 Inspector 面板中会看到挂载上去的两个脚本，禁用脚本只需要将对应脚本名称前面的方块取消勾选即可，如图 6-22 所示。

（6）Demo 脚本是通过判定鼠标左键的状态来控制物体，所以启用该脚本时，只需要单击播放按钮运行程序，然后在 Game 窗口使用鼠标操作即可，而 Demo2 脚本需要判断手指的触摸状态来控制物体的运动，这就需要将程序导入手机并在手机上运行才能看到效果。下面将介绍如何将项目导入手机。

图 6-22　禁用 Demo 脚本

（7）首先单击菜单栏中 File→Build Settings 打开搭建设置面板，在设置面板的左侧 Platform 面板中选择 Android，如图 6-23 所示。然后单击其下方的 Player Settings 按钮，在 Inspector 面板中找到 Other Settings→Bundle Identifier，将参数修改为 "com.**.**" 格式，"**" 为任意字符，如图 6-24 所示。

（8）完成后单击 Build Settings 面板左下角的 Switch Platform 按钮即可。最后可通过单击 Build 按钮来导出 APK 安装包，也可以通过单击 Build And Run 按钮将程序直接安装到手机上，如图 6-25 所示。安装完成后读者就可以在移动端屏幕上通过触摸方块的方式来控制其运动。

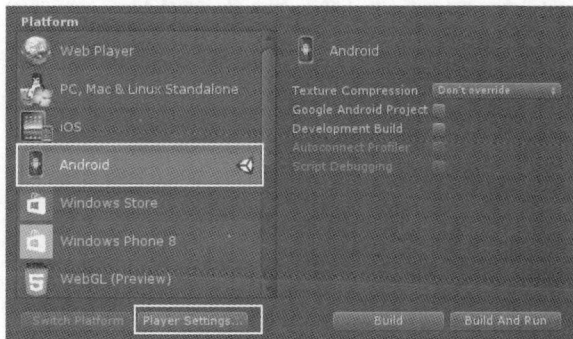

图 6-23　切换安卓平台

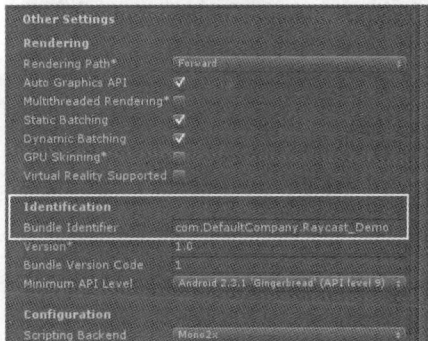

图 6-24　设置 Bundle Identifier

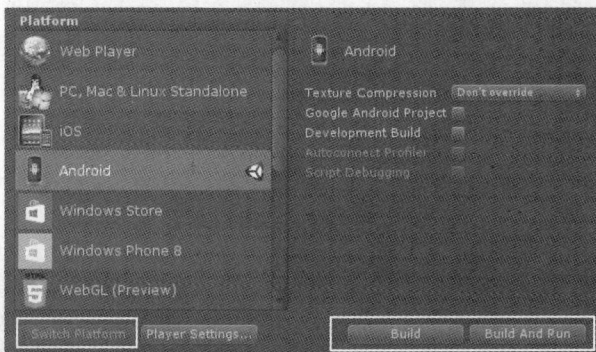

图 6-25　将程序切换为 Android 平台并构建程序

6.3　虚拟摇杆与按钮的使用

在移动端游戏的开发中，通常会使用虚拟摇杆与按钮来实现游戏中人物角色的移动以及视角转换的功能。虚拟摇杆与按钮的原理就是在屏幕上绘制相关的 UI 控件，并且玩家通过对其不同的操控方式来实现游戏人物角色的不同行为。

6.3.1　下载并导入标准资源包

在 Unity 标准资源包中包含了大量的资源，包括 Effects、Environment、ParticleSystems 以及 Characters 等。在开发过程中需要用到的虚拟摇杆与按钮资源就包含在 Characters 中。但是在 Unity 安装程序中并不包括标准资源包，开发人员需要额外下载并导入。具体步骤如下。

（1）打开浏览器，进入 Unity 官方网站。单击其首页的"获取 UNITY 5"菜单进入获取 Unity 界面，如图 6-26 所示。滑动鼠标滑轮下拉网页，单击资源下的"Unity 旧版本"菜单进入 Unity 游戏引擎下载界面，如图 6-27 所示。

（2）进入下载界面，会显示 Unity 的所有版本，从 3.x 到 5.x。在此界面开发人员可以下载 Unity 编辑器、标准资源包、内置着色器等。需要注意的是，要下载与当前使用的 Unity 版本相同的资源。笔者使用版本是 UNITY5.2.0，所以在该版本的 Win 下拉列表中下载标准资源包，如图 6-28 所示（如果读者使用的是其他 Unity 版本，请自行下载与其相对应的标准资源包）。

图 6-26 获取 UNITY 5

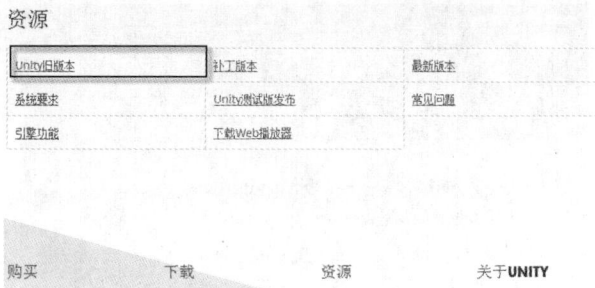

图 6-27 下载旧版本

图 6-28 下载标准资源包

（3）下载完成后，双击该资源包进行安装。如图 6-29 所示。根据提示进行下一步，Unity 会自动分析资源包的安装路径，在最后一步直接选择默认路径即可。笔者将 Unity 编辑器装在了 D 盘，所以安装路径如图 6-30 所示。最后单击 Install 进行安装。

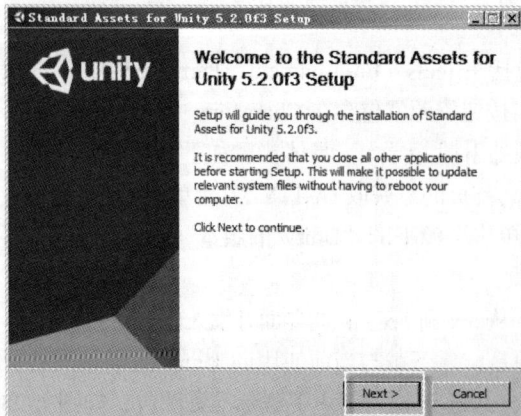

图 6-29 安装步骤 1

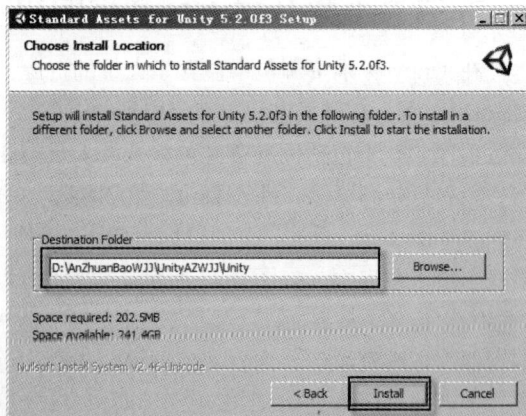

图 6-30 安装步骤 2

（4）安装成功后，开发人员就可以从标准资源包中导入开发过程中所需要的资源了。本节笔者讲解的是虚拟摇杆与按钮，所以导入 Characters 资源。在 Assets 目录下单击鼠标右键，选择 Import Package→Characters 导入相关资源，如图 6-31 所示。在 Import Package 面板单击 Import 导入即可，如图 6-32 所示。

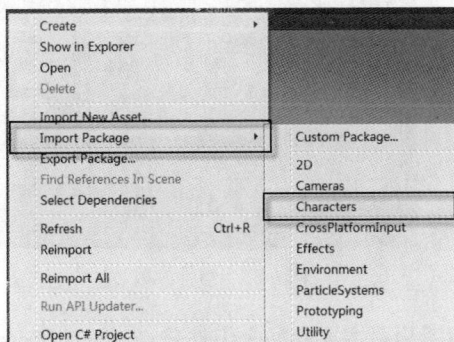

图 6-31　导入资源步骤

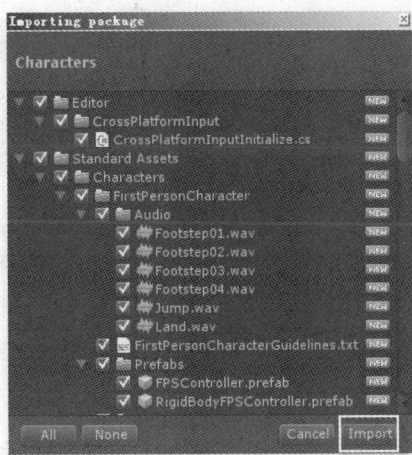

图 6-32　单击 Import 导入按钮

（5）导入完成后在游戏资源列表中会出现 Editor 和 Standard Assets 文件夹，如图 6-33 所示。开发所需要的大部分资源都在 Standard Assets 文件夹中，资源被分门别类地放在不同文件夹中，其中不仅有虚拟摇杆的资源，还有很多其他的实用资源，读者可自行查看使用。

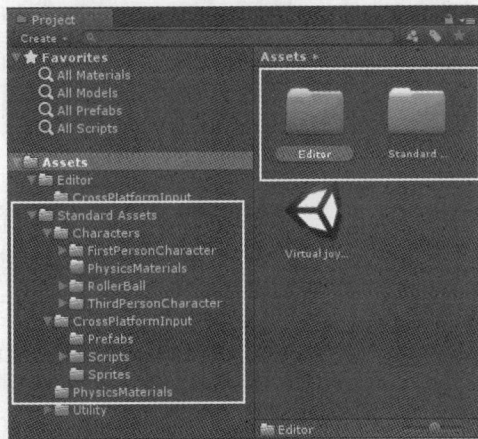

图 6-33　游戏资源列表

6.3.2　虚拟摇杆与按钮的案例开发

通过观察 Standard Assets 文件夹中的资源，读者可以发现 Characters 文件夹中包含 FirstPersonCharacter 和 ThirdPersonCharacter 两个子文件夹，在官方自带的案例中也分为第一人称和第三人称案例（读者可以在官网下载示例项目）。读者可以根据需要选用不同的人称视角来开发游戏。

1. 基础知识

在 Unity 集成开发环境中，引擎已经将人称视角、虚拟摇杆与按钮等整理成了 Prefab 资源，开发人员将 Prefab 拖曳到场景中即可实现应用。本小节笔者主要讲解第一人称视角 Prefab 资源上挂载的组件参数，如图 6-34 和图 6-35 所示。

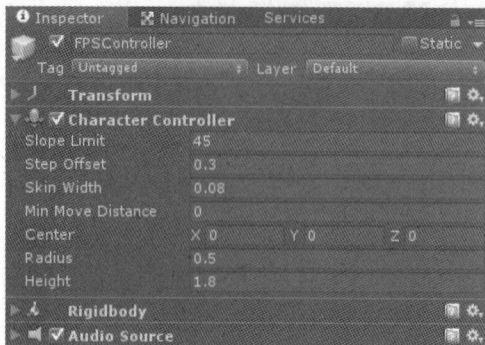

图 6-34　组件参数 1

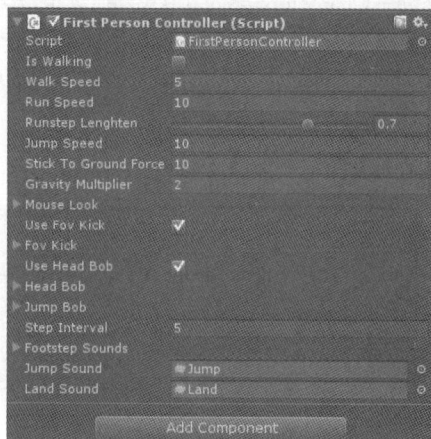

图 6-35　组件参数 2

通过观察第一人称 Prefab 的组件参数，笔者可以看出最主要的两个组件是 Character Controller 和 First Person Controller。其中 Character Controller 组件的相关知识笔者已在前面详细介绍过，所以在本小节中将主要介绍 First Person Controller 脚本中常用的部分参数，如表 6-1 所列。

表 6-1　　　　　　　　　　　　First Person Controller 脚本主要参数介绍

参　数　名	含　　义	参　数　名	含　　义
Is Walking	判断当前角色是否正在行走	Walk Speed	角色人物行走的速度
Run Speed	角色人物奔跑的速度	Runstep Lengthen	角色人物奔跑时的步伐长度
Jump Speed	角色人物起跳时的速度	Footstep Sounds	人物行走时的声音资源

2. 案例效果

基础知识讲解完成后，笔者将通过一个简单的案例系统地讲解这部分知识。该案例是第一人称视角，玩家可以通过控制左下角的图标来实现人物的前进后退，通过单击右下角的跳跃按钮实现人物的跳跃功能。案例运行效果如图 6-36 所示。

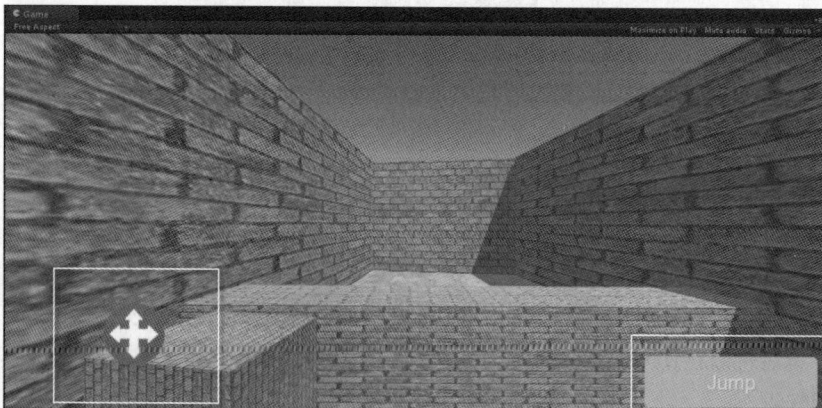

图 6-36　案例运行效果图

3. 开发流程

通过观察案例运行效果图，读者会发现第一人称视角的游戏对象是一个摄像机。在该案例中摄像机可以与场景中的正方体产生碰撞效果，Jump 按钮可以使摄像机跳过场景中的障碍物继续前行。案例的具体开发流程如下。

（1）打开 Unity 集成开发环境，导入标准资源包中的 Characters 资源（上一小节中笔者已经详细讲解过，读者可以参考上一小节的内容）。在 Project 面板单击鼠标右键，选择 Create→Folder 菜单，新建一个文件夹，重命名为"Texture"。如图 6-37 所示。

（2）在该案例中会用到 CrossPlatformInput（跨平台输入）文件夹中的东西，Unity 集成开发环境默认的平台是 PC，Mac&Linux Standalone，需要改成 Android 平台，否则在使用 FPSController 时会报错。单击 File→Build Settings 菜单，打开 Build Settings 面板，选择 Android 并单击 Switch Platform 按钮转换平台。如图 6-38 所示。

（3）将作为地板纹理图的 Di.png 和作为 Cube 纹理图的 Qiang.png 导入 Texture 文件夹。

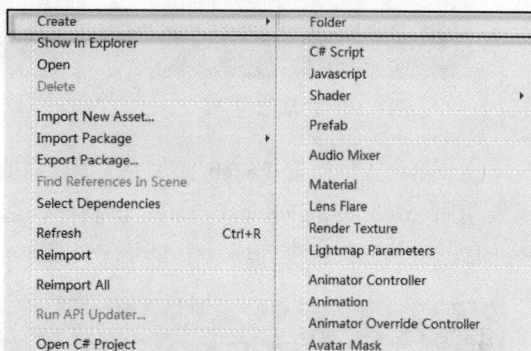

图 6-37　新建文件夹图

单击 GameObject→3D Object→Plane 菜单新建一个地板，如图 6-39 所示，并为其添加纹理图 Di.png。利用快捷键 Ctrl+Shift+N 创建一个空游戏对象。

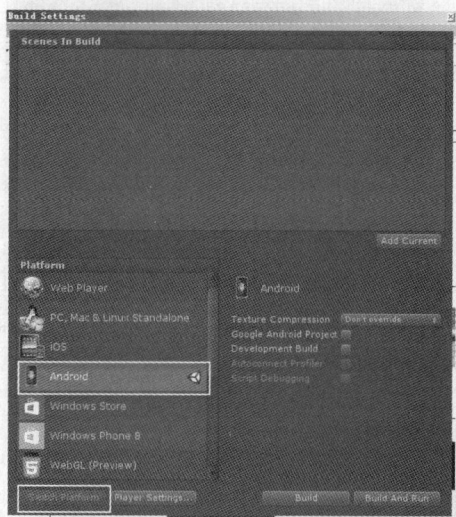

图 6-38　切换 Android 平台

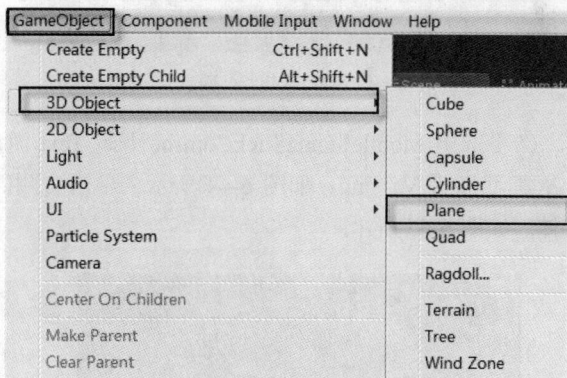

图 6-39　新建 Plane

（4）选中 GameObject 空游戏对象，按照步骤（3）为其创建 10 个 Cube 子对象作为场景中的墙壁和障碍物，对象结构如图 6-40 所示。选中四个 Cube 游戏对象，调整其位置和大小作为 Plane 的四面墙壁。其他的作为障碍物随意摆放即可，笔者的摆放效果如图 6-41 所示。

（5）本案例采用第一人称视角，因此使用 FPSController 预制件，选择文件夹 Standard Assets→Characters→FirstPersonCharacter→Prefabs，将预制件拖曳到场景中创建一个第一人称的游戏对象，如图 6-42 所示。可以看出该 Prefab 包含一个摄像机，因此将场景中的主摄像机删掉即可。

GameObject
CubeTwo
Cubethree
Cubeone
Cubefour
Cubefive
Qiangfour
Qiangthree
Qiangtwo
Qinagone
Cubesix

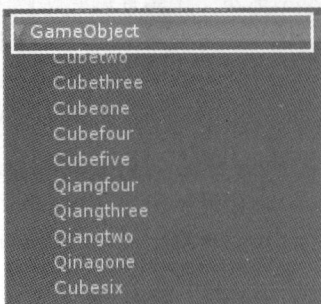

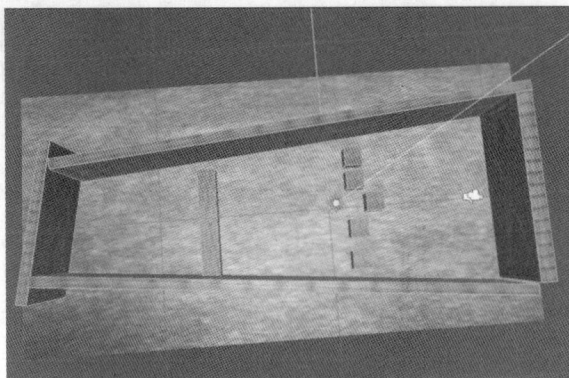

图 6-40　内部结构　　　　　　　　　　图 6-41　障碍物摆放位置

（6）第一人称视角 Prefab 添加完成后还需要添加摇杆和按钮来控制游戏对象的移动以及跳跃，需要使用 MobileSingleStickControl 预制件，选择文件夹 Standard Assets→CrossPlatformInput→Prefabs，将预制件拖曳到场景中即可，如图 6-43 所示。

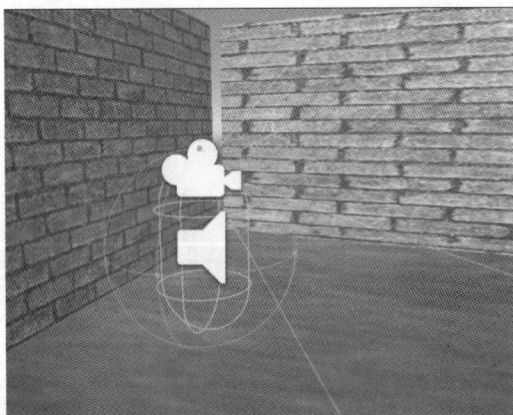

图 6-42　FPSController 资源　　　　　　　图 6-43　创建摇杆和按钮

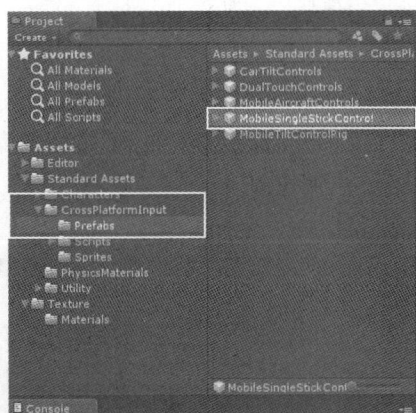

（7）选中 MobileSingleStickControl 下的 Text 游戏对象，在其属性面板会发现 Text 组件下的 Font 类型显示 Missing，如图 6-44 所示。单击右侧的按钮，在弹出的 Select Font 面板选择 Arial 字体。如图 6-45 所示。

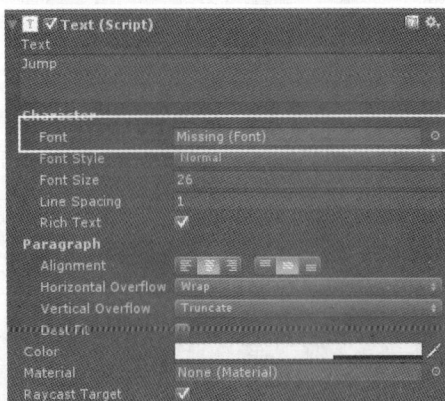

图 6-44　字体丢失　　　　　　　　　　图 6-45　选择字体

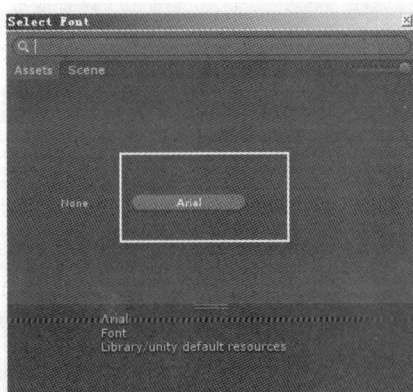

（8）选中 MobileSingleStickControl 下的 JumpButton 游戏对象，在其属性面板调整 Image 组件下的 Color 值，与场景中其他的白色游戏对象进行区分。如图 6-46 所示。项目开发完成后，读者可以运行到 Android 设备上，观察案例运行效果。

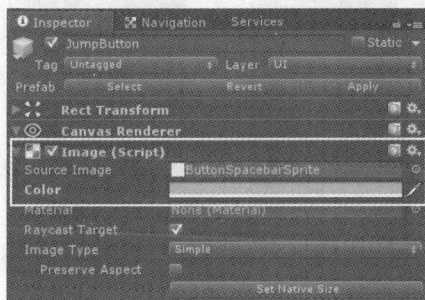

图 6-46　修改 Color 值

6.4　加速度传感器

由于手机传感器的普及，移动端的游戏开发通常会使得玩家能够通过操控移动设备来影响游戏内容，例如在赛车类游戏中通过移动设备的左右倾斜来模拟游戏中的方向盘，这里就用到了加速度传感器。下面笔者将通过基础知识和案例开发来系统地讲解这部分知识。

1. 基础知识

线性加速度的三维向量 x、y、z 分别标识手机屏幕竖直方向、水平方向和垂直屏幕方向。通过手机重力传感器就能获取手机移动或旋转过程的 3 个分量数值，需要使用时只需在代码中调用 Input.acceleration 方法即可，相关代码片段如下。

```
1    float speed=10f;                        //声明速度变量
2    void Update () {                        //重写 Update 函数
3      Vector3 dir = Vector3.zero;           //声明三维向量且设置为零向量
4      dir.x = -Input.acceleration.y;        //三维向量的 x 分量为线性加速度的 y 分量的负值
5      dir.z = Input.acceleration.x;         //三维向量的 z 分量为线性加速度的 x 分量
6      if (dir.sqrMagnitude > 1) {           //如果三维向量的长度的平方大于 1
7          dir.Normalize();                  //将分量长度置为 1
8      }
9      dir *= Time.deltaTime;                //将三维向量和时间同步
10     transform.Translate (dir*speed);      //根据获取的三维向量进行移动
11   }
```

> 说明　声明三维向量，并根据游戏和手机的对应关系获取各个方向的向量，当三维向量的长度大于 1 时，对向量进行规范化使其长度为 1。通过获取的加速度的大小控制游戏对象的移动。

2. 案例效果

经过基础知识的讲解，相信读者对加速度传感器有了初步的认识。开发人员可以利用这部分知识开发跑酷类游戏，通过倾斜移动设备来影响游戏内容。下面笔者将通过一个简单案例来讲解加速度传感器的相关应用。案例运行效果如图 6-47 和图 6-48 所示。

图 6-47　案例运行效果 1

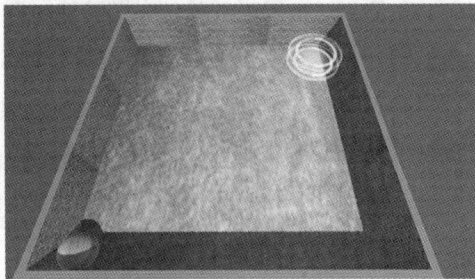
图 6-48　案例运行效果 2

3．开发流程

通过观察案例运行效果图，读者可以看出玩家通过倾斜手机来操控小球移动，当小球经过上方的"魔法粒子阵"时，小球会消失。在围栏的左下方会同时出现一个魔法阵和小球。案例的开发步骤如下。

（1）打开 Unity 集成开发环境，在 Assets 目录下新建两个文件夹，依次命名为 "C#"、"Texture"，将围栏墙壁的纹理图 Qiang.png、地板纹理图 Di.png 以及小球纹理图 bg01.png 导入 Texture 文件夹，如图 6-49 所示。将开发过程中用到的粒子特效导入该项目，过程如图 6-50 所示。读者可以从网上下载。

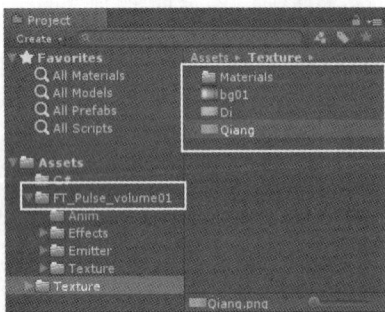
图 6-49　资源内部结构

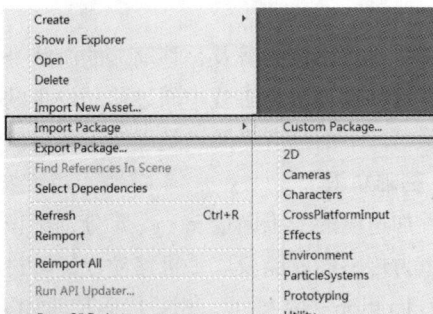
图 6-50　导入粒子资源

（2）单击 GameObject→3D Object→Plane 菜单，在场景中创建地板。单击其属性列表中 Transform 中的设置按钮，选择 Reset 菜单，重置 Plane 的位置，并为其添加 Di.png 纹理图。如图 6-51 所示。利用 Ctrl+Shift+N 快捷键创建一个空游戏对象，重命名为 Cubezong。

（3）选中 CubeZong 游戏对象，为其创建四个 Cube 子对象，调整其位置以及大小作为围墙，如图 6-52 所示。将正方体依次命名为 Cube 到 Cubethree。为四面墙添加 Qiang.png 纹理图。单击 GameObject→3D Object→Sphere 菜单创建小球，并为其添加纹理图。整体游戏场景如图 6-53 所示。

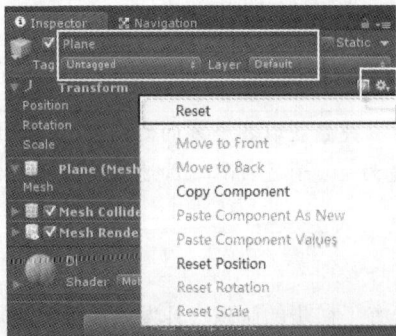
图 6-51　重置 Plane 位置

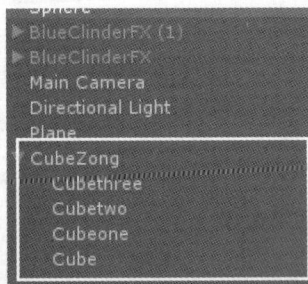
图 6-52　创建围墙

（4）为更好地观察案例效果，适当调整摄像机的位置。该案例中摄像机参数如图 6-54 所示。首先将摄像机的坐标重置，然后通过调整 Transform 组件下的 Position 以及 Rotation 参数来达到案例所需要的视野效果（和调整其他 GameObject 的方法无异）。

图 6-53　整体场景图

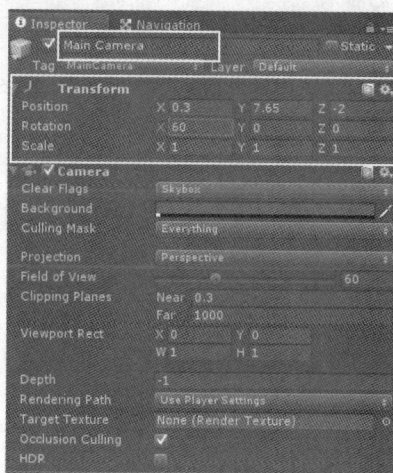

图 6-54　调整摄像机位置

（5）场景中用到了"魔法粒子阵"，这时就用到了笔者在步骤（1）中导入的粒子特效，在 Assets\FT_Pulse_volume01\Effects 目录下找到 BlueClinderFX 粒子特效，将其拖曳到 Scene 中，如图 6-55 所示。利用 Ctrl+D 快捷键再次创建一个同样的粒子特效。游戏组成对象列表结构如图 6-56 所示。

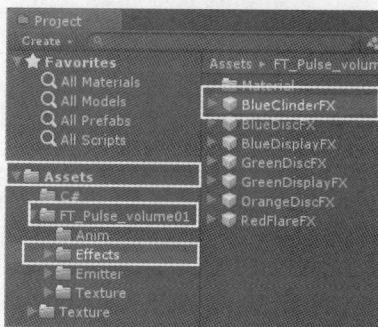

图 6-55　添加粒子特效

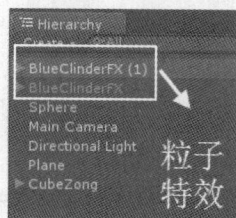

图 6-56　Hierarchy 结构

（6）游戏对象创建完成后，接下来实现小球的操控功能。利用加速度传感器，通过操控手机控制小球的运动方向，在进入 BlueClinderFX "魔法粒子阵"中时，小球会被传送到 BlueClinderFX（1）的位置上。在 C#文件夹中新建一脚本并重命名为"Control"。具体代码如下。

代码位置：见资源包中源代码/第 6 章目录下的 AccelerationDemo/Assets/ C#/ Control.cs。

```
1   using UnityEngine;
2   using System.Collections;
3   public class Control : MonoBehaviour{
4       public Transform destroy;          //声明挂载 BlueClinderFX 游戏对象的变量
5       public Transform flash;            //声明挂载 BlueClinderFX（1）游戏对象的变量
6       public Transform sphere;           //声明挂载场景中小球的游戏变量
```

```
7    Vector3 dir = Vector3.zero;           //声明一个三维向量的变量
8    private float distance;               //定义距离变量
9    private bool flag=false;              //声明一个用来判断小球是否消失的标志位
10   private float mindistance = 2.0f;//定义小球和 BlueClinderFX 游戏对象的最小距离变量
11   void Update(){
12     dir.x = Input.acceleration.x;       //三维向量的 x 分量为加速度传感器的 x 分量
13     dir.z = Input.acceleration.y;       //三维向量的 z 分量为加速度传感器的 y 分量
14     this.transform.GetComponent<Rigidbody>().AddForce(dir*5);//为小球添加力的效果
15     distance = Vector3.Distance(sphere.position, destroy.position);//获取当前小球
和 destroy 的距离
16     if(distance <= mindistance){
17       sphere.position = destroy.position;//重置小球的当前位置
18       Invoke("spheredestroy", 0.1f);    //在 0.1 秒后调用 spheredestroy 方法
19       flag = !flag;                     //标志位置反
20     }
21     if(flag){
22       sphere.position = flash.position; //重置小球的当前位置
23       flash.gameObject.SetActive(true);//将 BlueClinderFX(1)游戏对象的 active 置为 true
24       Invoke("sphereflash", 1.0f);      //在 1 秒后调用 sphereflash 方法
25       Invoke("flashreset", 1.0f);       //在 1 秒后调用 flashreset 方法
26       flag = !flag;                     //标志位置反
27   }}
28   void spheredestroy(){
29     sphere.gameObject.SetActive(false); //将小球的 active 置为 false（即为不可见）
30   }
31   void sphereflash(){
32     sphere.gameObject.SetActive(true);  //将小球的 active 置为 true
33   }
34   void flashreset(){
35     flash.gameObject.SetActive(false);//将 BlueClinderFX(1)对象的 active 置为 false
36   }}
```

- 第 3~10 行声明挂载场景中游戏对象的变量，定义标志位以及脚本中要用到的距离变量。
- 第 11~14 行重写 Update 方法，将加速度传感器的各分量赋于三维向量中与其对应的各个分量，并为小球添加力的效果。
- 第 15~20 行判断小球和 BlueClinderFX 游戏对象的距离，小于定义的最小距离时重置小球的位置，并调用 spheredestroy 方法。
- 第 21~27 行当标志位为真时，重置小球位置并调用 sphereflash、flashreset 方法对事件进行处理。
- 第 28~30 行定义 spheredestroy 方法，将小球的 active 置为 false。
- 第 31~33 行定义 sphereflash 方法，将小球的 active 置为 true。
- 第 34~36 行定义 flashreset 方法，将 BlueClinderFX（1）游戏对象的 active 置为 false。

（7）脚本编辑完成后单击保存按钮保存脚本，将该脚本拖曳到 Sphere 游戏对象上，选中 BlueClinderFX (1)，将其 active 置为 false，如图 6-57 所示。将游戏对象分别挂载到脚本中所对应的变量上。如图 6-58 所示。

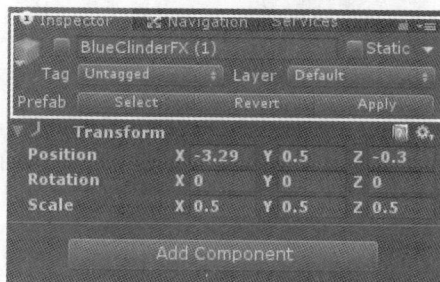

图 6-57　重置 active

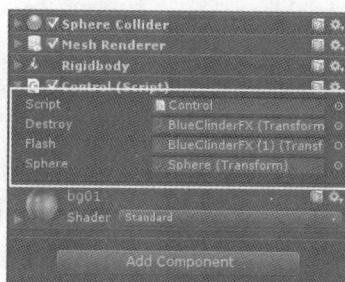

图 6-58　挂载游戏对象

（8）本案例讲解的是加速度传感器，游戏项目需要运行到手机上。单击 File→Build Settings 菜单，在弹出的 Build Settings 面板选择 Android 平台，通过单击 Add Current 按钮添加场景。单击 Player Settings 按钮进行设置。如图 6-59 所示。

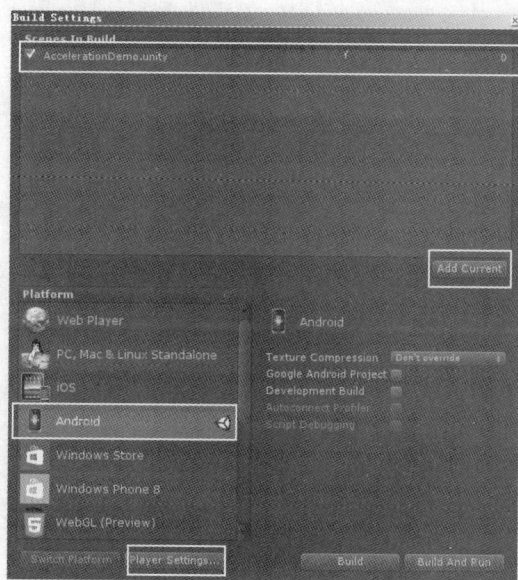

图 6-59　导出项目

（9）在 Player Settings 面板可以定义游戏特定平台的各种参数，笔者在这里只讲解本案例导出 APK 时用到的参数。将 Default Orientation 修改为 Landscape Left，如图 6-60 所示。将 Other Settings 下的 Bundle Identifier 修改为 com.×.×，×符号为任意字符，如图 6-61 所示。最后单击 Build 按钮即可导出 APK。

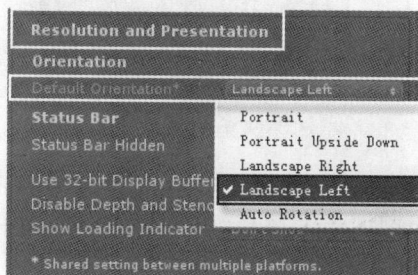

图 6-60　播放器设置 1

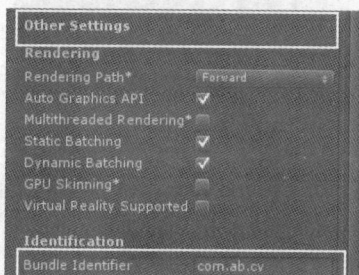

图 6-61　播放器设置 2

6.5 动态字体

Unity 3D 游戏开发引擎支持动态字体，并且很好地支持中文字体，开发人员可以根据需要选择不同的字体类型。例如中文字体中的楷体、隶书、宋体等，这些在游戏开发中应用得十分广泛。本节中笔者将通过一个简单的案例介绍动态字体的应用。

1. 案例效果

Unity 集成开发环境中开发人员可以导入多种字体来满足开发的需要。笔者开发了一个简单案例来系统地介绍动态字体的相关知识，案例运行效果如图 6-62、图 6-63 所示。通过单击案例中的切换按钮，可以改变场景中的字体类型。

图 6-62　案例运行效果 1

图 6-63　案例运行效果 2

2. 开发流程

观察前面的案例运行效果，读者可以通过单击屏幕上的按钮切换案例中整首诗的字体类型。在该案例中除动态字体的相关知识外，还涉及 GUI 的屏幕自适应问题。下面笔者将详细地介绍这两部分知识，具体开发步骤如下。

（1）打开 Unity 集成开发环境，在 Assets 目录下新建三个文件夹，依次命名为"C#"、"Texture"、"Font"，将界面背景的 Background.png 和作为切换按钮的 QieHuan.png 导入 Texture 文件夹，如图 6-64 所示。并将两种字体文件导入 Font 文件夹，笔者准备的是华文琥珀和华文行楷，如图 6-65 所示。

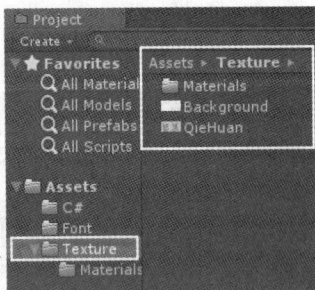

图 6-64　Texture 文件夹

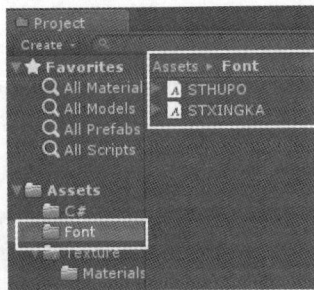

图 6-65　Font 文件夹

（2）在 C#文件夹中，单击鼠标右键，选择 Create→C# Script 创建脚本，重命名为"DynamicFont"。双击该脚本进入编辑器编辑代码。该脚本的主要功能是在屏幕上绘制背景图片，并利用动态字体在背景图的适当位置绘制出一首完整的古诗，具体代码如下。

代码位置：见资源包中源代码/第 6 章目录下的 DynamicfontDemo/Assets/ C#/ DynamicFont.cs。

```
1    using UnityEngine;
2    using System.Collections;
3    public class DynamicFont : MonoBehaviour{
4      public GUIStyle Mystyle;                          //声明 GUI 类型
5      public Texture bgtexture;                         //声明需要被绘制的图片变量
6      public Texture Buttonbg;                          //声明 Button 按钮上的图片变量
7      public Font THfont;                               //定义在案例中要替换的字体类型变量
8      public Font Yfont;                                //定义 Mystyle 中原来的字体类型变量
9      private int counters= 1;                          //声明计数器变量
10     private float m_fScreenWidth = 960;               //定义基准屏幕分辨率
11     private float m_fScreenHeight = 640;
12     private float m_fScaleWidth;                      //定义屏幕分辨率缩放系数
13     private float m_fScaleHeight;
14     void Start(){                                     //重写 Start 方法
15      m_fScaleWidth = (float)Screen.width/m_fScreenWidth;    //计算缩放系数
16      m_fScaleHeight = (float)Screen.height/m_fScreenHeight;
17     }
18     void OnGUI(){                                     //重写 OnGUI 方法
19      GUI.DrawTexture(new Rect(0, 0, Screen .width , Screen .height ), bgtexture);//
在屏幕上绘制背景
20      GUI.Label(new  Rect(380 * m_fScaleWidth, 100 * m_fScaleHeight, 100  *
m_fScaleWidth,
21       100 * m_fScaleHeight), "赠\t汪\t伦", Mystyle);//在给定坐标区域下绘制标签 Label
22      GUI.Label(new  Rect(180 * m_fScaleWidth, 200 * m_fScaleHeight, 100  *
m_fScaleWidth,
23       100 * m_fScaleHeight), "李\t白\t乘\t舟\t将\t欲\t行", Mystyle);
24      GUI.Label(new  Rect(180 * m_fScaleWidth, 270 * m_fScaleHeight, 100  *
m_fScaleWidth,
25       100 * m_fScaleHeight), "忽\t闻\t岸\t上\t踏\t歌\t声", Mystyle);//设置 GUI 格式
使 GUI 更加美观
26      GUI.Label(new  Rect(180 * m_fScaleWidth, 340 * m_fScaleHeight, 100  *
m_fScaleWidth,
27       100 * m_fScaleHeight), "桃\t花\t潭\t水\t深\t千\t尺", Mystyle);
28      GUI.Label(new  Rect(180 * m_fScaleWidth, 410 * m_fScaleHeight, 100  *
m_fScaleWidth,
29       100 * m_fScaleHeight), "不\t及\t汪\t伦\t送\t我\t情", Mystyle);//在 Mystyle 设
置字体大小和类型
30      if (GUI.Button(new Rect(850 * m_fScaleWidth, 550 * m_fScaleHeight, 80 *
m_fScaleWidth,
31       60 * m_fScaleHeight), Buttonbg, Mystyle)){           //特定位置绘制切换按钮
32       ++counters;                                         //计数器自加
33       if (counters % 2 == 0){         //当计数器可被 2 整除时切换替换字体格式
34         GetComponent<DynamicFont>().Mystyle.font = THfont;
35       }else{                          //否则将 Mystyle 类型中的字体设置为原来字体类型
36         GetComponent<DynamicFont>().Mystyle.font = Yfont;
37     }}}}
```

❑　第 3～8 行定义了 GUI 的格式、背景图片以及开发过程中需要用到的字体类型变量。

❑　第 9～13 行定义计数器、基准屏幕分辨率变量，声明屏幕分辨率缩放系数用来解决
　　Android 多屏幕分辨率自适应问题。

❑ 第 14～20 行根据当前的屏幕分辨率计算屏幕缩放系数，并且在整个屏幕上绘制背景图。

❑ 第 21～29 行重写 OnGUI 方法，在屏幕背景图上利用自定义的 Mystyle 类型绘制古诗。

❑ 第 30～32 行在屏幕的特定位置绘制切换字体的 Button，并实现计数器的自加功能。

❑ 第 33～37 行的功能是当计数器可以被 2 整除时切换 Mystyle 类型中的字体类型，否则恢复原来的字体类型，实现对古诗中字体类型的切换功能。

（3）脚本编写完成后，单击保存按钮。回到 Unity 集成开发环境，将该脚本挂载到主摄像机上，如图 6-66 所示。将对应的资源拖曳到脚本中的变量上，Background.png 挂载到 Bgtexture 中，QieHuan.png 挂载到 Buttonbg 变量中，再分别为脚本中的字体类型变量挂载资源。如图 6-67 所示。

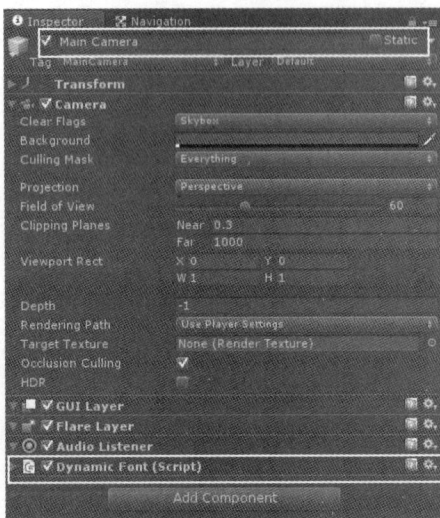

图 6-66　挂载脚本

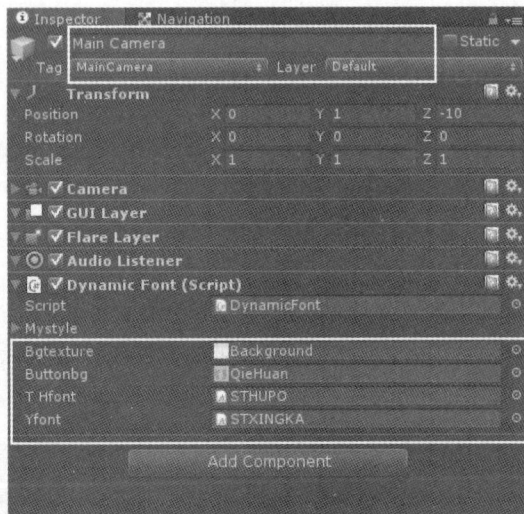

图 6-67　挂载资源

（4）脚本变量挂载完成后，单击 Dynamic Font 脚本下的 Mystyle 参数，对该 GUI 格式进行设置。将华文行楷字体拖曳到 Font 参数的右框中，并设置其字体大小（Font Size）参数为 30（读者可以根据开发需求自行修改 Mystyle 参数），如图 6-68 所示。最后单击播放按钮运行即可。

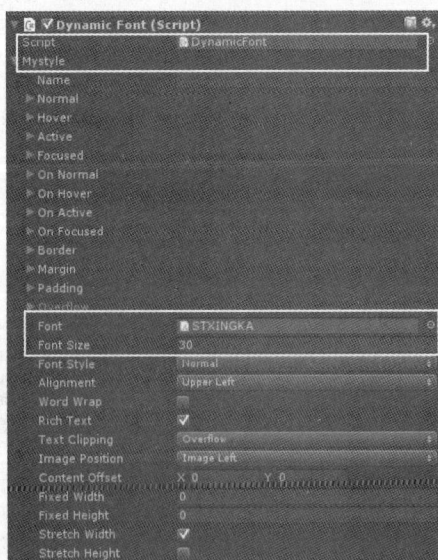

图 6-68　调整 Mystyle 参数

6.6 声   音

声音在任何类型的游戏中都占有举足轻重的地位，特别是恐怖类游戏，合理地搭配游戏音效可以营造恐怖、压抑的环境氛围。其中声音分为两种，分别是游戏音乐和游戏音效。前者适合时间较长音乐如游戏背景音乐，后者适合较短的音乐如枪击声。本节将讲解 Unity 中声音的相关知识。

6.6.1 声音类型和音频侦听器

Unity 游戏引擎一共支持 4 种音频格式，分别是.AIFF 格式、.WAV 格式、.MP3 格式、.OGG格式。其中.AIFF 格式和.WAV 格式适用于较短的音乐文件，可作为游戏中枪击、打怪的声音，而.MP3 格式、.OGG 格式适用于较长的音乐文件，可作为游戏中的背景音乐。

音频侦听器（Audio Listener）在游戏场景中是不可或缺的一份子，它在场景中类似于麦克风设备，从场景中任何给定的音频源接受输入，并通过计算机的扬声器播放声音。单击 Component→Audio→Audio Listener 菜单可添加音频侦听器。如图 6-69 所示。一般情况下将其挂载到摄像机上，如图 6-70 所示。

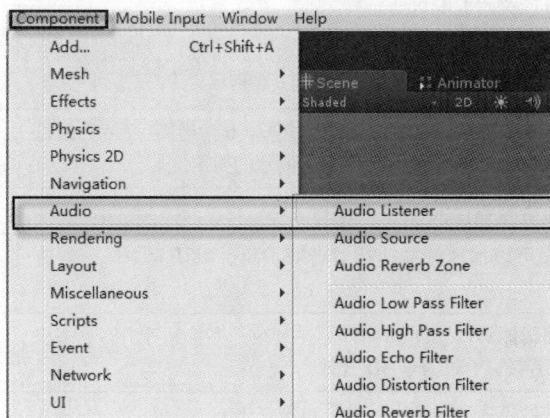

图 6-69 添加音频侦听器　　　　　　　图 6-70 挂载音频侦听器

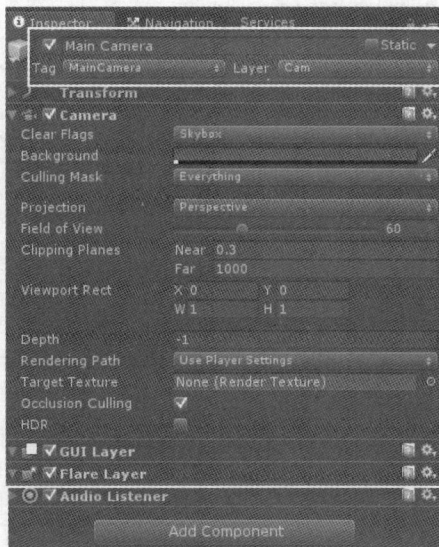

6.6.2 音频源

在游戏场景中播放音乐就需要用到音频源——Audio Source。其播放的是音频剪辑（Audio Clip），若音频剪辑是 3D 的，声音则会随着音频侦听器与音频源间距离的增大而衰减产生多普勒效应。音频不仅可以在 2D 与 3D 之间进行变换，还可以改变其音量的衰减模式。

当音频侦听器处于一个或多个混响区域（Reverb Zone）内时，混响将被应用到音频源中。单独的音频滤波器可以应用到每个音频源，从而得到更加丰富的听觉体验。单击 Component→Audio→Audio Source 菜单添加音频源，如图 6-71 所示。音频源参数如图 6-72 所示。参数详解如表 6-2 所列。

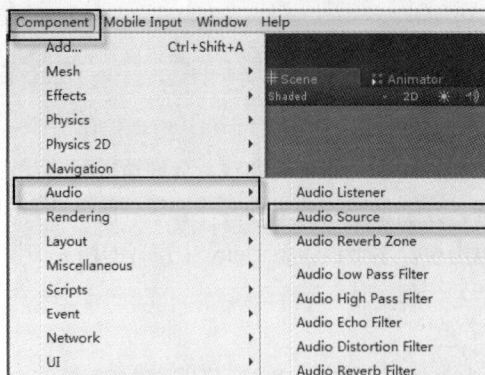

图 6-71　添加音频源

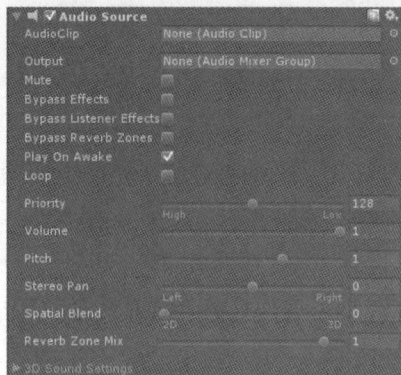

图 6-72　音频源参数

表 6-2　　　　　　　　　　　　　　　　音频源重要参数列表

参　数　名	含　　义
AudioClip（音频剪辑）	将要被播放的音频剪辑文件
OutPut（输出）	音频剪辑通过音频混合器输出
Mute（静音）	如果勾选该参数，那么音频在播放时会没有声音
Bypass Effect（忽视效果）	应用到音频源的快速"直通"过滤效果，用来快速打开或关闭所有特效
Bypass Listener Effect（忽视侦听器效果）	用来快速打开或关闭侦听器特效
Bypass Reverb Zone（忽视混响区）	用来快速打开或关闭混响区
Play On Awake（唤醒时播放）	如果启用，则声音在场景启动时就会播放，如果禁用，那么就需要在脚本中使用 Play()命令来播放
Priority（优先权）	确定场景中所有并存的音频源之间的优先权（0 为最高，256 为最低），一般使用优先权为 0 的音频剪辑，避免偶尔的换出
Volume（音量）	音频侦听器监听到的音量
Pitch（音调）	改变音调值，可以加速或减速播放音频剪辑，默认为 1 是正常速度播放
Spatial Blend（空间混合）	设置该音频剪辑能够被 3D 空间计算（衰减、多普勒等）影响多少，为 0 时为 2D 音效，1 时为全 3D 音效
Volume Rollof（音量衰减模式）	设置音量衰减的模式（对数、线性、自定义）
Min Distance（最小距离）	在最小距离内，声音会保持最大音量。在最小距离之外，声音就会开始衰减
Max Distance（最大距离）	声音停止衰减距离（距离音频侦听器的最大距离）。超过这一点，将保持音量，不再做任何衰减

　　音频源音量的衰减模式一共有三种，分别是对数衰减模式、线性衰减模式和自定义衰减模式。如图 6-73、图 6-74 和图 6-75 所示。这三个衰减模式的共同特点是声音在 Min Distance（最小距离）之外按照其模式进行衰减。其中自定义衰减模式就是可自定义衰减曲线。在曲线的某一点双击或者单击鼠标右键，选择 Add Key 即可增加一个键（Key），并在键的位置调整衰减曲线。

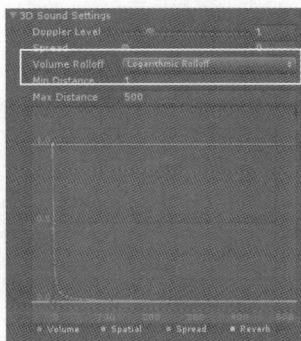

図 6-73　对数衰减模式　　　　図 6-74　线性衰减模式　　　　图 6-75　自定义衰减模式

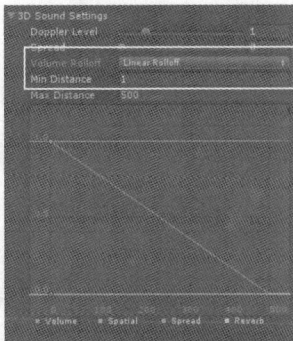

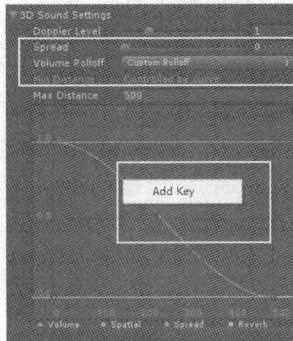

6.6.3　音频效果

音频滤波器组件不仅可以应用到音频源和音频侦听器上面，还可以应用到带有音频源组件或者带有音频监听组件的游戏对象上面，以达到不同的播放效果。需要读者注意的是，虽然 Unity 游戏引擎对滤波器进行了高度优化，但是某些滤波器仍会消耗大量的 CPU 资源。

在 Unity 中进行封装的滤波器有 6 种，分别是低通滤波器（Low Pass Filter）、高通滤波器（High Pass Filter）、回声滤波器（Echo Filter）、失真滤波器（Distortion Filter）、混响滤波器（Reverb Filter）和合声滤波器（Chorus Filter），下面将对开发中常用的滤波器进行详细介绍。

1. 低通滤波器——Low Pass Filter

音频低通滤波器，可以通过低频率的声音，声音频率比截止频率高的都将被消除。音频低通滤波器有两个非常重要的参数，分别为截止频率（Cutoff Frequency）、低通共振品质（Lowpass Resonance Q）。下面将详细地介绍这两个参数。

其中低通截止频率的范围是 10.0~22000.0Hz，默认值为 5000Hz。低通共振品质可确定滤波器自谐振进行阻尼的程度，其范围在 1.0~10.0，默认值为 1.0。低通共振品质的值越高表示能量损失越低，即振荡消失越慢。单击 Component→Audio→Audio Low Pass Filter 菜单添加低通滤波器，如图 6-76 所示。

音频低通滤波器（Audio Low Pass Filter）关联了滚降曲线（Rolloff curve），这样便可以在音频源（AudioSource）与音频侦听器（AudioListener）之间的距离上设置截止频率（Cutoff Frequency）。开发人员可以通过编辑曲线设置截止频率，如图 6-77 所示。

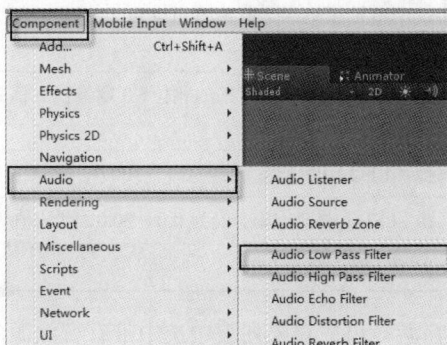

图 6-76　添加低通滤波器　　　　图 6-77　设置截止频率

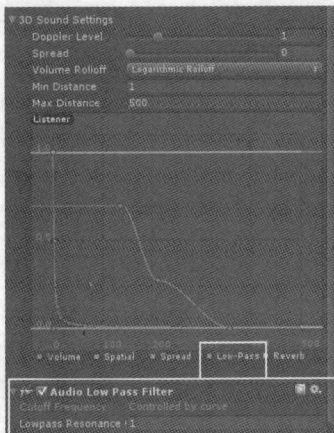

2. 回声滤波器——Echo Filter

音频回声滤波器一般添加到一个给定延迟重复的音频源上，其衰减基于重复的衰变率。音频回声滤波器具有 4 个重要的参数，分别为延迟（Delay）、衰变率（Decay Ratio）、湿度混合（Wet Mix）和直达声混合（Dry Mix）。下面对各个参数进行说明，具体如表 6-3 所列。

表 6-3 回声滤波器中的各个参数

参 数 名	含 义
Delay（延迟）	以毫秒为单位，回声延迟值在 10.0~5000.0，默认值为 500
Decay Ratio（衰变率）	回声每次延迟值在 0.0~1.0，1.0 表示不延迟，0.0 表示总延迟，默认值为 0.5
Wet Mix（湿度混合）	回声信号输出的音量值在 0.0~1.0，默认值为 1.0
Dry Mix（直达声混合）	原始信号输出的音量值在 0.0~1.0，默认值为 1.0

提示 湿度混合（Wet Mix）标识已加入效果的声音信号的振幅。直达声混响（Dry Mix）标识未加入效果的直达声信号的振幅。

若要为音频源添加一个音频回声滤波器，首先要选中带有音频源组件的游戏对象，然后单击 Component→Audio→Echo Filter 即可添加该组件，读者可在该游戏对象的 Inspector 面板中查看该组件的相关参数，如图 6-78 所示。

3. 合声滤波器——Chorus Filter

音频合声滤波器会将音频剪辑进行处理，创建一个合声效果。合声效果通过一个正弦低频振荡器（LFO）调节原始声音。输出的声音听起来类似合唱团所发出的声音。音频合声滤波器具有多个重要的参数，具体的参数如表 6-4 所列。

图 6-78 回声滤波器参数

表 6-4 音频合声滤波器中的各个参数

参 数 名	含 义
Dry Mix（直达声混合）	原始信号输出的音量，值为 0.0~1.0，默认值为 0.5
Wet Mix 1（效果声混合 1）	第一个合声节拍的音量，值为 0.0~1.0，默认值为 0.5
Wet Mix 2（效果声混合 2）	第二个合声节拍的音量，这个节拍是第一个节拍的相位 90 度输出，值为 0.0~1.0，默认值为 0.5
Wet Mix 3（效果声混合 3）	第三个合声节拍的音量，这个节拍是第二个节拍的相位 90 度输出，值为 0.0~1.0，默认值为 0.5
Delay（延迟）	以毫秒为单位，低频振荡器（LFO）的延迟。值为 0.1~100.0，默认值为 40ms
Rate（比率）	以赫兹为单位，低频振荡器（LFO）调节比率，值为 0.0~20.0，默认值为 0.8Hz
Depth（深度）	合声调节深度，值为 0.0~1.0，默认值为 0.03

若要为音频源添加一个音频合声滤波器，首先在游戏组成对象列表中选中带有音频源的对象，然后单击 Component→Audio→Audio Chorus Filter 菜单，即可为游戏对象添加一个音频合声滤波

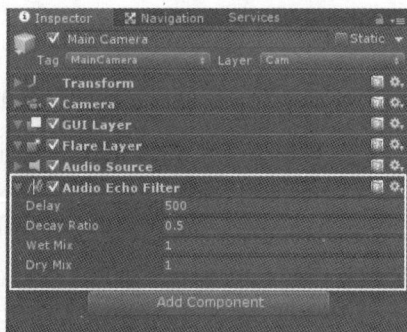

器，在属性查看器中可以查看到刚刚添加的音频合声滤波器组件，如图 6-79 所示。

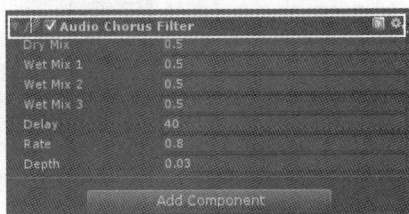

图 6-79　合声滤波器参数

6.6.4　案例开发

通过学习前面小节中声音的相关知识，相信读者对其有了初步的了解。本小节笔者将通过一个小的综合案例更加系统地讲解相关知识，使得读者能够在开发过程中熟练地应用声音技术开发出更加优秀的游戏作品。

1. 案例效果

本案例是由一个简单的 3D 场景和 UI 界面混合而成，目的是为了讲解摄像机影像的叠加问题。该 UI 界面中由三个 Button 和三个 Toggle 组成，Button 分别控制着声音的播放、暂停和停止，Toggle 控制着选择不同的音频滤波器。案例运行效果如图 6-80、图 6-81 所示。

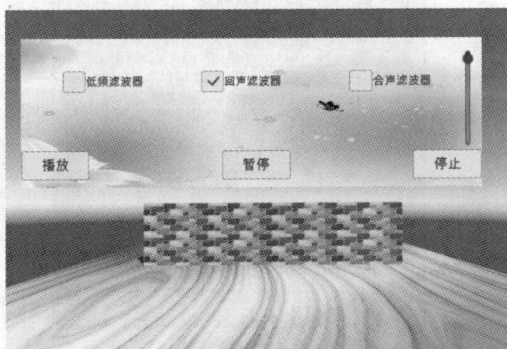

图 6-80　案例运行效果 1

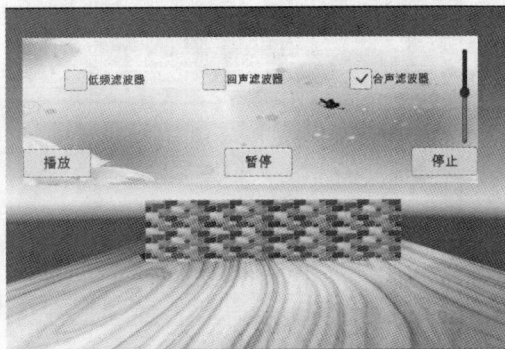

图 6-81　案例运行效果 2

2. 开发流程

通过观察案例运行效果图，读者会发现可以通过单击 UI 界面底部的播放、暂停和停止按钮来控制声音的状态，通过调整右侧的 Slider 可以调整音量，而且还可以通过正上方的 Toggle 启用不同的音频滤波器。在 UI 界面下方是一个简单的游戏场景。案例具体开发流程如下。

（1）打开 Unity 集成开发环境，在 Project 面板新建三个文件夹，分别重命名为"Audio"、"C#"、"Texture"。将开发过程中用到的音频剪辑 gaoshan.mp3 导入 Audio 文件夹，将所需的图片导入 Texture 文件夹，作为场景中游戏对象的纹理图。

（2）单击 GameObject→3D Object→Plane 菜单新建一地板，并将 Texture 中的 Diban.png 拖曳到地板上为其赋上纹理图。按照此步骤在场景中新建 Cube 游戏对象，为其赋上 BallBG.png 纹理图，调整该 Cube 的大小和位置，如图 6-82 所示。

（3）单击 GameObject→UI→Canvas 菜单，在场景中新建一块画布，如图 6-83 所示，选中 Canvas 游戏对象，单击 GameObject→Camera 菜单创建摄像机，该摄像机的功能就是用来渲染 UI 界面，去除其属性面板中的 Audio Listener 组件。在 Camera 游戏对象下新建子对象 Panel，用来放置所有的 UI 组件。

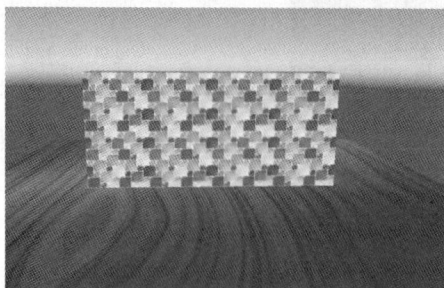

图 6-82　3D 场景效果

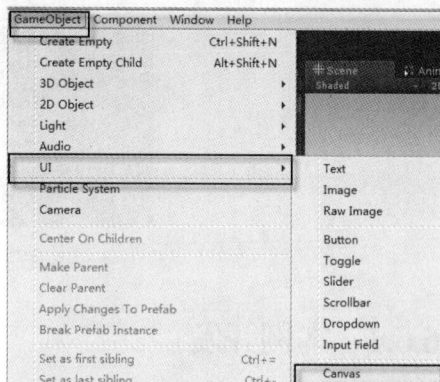

图 6-83　新建 Canvas（画布）

（4）选中 Panel 游戏对象，将 Beijing1.png 拖曳到其 Image 组件下，作为整个 UI 的背景。如图 6-84 所示。以新建"播放"按钮为例。单击 Component→UI→Button 菜单新建一个 Button 并重命名为"bofang"，选择其子对象 Text，在其属性面板中的 Text 组件下将 Text 文本修改为"播放"，并将其 Font Size 置为 24。如图 6-85 所示。

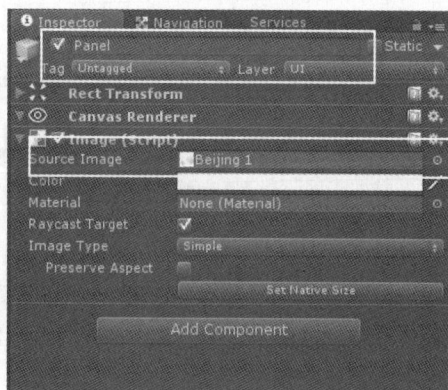

图 6-84　添加 UI 背景图

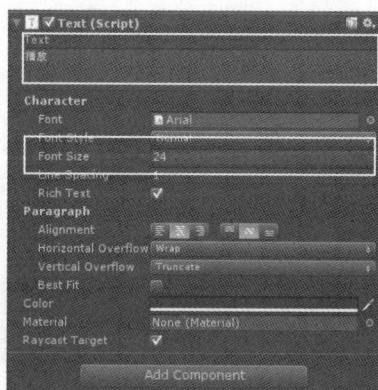

图 6-85　修改按钮名称

（5）重复步骤（4）创建暂停按钮和停止按钮，调整 3 个按钮的位置于 Panel 的底部。在 Panel 下新建子对象 Slider，用来调整场景中音乐的音量，并将其调整到 Panel 的右侧。修改 Slider 各部分的颜色值以便区分（具体方法已在前面章节介绍）。Hierarchy 面板的结构如图 6-86 所示，界面效果如图 6-87 所示。

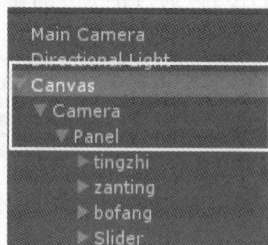

图 6-86　内部结构图

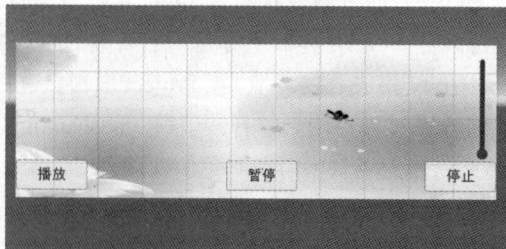

图 6-87　界面效果图

（6）利用快捷键 Ctrl+Shift+N 在 GameObject 下创建一个空游戏对象，选中该对象单击 Component→UI→Toggle 菜单，创建三个开关，依次命名为"LowToggle"、"EchoToggle"、"ChorusToggle"，

调整其大小和位置，在 Panel 中依次排列，选中这三个 Toggle 将其 Is On 参数前面的复选框统一勾掉。

（7）本案例中一共有三种音频效果，笔者设置的是玩家每次只可以勾选一种效果。选中 GameObject 游戏对象，单击 Component→UI→Toggle Group，为其添加开关组组件。如图 6-88 所示。利用 Ctrl 键选中 LowToggle 等三个 Toggle 对象，将 GameObject 拖曳到 Toggle 组件下的 Group 中，如图 6-89 所示。

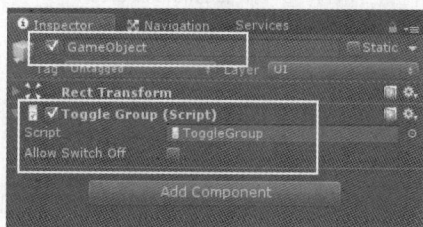

图 6-88　添加 Toggle Group 组件

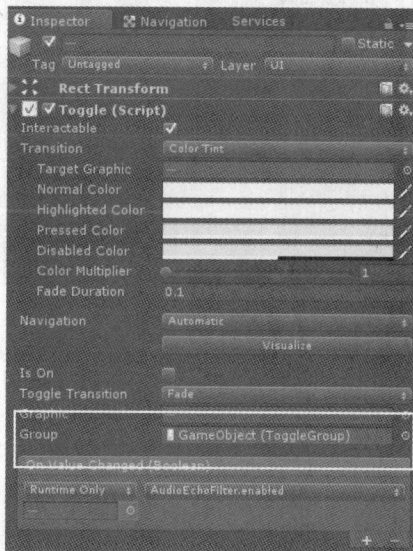

图 6-89　添加开关组

（8）选中 Canvas 游戏对象下的子对象 Camera，在其属性面板中将其 Clear Flags 参数修改为 Depth only，如图 6-90 所示。该 Camera 的 Depth 值为 0，而 Main Camera 的 Depth 值为-1，所以 Camera 所渲染的影像会一直显示在 Main Camera 所渲染的影像上。

（9）选中 Canvas 游戏对象，在其属性面板中将其 Render Mode（渲染模式）修改为 World Space，将 Camera 游戏对象拖曳到 Event Camera 中，如图 6-91 所示。选择 Main Camera 游戏对象，为其添加 LowToggle、EchoToggle、ChorusToggle 组件，并将它们的 active 置为 false。如图 6-92 所示。

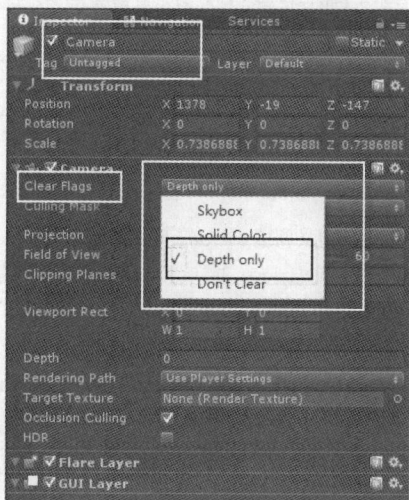

图 6-90　修改 Camera 参数

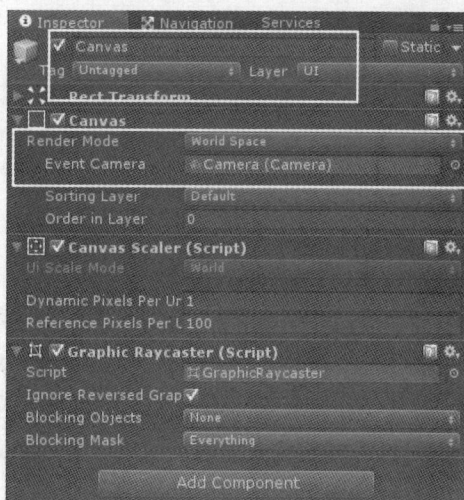

图 6-91　修改 Camera 渲染模式

（10）单击 Component→Audio→Audio Source 为 Main Camera 添加音频源组件，将 Audio 文件夹下的 gaoshan.mp3 音频剪辑拖曳到 Aduio Clip 中，并将 Play On Awake 参数置为 false。如图 6-93 所示。在 C#文件夹中新建 C#脚本并重命名为 "AudioSettings"，具体代码如下。

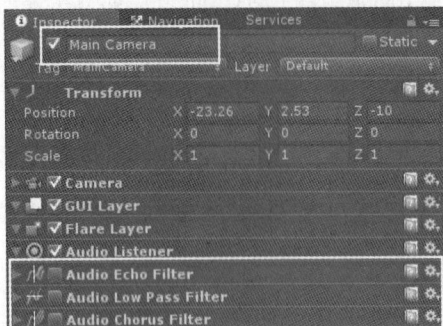

图 6-92　添加滤波器

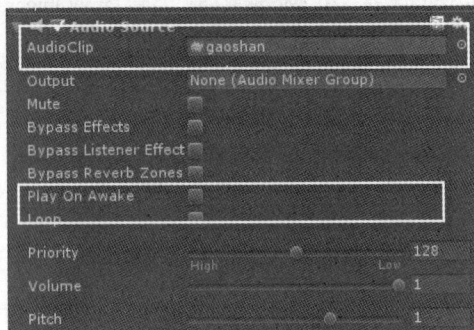

图 6-93　添加 Audio Source

代码位置：见资源包中源代码/第 6 章目录下的 SoundsDemo/Assets/ C#/ AudioSettings.cs。

```
1    using UnityEngine;
2    using System.Collections;
3    using UnityEngine.UI;
4    public class AudioSettings : MonoBehaviour{
5      AudioSource musics;                           //声明音频源变量
6      public Slider slider;                         //声明场景中 Slider 变量
7      void Start (){
8        musics = this.GetComponent<AudioSource>();  //初始化音频源变量
9        musics.volume = slider.value;               //初始化音频剪辑的音量值
10     }
11     public void pressbofang(){                    //定义按下播放按钮调用的方法
12       if(!musics .isPlaying ){                    //当音乐没有正在播放时，播放音乐
13          musics.Play();
14     }}
15     public void presszanting(){                   //定义按下暂停按钮调用的方法
16       if(musics.isPlaying ){                      //当音乐正在播放时，暂停音乐
17          musics.Pause();
18     }}
19     public void presstingzhi(){                   //定义按下停止按钮调用的方法
20       if(musics.isPlaying ){                      //当音乐正在播放时，停止播放
21          musics.Stop();
22     }}
23     public void Volumechange(){                   //定义调整 Slider 时调用的方法
24        musics.volume = slider.value;              //将 Slider 的 value 值作为音乐的音量值
25     }}
```

❏ 第 4～6 行声明场景中的音频源变量以及挂载 Slider 的变量。

❏ 第 7～10 行重写 Start 方法，并初始化音频源变量以及其音量值。

❏ 第 11～14 行定义播放按钮的监听方法，当音乐没有正在播放时，播放音乐。

❏ 第 15～18 行定义暂停按钮的监听方法，当音乐正在播放时，暂停播放音乐。

❏ 第 19～22 行定义停止按钮的监听方法，当音乐处于播放状态时，停止播放音乐。

❑ 第 23～25 行定义滑动 Slider 时调用的方法，将 Slider 的 value 值作为音乐的音量值。

（11）脚本编辑完成后将其挂载到主摄像机上，将场景中 Slider 游戏对象挂载到脚本的 slider 变量上。以播放按钮为例讲解挂载按钮监听的方法。选中 bofang 游戏对象，单击 OnClick 下的"+"图标并将 Main Camera 拖曳到左侧栏中，在右边的方法列表中找到 pressbofang 方法，如图 6-94、图 6-95 所示。

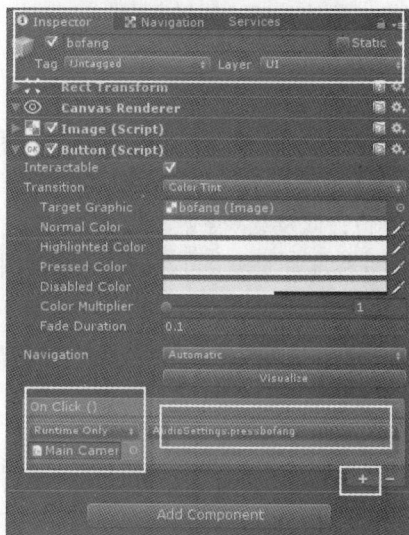

图 6-94 添加监听方法

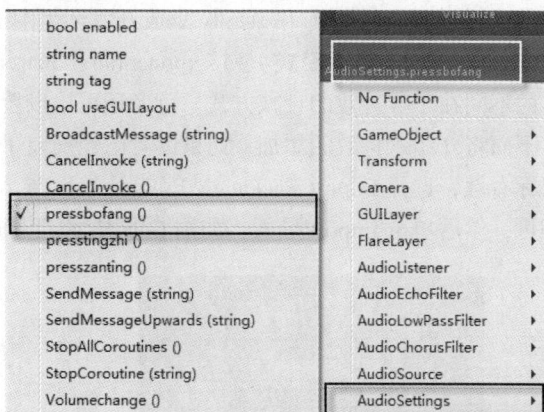

图 6-95 选中 bofang 方法

（12）以同样的方式为暂停、停止按钮以及 Slider 添加事件监听。以 LowToggle 为例讲解为 Toggle 挂载事件监听，选中 LowToggle 游戏对象，单击 OnClick 下的"+"图标并将 Main Camera 拖曳到左侧栏中，在右侧方法列表中选择 AudioLowPassFilter→enabled。如图 6-96 所示。

（13）依次为三个 Toggle 添加事件监听后，选中 Main Camera 游戏对象，在 Camera 组件中修改 Culling Mask 参数，去除 UI 选项，如图 6-97 所示。单击播放按钮运行项目，滑动 Slider 调整音乐音量，选择不同的滤波器即可体验其音频效果。

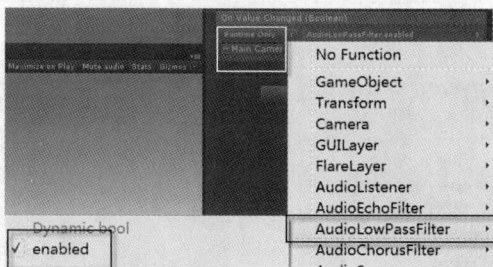

图 6-96 添加 Toggle 监听

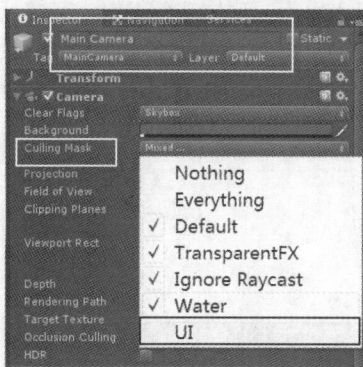

图 6-97 修改 Camera 组件参数

6.7 雾特效和水特效

游戏中为了模拟真实的自然状况，开发人员都会尽可能地还原真实世界中的场景。例如制作更加真实的光照效果，精细的 3D 建模以及前面介绍的天空盒，这些都会大大加强场景的真实性。本节读者将介绍游戏场景中雾与水的实现，以便读者能够创造更加绚丽的场景。

一般情况下，想要在游戏场景中添加雾特效与水特效较为困难，因为这需要开发人员懂得着色器语言并且能够使用其熟练地进行编程。Unity 游戏开发引擎为了降低开发门槛，其中内置了雾特效并在标准资源包中添加了多种水特效，开发人员可轻松地将其添加到场景中。

6.7.1 雾特效和水特效的基础知识

首先讲解雾特效的使用，Unity 集成开发环境中的雾特效有 3 种模式，分别为 Linear（线性模式）、Exponential（指数模式）和 Exponential Squared（指数平方模式），如图 6-98 所示，这三种模式的不同在于雾特效的衰减方式。读者还可以设置雾的颜色，以及衰减系数。

下面将介绍水特效的添加。如果读者已经安装了 Unity 的标准资源包，可在 Project 面板中单击鼠标右键，选择 Import Package→Environment 导入环境包，在打开的窗口中仅选中 Water 文件夹即可，然后单击 Import 导入，如图 6-99 所示。下面将会对部分水特效进行介绍。

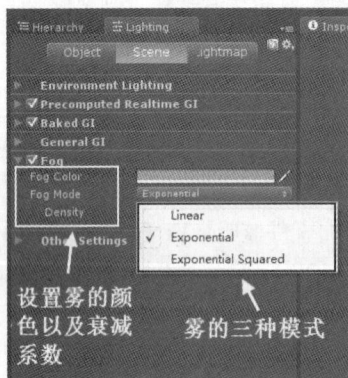

图 6-98　雾特效设置面板

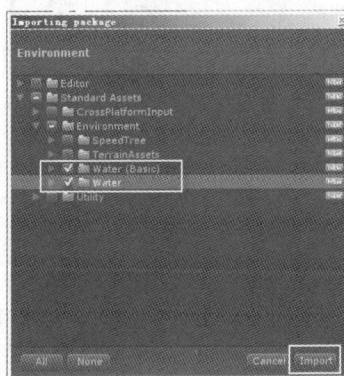

图 6-99　导入水特效

（1）导入完成后找到 Water 文件夹下的 Prefabs 文件夹，如图 6-100 所示，其中包含两种水特效的预制件，可将其直接拖曳到场景中，这两种水特效功能较为丰富，能够实现发射和折射效果，并且读者也可以对其波浪大小、反射扭曲等参数进行修改，如图 6-101 所示，常用参数信息如表 6-5 所列。

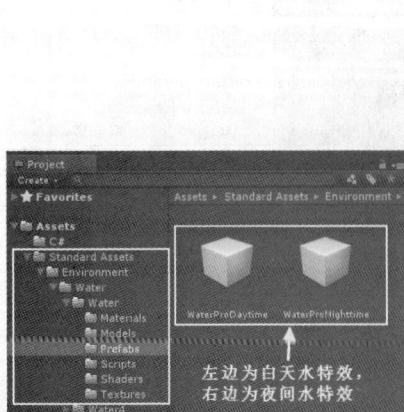

图 6-100　水特效目录结构

（a）水特效设置面板 1

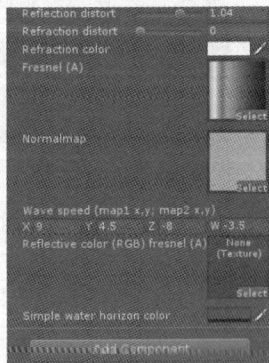

（b）水特效设置面板 2

图 6-101

表 6-5   水特效参数列表

参 数 名	含 义	参 数 名	含 义
Water Mode	其中包括 Simple（简单）、Reflective（反射）、Refractive（折射）三种模式	Texture Size	纹理图的尺寸
Wave Scale	水面波浪大小	Reflection distort	反射扭曲
Refraction distort	折射扭曲	Refraction color	折射颜色

（2）找到 Water（Basic）文件夹下的 Prefabs 文件夹，如图 6-102 所示。其中包含两种基本水的预制件。基本水的功能较为单一，没有反射、折射等功能，仅可以对水的波纹大小与颜色进行设置。由于其功能简单，所以这两种水所消耗的计算资源远远小于前面两种，更适合移动端平台的开发。

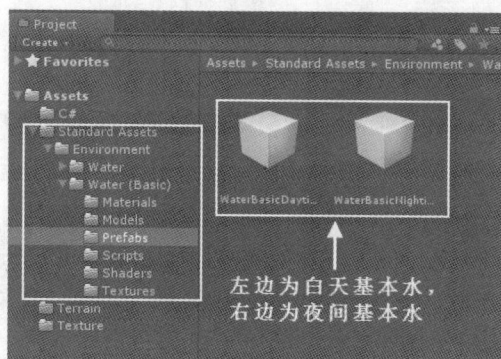

图 6-102   基本水特效目录结构

6.7.2   雾特效和水特效的案例开发

前面介绍了雾特效与水特效的基本知识，下面笔者将通过一个案例来讲解开发人员如何在实际开发过程中使用水特效与雾特效。学习之前要确认 Unity 游戏开发引擎安装了标准资源包。关于资源包的安装笔者在前面已经有所介绍，这里就不再赘述。

1. 案例效果

本案例在场景中同时添加了雾特效与水特效。除此之外案例中还是用到了 Terrain（地形），关于地形的相关知识在后面的章节会进行详细的介绍。案例运行后读者可以通过键盘的方向键来控制镜头的移动，单击左上角的按钮可切换雾的模式，案例运行效果如图 6-103 所示。

图 6-103   案例运行效果

2. 开发流程

实际开发过程中要注意特效的合理使用，滥用特效会造成游戏的卡顿。如果需要运行本案例，可使用 Unity 软件打开资源包中的 FogWater_Demo 工程文件并双击工程中的场景文件 FogWater_Demo，最后单击播放按钮即可。下面将详细介绍案例的开发流程，具体步骤如下。

（1）首先打开 Unity 集成开发环境，新建工程并重命名为"FogWater_Demo"，进入工程并通过快捷键 Ctrl+S 来保存当前场景并重命名为"FogWater_Demo"，然后在 Assets 目录下新建三个文件夹分别命名为"Texture"、"C#"和"Terrain"，用来放置纹理图、脚本文件和地形文件。

（2）首先导入本案例需要的地形文件和地形纹理贴图到 Terrain 和 Texture 文件夹中，然后将地形添加到场景中并为其添加纹理贴图，单击场景中的地形，在 Inspector 面板中单击画笔按钮，选择 Edit Textures→Add Texture，将地形纹理图添加到弹出的窗口中单击 add 按钮即可，如图 6-104、图 6-105 所示。

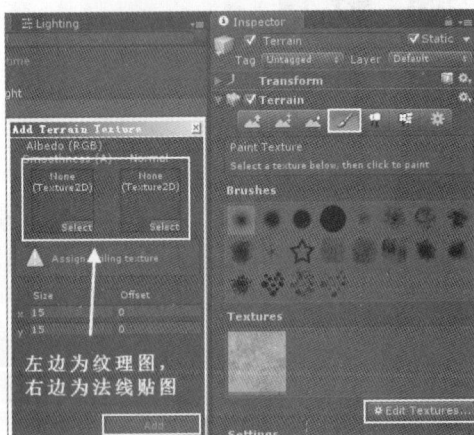

图 6-104　为地形添加纹理

图 6-105　地形效果

（3）完成后选中主摄像机，为其添加 Character Controller（角色控制器）组件，单击菜单栏 Component→Physics→Character Controller 即可。之后需要编写脚本使用户能够通过键盘的方向键来控制摄像机的移动，本案例使用的代码是 4.7.2 小节中的代码，这里就不再赘述，本案例中脚本名为"Move"。

（4）接下来将开启场景中的雾特效，单击菜单栏 Window→Lighting，就会打开 Lighting 窗口，在窗口中将 Fog 菜单勾选开启，然后在其设置面板中可以设置雾的模式以及雾的颜色，这里随意选择即可，如图 6-106、图 6-107 所示。后面读者将编写脚本来动态地更改雾的模式以及颜色。

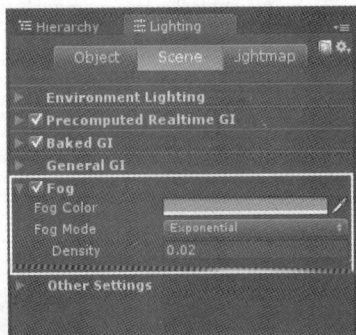

图 6-106　雾特效设置面板

图 6-107　雾开启后的效果

（5）下面将向场景中添加水特效，本案例中使用的水特效是 WaterProDaytime 预制件。这个预制件在 Water 文件夹下的 Prefab 文件夹中，如图 6-108 所示。点住该预制件并将其拖曳到场景中即可，然后将其放置在合适的位置上并调节 Scale 对其进行适当的放大，完成后效果如图 6-109 所示。

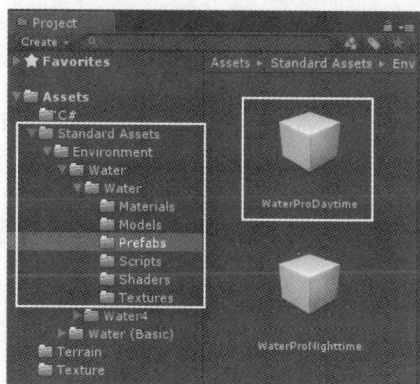

图 6-108　水特效预制件

图 6-109　添加水特效后的效果

（6）到此场景的搭建已经完成，接下来需要使用 UGUI 系统在屏幕的左上角创建三个 Button 控件，用来切换雾特效的模式，关于 UGUI 系统中 Button 控件的使用在 3.2.3 小节已经介绍完毕，这里不再赘述，创建完成后的效果如图 6-110 所示。

图 6-110　添加 Button 控件

（7）接下来开始编写脚本，使用户在单击 Button 控件时能够动态地切换雾特效的模式，来演示三种模式下雾特效的效果。在 C#文件夹下单击鼠标右键，选择 Create→C# Script 创建一个 C# 脚本并重命名为"Demo"。双击脚本进入脚本编辑器编辑代码，具体代码如下。

代码位置：见资源包中源代码/第 6 章目录下的 FogWater_Demo\Assert\C#\FogWater.cs。

```
1    using UnityEngine;
2    using System.Collections;
3    public class Demo : MonoBehaviour {
4      public Color color; //定义 Color 类型的变量，使用户能够在脚本的设置面板中设置雾的颜色
5      void Update() {
6         RenderSettings.fogColor = color;    //将雾的颜色设置为用户选定的颜色
7      }
8      public void LinearFog() {  //定义 public 类型的函数，使 Button 控件能够调用该函数
9         RenderSettings.fogMode = FogMode.Linear;    //将雾的模式设置为线性
```

```
10    }
11    public void ExponentialFog() {
12        RenderSettings.fogMode = FogMode.Exponential;    //将雾的模式设置为指数
13    }
14    public void ExponentialSquaredFog(){
15        RenderSettings.fogMode = FogMode.ExponentialSquared;//将雾的模式设置为指数平方
16    }}
```

> **说明** 该脚本主要通过 RenderSettings 下的 fogColor 和 fogMode 变量来修改雾特效的颜色以及模式。RenderSettings 下还有其他关于雾特效的变量可以使用，比如 fogDensity（衰减系数）、fogStartDistance（线性雾的开始距离）和 fogEndDistance（线性雾的结束距离）。

（8）完成后保存脚本并将其挂到到主摄像机上，然后在 Hierarchy 面板中选中一个 Button 控件，在其 Inspector 面板中会看到 On Click 参数，将主摄像机对象拖曳到下面的方框中，然后单击最右侧的下拉按钮，在其中找到 Demo 脚本中的编写方法并单击添加即可，如图 6-111 所示。其他两个按钮的操作方式与其完全相同，只是需要绑定的方法不同而已。完成后单击播放即可查看案例运行效果。

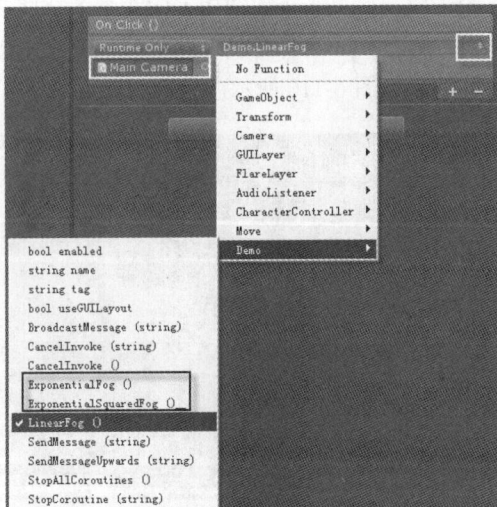

图 6-111　为 Button 控件绑定需要调用的方法

6.8　SQLite 数据库

对于一款游戏来说，数据的存储是十分必要的，比如玩家设置的游戏偏好、获取的道具、得到的分数以及游戏存档等等都能够涉及游戏数据的存储。在本节将向读者详细介绍在 Unity 集成开发环境中如何使用 C#语言来对 SQLite 数据库进行操作。

6.8.1　SQLite 数据库的基本知识

SQLite 数据库是一款关系数据库管理系统。它包含在一个相对小的 C 程式库中。SQLite 支持跨平台，操作简单，能够使用很多语言直接创建数据库，比如 Java、C#、PHP 等流行语言。SQLite

数据库体积小，仅为 4.43MB，并且在使用时无须配置，API 的使用也十分简单。

　　SQLite 数据库可以使用多种流行语言来进行创建，如果需要对数据库进行操作的话就需要使用 SQL 语言。SQL 全称为"结构化查询语言（Structured Query Language）"，SQL 语言结构简洁，功能强大，简单易学。下面读者会简单介绍 SQL 语言的陈述式以及数据类型。

　　❑　增删改查四种陈述式

　　INSERT 陈述句用来向数据表中添加一列数据、DELETE 陈述句用于在数据表中删除数据，UPDATE 陈述句用于在数据表中更新数据，SELECT 陈述句用来搜索数据表中的数据。SQLite 数据库的使用会涉及 SQL 语句的使用，读者还需要阅读相关书籍。下面读者会列出这四种陈述句的基本形式。

```
1    INSERT INTO 表名称 VALUES (值1, 值2,....)
2    DELETE FROM 表名称 WHERE 列名称 = 值
3    UPDATE 表名称 SET 列名称 = 新值 WHERE 列名称 = 某值
4    SELECT 列名称 FROM 表名称
```

　　❑　数据类型

　　SQL 作为一款结构化查询语言，其中也包括多种数据类型，分别为文本型、字符型、数值型以及日期型。下面读者会对这些数据类型进行简单的介绍。

　　（1）文本型数据包含 TEXT 类型，其可以存储超过 20 亿个字符。通常只有需要存储非常庞大数量的字符时才会使用，因为如果 TEXT 存在，即使它为空系统也会分配给它 2KB 的存储空间，除非将它删除，否则它所占据的存储空间无法以任何形式被释放出来。

　　（2）字符型数据包含 VARCHAR 和 CHAR 两种类型。用来存储字符数量小于 255 的字符串。不同的是 VARCHAR 型数据可以比 CHAR 型字段占用的内存和硬盘空间更少。比如定义了一个长度为 5 的 VARCHAR 型数据，如果仅存储一个字符它所占用的存储空间就会动态更改，而 CHAR 类型就不会。

　　（3）数值型数据包括 INTERGER（整数）、SINGLE（单精度浮点数）和 DOUBLE（双精度浮点数）三种类型。INTERGER 型能够存储整数，占两个字节。SINGLE 型能够存储小数，其占用 4 个字节。而 DOUBLE 的用途和 SINGLE 一样，不过它存储的范围大得多，占 8 个字节。

　　（4）日期型数据包含 DATE 和 TIME 两种类型。DATE 的存储格式为 YYYY-MM-DD，支持的范围是从 '1000-01-01' 到 '9999-12-31'，TIME 的存储格式为 HH:MM:SS，支持的范围是从 '-838:59:59' 到 '838:59:59'，其中 Y 为年份、M 为月份、D 为天数、H 为小时、M 为分钟、S 为秒数。

　　　　　SQL 语言以及 SQLite 数据库支持的数据类型不仅仅是上面几种。有兴趣的读者可以自行查看相关学习资料进行学习。本节主要是介绍如何在 Unity 集成开发环境中使用 SQLite 数据库，对于 SQLite 数据库的使用，这里仅做简单的介绍。

6.8.2　SQLite 数据库的案例开发

　　前面已经介绍了 SQLite 数据库与 SQL 语言的基本知识。这里将通过一个对数据库进行简单操作的案例来介绍如何使用 SQLite 数据库。本案例中对数据库的操作均使用的是最基本的 SQL 语句，读者可通过学习 SQL 语言的相关知识来实现更加复杂的功能。

1. 案例效果

　　该案例界面有四个 Button 控件，分别用来执行对数据库的操作，当单击查询数据按钮时，之前插入数据库中的数据就会显示在上面的 Input filed 控件中，案例运行效果如图 6-112 所示。本案例的制作过程中最重要的是如何在 Unity 中使用 SQLite 数据库,希望读者重点学习。

2. 开发流程

本案例重点在于数据库的使用,关于 UI 的使用这里不再过多介绍。需要运行本案例,可使用 Unity 软件打开资源包中的 SQLite_Demo 工程文件并双击工程中的场景文件 SQLite_Demo,最后单击播放按钮即可。下面将详细介绍案例的开发流程,具体步骤如下。

(1)首先打开 Unity 集成开发环境,新建工程并重命名为"SQLite_Demo",进入工程并通过快捷键 Ctrl+S 来保存当前场景并重命名为"SQLite_Demo",然后在 Assets 目录下新建两个文件夹分别命名为"C#"和"Plugins",用来放置脚本文件和 SQLite 数据库的 dll 文件,如图 6-113 所示。

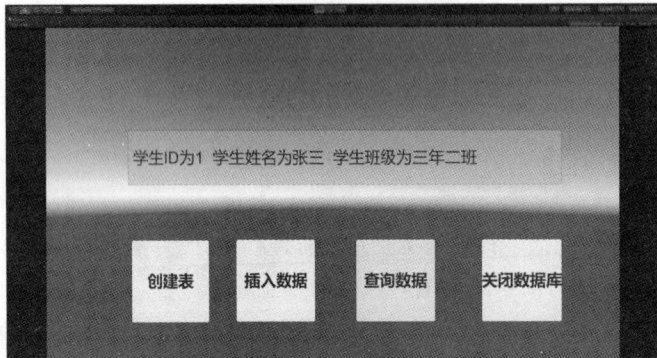

图 6-112　案例运行效果图　　　　　　　　　　图 6-113　目录结构

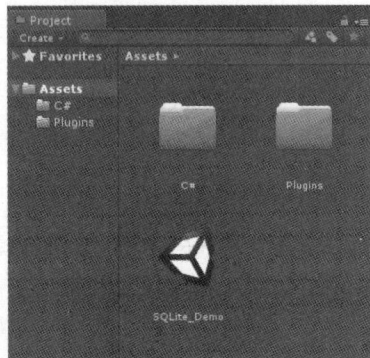

(2)接下来要向 Unity 项目中添加跟 SQLite 数据库相关的三个 dll 文件,这三个文件都在 Unity 安装目录中,分别为"Mono.Data.Sqlite.dll"、"sqlite3.dll"、"System.Data.dll"。这三个文件都必须放置在 Plugins 文件夹下,如果项目中没有这个文件夹需要自行创建。这三个文件的地址如表 6-6 所列。

表 6-6　　　　　　　　　　　　　　　　　dll 文件地址

文 件 名	地　　　址
Mono.Data.Sqlite.dll	Unity\Editor\Data\MonoBleedingEdge\lib\mono\gac\Mono.Data.Sqlite\2.0.0.0__0738eb9f132ed756
sqlite3.dll	Unity\Editor\Data\PlaybackEngines\webglsupport\BuildTools\Emscripten_Win\python\2.7.5.3_64bit\DLLs
System.Data.dll	Unity\Editor\Data\MonoBleedingEdge\lib\mono\gac\System.Data\2.0.0.0__b77a5c561934e089

(3)dll 文件添加完成后,接下来就可以在 Unity 中通过脚本来对 SQLite 数据库进行操作了。在 C#文件夹下单击鼠标右键,选择 Create→C# Script 创建一个 C#脚本并重命名为"Demo"。双击脚本进入脚本编辑器编辑代码,具体代码如下。

代码位置:见资源包中源代码/第 6 章目录下的 SQLite_Demo\Assert\C#\Demo.cs。

```
1    using UnityEngine;
2    using System.Collections;
3    using Mono.Data.Sqlite;    //导入 sqlite 数据集,也就是 Plugins 文件夹下的那个 dll 文件
4    using System;
5    using System.Data;    //数据集是 formwork2.0,用 VS 开发要自己引用框架中的 System.Data
6    using UnityEngine.UI;
7    public class Demo : MonoBehaviour{
8      private SqliteConnection dbConnection;//声明一个连接对象
9      private SqliteCommand dbCommand;    //声明一个操作数据库命令
10     private SqliteDataReader reader;    //声明读取结果集的一个或多个结果流
```

```
11    public InputField field;                      //数据库的连接字符串，用于建立与特定数据源的连接
12    int id = 0;                                     //声明一个学生 ID 号
13    void Awake() {
14      OpenDB("Data Source=./sqlite3.db"); //调用 OpenDB 函数来连接数据库
15      Debug.Log("Data Source=./sqlite3.db");
16    }
17    public void OpenDB(string connectionString){
18      try{
19        dbConnection = new SqliteConnection(connectionString); //实例化数据库连接对象
20        dbConnection.Open();                        //打开数据库
21        Debug.Log("Connected to Database");
22      }catch (Exception e){
23        string error = e.ToString();
24        Debug.Log(error);
25      }}
26    public void CloseSqlConnection(){        // 关闭连接
27      dbCommand = null;                         //使数据库命令置为空
28      reader = null;                             //使结果集置为空
29      if (dbConnection != null){
30        dbConnection.Close();                    //关闭数据库连接
31      }
32      dbConnection = null;                       //将数据库对象置为空
33      Debug.Log("Disconnected from db.");
34    }
35    public SqliteDataReader ExecuteQuery(string sqlQuery){//执行查询 sqlite 语句操作
36      dbCommand = dbConnection.CreateCommand(); //创建一个数据库命令对象
37      dbCommand.CommandText = sqlQuery;       //将 CommandText 设置为接收到的 SQL 语句
38      reader = dbCommand.ExecuteReader();     //执行命令语句并将返回的结果集赋给 reader
39      return reader;                            //返回结果集
40    }
41    public void ReadFullTable(){               //查询该表所有数据
42      string test = null;                       //声明一个字符串用于显示在 UI 控件中
43      IDataReader sqReader =ExecuteQuery("select * from DemoTable"); //接收结果集
44      while (sqReader.Read()){                  //读取结果集中的数据
45        test = "学生 ID 为" +
46        sqReader.GetInt32(sqReader.GetOrdinal("id")) + "  学生姓名为" +
47        //GetOrdinal 函数用于得到指定列的序号
48        sqReader.GetString(sqReader.GetOrdinal("name")) + "  学生班级为" +
49        //GetInt32 函数用于获取其中 Int 类型的数据
50        sqReader.GetString(sqReader.GetOrdinal("class"));
51        //GetString 函数用于获取其中字符串类型的数据
52        field.transform.GetComponent<InputField>().text = test;
53        //将最终处理完成的字符串显示在 UI 控件上
54      }}
55    public void InsertInto(){                   //向表中添加数据
56      string query = "INSERT INTO DemoTable VALUES("+(++id)+",\"张三\",\"三年二班\")";
57      //声明一条 SQL 语句用来向表中添加数据
58      ExecuteQuery(query);                      //执行 SQL 语句
59    }
60    public void CreateTable(){                  //创建数据表
61      string query = "CREATE TABLE DemoTable(id int,name VARCHAR(30),class VARCHAR(30))";
62      //声明一条 SQL 语句用来创建数据表
```

```
63        ExecuteQuery(query);                              //执行 SQL 语句
64    }}
```

❑ 第 1~6 行引用相关的命名空间，为了能够正常地使用 SQLite 数据库以及 UI 空间，这些命名空间缺一不可。

❑ 第 7~12 行是关于变量的声明，第 8~10 行是与 SQLite 数据库相关的变量，包括连接对象、命令文本以及结果集。第 11~12 行用来声明 UI 控件以及学生 ID。

❑ 第 13~16 行重写系统的 Awake 函数，当脚本被加载的时候这个函数会被调用，在其中调用了 OpenDB 函数，来打开一个数据库。数据库文件的地址用户可以自行定义。

❑ 第 17~25 行为 OpenDB 函数，这个函数会接收数据库地址。并根据地址创建数据库连接对象，然后使用 Open() 函数来打开数据库，这一部分需要使用异常捕捉。

❑ 第 26~34 行的 CloseSqlConnection 函数用来关闭数据库，在其中数据库命令、结果集以及数据库连接对象都会被清空并使用 Close() 函数来关闭数据库。

❑ 第 35~40 行的 ExecuteQuery 函数用来执行所接收到的 SQL 语句，并将返回的结果集赋给 reader。

❑ 第 41~54 行的 ReadFullTable 函数用来查询表中的所有数据，使用 ExecuteQuery 函数去执行一条 SQL 语句，并使用 while 循环来读取被返回的结果集中的数据。在 while 循环中拼装用于显示在 UI 控件上的字符串，最后使用 Input Filed 控件的 Text 变量来显示字符串。

❑ 第 55~59 行的 InsertInto 函数用于向数据表中插入数据，声明相关 SQL 语句的字符串并使用 ExecuteQuery 函数来执行 SQL 语句。

❑ 第 60~64 行的 CreateTable 函数用于创建数据表，在其中声明相关的 SQL 语句并使用 ExecuteQuery 函数来执行 SQL 语句。

（4）为了该项目能够在 PC 端上正常运行，这里还需要设置 Api Compatibility Level（API 兼容性级别）。单击菜单栏中 File→Build Settings，在打开的窗口中单击 Player Settings，在 Inspector 面板中 Other Settings 的下拉菜单中即可找到，将其设置为 ".NET 2.0" 即可，如图 6-114 所示。

（5）脚本编写完成后，保存并返回 Unity 集成开发环境中，将脚本挂载到主摄像机上即可。完成后需要在场景中使用 UGUI 创建 4 个 Button 控件和 Input Field 控件。创建完成后将该控件添加到 Demo 脚本设置面板上的 Field 处，如图 6-115 所示。并将四个 Button 控件分别挂载 Demo 脚本中四个相关的函数。完成后单击播放按钮即可，运行过程中应首先单击创建数据库按钮。

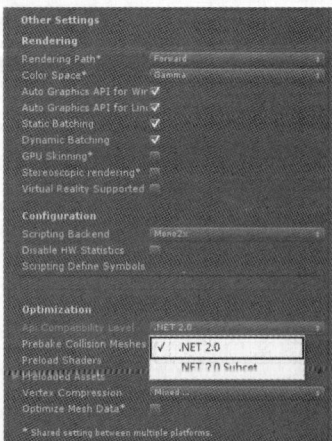

图 6-114　设置 API 兼容性级别

图 6-115　添加控件

6.9　本章小结

本章介绍了 3D 开发过程常用的开发技术，其中包括天空盒的应用、3D 拾取、动态字体、加速度传感器、虚拟摇杆与按钮的使用、声音、水特效和雾特效的开发与应用等。通过本章的学习，相信读者在以后的开发过程中会更加得心应手，达到所需要的效果。

6.10　习　　题

1. 使用 6-side 天空图纹理来创建多个天空盒，并将其应用到场景中，可通过鼠标单击来切换当前的天空盒。

2. 运行并调试 6.2 节中关于 3D 拾取技术的案例，并开发出相似的案例效果。

3. 使用 3D 拾取技术，使场景中的 3D 物体能够随着光标的移动而移动。

4. 使用标准资源包中的摇杆预制件来控制场景中 3D 物体的运动。

5. 在场景中搭建一个围栏并在其中放置一个球体，将程序发布到 Android 平台，通过使用加速度传感器，来控制当前小球的运动方向。

6. 在场景中使用 UGUI 图形系统搭建一个音频播放控制面板，该面板可以控制音乐的播放、暂停、关闭以及控制三种滤波器的启用与关闭。

7. 在场景中添加水特效和雾特效，并编写脚本来改变雾特效的模式。

8. 使用 SQLite 数据库，通过编写脚本来执行 SQL 语句，实现增删改查四种基本功能。并且能够通过 Debug 在 Console 面板中打印相关的文本信息。

9. 在 Unity 集成开发环境中实现音频的多普勒效应。

10. 解释本书中介绍的三种声音滤波器的工作原理。

第7章
光影效果的使用

随着计算机硬件设施的日益强大，硬件能够完成更多以及更加复杂的计算。这使得游戏开发人员能够在游戏的开发过程中使用更加高级的算法来模拟出更加真实的游戏环境。Unity 游戏开发引擎中就支持对光照技术的使用，良好的光影系统能够大大地加强场景的真实性与美感。

本章中将详细地介绍 Unity 游戏开发引擎中光照系统的使用，其中包括了各种形式的光源、法线贴图以及光照烘焙等技术。在 Unity5 中对光照进行了大幅度的升级，能够实现的效果也更加真实，下面将对光照部分的知识一一进行讲解。

7.1 光　源

首先介绍 Unity 游戏开发引擎中光源的作用以及使用方法。在 Unity 游戏开发引擎中内置了四种形式的光源，分别为点光源、定向光源、聚光灯光源和区域光源。单击菜单栏中的 GameObject→Light 即可查看到这四种不同形式的光源，单击即可添加。

7.1.1　点光源和定向光源

本小节将介绍两种光源，分别为点光源和定向光源。点光源就是一个可以向四周发射光线的点，类似于现实世界中的灯泡，而定向光源能够更好地模拟太阳，定向光源发出的光线都是平行的，并从无限远处投射光线到场景中，很适用于户外的照明。

1. 点光源基础知识

点光源的添加可以通过单击菜单栏中 GameObject→Light→Point Light 菜单完成，添加完成后如图 7-1 所示。点光源可以移动，场景中由细线围成的球体就是点光源的作用范围，光照强度从中心向外递减，球面处的光照强度基本为 0。

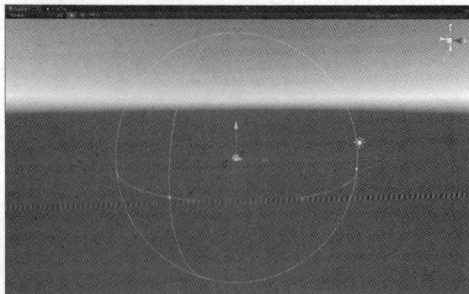

图 7-1　点光源

选中场景中的点光源，在其 Inspector 面板中就会出现点光源的设置面板，如图 7-2 所示。在设置面板中可以修改点光源的位置、光照强度、光照范围等参数。设置面板中参数的具体信息如表 7-1 所列。点光源的光照效果如图 7-3 所示。

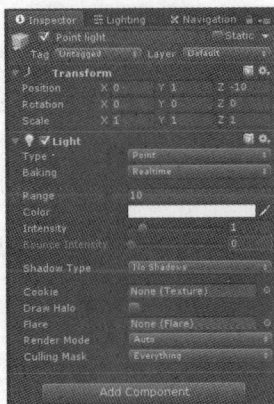

图 7-2　点光源设置面板

表 7-1　　　　　　　　　　　　　　　　　光源参数含义

参 数 名	含 义
Type	光源类型，可以在四种形式的光源之间进行切换
Range	光源的光照范围
Intensity	光照强度
Shadow Type	设置阴影模式（没有阴影、硬阴影、软阴影）
Strength	阴影强度，值越大，阴影的颜色越浓
Draw Halo	是否启用光晕
Color	光照颜色
Bounce Intensity	用来设置光的反射强度
Flare	设置光照耀斑、镜头光晕效果
Resolution	设置阴影的质量
Baking	光源烘焙模式（实时、烘焙、混合），烘焙模式下烘焙光照后会将该光源的效果添加到烘焙贴图中，烘焙模式下的光源无法影响非静态对象，混合模式下的光源既可以被烘焙，也能够影响到非静态对象
Cookie	灯光遮罩，为光源设置带有 alpha 通道的纹理贴图，使其在不同的位置具有不同的亮度（点光源需要放置立方图纹理 Cubemap）
Render Mode	设置光照的渲染模式，Auto 模式为自动调节模式，Important 模式是将像素逐个渲染，Not Important 模式是总以最快的方式进行渲染
Culling Mask	剔除遮罩，只有其中被选中的层所关联的对象能够受到光照的影响

图 7-3　点光源光照效果

场景位置：见资源包中源代码/第 7 章目录下的 Light_Demo\Assets\PointLight。

2. 定向光源基础知识

定向光源的添加可以通过单击菜单栏中 GameObject→Light→Directional Light 菜单完成，添加完成后如图 7-4 所示。定向光源在场景中如果位置发生改变，它的光照效果并不会发生任何改变，可以把它放到场景中任意的地方，如果旋转定向光源，那么它产生的光线照射方向会随之发生变化。

选中场景中的定向光源，在其 Inspector 面板中就会出现定向光源的设置面板，如图 7-5 所示。在设置面板中可以修改定向光源的位置、光照强度、光的颜色等参数。设置面板中参数的具体信息和点光源完全相同。定向光源的光照效果如图 7-6 所示。使用 Cookie 后效果如图 7-7 所示。

图 7-4　定向光源

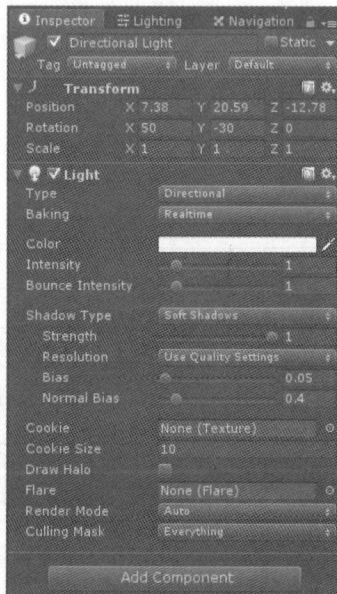

图 7-5　定向光源设置面板

图 7-6　定向光源光照效果

图 7-7　使用 Cookie 后的照明效果

场景位置：见资源包中源代码/第 7 章目录下的 Light_Demo\Assets\ DirectionalLight。

7.1.2　聚光灯光源和区域光源

本小节将继续介绍另外两种光源，分别为聚光灯光源和区域光源。聚光灯光源的照明范围为一个椎体，类似于聚光灯发射出来的光线，并不会像点光源一样向四周发射光线。区域光源是创建一片能够发光的矩形区域，只有在光照烘焙完成后才能看到效果。

1. 聚光灯光源基础知识

聚光灯光源的添加可以通过单击菜单栏中 GameObject→Light→Spot Light 菜单完成，添加完成后如图 7-8 所示。聚光灯光源可以移动，场景中由细线围成的椎体就是聚光灯光源的作用范围，光照强度从椎体顶部向下递减，锥体底部的光照强度基本为 0。

选中场景中的聚光灯光源，在其 Inspector 面板中就会出现聚光灯光源的设置面板，如图 7-9 所示。在设置面板中可以修改聚光灯光源的位置、光照强度、光的颜色等参数。设置面板中参数的具体信息和点光源完全相同。聚光灯光源的光照效果如图 7-10 所示。使用 Cookie 后效果如图 7-11 所示。

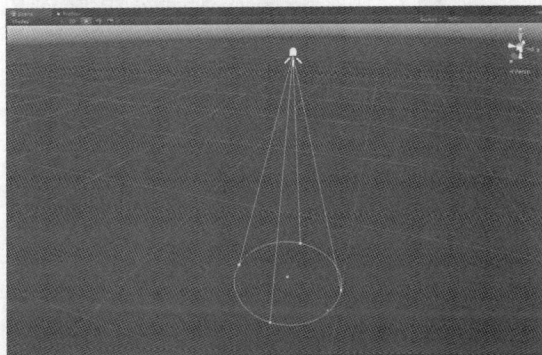

图 7-8　聚光灯光源

图 7-9　聚光灯光源设置面板

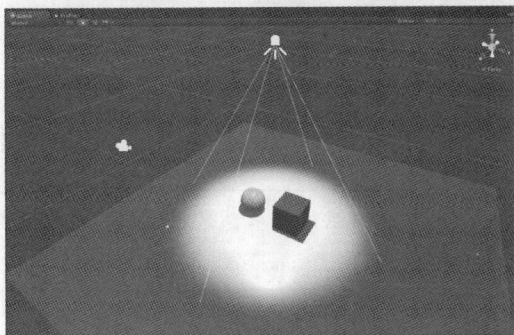

图 7-10　聚光灯光源光照效果

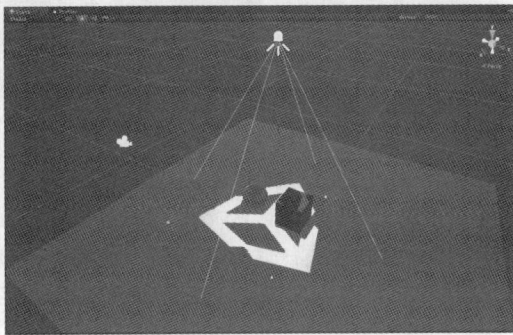

图 7-11　使用 Cookie 后的照明效果

场景位置：见资源包中源代码/第 7 章目录下的 Light_Demo\Assets\ SpotLight。

2. 区域光光源基础知识

区域光光源的添加可以通过单击菜单栏中 GameObject→Light→Area Light 菜单完成，添加完成后如图 7-12 所示。区域光光源比较特殊，区域光光源只能在光照烘焙完成后才能显示出效果，区域光光源一般用来模拟灯管的照明效果。

图片中由细线围成的矩形区域就是发光区域，可以通过拖曳上面的节点来改变区域光光源发光区域的大小，在它的 Inspector 面板中可以修改 Width 和 Height 参数来修改区域大小。区域光光源无法实现 Cookie 效果，其余参数与其他光源完全相同，如图 7-13 所示。区域光光源的光照效果如图 7-14 所示。

场景位置：见资源包中源代码/第 7 章目录下的 Light_Demo\Assets\ AreaLight。

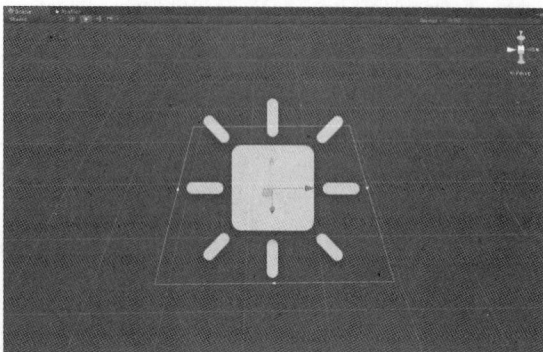

图 7-12　区域光光源

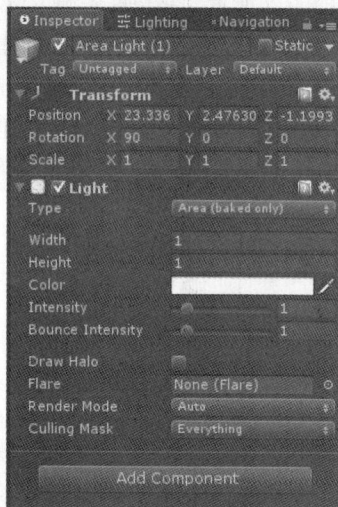

图 7-13　区域光光源设置面板

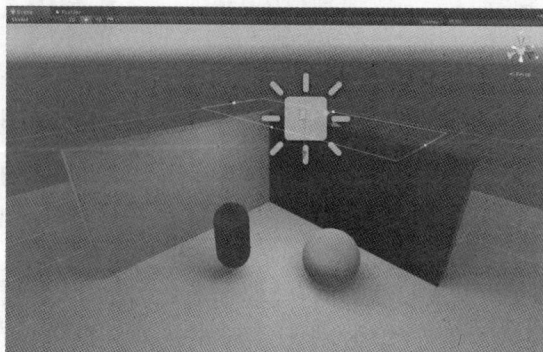

图 7-14　区域光光源照明效果

说明　　为了实现区域光光源的照明效果，这里使用了光照烘焙技术，光照烘焙技术在后面的内容中进行详细的讲解，这里先不做过多介绍。

7.2　光照贴图的烘焙和使用

对于一款游戏来说，光照效果的重要性是毋庸置疑的。所以在游戏制作的过程中，会在场景中使用大量的光源进行照明，尤其是在大型的 3D 游戏之中为了追求场景的真实性对光影效果的要求会更加严格。而在场景中不合理地添加大量的光源进行照明，则会引起游戏的卡顿使其无法正常运行。

为了解决大量进行光照运算所带来的游戏卡顿的问题，Unity 游戏开发引擎提供了光照烘焙技术。光照烘焙就是将场景中的光照信息渲染成贴图，然后将烘焙完成后生成的贴图再应用到场景中的技术，此时光照信息已经存储在纹理贴图中，不再需要 CPU 进行计算，能大幅度提高性能。

7.2.1　光照设置

Unity5 版本中将所有与光照相关的设置都集成在了 Light 窗口中，单击菜单栏中 Window→ Light 即可打开 Light 窗口，如图 7-15 所示。Light 窗口中分三个板块来控制 Unity 游戏开发引擎中跟光照相关的参数，如图 7-16 所示。下面将对这三个板块中的参数进行详细介绍。

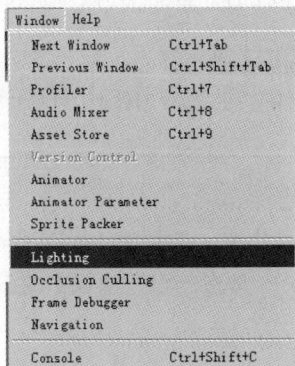

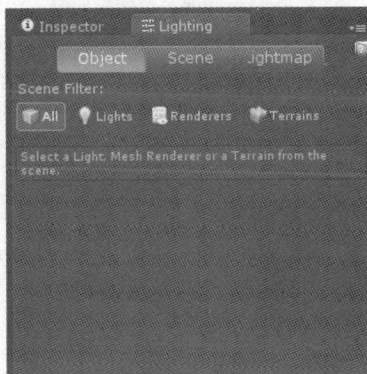

图 7-15　打开 Light 窗口　　　　图 7-16　Light 窗口

1. Object 板块

Object 板块主要是对 Hierarchy 面板中的对象进行筛选，在 Object 面板中有四个按钮，分别为全部对象、光源、渲染器、地形。当选中一个按钮时，Hierarchy 面板中就会仅显示与当前选择的按钮相匹配的对象。当选择 Hierarchy 面板中的对象时，在 Object 面板中就会显示该对象与光照相关的参数控制列表。

由于选中光源时 Object 面板中的参数与前面介绍的光源设置面板中的内容完全一致，所以下面将对带有渲染器的对象和地形对象中与光照相关的参数进行详细介绍。

（1）Renderers——渲染器

单击该按钮，在 Hierarchy 面板中会将所有带有网格渲染器（Mesh Renderer）的对象筛选出来。选中 Hierarchy 面板中的对象，Object 面板就会显示出相关的光照控制参数，如图 7-17、图 7-18 所示。设置面板中参数的具体信息如表 7-2 所列。

图 7-17　渲染器参数设置面板 1　　　　图 7-18　渲染器参数设置面板 2

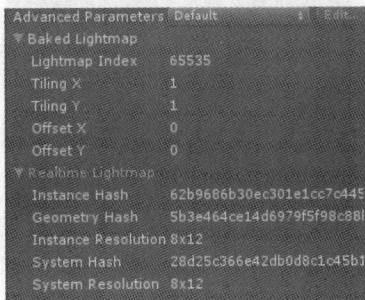

表 7-2　　　　　　　　　　　　　　渲染器相关参数含义

参 数 名	含 义
Preserve UVs	保护光照图 UV，若模型没有在 3DMax 等建模软件中设置好 UV，则这里必须勾选
Important GI	让自发光的物体照射范围更加大（在较大的场景中可能会用到）

续表

参 数 名	含 义
Advanced Parameters	设置光照图的质量
Auto UV Max Distance	手动设置 UV 的最大距离
Auto UV Max Angle	手动设置 UV 的最大角度
Lightmap static	该选项表示选中的游戏对象是否为 Static 或 Lightmap Static 的，如果是，则该游戏对象应该参与到 GI 系统中计算光照
Scale In Lightmap	该值影响了用于选中对象的 lightmap 的像素数目。1.0 为默认值，表示每个对象所占光照图像素的比率。可以通过此值来优化光照图，减少不重要的对象的比例，让重要的物体占更多的光照图像素来优化场景

（2）Terrain——地形

单击该按钮，在 Hierarchy 面板中会将所有地形对象筛选出来。选中 Hierarchy 面板中的对象，Terrain 面板就会显示出相关的光照控制参数，如图 7-19 所示。地形的设置面板中的参数在渲染器（Renderers）中已有介绍，这里不再赘述。

2. Scene 板块

Scene 板块中的参数很多，也是最重要的一部分。这一块的参数直接负责控制整体场景中的光照效果。全局光照与光照烘焙的相关参数都需要在这一块进行修改。下面将对这一板块中各个部分的参数分别进行详细介绍。

（1）Environment Lighing——环境光照

在这一板块中开发人员可以在其中设置当前游戏场景中的天空盒、太阳光等参数，如图 7-20 所示。其中该面板中参数的主要功能是调节场景中光的来源、光照强度、反射强度和反射范围等。该面板中参数的详细信息如表 7-3 所列。

图 7-19　地形参数设置

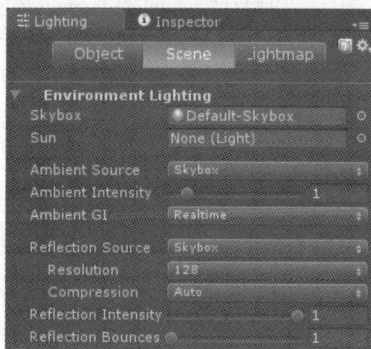

图 7-20　环境光照设置面板

表 7-3　　　　　　　　　　　环境光照相关参数含义

参 数 名	含 义
Skybox	场景中使用的天空盒
Sun	太阳光，可以为其指定一个定向光光源（Directional Light）
Ambient Source	环境光来源，在这里可以指定环境光是来源于天空盒、梯度还是指定颜色
Ambient Intensity	环境光的强度

参　数　名	含　义
Ambient GI	指定环境光的光照模式是实时光照还是烘焙，若下面的两种 GI 模式没有都开启，该选项的调节是没有效果的
Reflection Source	反射源，可以指定反射源是天空盒或者一个自定的立方体纹理图
Reflection Intensity	反射强度，设定来自天空盒或者立方图纹理的反射强度
Reflection Bounce	反射计算次数

（2）Precomputed Realtime GI——预计算实时全局光照

预计算实时全局光照并不是用于光照烘焙，预先计算的实时全局光照系统能帮我们实时运算复杂的场景光源互动，通过这种方法，就能建立在昏暗的环境下带有丰富的全局光照反射，并实时反映光源的改变。这对于硬件的要求是目前移动端所无法达到的。

由于光照烘焙能够更好地降低游戏对硬件性能的要求，所以在移动端游戏的开发过程中，开发人员使用光照烘焙来代替预计算实时全局光照。预计算实时全局光照设置面板如图 7-21 所示。其中 Realtime Resolution 参数用于设置光照贴图的分辨率，CPU Usage 用来设置 CPU 的使用率。

（3）Bake GI——烘焙全局光照

Bake GI 设置面板是控制 Unity 光照烘焙系统的重要控制面板，主要用于设置光照烘焙中关于光照烘焙贴图的质量。如果开发过程中需要使用光照烘焙，那么就需要将该面板选中并取消 Precomputed Realtime GI 面板的勾选，全部勾选会造成大量的重复计算，不利于提升性能，其设置面板如图 7-22 所示，面板中相关参数的详细信息如表 7-4 所列。

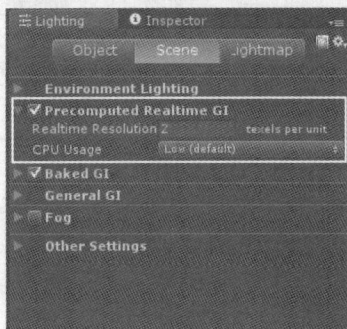

图 7-21　预计算光照设置面板

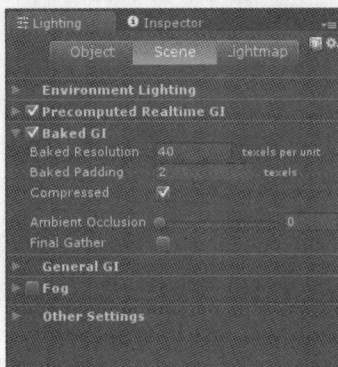

图 7-22　烘焙全局光照设置面板

表 7-4　　　　　　　　　　　　　　　　Baked GI 参数介绍

参　数　名	功　能
Baked Resolution	烘焙分辨率，若该值为 10 就代表每个单位中分布着 10 个纹理元素
Baked Padding	在 LightMap 中不同物体的烘焙贴图的间距
Compressed	是否压缩光照图，在移动设备上最好勾选上
Ambient Occlusion	烘培光照图时产生一定数量的环境阻光。环境阻光计算物体每一点被一定距离内的其他物体或者一定距离内自身物体的遮挡程度（用来模拟物体表面环境光及阴影覆盖的比例，达到全局光照的效果）
Final Gather	控制从最终聚集点发射出的光线数量，较高的数值可以得到更好的效果

这里解释一下什么叫作 GI（全局光照）。GI 算法是基于光传输的物理特性的一种模拟。它是一种模拟光在 3D 场景中各表面之间的传输的有效方式，它会极大地改善游戏的真实性。GI 算法不仅考虑光源的直射光，而且还考虑场景中其他物体表面的反射光。

（4）General GI——全局光照的基本设置

General GI 面板中对全局光照的设置参数能够同时适用于 Precomputed Realtime GI 和 Baked GI。其设置面板如图 7-23 所示，面板中参数的详细信息如表 7-5 所列。

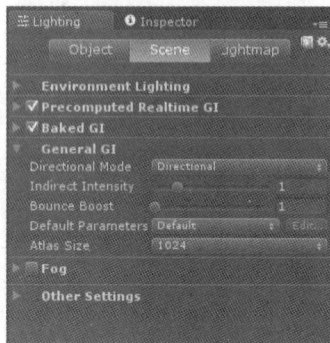

图 7-23　GI 设置面板

表 7-5　　　　　　　　　　　　　　　　Baked GI 参数介绍

参 数 名	功　　能
Directional Mode	定向模式，默认为定向，能够满足大部分的开发需求，当游戏中需要提升直接光和间接光对静态物体的照射效果，那么就需要将其设置为 Directional Specular（定向镜面模式）
Indirect Intensity	用于调整静态物体的自发光对其他物体的影响，以及 Ambient lighting 的强度
Bounce Boost	用于设置光线从一个物体反射到另一个物体时，被反射的光线的数量
Default Parameters	用于修改关于光照的常规参数，其中有多个档次供选择，也可以进行自定义
Atlas Size	用于设置光照贴图中分辨率的大小

Directional Specular 对于 SM2.0 以及 OpenGL ES 2.0 无法支持。但是当今大部分的主流的移动端设备均已经支持 OpenGL ES 3.0，所以在大部分情况下不需要担心此警告。

7.2.2　光照烘焙案例

前面对于光源部分的基础知识已经基本介绍完成，本小节将通过一个案例来展现光照烘焙的效果，以及使用方法。为了能够使烘焙快速完成，本案例中使用了多个基本的几何体来代替游戏中的建筑模型，并在其中添加了多种光源来提供照明。

1. 案例效果

本案例中使用多种简单几何体来搭建场景，并添加了点光源、聚光灯光源和区域光源来为整个场景提供照明，案例运行效果如图 7-24 所示。本案例使用了光照烘焙技术，所以在场景烘焙完成后即使将场景中的所有光源全部删除，那么场景中的光照效果依然存在。

2. 制作流程

可以随意搭配场景以及灯光位置来实现不同的效果，如果需要运行本案例，可使用 Unity 软件打开资源包中的 Light_Demo 工程文件并双击工程中的场景文件 Bake_Demo，打开后场景就会自动开始烘焙，待烘焙完成后即可看到效果。下面将详细介绍案例的开发流程，具体步骤如下。

图 7-24　案例运行效果

（1）首先打开 Unity 集成开发环境，新建一个工程并重命名为"Light_Demo"，进入工程后保存当前场景并重命名为"Bake_Demo"。然后在场景中使用 Unity 内置的多种简单几何体搭建一个简易的场景即可，搭建完成后效果如图 7-25 所示。

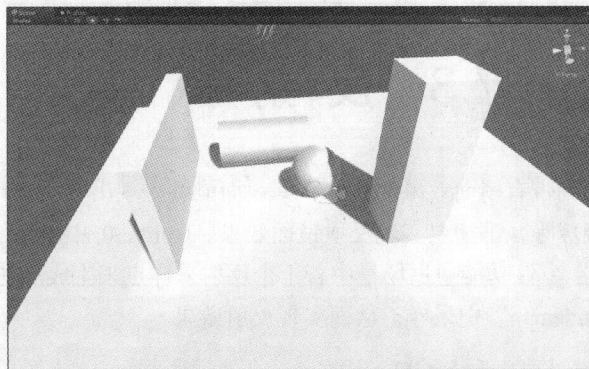

图 7-25　搭建简易场景

（2）场景搭建完成后，为了使其他光源的光照效果更突出，本案例中将场景中的定向光源去掉。将所有的 3D 对象设置为静态对象，如图 7-26 所示。并在其中添加多种光源进行照明，将光源的烘焙模式均设置为 Bake，如图 7-27 所示。最后调整光源的位置以及朝向即可。

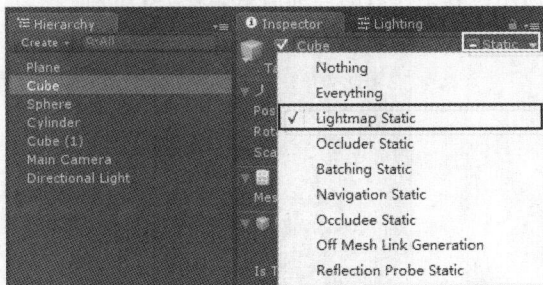

图 7-26　将物体设置为静态

图 7-27　设置烘焙模式

（3）由于本案例仅作为演示，所以还需要对 Light 窗口中的部分参数进行修改，使其能够达到较好的视觉效果。首先打开 Light 窗口，在 Scene 板块中关闭预计算全局光照的功能，取消对光照烘焙贴图的压缩，并将定向模式修改为定向镜面模式，如图 7-28、图 7-29 所示。

图 7-28　设置参数 1

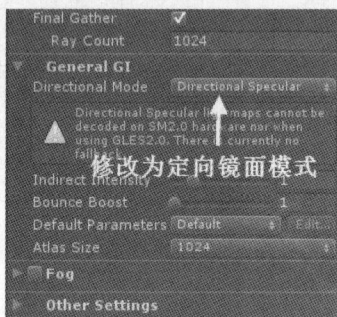

图 7-29　设置参数 2

说明　全部设置完成后单击 Light 窗口中下方的 Build 按钮即可开始烘焙，其左侧的 Auto 选项是用来开启自动烘焙功能的，在小场景中可以将其开启，每当场景中的物体发生变化时，后台就会自动开始光照烘焙，十分方便。但是当场景过大时，由于烘焙需要较长的时间，且烘焙过程中容易卡顿，所以建议进行手动烘焙，以便能够更好地控制烘焙过程。

7.3　反射探头

游戏中，常常会遇到带有镜面效果的物体，其表面能够呈现出其所处环境中的场景，比如豪华的跑车、镜子和玻璃球等，都需要实现反射镜面效果。Unity5.0 中新增了一种制作反射效果的"Reflection Probe"功能，该功能通过场景中若干个反射采样点来生成反射"Cubemap"，然后通过特定的着色器从"Cubemap"中采样，从而实现反射效果。

7.3.1　反射探头基本知识

过去使用"Reflection mapping"来制作的反射效果并不十分理想，它无法实现自身的反射。而反射探头的好处是其能够捕捉所在位置各个方向的环境视图，将所捕获的图像储存为一个立方体纹理（Cubemap）。这样物体会根据其所处的探头的位置产生真实的反射效果。

创建反射探头的方式为，单击菜单栏中 GameObject→Light→Reflection Probe，即可在场景中创建出一个反射探头，场景中出现的黄色边框就是该反射探头的反射范围，只有在框内的物体才会被呈现，其设置面板如图 7-30、图 7-31 所示，其中参数的详细信息如表 7-6 所列。

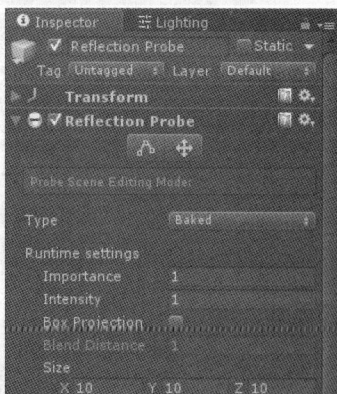

图 7-30　反射探头设置面板 1

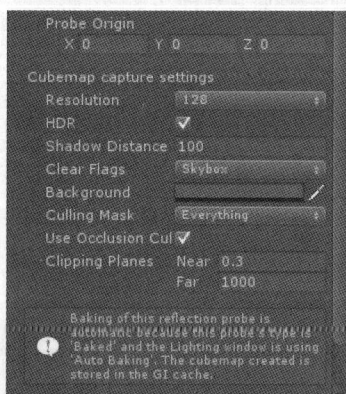

图 7-31　反射探头设置面板 2

表 7-6　　　　　　　　　　　　　　　Reflection Probe 组件参数介绍

参　　数	含　　义
Type	设置反射探头的类型（有 baked、custom 和 realtime 三种类型）
Dynamic Object	（custom 类型的参数）将场景中没有标示为 Static 的对象烘焙到反射纹理中
Cubemap	（custom 类型的参数）烘焙出来的立方体纹理图
Refresh Mode	（realtime 类型的参数）刷新模式，可以选为 On Awake 只在唤醒时刷新一次，Every Frame 每帧刷新，Via Scripting 由脚本控制刷新
Time Slicing	（realtime 类型的参数）反射画面刷新频率：All faces at once，9 帧完成一次刷新（性能消耗中等）；Individual Faces，14 帧完成一次刷新（性能消耗低）；no timeslicing，一帧完成一次刷新（性能消耗最高）
Importance	权重。影响一个物体同时处于多个 Probe 中时 MeshRenderer 中多个 Probe 的 Weight。这时首先会计算每个 Probe 的 Importance，然后再计算每个 Probe 与物体间分别交叉的体积大小，用于混合不同 Probe 的反射情况
Intensity	反射纹理的颜色亮度
Box Projection	若是勾选此项，Probe 的 Size 和 Origin 会影响反射贴图的映射方式
Size	该反射探头的区域大小，在该区域中的所有物体会应用反射（需要 Standard 着色器）
Probe Origin	反射探头的原点，会影响到捕捉到的 Cubemap
Resolution	生成的反射纹理的分辨率，分辨率越高，反射图片越清晰，但是更消耗资源
HDR	在生成的 Cubemap 中是否使用高动态范围图像（High Dynamic Range），这也会影响探头的数据储存位置
Shadow Distance	在反射图中的阴影距离，即超过该距离的阴影不会被反射
Clear Flags	设置反射图中的背景是天空盒（Skybox）或者是单一的颜色（Solid color）
Background	当 Clear Flags 设置为 Solid color 时反射的背景颜色设置
Culling Mask	反射剔除，可以根据是否勾选对应的层来决定某层中的物体是否进行反射
Use Occlusion Culling	烘焙时是否启用遮挡剔除
Clipping Planes	反射的剪裁平面（类似于摄像机的剪裁平面，有 near、far 两个参数分别设置近平面和远平面）

在前面的列表中，已经对大多数的参数进行了简要的介绍，下面将对其中在平常开发中使用反射探头所需要注意的方面进行全面的阐述，使这部分知识能够更加通俗易懂，具体内容如下。

（1）反射探头类型的选择

反射探头类型的修改通过修改设置面板中的 Type 选项来实现。在 Type 选项下有三种模式供开发人员使用，分别为 bake（烘焙）、custom（自定义）、realtime（实时）。在开发过程中可以根据实际开发情况来选择合适的模式加强游戏效果与游戏性能。下面将对这三种模式进行详细的讲解。

❑　bake——烘焙

烘焙模式类似于光照烘焙，当反射探头的位置和反射范围设定完成后，将其反射信息烘焙到 Cubemap（立方图）中，这样物体上的反射效果将会固定为烘焙时的反射探头所捕捉到的环境视图。即使场景中的物体被删除，但是它依旧会出现在反射的场景中，这样做会减少很多性能消耗。

如果需要使用烘焙模式，就要将需要被反射探头捕捉到的物体设置为 Reflection Probe Static，如图 7-32 所示。如果将 Light 窗口中的 Auto 功能（自动烘焙）开启，那么当物体有所变化时就会开始烘焙，如果没有开启，在反射探头设置面板下方会出现 Bake 按钮来进行手动烘焙，如图 7-33 所示。

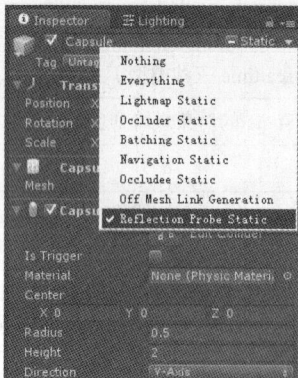

图 7-32　修改物体为静态模式

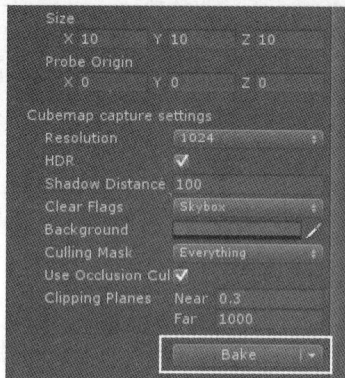

图 7-33　反射探头组件中的烘焙按钮

❑　Custom——自定义

默认状态下 Custom 模式的反射探头和 Baked 模式的探头的用法和效果基本相同，都需要通过烘焙将当前捕捉到的环境视图记录成 Cubemap 并使用，不同的是自定义模式下可以通过开启 Dynamic Objects 功能，使得没有设置为 Reflection Probe Static 的动态物体也能够被反射探头捕捉。

而且自定义模式下，开发人员可以为该反射探头指定 Cubemap（立方图）。也就是说，当前处于 A 地区的反射探头捕捉的环境视图可以替换为，在 B 地区的反射探头所捕捉到的环境视图。自定义模式下的反射探头设置面板如图 7-34 所示。

❑　realtime——实时

使用实时模式的反射探头能够根据当前捕捉区域内物体的移动而实时变化反射的效果，在该模式下需要被捕捉的物体并不需要将其设置为静态，只要在其捕捉区域内即可。在游戏开发中可

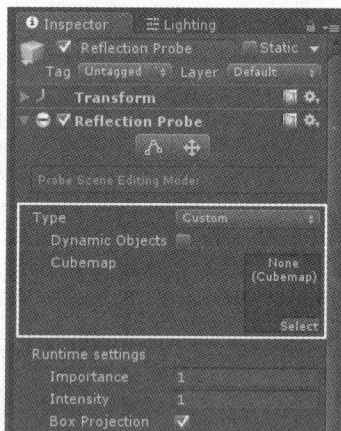

图 7-34　自定义模式的参数设置

以使用其制作出真实的反射效果，但是对于性能的消耗也是极为严重，移动端开发时需谨慎使用。

（2）反射探头的位置和大小

探头的移动可以通过两种方式进行，一种就是通过移动反射探头在 3D 世界中的位置，一种是使用反射探头组件提供的移动工具，如图 7-35 所示，但是使用该工具只能够移动反射探头且被限制在探头捕捉范围内，而整个探头的对象在 3D 世界中的位置并不会发生变化。

探头捕捉范围的调整也可以通过两种方式进行。一种是使用反射探头组件内置的调节按钮，如图 7-35 所示。单击该按钮后在包围探头的正方体的每一个面上都有一个点，如图 7-36 所示，可以通过拖动它们来改变捕捉范围。另一种就是修改其中的 Size 参数，也同样可以调节捕捉范围。

（3）无限反射

设想一下，如果将两面镜子相对着放置，那么在镜子中应该能够看到经过无数次反射所呈现的效果，这样的现象称为"InterReflection"。但是可想而知，无限反射的后果就是程序的无法运行，为了防止这种事情的发生 Unity 中可以调节反射的次数。

方法便是通过修改反射次数来限制其反射效果，单击菜单栏中 Window→Lighting，打开 Light 窗口，在其"Scene"面板中"Environment Lighting"卷展栏下的"Reflection Bounces"属性就是

用来控制反射的次数，最大为相互反射 5 次。

图 7-35　范围、位置调节工具

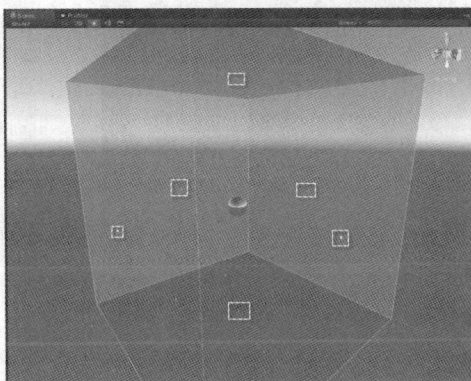

图 7-36　范围调节点

7.3.2　反射探头案例开发

经过前面的介绍，关于反射探头的基本知识已介绍完毕，下面将通过一个案例来演示反射探头的反射效果以及使用方法。为了方便演示，本案例中仅使用了几种基本的几何体来演示效果，为了使效果更好，案例中并没有考虑到性能的消耗，将反射的质量设置得很高。

1. 案例效果

本案例中使用了一些基本的几何体来搭建了一个简易的场景，在场景中添加了一个反射探头并使用一个球体来显示反射效果，在案例运行时摄像机会围绕球体旋转，这样能够看到当摄像机处于不同的朝向时，所观察到的反射效果也会不同，案例运行效果如图 7-37、图 7-38 所示。

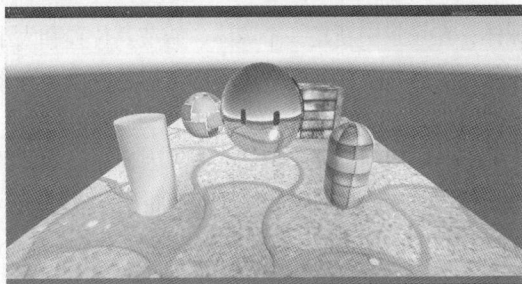

图 7-37　案例运行效果 1

图 7-38　案例运行效果 2

2. 制作流程

可以随意搭配场景以及反射探头来实现不同的效果，如果需要运行本案例，可使用 Unity 软件打开资源包中的 ReflectionProbe_Demo 工程文件并双击工程中的场景文件 ReflectionProbe_Demo，打开后单击播放按钮即可看到案例运行效果，下面将详细地介绍案例的开发流程，具体步骤如下。

（1）首先打开 Unity 集成开发环境，新建一个工程并重命名为 "ReflectionProbe_Demo"，进入工程后保存当前场景并重命名为 "ReflectionProbe_Demo"，然后在 Assets 目录下新建两个文件夹分别命名为 "Texture" 和 "C#"，分别用来放置纹理图和脚本文件，如图 7-39 所示。

（2）接下来开始搭建场景，首先将需要使用的纹理贴图导入到 Texture 文件夹中，然后在场景中创建 Plane、Cube、Sphere、Cylinder 和 Capsule 五种几何体，将其摆放到合适的位置并为其添加纹理贴图，完成后效果如图 7-40 所示。

图 7-39　目录结构

图 7-40　搭建场景

（3）单击菜单栏中 GameObject→Light→Reflection Probe 创建一个反射探头并将其放置在场景的中间位置，为了使反射效果更突出，将反射探头设置面板中的 Cubemap 分辨率设置为 1024×1024，并使用实时模式，如图 7-41、图 7-42 所示。

图 7-41　设置反射探头模式

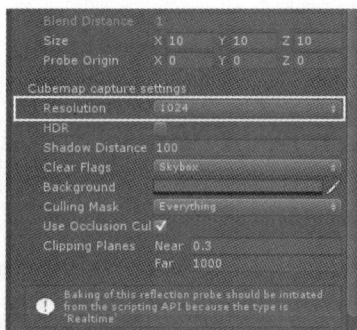

图 7-42　设置 Cubemap 分辨率

（4）接下来向场景中添加用于呈现反射效果的球体，在场景中新建一个球体，调节其位置和大小使其能够将反射探头包含在内，然后为其添加一张纯色的纹理贴图，案例中使用的是白色纹理。在其Inspector 面板的材质编辑器中将 Metallic 和 Smoothness 均调节为 1，使其反射效果更好，如图 7-43 所示。

（5）完成后应该就能够看到反射探头所产生的效果已经应用到了这个球体之上，因为在该球体的Mesh Renderer（网格渲染器）中已经将当前场景中的反射探头绑定到了该球体上，如图 7-44 所示。接下来就需要编写脚本来控制摄像机的运动，在 C#文件夹下单击鼠标右键，选择 Create→C# Script创建一个 C#脚本并重命名为 "Demo"。双击脚本进入脚本编辑器编辑代码，具体代码如下。

图 7-43　调节材质编辑器

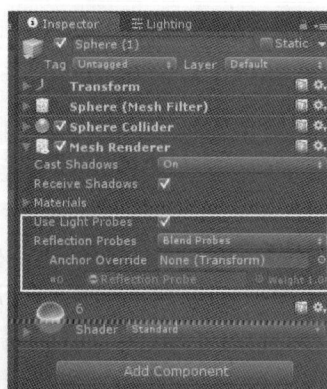

图 7-44　设置网格渲染器

代码位置：见资源包中源代码/第 6 章目录下的 ReflectionProbe_Demo\Assert\C#\ Demo.cs。

```
1    using UnityEngine;
2    using System.Collections;
3    public class Demo : MonoBehaviour {
4      void Update(){
5        Camera.main.transform.RotateAround(this.transform.position,Vector3.up,0.3f);
6    }}
```

> 使用 RotateAround 函数，来实现摄像机绕球体转动。第一个参数 this.transform.position 为摄像机旋转的中心点坐标，这里使用的是小球的坐标。第二个参数 Vector3.up 用来设置旋转轴，这里使摄像机绕 y 轴旋转。第三个参数为每一帧旋转的弧度。

（6）脚本编写完成后保存并退出，在 Unity 集成开发环境中将编写好的 Demo 脚本绑定到球体上即可（可以通过将脚本拖曳到球体对象上来完成绑定）。完成后单击播放按钮即可观看到案例运行效果。

7.4 法 线 贴 图

精美的游戏场景中，需要将模型的细节凸现出来但又不增加多边形的数量，这就需要用到法线贴图（Normal mapping）。法线贴图的使用在游戏开发中越来越频繁，这样既节省资源又得到良好视觉效果的方法得到了越来越多开发人员的认可。本章将对法线贴图的知识及其在 Unity 中的应用进行详细的介绍。

7.4.1 法线贴图的基本知识

法线贴图就是在原物体凹凸表面的每个点上均做法线，通过 RGB 颜色通道来标记法线的方向，对于视觉效果而言，它的效率比原有的凹凸表面更高。若在特定位置上应用光源，可以让细节程度较低的表面生成高细节程度的精确光照方向和反射效果。

（1）法线贴图在三维计算机图形学中，是凹凸贴图（Bump mapping）技术的一种应用，法线贴图有时也称为"Dot3（仿立体）凹凸纹理贴图"。凹凸与纹理贴图对于现有模型的法线添加扰动的方式不同，法线贴图要完全更新法线。

（2）法线贴图将具有高细节的模型通过映射烘焙出法线贴图，然后贴在低端模型的法线贴图通道上，使其表面拥有光影分布的渲染效果，能大大降低表现物体时需要的面数和计算内容，从而达到优化动画和游戏的渲染效果。纹理贴图和法线贴图效果如图 7-45 和图 7-46 所示。

图 7-45 普通纹理贴图

图 7-46 法线贴图

法线贴图的制作方法有很多种，既可以通过 PS 等软件制作，还可以在 3DMax 中通过高模渲染出法线贴图，这里不再讲解法线贴图的制作流程，有兴趣的可以查阅相关资料。

7.4.2　在 Unity 中使用法线贴图

法线贴图在游戏开发中使用得越来越频繁，在取得良好视觉效果的同时又节省了游戏资源，对移动端的游戏开发尤为重要。Unity 中支持使用法线贴图。下面将通过一个简单案例演示如何在 Unity 中使用法线贴图。

1. 案例效果

本案例通过简单的柠檬模型来展示普通纹理贴图和法线贴图的区别。创建两个材质球给予其不同着色器效果，再将材质球赋给柠檬模型即可观察到两种不同的效果。打开资源包中第 7 章目录下的 NormalmapDemo \Assets\ NormalmapDemo 场景即可查看随书案例。案例效果如图 7-47、图 7-48 所示。

图 7-47　Diffuse 纹理图效果　　　　　　　图 7-48　Normal 纹理图效果

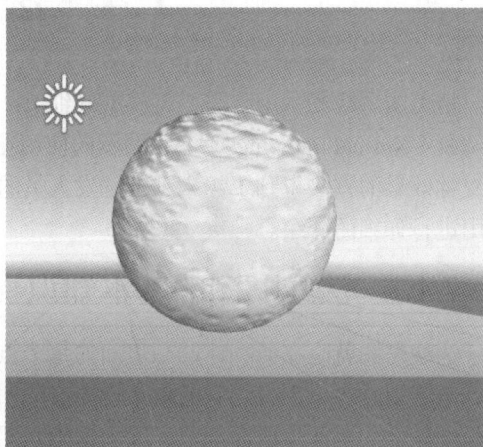

2. 开发流程

通过上面的两幅运行效果图，可以看出普通纹理图模型和带有法线贴图模型的区别，法线贴图模型的纹理更加细致，在游戏运行过程中可以加强游戏的真实效果。下面将对案例的制作流程进行详细的介绍，具体步骤如下。

（1）打开 Unity 游戏开发引擎，利用 Ctrl+N 快捷键新建一场景并保存为 "NormalmapDemo"。在 Assets 目录下新建两个文件夹，分别重命名为 "Materials" 和 "Texture"。将事先准备好的箱子图片以及其法线贴图导入 Texture 文件夹，资源结构布局如图 7-49 所示。

（2）选中 NingMeng_NRM 法线贴图，在 Inspector 面板可以看到其属性参数，其中 Bumpiness 表示的是法线贴图的凹凸程度，可以通过滑块来调整当前的数值，单击 Apply 应用，如图 7-50 所示。在 Scene 中新建一个 Plane，并在 Plane 上放置两个 Cube 并赋予不同贴图做比较。

（3）在 Materials 文件夹中单击鼠标右键，选择 Create→Material 菜单新建两个材质球，如图 7-51 所示。将其分别命名为 "Diffuse"、"Normaterial"。选中 Diffuse 材质球，将木箱的纹理图拖曳到 Albedo 参数下（采用默认的着色器）。如图 7-52 所示。

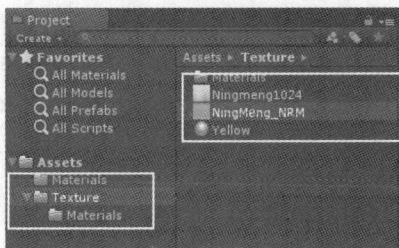

图 7-49 资源结构布局

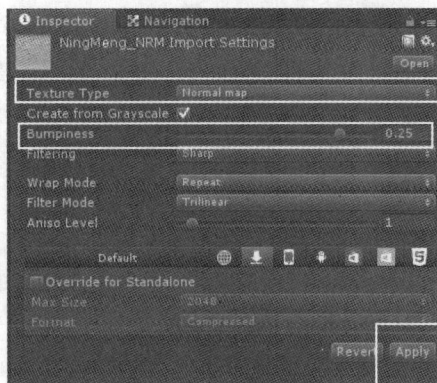

图 7-50 法线贴图参数

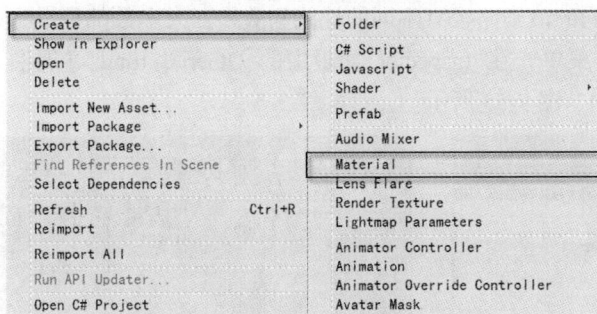

图 7-51 创建材质球

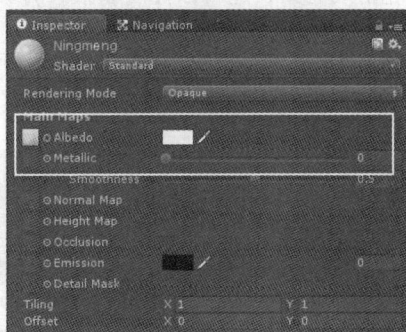

图 7-52 添加纹理图

（4）选中 Normaterial 材质球，将其着色器修改为 Legacy Shaders/Bumpped Diffuse，并将木箱纹理图拖曳到 Base 中，将法线贴图拖曳到 Normalmap 中，如图 7-53 所示。将两种材质球分别赋给之前创建的两个 Cube。至此，案例的开发就完成了。

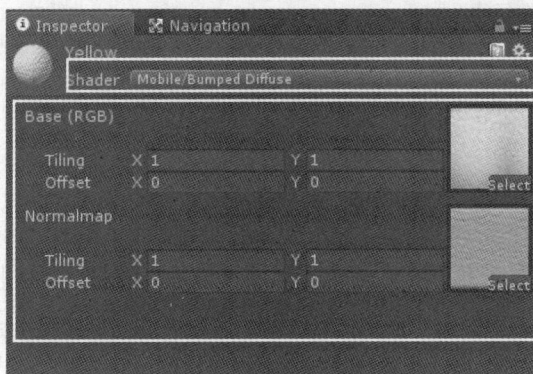

图 7-53 法线贴图材质球

7.5 Unity 3D 光照系统中的高级功能

Unity 光照系统中不仅仅是几个光源投射阴影这么简单，还包括有很多有趣的功能比如镜头光晕、光环、剔除等，这些小功能在某些时候可以极大地美化场景，使场景更加真实。还有 Light Probes 来优化场景的阴影效果，在本节中将详细介绍这些 Unity 中的高级光照功能。

7.5.1 光照系统中的小功能

了解 Unity 的具体光照功能前，首先需要了解 Unity 中的光影效果的场景设置即渲染路径。该功能与光照或阴影的渲染有关。除此之外还有一些光照系统中自带的小功能，例如 Flare 镜头光晕、Culling Mask 等。本节中将对其进行详细的介绍。

1. 基础知识

Unity 支持多种渲染路径——Rendering Path，用户在使用的时候可根据场景的实际情况以及目标平台和硬件的支持情况进行选择。并且 Unity 支持镜头光晕（又称为耀斑）效果，可以用来美化游戏场景，还可以控制场景中对象是否接受光照。下面将对每种效果进行讲解。

（1）Unity 中支持多种渲染路径，不同的渲染路径有不同的性能和效果，大多数都是影响光照和阴影的。单击 Edit→Project→Player 菜单，在 Inspector 面板中的 Other Setting 卷展栏下 Rendering Path 中设置渲染路径，如图 7-54、图 7-55 所示。

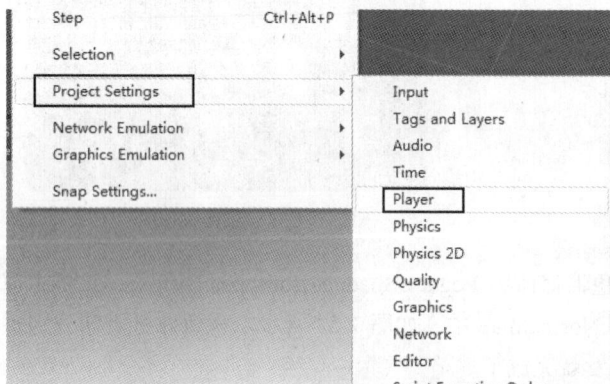

图 7-54　渲染路径的设置 1　　　　　图 7-55　渲染路径的设置 2

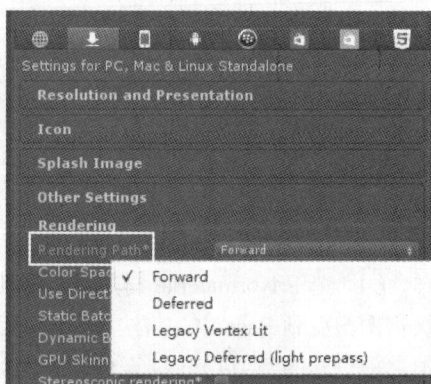

❑ Forward

该渲染路径也是 Unity 的预设渲染路径，在该渲染路径下，每个对象是根据影响对象的灯光，通过"Pass"来着色的。这个渲染路径的优点是快速，硬件要求低，可以快速处理透明度。然而其缺点是有大量光源的复杂场景中效率反而会降低。

❑ Deferred

该路径为延迟渲染路径，延迟了光的遮蔽与混合信息直到第一次接收到表面的位置发现材质数据着色到一个"几何缓冲器（G-buffer）"作为一个屏幕空间的贴图。该方法的优点是照明的着色成本和像素数量成正比，而非灯光数量，所以非常适合在有大量"realtime"模式的光源存在时显示真实的光照和阴影，但是需要较高的硬件水平支持。

❑ Legacy Vertex Lit

顶点照明渲染路径通常在一个 pass 中渲染物体，所有的光源照明都是在物体的顶点上计算的。该渲染路径是最快速的并且具有最广泛的硬件支持（不能工作在游戏机上）。由于所有的光照都是在顶点层级上计算的，所以此渲染路径不支持大部分像素渲染效果，如阴影、法线贴图、光照过滤等。

❑ Legacy Defferred（light prepass）

该渲染和 Defferred 渲染路径非常相似，只是采用了不同的手段去实现。需要注意的是该渲染路径不支持 Unity5 中的 physically based standard 着色器。

（2）Flare 镜头光晕也称为耀斑，是模拟相机镜头内的一种光线折射的效果，常用来表示非常明亮的灯光。添加镜头光晕最简单的方法是在灯光 Light 组件下的 Flare 选项中赋予耀斑效果，如图 7-56 所示。另一种方法是新建一个 GameObject，单击 Component→Effects→Lens Flare 菜单，添加该组件，并为其赋予耀斑效果。如图 7-57 所示。

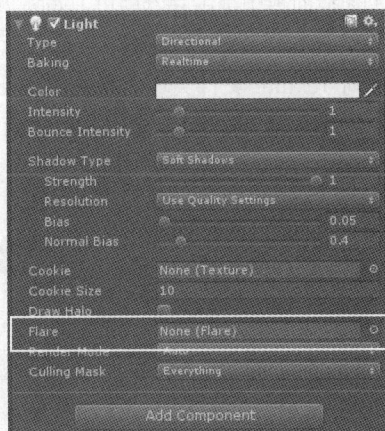

图 7-56　Light 中的 Flare 参数

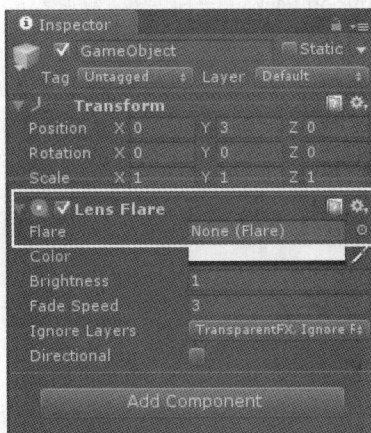

图 7-57　添加 Lens Flare 组件

（3）Culling Mask 光照过滤是光照系统中一个较为实用的小功能，经常会被用到。比如场景中不想让某些物体受到某个光源的影响，需要某盏灯专门为某个对象提供光照等情况就需要使用光照过滤（Culling Mask），将该物体置于某一层，将灯光遮罩该层即可。如图 7-58 所示。

2. 案例效果

本案例通过简单的场景介绍镜头光晕以及光照过滤的效果，只要给定合适的镜头光晕效果，即可实现美化场景的作用。打开资源包中第 7 章目录下的 LighteffectsDemo\Assets\ LighteffectsDemo 场景即可查看随书案例。案例效果如图 7-59 所示。

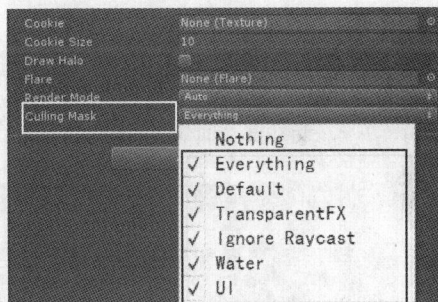

图 7-58　光照过滤层次

图 7-59　案例效果图

3. 开发流程

通过观察案例运行效果图可以发现，在场景中的左上方有一个镜头光晕效果来模拟现实中的太阳，可以通过更换不同的镜头光晕效果图来模拟不同的效果。右下方的正方体没有接受场景中的光照效果。下面将对案例的制作流程进行详细的介绍，具体步骤如下。

（1）打开 Unity 集成开发环境，首先导入标准资源包中的镜头光晕效果，在 Assets 中单击鼠标右键，选择 Import Package→Effects，在弹出的 Importing package 面板中单击导入即可。如图 7-60 所示。在 Assets 目录下新建一个文件夹并重命名为"Texture"。

（2）将开发过程中需要用到的立方体的纹理图拖曳到 Texture 文件夹中，单击 GameObject→3D Object→Plane 菜单，在场景中创建一个地板，如图 7-61 所示。重复相同步骤再次创建两个 Cube，并分别重命名为"Cubeone"和"Cubetwo"，并调整这三个对象的位置，使其接近于摄像机。

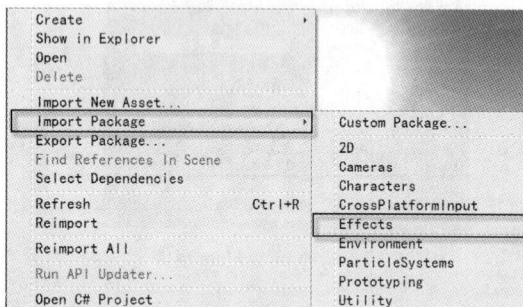

图 7-60　导入镜头光晕效果

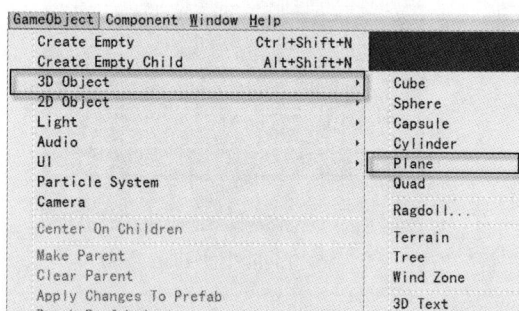

图 7-61　创建 Plane

（3）将 Texture 中的纹理图拖曳到 Cubeone 游戏对象上，并将其着色器类型修改为 Mobile/Bumped Diffuse，如图 7-62 所示。这时将 Texture 中的 Material 材质球拖曳到 Cubetwo 中即可实现纹理图的添加。如图 7-63 所示。（这样可以减少资源包中的材质球数量。）

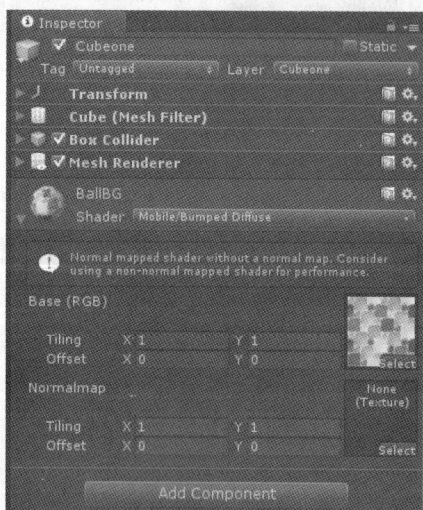

图 7-62　修改着色器类型

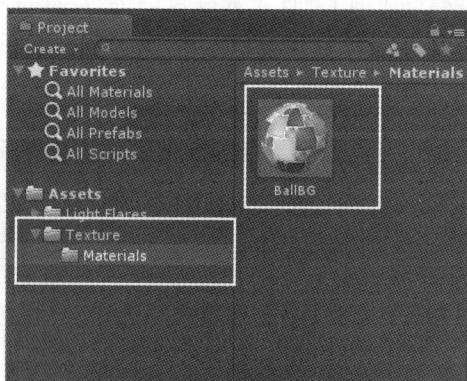

图 7-63　利用材质球贴图

（4）利用快捷键 Ctrl+Shift+N 新建一个空游戏对象，调整其位置在两个 Cube 的左后方。单击 Component→Effects→Lens Flare 菜单，为其添加该组件，如图 7-64 所示。将标准资源包中的某个耀斑效果图拖曳到该组件的 Flare 参数中，效果如图 7-65 所示。

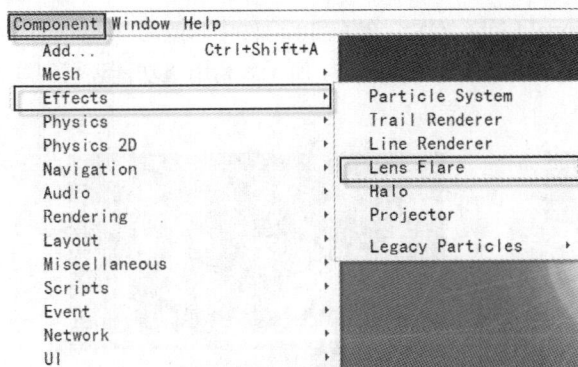

图 7-64 添加 Lens Flare 组件

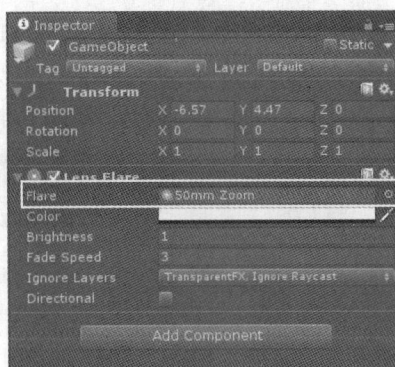

图 7-65 添加耀斑效果

（5）在指定耀斑参数后，可以通过调整 GameObject 的位置以及旋转角度来改变镜头光晕的位置和朝向，效果如图 7-66 所示。选中 Cubeone 游戏对象，在其属性面板中的右上角的 Layer 一栏中，点开下拉列表，选择 Add Layer 菜单，如图 7-67 所示。

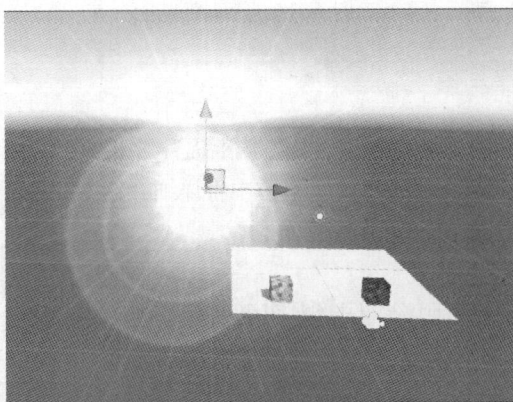

图 7-66 镜头光晕效果

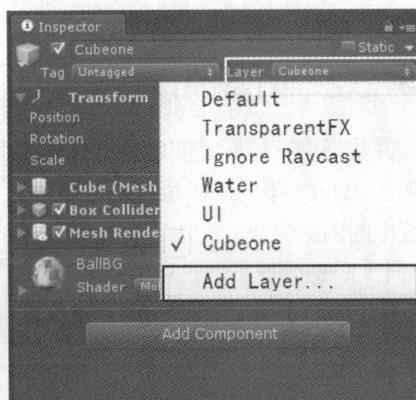

图 7-67 添加层次

（6）在弹出的属性面板中，前八个是系统默认的层次无法更改。选择第九个输入"Cubeone"，如图 7-68、图 7-69 所示。创建完成后将 Cubeone 游戏对象的 Layer 修改为 Cubeone，如图 7-70 所示。这时层次的添加就完成了。

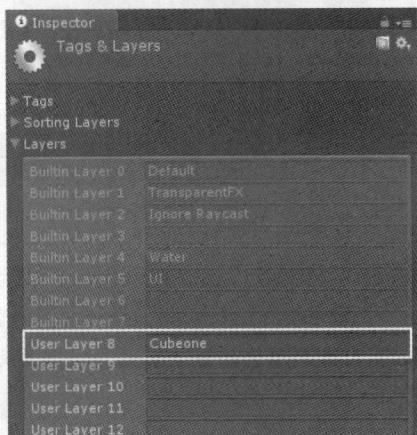

图 7-68 添加 Layer 1

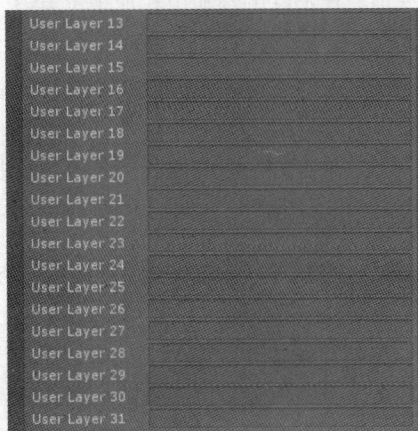

图 7-69 添加 Layer 2

（7）修改完成后，选中场景中的 Directional Light 光源，在 Light 组件中修改 Culling Mask 参数，将 Cubeone 层次取消勾选即可实现光照过滤的功能，如图 7-71 所示。利用该功能还可以实现特定的光源给特定物体进行照射的功能。

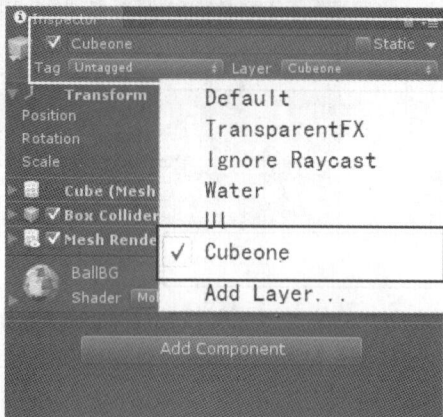

图 7-70　给定特定的层次

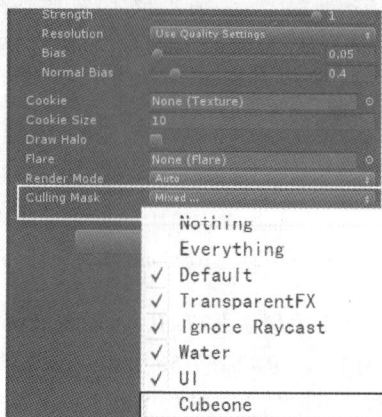

图 7-71　光照过滤功能

7.5.2　阴影的设置

游戏当中，阴影是非常重要的一部分，非常好的阴影效果可以从整体上提升游戏的真实性和美观性。Unity 中的阴影也可以通过参数的设置来达到不同的效果。本节中将详细介绍 Unity 光照系统中的阴影参数。在本节中所使用的光源为平行光（Directional Light）。

1. 阴影质量

Unity 中使用"阴影贴图（Shadow maps）"来显示阴影，阴影贴图可以看作将从灯光投射到场景的阴影通过纹理贴图的形式表现出来，所以其质量主要取决于两个因素：贴图分辨率（Resolution）和阴影类型（Hard/Soft Shadow）。

阴影的 Resolution 可以在光源的 Light 组件下进行设置，其中包含的选项有使用质量设定的参数、低分辨率、中等分辨率、高分辨率和极高分辨率，如图 7-72 所示。当然，分辨率越高的阴影越清晰越能反应出更多细节，但其所消耗的性能也相应地上升。

Unity 游戏开发引擎提供两种阴影模式（Shadow Type），分别为 Hard Shadow 和 Soft Shadow，在相同灯光照射以及同等的贴图分辨率下，Hard Shsdows 模式下的阴影效果十分的生硬并且带有明显的抗锯齿，下面给出四种不同情况下的阴影贴图，如图 7-73 所示。

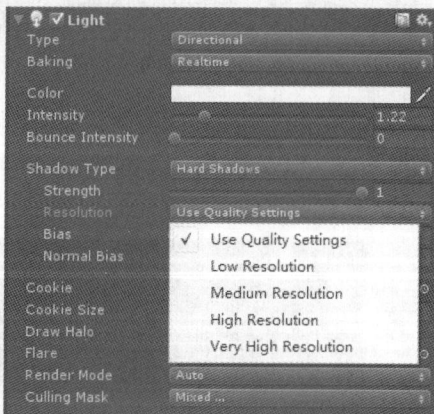

图 7-72　阴影分辨率的设置

图 7-73 所示面四幅阴影效果图的模式分别是 Hard Shadow-Low Resolution、Soft Shadow-Low Resolution、Hard Shadow-High Resolution、Soft Shadow-High Resolution，在图上有简单标注。可以发现，硬阴影高质量贴图的边缘也有抗锯齿，但是软阴影的使用会消耗更多的性能资源，在使用时需要视具体情况而定。

场景位置：见资源包中源代码/第 7 章目录下的 Shadowmaps\Assets\ Yu。

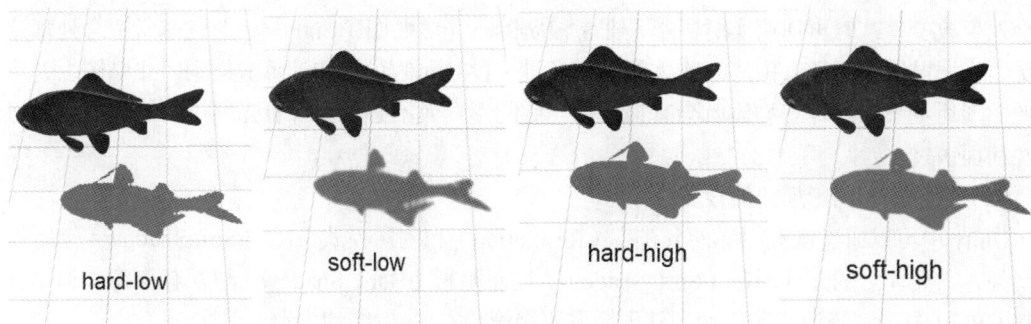

hard-low　　soft-low　　hard-high　　soft-high

图 7-73　不同情况下阴影的效果

2. Quality Settings 面板

在 Light 组件下的 Resolution 参数中除了系统自带的四种分辨率设置，还有一种就是 Use Quality Settings，意为使用开发人员自定义的分辨率。单击 Edit→Project Settings→Quality 菜单，进入 QualitySetting 面板即可进行分辨率的设置。如图 7-74、图 7-75 所示。Shadows 具体参数如表 7-7 所列。

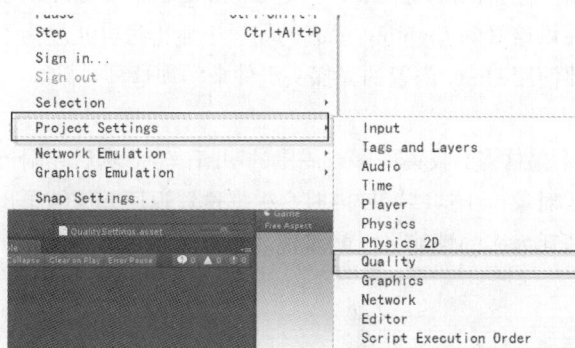

图 7-74　打开质量设置面板

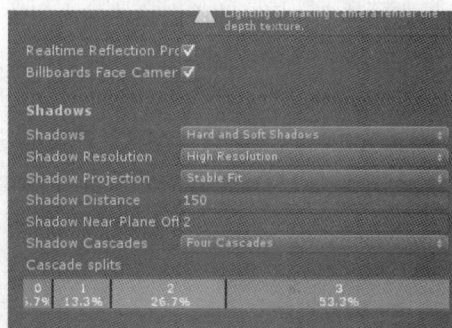

图 7-75　Shadows 设置参数

表 7-7　　　　　　　　　　　　　阴影质量参数设置

参 数 名	含 义
Shadows	设置阴影的类型
Shadow Resolution	阴影的分辨率，可以将分辨率设置为低、中、高、极高，分辨率越高，处理开销越大
Shadow Projection	阴影投射，平行光的投射阴影有两种方式：Close Fit 渲染高分辨率阴影，但是相机移动时，阴影会稍微摆动；Stable Fit 渲染的阴影分辨率低，但是不会在相机移动时摆动
Shadow Distance	相机的最大阴影可见距离，超过这个距离的阴影不会被计算
Shadow Cascades	阴影层叠，层叠数目越高，阴影质量越好，计算开销越大

3. 阴影性能

Unity 中开启阴影需要消耗较多性能资源，因此想要在整个场景都使用实时阴影是非常不现实也是非常不明智的举动，于是便需要使用一些方法来尽可能降低消耗，同时还要保证必要的效果。Unity 中降低阴影消耗的常用方法如下所列。

（1）使用光照贴图

一个游戏场景中一定会包含一些"静态"的物体，这些物体不会移动和形变，所以其阴影也不会发生改变，这时再使用实时阴影是非常浪费的。光照贴图（LightMap）就非常适合处理这种情况，光照贴图会将场景中静态物体的阴影经过一段时间的烘焙和计算渲染到一张贴图上，应用光照贴图后场景中的静态物体就会有自己的"假阴影"而不必再去计算光照了，具体的烘焙方法已在前面讲过。

（2）分辨率和阴影模式的设置

Unity 中可以通过设置阴影的分辨率（Resolution）和阴影模式（Hard/Soft Shadow）来降低游戏消耗，需要注意的是软阴影（Soft Shadow）比硬阴影（Hard Shadow）更消耗资源，但是其只消耗 GPU（显卡）资源，所以使用软硬阴影不会影响 CPU 性能和内存。

（3）设置阴影距离

"Quality Settings"面板中有一个参数为"Shadow Distance"，可以用来设置阴影距离，比如其默认值 150 就代表着距离观察摄像机 150 个单位以外的阴影将不会进行计算和渲染。这个功能在大型场景中比较实用，可以避免计算很多距离太远看不到的阴影从而达到节省资源的目的。

7.5.3　Light Probes 光探头

经过前面光照相关知识的学习，可以烘焙出想要的游戏效果。但是 Lighting map 无法作用于非静态物体上，因此非静态物体的光照效果在烘焙好的 Lighting map 的场景中显得很突兀。为了让非静态的物体很好地融入游戏场景，便需要使用 Unity 内置的光探头组件来实现这种效果。

1.　基础知识

Light Probes 的原理是在场景中放上若干个采样点，收集采样点周围的明暗信息，然后在附近几个点围成的区域内进行差值，当动态的游戏对象位于这些区域内时会根据位置返回差值结果也就是其所接受的光照结果。这种做法并不会消耗太多的性能，也能实现动态物体和静态场景光照效果的相互融合。

2.　案例效果

前面介绍了 Light Probes 的基础知识，下面将通过一个案例更加细致地展示其效果，效果运行如图 7-76 和图 7-77 所示。通过搭建简单的场景制作出阴影效果，在阴影处添加光探头，并通过选择该物体是否接受光探头来展示其效果。

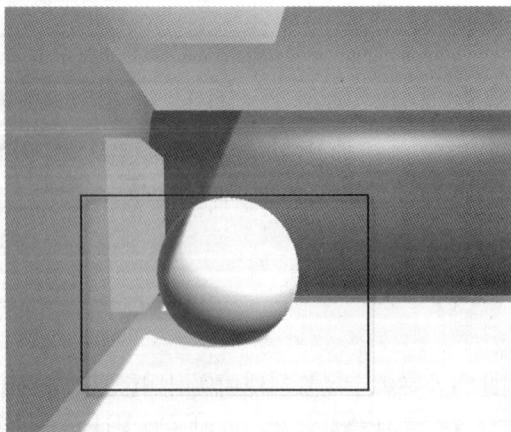

图 7-76　未接受光探头的光影效果　　　　图 7-77　接受光探头的光影效果

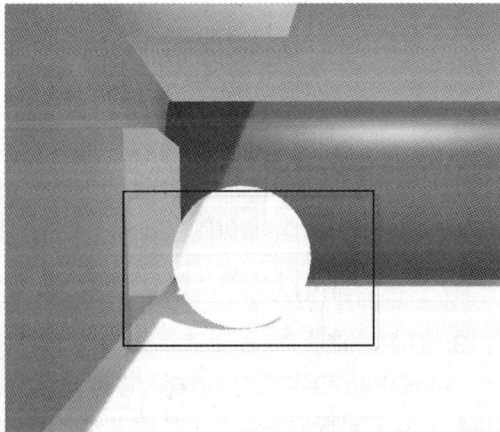

3.　开发流程

通过观察上述两幅效果图，可以看到当球（动态物体）在自发光材质附近时，开启 Use Light

Probes 开关后，该球就会受到自发光材质的影响，而关闭开关后就没有来自自发光材质的光照效果。案例的具体开发步骤如下。

（1）光探头存在的价值是为了解决动态物体与烘焙好的 Lighting map 场景光照突兀的问题，首先搭建一个简单的场景。利用 Unity 中简单的几何体搭建一个场景，效果如图 7-78 所示。图中绿色的长方体为自发光物体。

（2）在场景搭建过程中，需要给每个游戏对象添加材质。这里以自发光物体和长方体为例介绍材质球的创建过程。在 Assets 目录下新建一文件夹并重命名为"Materials"，在该文件夹下单击鼠标右键，选择 Create→Material，并重命名为"blue"，在其 Albedo 参数中将颜色修改为蓝色，如图 7-79 所示。

图 7-78　搭建创建效果

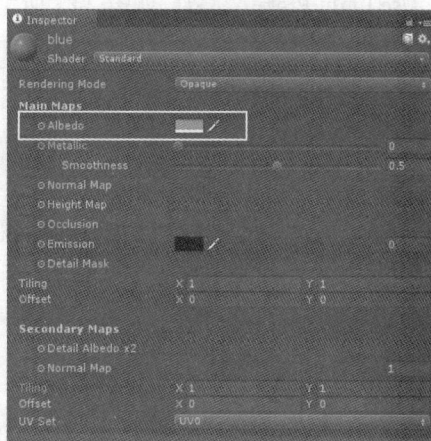

图 7-79　修改材质球颜色

（3）根据步骤（2）再次新建一名为 Yingguang-green 的材质球，将其着色器参数修改为 Legacy Shaders/Self–Illumin/Diffuse，并在 Main Color 参数中将颜色修改为淡绿色，将该发光材质球指定给创建的小长方体，如图 7-80 所示。

（4）至此，场景的搭建就完成了，将场景中的所有游戏对象标志为静态物体，对场景进行烘焙（具体过程已经在前面章节详细介绍过，有需要的可以参考前面讲解的知识）。利用 Ctrl+Shift+N 创建一个空游戏对象，单击 Component→Rendering→Light Probes Group 菜单添加光探头组件，如图 7-81 所示。

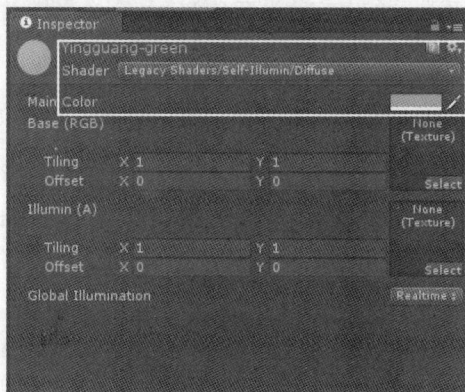

图 7-80　创建自发光材质球

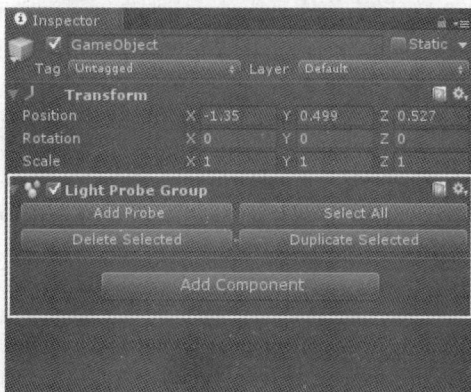

图 7-81　添加 Light Probes Group 组件

（5）下面就要为游戏场景布置采样点了。单击 "Light Probe Group" 组件中的 "Add Probe" 按钮，Scene 窗口中就会出现一个新的 "小球"，接下来将该小球移动到场景中的某个位置即可完成其摆放，单击 "Duplicate Selected" 按钮可以复制一个当前选中的采样点。

（6）重复第（5）步操作，直到场景中大部分阴影比较凸显的地方都放置有采样点，如图 7-82 所示。其中很多用紫色的线连起来的黄色的 "小球" 就是设置的采样点，注意采样点的多少并不会影响性能。采样点放置完毕后，需要再次烘焙游戏场景，所有的采样点都赋予了其所在位置的光影信息。

（7）接下来可以测试一下 Light Probe 的功能，创建一个小球并将其摆放到场景中的各个位置，观察其光影效果。首先将小球摆放到场景中具有发光材质的地方。开关其 Mesh Renderer 组件中的 Use Light Probes 参数，如图 7-83 所示，并观察其区别。

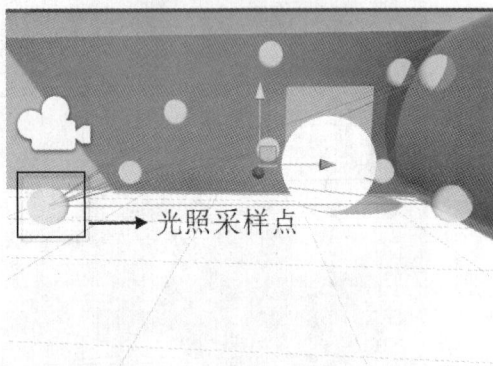

图 7-82　采样点的设置

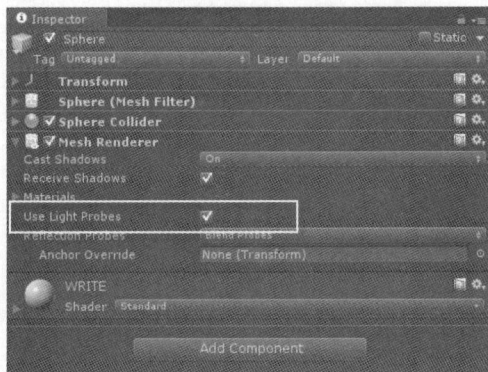

图 7-83　是否启用 Light Probes 效果

4. Light Probes 应用细节

通常情况，布置 Light Probes 最简单有效的方式是将采样点均匀地分布在场景中，这样场景中就会有很多个采样点。虽然这样不会消耗内存，但是布置起来却很麻烦。完全没有必要在光影毫无变化的区域内布置多个采样点，而应当在光影差异较大的位置（如阴影的边缘）布置多个采样点。对于采样点有如下几点需要注意。

（1）采样点的工作原理是将场景空间划分为多个相邻的四面体空间，为了能够合理地划分出空间以便进行正确的差值，所以需要注意不要将所有采样点放置在同一个平面上，这样会导致无法划分空间。

（2）当动态物体只能在一定的高度下活动时，在其高度的上方就没有必要布置多个采样点了。当然也不能将所有的采样点布置得太低，这样就无法划分空间了。

7.5.4　材质编辑器

本小节中介绍 Standard 着色器的材质编辑器。Unity5 中添加了两种新的标准着色器，它们的材质编辑器窗口如图 7-84 和图 7-85 所示。用户可以在 Project 窗口中单击鼠标右键，选择 Create→Material 创建一个材质，然后在属性面板中的 Shader 选择想要的标准着色器。编辑器中的参数如表 7-8 所列。

表 7-8 中介绍了 Standard 中的参数，接下来将介绍 Standard 着色器的 Rendering Mode 中的 4 种不同的着色模式。用户需要使用 Standard 着色器时，一定要设置正确的渲染模式，否则很可能无法得到正确的视觉效果。具体内容如下。

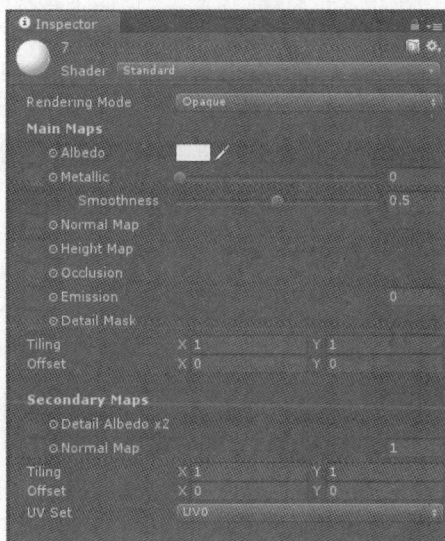

<table>
图 7-84　Standard 着色器的材质编辑器　　图 7-85　Standard（Specular setup）着色器的材质编辑器
</table>

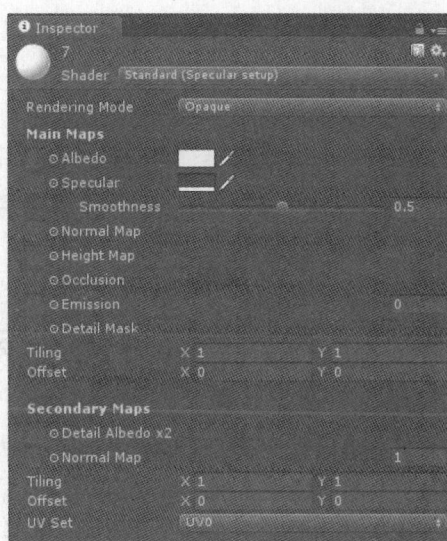

表 7-8　　　　　　　　　　　　　Standard 着色器参数

参　数　名	含　　义
Specular	高光，颜色可以自行设置
Height Map	高度图，通常是灰度图
Tiling	贴图的重复贴图次数
Secondary Maps	细节贴图
Normal Map	法线贴图
Occlusion	环境遮盖贴图，将在后面的部分中详细介绍
Offset	贴图的偏移量
Metallic	金属性，值越高，反射效果越明显
Rendering Mode	渲染模式，有四种模式可选，下面将详细单独介绍
Albedo	漫反射纹理图，也可以设置其颜色和透明度（透明度需要选择正确的 Rendering Mode）
Smoothness	此值影响计算反射时表面光滑程度，值越高，反射效果越清晰
Emission	自发光属性，开启后该材质在场景中类似一个光源，可以调节其 GI 模式
Detail Mask	细节遮罩贴图，当某些地方不需要细节图可以使用遮罩图来进行设置，如嘴唇部分不需要毛孔等

❑　Opaque 模式。这种模式代表该着色器不支持透明通道。也就是说此时该标准着色器只能是完全不透明的（当制作如石头、金属等材质时使用该模式）。

❑　Cutout 模式。这种模式下着色器支持透明通道，但是不支持半透明。也就是说，要显示的纹理图的内容要么完全透明，要么完全不透明。图片内容是否透明由 Albedo 中的 Alpha 值和 Alpha Cutoff 决定（这种模式下的着色器适合制作叶子、草等带有透明通道的图片却又不希望出现半透明效果的材质）。

❑　Fade 模式（褪色模式）。该模式下可以通过操控 Albedo 的 Color 中的 Alpha 值来操作材质的透明度，根据 Alpha 的设定可以制作出半透明的效果。但是该模式并不适合制作类似玻璃等半透明材质，因为当 Alpha 值降低时，其表面的高光、反射等效果也会跟着变淡（比较适合制作物体渐渐淡出的动画效果）。

❑ Transparent 模式。这种模式下的材质同样可以通过 Albedo 中 Color 的 Alpha 值来调整其透明度，但不同的是，当物体变为半透明的时候，其表面的高光和反射不会变淡的（非常适合制作玻璃等具有光滑表面的半透明材质）。

7.6　本章小结

本章的内容不仅涉及了 Unity 中光源的种类和每个类型光的特点，也介绍了光照烘焙、法线贴图以及光探头等使用方法。在 Unity 3D 的学习过程中，最关键的是对光源特性的理解，开发者应该时刻保持严谨的心态，开发出最为真实的游戏场景。

7.7　习　　题

1. 简要阐述四种光源的照明效果以及用途。
2. 简要叙述光照烘焙技术的原理以及在游戏开发过程中的必要性。
3. 运行并调试 7.2 节中光照烘焙的案例，熟悉光照烘焙的使用流程。
4. 简要阐述反射探头的工作原理。
5. 运行并调试 7.3 节中反射探头的案例，熟悉反射探头的使用流程。
6. 简要阐述法线贴图的工作原理以及所能够实现的效果。
7. 收集并制作法线贴图，然后在 Unity 中展示其效果。
8. 简要阐述光探头的工作原理以及所能够实现的效果。
9. 运行并调试 7.5 节中的光探头案例，熟悉光探头的使用流程。
10. 简要阐述使用光探头时的注意事项。

第8章
模型与动画

本章将对 Unity 开发中的 3D 模型以及 Unity 中的新版 Mecanim 动画系统进行介绍。通过本章的学习，读者将会对 3D 模型的建材和导入的使用有所了解，并且能够通过熟练地使用 Unity 中的 Mecanim 动画系统，制作出真实连贯的角色动画，为以后的 3D 游戏开发打下基础。

8.1　3D 模型背景知识

3D 模型是用 3D 建模软件建造的立体模型，也是构成 Unity 场景的基础元素。Unity 几乎支持所有主流格式的 3D 模型，比如".FBX"文件和".OBJ"文件等。开发者可以将 3D 建模软件导出的模型文件添加到项目资源文件夹中，Unity 会显示在 Assets 面板中使用。

8.1.1　主流 3D 建模软件的介绍

首先介绍一下如今的主流的 3D 建模软件，这些软件广泛应用于模型制作、工业设计、建筑设计、三维动画制作等领域，每款软件都有自己擅长的功能和专有的文件格式。正是因为有这些软件来完成建模工作，Unity 才得以展现出丰富的游戏场景以及真实的角色动画。目前主流的 3D 建模软件有如下几款。

❑　Autodesk 3D Studio Max

3D Studio Max，常简称为 3ds Max 或 MAX，是 Autodesk 公司开发的基于 PC 系统的三维动画渲染和制作软件。其前身是基于 DOS 操作系统的 3D Studio 系列软件。3D Studio Max 首选开始运用在电脑游戏中的动画制作，后更进一步开始参与影视片的特效制作。

❑　Autodesk Maya

Maya 是美国 Autodesk 公司出品的世界顶级三维动画软件，不仅包括一般三维和视觉效果制作功能，而且还与最先进的建模、数字化布料模拟、毛发渲染、运动匹配技术相结合，应用对象是专业的影视广告、角色动画、电影特技等。

Maya 功能完善、工作灵活、易学易用，制作效率极高，渲染真实感极强，是电影级别的高端制作软件。并且 Maya 可在 Windows、MacOS X、Linux 与 SGI IRIX 操作系统上运行，目前支持的操作系统为 Windows（64 位）、Linux、Mac OS X。

❑　Cinema 4D

Cinema 4D 是由德国 Maxon Computer 公司开发的一款三维软件，广泛应用在广告、电影、工业设计等方面，并且表现出色。其以极高的运算速度和强大的渲染插件著称，很多模块的功能在同类软件中代表科技进步的成果，目前支持的操作系统为 Windows、Mac OS X。

Cinema 4D 在用其描绘的各类电影中表现突出，并且随着其越来越成熟的技术受到越来越多的电影公司的重视，比如影片《阿凡达》有花鸦三维影动研究室中国工作人员使用 Cinema 4D 制作了部分场景，Cinema 4D 正成为许多一流艺术家和电影公司的首选，已经走向成熟。

8.1.2　Unity 与建模软件单位的比例关系

上一小节中介绍的主流的 3D 建模软件都有其默认的单位长度，在 Unity 当中默认的系统单位为"米"，也就是说默认情况下一个单位长度的大小是 1 米。但是 3D 建模软件默认的系统单位并不都是"米"，如果使用默认系统单位的话，导入 Unity 的模型可能会过大或者过小。

为了让模型在导入 Unity 后能够保持其本来的尺寸，就需要调整建模软件的系统单位或者尺寸。在 3D 建模软件中，应尽量使用"米"制单位。表 8-1 中展示了建模软件的系统单位在设置成"米"制单位后，与 Unity 系统单位的对应比例。

表 8-1　　　　　　　　　　　常用建模软件与 Unity 的单位比例关系

建模软件	建模软件内部米制尺寸/m	导入 Unity 中的尺寸/m	与 Unity 单位的比例关系
3ds Max	1	0.01	100:1
Maya	1	100	1:100
Cinema 4D	1	100	1:100

下面将以 3ds Max 为例，介绍一下参数设置调整的过程，如果想让模型在导入 Unity 后能够保持其本来的尺寸，可以按照下面的步骤操作。经过参数设置调整过后导出的模型都是按照 1:1 导出的，可以直接导入到 Unity 中。

（1）打开 3ds Max 软件后，打开"自定义"菜单下的"单位设置"选项，如图 8-1 所示。

（2）在弹出的"单位设置"对话框中，将"显示单位比例"下的"公制"选项修改为"厘米"。如图 8-2 所示。

（3）单击对话框顶部的"系统单位设置"按钮，在弹出的"系统单位设置"对话框中将单位修改为"厘米"，如图 8-3 所示。修改完成后单击确定完成参数设置调整。

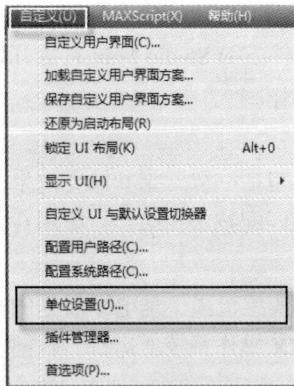

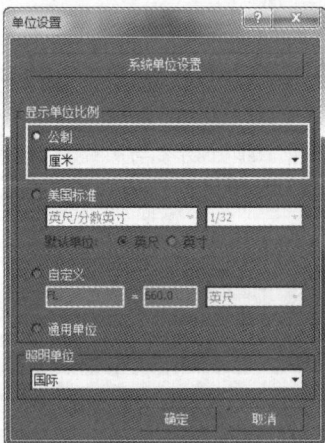

图 8-1　自定义菜单　　　　　　图 8-2　单位设置菜单　　　　　图 8-3　系统单位设置菜单

8.1.3　将 3D 模型导入 Unity

经过上一小节的介绍，读者已经对主流 3D 建模软件有了一个大致的了解，在本节中将介绍一下如何将 3D 模型导入 Unity 中。将 3D 模型导入 Unity 中是游戏开发的第一步，下面以 3ds Max 为例，为读者演示一遍从建模到将模型导入 Unity 的过程。具体步骤如下。

（1）首先打开 3ds Max，单击右侧"AEC Extended"（AEC 扩展）中"Foliage"（树）按钮，在下方的列表中的模型中任意选择一种，创建一个树模型。如图 8-4 所示，这时就完成了一个最基本的建模工作。

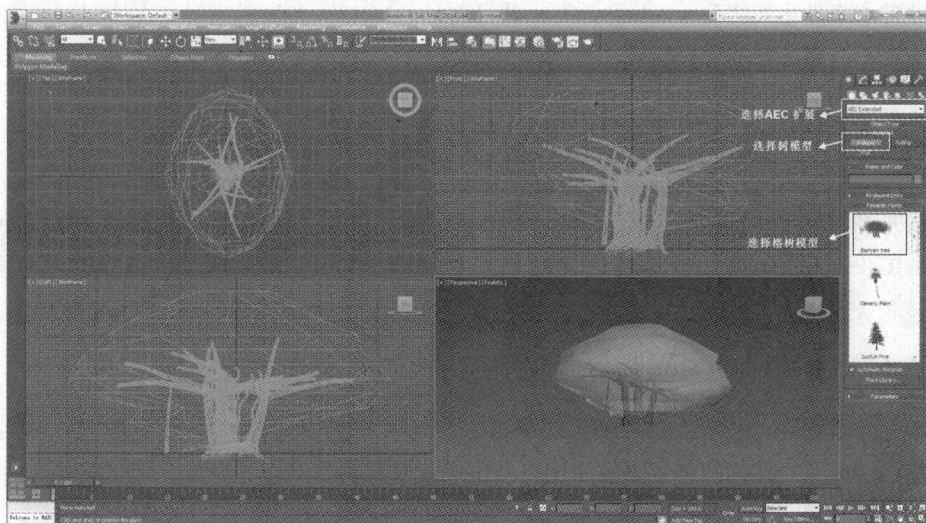

图 8-4　在 3ds Max 中建模

（2）单击窗口左上角的 3ds Max 标志，打开下拉菜单。单击导出选项，如图 8-5 所示。然后会弹出对话框，选择导出的路径并且为导出的文件命名（注意保存类型选择.FBX），单击保存按钮即可导出。

图 8-5　导出 FBX 文件

（3）将模型导入 Unity 中，单击 Unity 中菜单栏单击 Assets→Import New Assets，会弹出导入资源对话框，按照模型的路径找到并选中模型，单击导入按钮，完成导入。导入的模型会保存在 Assets 文件夹中，开发者可以在 Assets 面板中查看以及使用。

8.2　网格——Mesh

本节中主要向读者介绍网格（Mesh）的相关知识。"Mesh"是 Unity 提供的一个类，开发者可以通过脚本来创建和修改 meshes 的类，并且通过"Mesh"类生成或修改物体的网格能够做出普通方法难以实现的物体变形特效。通过本节的学习，读者将对网格有较好的理解和掌握。

8.2.1　网格过滤器（Mesh Filter）

网格过滤器中有一个重要的属性——"Mesh"，用于储存物体的网格数据，它可以从资源中拿出网格并将网格传递给网格渲染器（Mesh Renderer），并在屏幕上渲染。在导入模型资源时，Unity 会自动创建一个网格过滤器，如图 8-6 所示。

图 8-6　网格过滤器组件

8.2.2　Mesh 属性和方法介绍

网格过滤器组件有一个重要的属性"mesh"，"mesh"是网格过滤器实例化的 Mesh。在 Mesh 中有一些用于储存物体的网格数据的属性以及生成或修改物体网格的方法，下面将对这些属性和方法进行详细介绍。

（1）Mesh 中有一些用于储存物体的网格数据的属性，这些属性主要用于储存网格中各种数据，并且均以数组的形式出现，详细说明如表 8-2 所示。

表 8-2　　　　　　　　　　　　　　　　Mesh 的属性

属　　性	说　　明	属　　性	说　　明
vertices	网格的顶点数组	normals	网格的法线数组
tangents	网格的切线数组	uv	网格的基础纹理坐标
uv2	如果存在，这是为网格设定的第二个纹理坐标	subMeshCount	子网格的数量。每种材质都有一个独立的网格列表
bounds	网格的包围体	colors	网格的顶点颜色数组
triangles	包含所有三角形顶点索引的数组	vertexCount	网格中顶点的数量（只读）
boneWeights	每个顶点的骨骼权重	bindposes	绑定的姿势。每个索引绑定的姿势使用具有相同索引的骨骼

（2）Mesh 中有生成或修改物体网格的方法，这些方法主要用于设置储存网格各种数据，并且均以数组的形式出现，详细说明如表 8-3 所示。

表 8-3　　　　　　　　　　　　　　　　Mesh 的方法

方　　法	说　　明	方　　法	说　　明
Clear	清空所有顶点数据和所有三角形索引	RecalculateBounds	重新计算从网格包围体的顶点
RecalculateNormals	重新计算网格的法线	Optimize	显示优化的网格
GetTriangles	返回网格的三角形列表	SetTriangles	为网格设定三角形列表
CombineMeshes	组合多个网格到同一个网格		

8.2.3　Mesh 的使用

网格包括顶点和多个三角形数组。三角形数组是指顶点的索引数组，每个三角形包含三个索引。每个顶点可以有一条法线、两个纹理坐标，及颜色和切线。虽然这些是可选的，但是也可以去掉。所有的关于顶点的信息是被储存在单独的同等规格的数组中。

Unity 中通过为顶点数组赋值并为三角形数组赋值来新建一个网格。获取顶点数组后，通过修改这些数据并把这些数据放回网格来改变物体形状。下面通过一个使用 Mesh 来使物体变形的案例详细地介绍一下 Mesh 的使用，具体操作步骤如下。

（1）首先创建一个工程项目，并命名为"BNUMeshes"。然后创建地形。创建地形的方法读者可参考本书介绍地形创建的章节，这里不再重复介绍（本案例中的地形文件在资源包/第 8 章/BNUMeshes\Assets 下的 Forest.asset 文件）。

（2）创建水。选中"Assets"文件夹，单击鼠标右键，选择 Import Package→Water（Pro Only）导入标准水资源包，如图 8-7 所示。然后拖曳 Daylight Water 到场景中，并调整水和地形的位置参数，如图 8-8 和图 8-9 所示，最终实现如图 8-10 的位置效果。

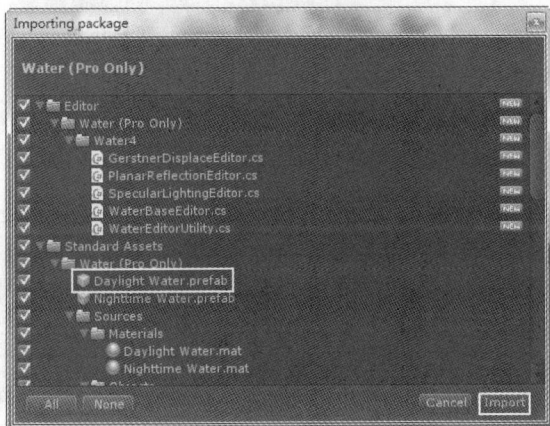
图 8-7　导入标准水资源包

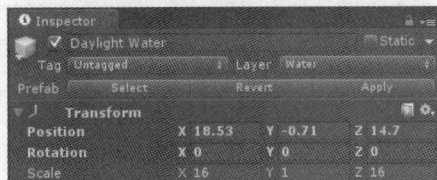
图 8-8　水位置参数

图 8-9　地形位置参数

图 8-10　地形与水面的位置

（3）创建两个空对象，分别命名为"Expansion"和"Triangle"，具体步骤为 GameObject→Create Empty，如图 8-11 所示。然后两个空对象添加网格过滤器，先选中对象然后单击菜单

Component→Mesh→Mesh Filter 为对象添加网格过滤器，如图 8-12 所示。

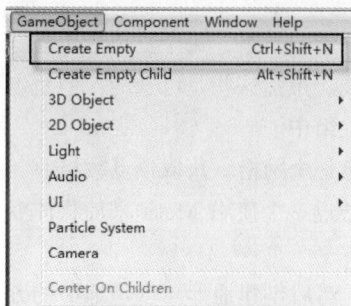

图 8-11　创建空对象

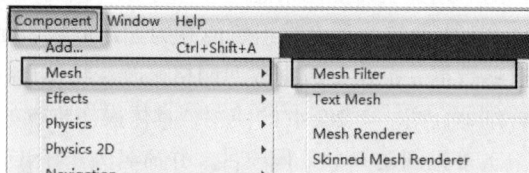

图 8-12　添加网格过滤器

（4）下面向两个空对象的网格过滤器组件中添加网格属性。将"Assets\Meshes"文件夹下的"Triangle.FBX"和"Expansion.FBX"模型文件中的网格"Box01"，如图 8-13 所示，分别拖曳到"Expansion"和"Triangle"对象的网格过滤器组件的"Mesh"属性中，如图 8-14 所示。

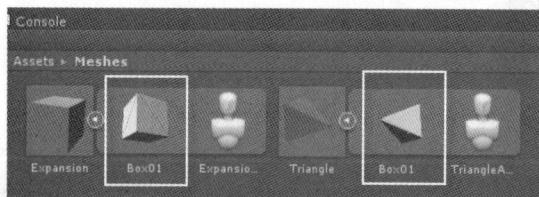

图 8-13　模型文件中的网格"Box01"

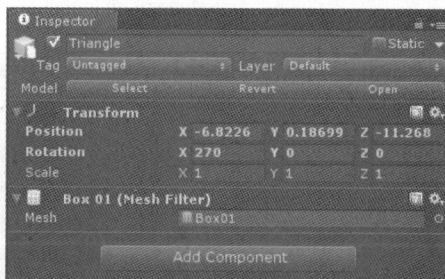

图 8-14　网格过滤器组件

（5）创建一个空对象，并且命名为"Obj1"，调整该对象的位置和大小，具体参数如图 8-15 所示。然后为"Obj1"对象添加网格过滤器和网格渲染器，具体步骤为选中对象然后单击菜单 Component→Mesh→Mesh Renderer 为对象添加网格渲染器，如图 8-16 所示。

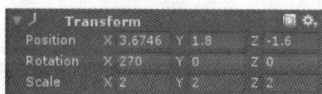

图 8-15　"Obj1"对象的位置和大小

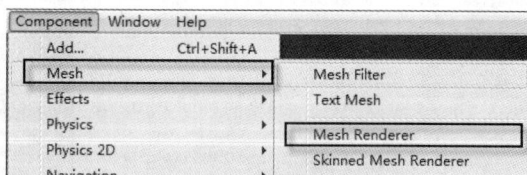

图 8-16　添加网格渲染器

（6）然后为"Obj1"对象添加纹理。将"Assets\Textures"文件夹下的"wenli.tga"纹理文件拖曳到"Obj1"对象上，然后按照相同的方法再创建 4 个对象，并分别命名为"Obj2"、"Obj3"、"Obj4"、"Obj5"，拖曳后的五个对象的网格渲染器的"material"属性就均被设置为"wenli"材质，如图 8-17 所示。

（7）单击鼠标右键，在弹出的菜单中选择 Create→C# Script 创建脚本。命名为"BNUMesh.cs"，然后双击打开脚本，开始"BNUMesh.cs"脚本的编写，本脚本主要用于通过控制网格属性来实现物体变形的效

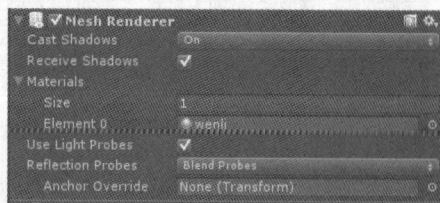

图 8-17　"Obj1"对象的网格渲染器组件

果，详细代码如下所示。

代码位置：见资源包中源代码/第 8 章目录下的 BNUMeshes/Assets/BNUMesh.cs。

```
1    using UnityEngine;
2    using System.Collections;
3    using System.Collections.Generic;
4    public class BNUMesh : MonoBehaviour {
5      Mesh mesh;                                    //定义物体的网格对象
6      int time;                                     //定义用于记录时间
7      public GameObject[] g;                        //定义游戏对象数组
8      Mesh[] m;                                     //定义网格对象数组
9      public List<Vector3> vertice;                 //定义网格顶点的集合
10     public List<int> triangle;                    //定义三角形顶点索引的集合
11     public List<Vector2> uv;                      //定义网格的基础纹理坐标的集合
12     public List<Vector3> normal;                  //定义网格法线的集合
13     public List<Vector4> tangent;                 //定义网格切线的集合
14     bool bian = true;                             //定义物体是否完成一次变形标志位
15     int s=0;                                      //物体变形形状标志位
16     void Start(){
17       ......//此处省略了对 Start 方法的重写，在下面将详细介绍
18     }
19     void Update () {
20       ......//此处省略了对 Update 方法的重写，在下面将详细介绍
21   }}
```

❑ 第 5~8 行的功能是对变量的声明，主要声明了物体的网格对象、游戏对象数组、网格对象数组、用于记录时间的变量等。
❑ 第 9~15 行的主要功能是对变量的声明，主要声明了网格各项数据的集合，包括网格顶点的集合、包含所有三角形顶点索引的集合、网格法线的集合等，以及物体是否完成一次变形的标志位和物体变形形状标志位。
❑ 第 16~18 行重写了 Start 方法，该方法在游戏加载时执行。主要功能是在游戏加载时细化物体的网格。此处省略了具体代码，在下面将详细介绍。
❑ 第 19~21 行重写了 Update 方法，该方法系统每帧调用一次。主要功能是通过不断改变网格数据使物体不断变形。此处省略了具体代码，在下面将详细介绍。

（8）在"BNUMesh.cs"脚本中 Start 方法的主要功能是系统通过在场景加载时调用此方法来实现物体网格的细化，Start 方法的具体代码如下。

代码位置：见资源包中源代码/第 8 章目录下的 BNUMeshes/Assets/BNUMesh.cs。

```
1    void Start(){
2      m = new Mesh[2];                              //实例化网格对象数组
3      for (int a = 0; a < g.Length; a++){
4       for (int j = 0; j < 2; j++){
5         vertice = new List<Vector3>();             //实例化网格的顶点集合
6         triangle = new List<int>();                //实例化三角形顶点索引的集合
7         uv = new List<Vector2>();                  //实例化纹理坐标集合
8         normal = new List<Vector3>();              //实例化网格的法线集合
9         tangent = new List<Vector4>();             //实例化网格的切线集合
```

```
10      m[a] = g[a].GetComponent<MeshFilter>().mesh;        //获取物体网格对象
11      if (m[a].vertexCount > 100){                         //如果顶点数大于100
12        break;                                             //不再细化
13      }
14      for (int i = 0; i < m[a].triangles.Length / 3; i++){
15      Vector3 te1 = m[a].vertices[m[a].triangles[i * 3]]; //获取三角形第一个顶点坐标
16      Vector3 te2 = m[a].vertices[m[a].triangles[i * 3 + 1]]; //获取三角形第二个顶点坐标
17      Vector3 te3 = m[a].vertices[m[a].triangles[i * 3 + 2]]; //获取三角形第三个顶点坐标
18      Vector3 te4 = Vector3.Lerp(te1, te2, 0.5f);     //插值出第四个顶点坐标
19      Vector3 te5 = Vector3.Lerp(te2, te3, 0.5f);     //插值出第五个顶点坐标
20      Vector3 te6 = Vector3.Lerp(te3, te1, 0.5f);     //插值出第六个顶点坐标
21        ......//此处省略了将顶点添加到顶点数组和缠绕三角形的代码，读者可以自行查看资源包中的源代码
22      Vector2 u1 = m[a].uv[m[a].triangles[i * 3]];        //获取三角形第一个顶点纹理坐标
23      Vector2 u2 = m[a].uv[m[a].triangles[i * 3 + 1]];    //获取三角形第二个顶点纹理坐标
24      Vector2 u3 = m[a].uv[m[a].triangles[i * 3 + 2]];    //获取三角形第三个顶点纹理坐标
25      Vector2 u4 = Vector2.Lerp(u1, u2, 0.5f);        //插值出第四个顶点纹理坐标
26      Vector2 u5 = Vector2.Lerp(u2, u3, 0.5f);        //插值出第五个顶点纹理坐标
27      Vector2 u6 = Vector2.Lerp(u3, u1, 0.5f);        //插值出第六个顶点纹理坐标
28        ......//此处省略了将顶点纹理坐标添加到纹理坐标数组的代码，读者可以自行查看资源包中的源代码
29      Vector3 n1 = m[a].normals[m[a].triangles[i * 3]];   //获取三角形第一个顶点的法线
30      Vector3 n2 = m[a].normals[m[a].triangles[i * 3 + 1]]; //获取三角形第二个顶点的法线
31      Vector3 n3 = m[a].normals[m[a].triangles[i * 3 + 2]]; //获取三角形第三个顶点的法线
32      Vector3 n4 = Vector3.Lerp(n1, n2, 0.5f);            //插值出第四个顶点的法线
33      Vector3 n5 = Vector3.Lerp(n2, n3, 0.5f);            //插值出第五个顶点的法线
34      Vector3 n6 = Vector3.Lerp(n3, n1, 0.5f);            //插值出第六个顶点的法线
35        ......//此处省略了将顶点法线添加到法线以及顶点切线数组的代码，请读者自行查看资源包中的源代码
36      }
37      m[a].vertices = vertice.ToArray();                  //为网格的顶点集合赋值
38      m[a].tangents = tangent.ToArray();                  //为网格的切线集合赋值
39      m[a].normals = normal.ToArray();                    //为网格的法线集合赋值
40      m[a].triangles = triangle.ToArray();                //为网格的三角形索引集合赋值
41      m[a].uv = uv.ToArray();                             //为网格的纹理坐标集合赋值
42      m[a].RecalculateBounds();                           //重新计算网格的包围体
43      g[a].GetComponent<MeshFilter>().mesh = m[a];        //设置物体的网格
44    }}
45    mesh = GetComponent<MeshFilter>().mesh;               //获取物体的网格
46    mesh.Clear();                                         //清除网格数据
47    mesh.vertices = m[0].vertices;                        //为网格的顶点数组赋值
48    mesh.triangles = m[0].triangles;                      //为网格的三角形索引数组赋值
49    mesh.uv = m[0].uv;                                    //为网格的纹理坐标数组赋值
50    mesh.normals = m[0].normals;                          //为网格的法线数组赋值
51  }
```

- 第 3~9 行的主要功能是实例化储存网格各项数据的集合。通过实例化储存网格数据的集合将网格的各项数据添加到集合中，以供后面编程调用。
- 第 10~13 行的主要功能是获取物体的网格对象，并且判断网格中顶点数量。如果顶点数量大于100，则跳出循环不再细化网格。

- 第 15～21 行的主要功能是获取细分后三角形的六个顶点坐标，并且将顶点坐标添加到顶点数组。用这些顶点缠绕三角形。此处省略了将顶点添加到顶点数组和缠绕三角形的代码，有兴趣的读者可以自行翻看资源包中的源代码。

- 第 22～28 行的主要功能是获取细分后三角形的六个顶点纹理坐标，并且将顶点纹理坐标添加到纹理坐标数组。此处省略了将顶点纹理坐标添加到纹理坐标数组的代码，读者可以自行翻看资源包中的源代码。

- 第 29～35 行的主要功能是获取细分后三角形的六个顶点法线，并且将法线添加到法线数组。此处省略了将顶点法线添加到法线数组的代码，读者可以自行翻看资源包中的源代码。

- 第 37～43 行的主要功能是分别为网格的顶点、切线、法线、三角形索引和纹理坐标赋值，并且重新计算网格的包围体。

- 第 45～50 行的主要功能是获取物体的网格，并且清除网格数据。重新为网格的顶点、法线、三角形索引和纹理坐标赋值。

（9）在"BNUMesh.cs"脚本中 Update 方法的主要功能是系统通过调用此方法来不断改变网格数据使物体不断变形，Update 方法的具体代码如下。

代码位置：见资源包中源代码/第 8 章目录下的 BNUMeshes/Assets/BNUMesh.cs。

```
1    void Update() {
2        time++;                                          //用于记录的时间不断增加
3        if (time < 80) {
4            List<Vector3> l = new List<Vector3>();       //实例化用于储存顶点坐标的集合
5            List<Vector3> n = new List<Vector3>();       //实例化用于储存顶点法线的集合
6            for (int i = 0; i < mesh.vertexCount; i++) {
7                Vector3 tel = Vector3.Lerp(mesh.vertices[i], mesh.vertices[i].
8                normalized / 5, 0.04f);                  //将顶点坐标不断渐变成圆的顶点坐标
9                l.Add(tel);                              //将顶点坐标添加到顶点坐标集合
10               Vector3 ten = Vector3.Lerp(mesh.normals[i], mesh.vertices[i].
11               normalized, 0.04f);                      //将顶点法线不断渐变成圆的顶点法线
12               n.Add(ten);                              //将法线添加到法线集合
13           }
14           mesh.normals = n.ToArray();                  //为网格的法线数组赋值
15           mesh.vertices = l.ToArray();                 //为网格的顶点数组赋值
16           bian = false;                                //变形没有完成
17       }else if (time < 160) {
18           if (!bian) {                                 //如果变形没有完成
19               if (s == 0) {                            //如果上一次变形标志位为 0
20                   s = 1;                               //将变形标志位设为 1
21               }else if (s == 1) {                      //如果上一次变形标志位为 1
22                   s = 0;                               //将变形标志位设为 0
23               }
24               bian = true;                             //变形完成
25           }
26           mesh = GetComponent<MeshFilter>().mesh;      //获取物体的网格
27           List<Vector3> l = new List<Vector3>();       //实例化用于储存顶点坐标的集合
28           List<Vector3> n = new List<Vector3>();       //实例化用于储存顶点法线的集合
29           for (int i = 0; i < mesh.vertexCount; i++) {
30               //将顶点坐标不断渐变成原来物体的顶点坐标
```

```
31              Vector3 tel = Vector3.Lerp(mesh.vertices[i], m[s].vertices[i], 0.04f);
32              l.Add(tel);                              //将顶点坐标添加到顶点坐标的集合
33          //将顶点法线不断渐变成圆的顶点法线
34              Vector3 ten = Vector3.Lerp(mesh.normals[i], m[s].normals[i], 0.04f);
35              n.Add(ten);                              //将法线添加到法线的集合
36          }
37          mesh.normals = n.ToArray();                  //为网格的法线数组赋值
38          mesh.vertices = l.ToArray();                 //为网格的顶点数组赋值
39      }else {
40          time = 0;                                    //时间归零
41      }
42      mesh.RecalculateBounds();                        //重新计算网格的包围体
43      GetComponent<MeshFilter>().mesh = mesh;          //设置物体的网格
44  }
```

❑ 第 2～5 行的主要功能是用于记录的时间不断增加，并且实例化用于储存顶点坐标的集合和用于储存顶点法线的集合。

❑ 第 6～13 行的主要功能是将顶点坐标和法线不断渐变成圆的顶点坐标和法线，并且将顶点坐标和法线数据分别添加到顶点坐标集合和法线集合。

❑ 第 14～25 行的主要功能是为网格的法线数组和顶点数组分别赋值，并且如果变形没有完成，则改变物体变形形状标志位的值。

❑ 第 26～28 行的主要功能是获取物体的网格，并且实例化用于储存顶点坐标的集合和用于储存顶点法线的集合。

❑ 第 29～36 行的主要功能是将顶点坐标和法线不断渐变成原来物体的顶点坐标和法线，并且将顶点坐标和法线分别添加到顶点坐标集合和法线集合。

❑ 第 37～44 行的主要功能是为网格的法线数组和顶点数组分别赋值，并且重新计算网格的包围体设置物体的网格。

（10）将脚本"BNUMesh.cs"分别拖曳到上面创建的六个游戏对象上。然后单击游戏对象，在属性查看器中可看到脚本组件的内容，然后设置参数，如图 8-18 所示。

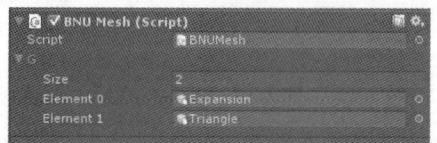

（11）单击游戏运行按钮，观察效果。在 Game 窗口中可以看到地形和不断变形的六个物体。如图 8-19 和图 8-20 所示。

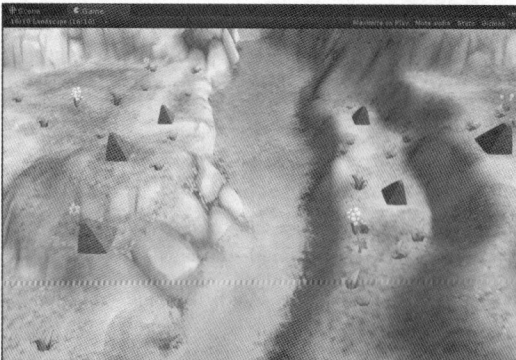

图 8-18　脚本参数设置

图 8-19　案例运行效果 1

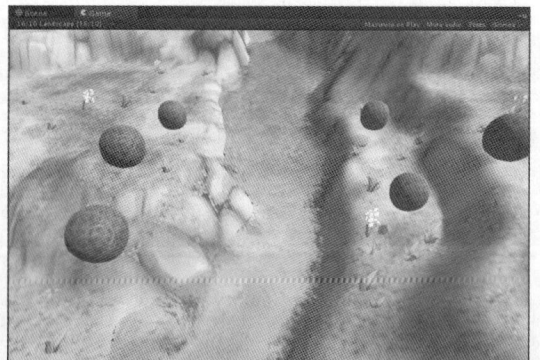

图 8-20　案例运行效果 2

8.3　骨骼结构映射——Avatar

本节开始主要向读者介绍 Unity 3D 中的动画系统。在 Unity5.x 版本中，Mecanim 动画系统使游戏开发者能够主观地参与到游戏的开发中来，并且经过不断地优化和改善已经变得非常完善。

通过本章的学习，读者会对 Unity 中的 Mecanim 动画系统有一个大体的了解，同时能够掌握该动画系统的基本操作。

Avatar 是 Mecanim 动画系统中自带的人形骨骼结构与模型文件中的骨骼结构之间的映射，将带有动画的模型文件资源导入 Unity 3D 后，系统会自动为模型文件生成一个 Avatar 文件作为其子对象，如图 8-21 所示。

图 8-21　Avatar 文件

8.3.1　Avatar 的创建

单击刚刚的人形角色模型文件，在 Inspector 视口中选择 Rig 选项，如图 8-22 所示。单击 Animation Type 下拉按钮，选择 Humanoid 选项，然后单击 Apply 按钮，视口变成如图 8-23 所示。完成后该模型文件已经被设置为人形角色模型，并且系统会为其创建 Avatar 文件。

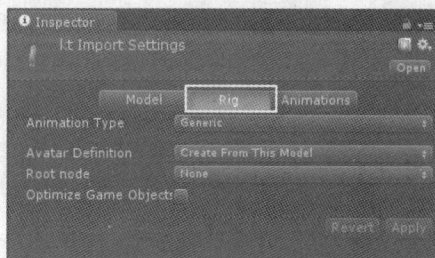

图 8-22　Rig 选项

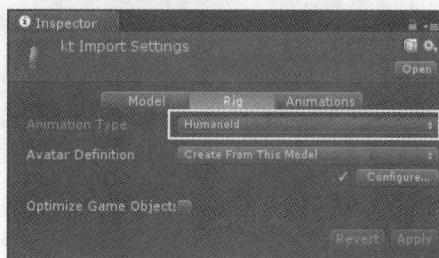

图 8-23　Humanoid 模式

> **说明**　Animation Type 下拉列表的四个选项分别为"None"、"Legacy"、"Generic"和"Humanoid"，分别对应无模式、旧版动画模式、其他动画模式、人形角色动画模式，不同模型选择不同的模式。本案例中使用的是人物模型，所以选择人形角色动画模式。

8.3.2　Avatar 的配置

Avatar 创建完成后，需要对其进行配置，下面将详细介绍配置 Avatar 的步骤。

（1）在 Assets 面板中单击模型文件下子对象 Avatar 文件，然后单击 Inspector 面板中的"Configure Avatar"按钮，如图 8-24 所示。此时系统会关闭原场景窗口，进入 Avatar 的配置窗口。配置窗口是系统开启的一个临时 Scene 视口，并且配置结束后该临时窗口会自动关闭。

（2）配置窗口的 Scene 窗口中会出现导入人物模型的

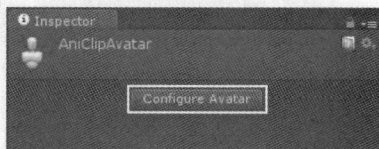

图 8-24　Avatar 视口

骨骼，如图 8-25 所示。右侧为 Avatar 的 Inspector 面板，配置窗口与平时开发用的 Scene 窗口相同，更改 Inspector 中的参数后也会改变显示在 Scene 视口中的模型。

（3）在配置窗口右侧的 Avatar 配置面板中可以按部位对人形角色模型进行配置，此面板中共分为"Body""Head""Left Hand"和"Right Hand"四个方面，分别对应四个按钮，如图 8-26 所示。单击不同的按钮会出现不同部位的骨骼配置窗口，并且各个部位的配置互不影响，如图 8-27 和图 8-28 所示。

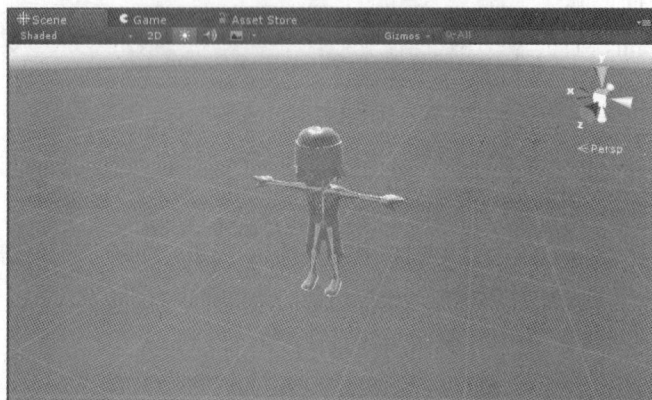

图 8-25　Scene 视口

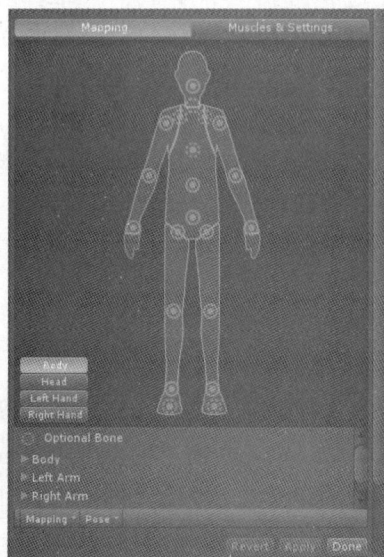

图 8-26　Inspector 面板

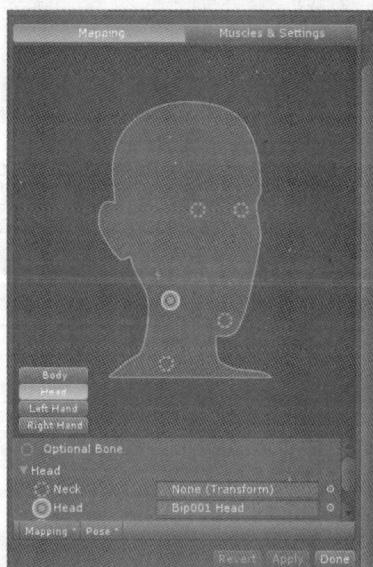

图 8-27　头部骨骼配置窗口

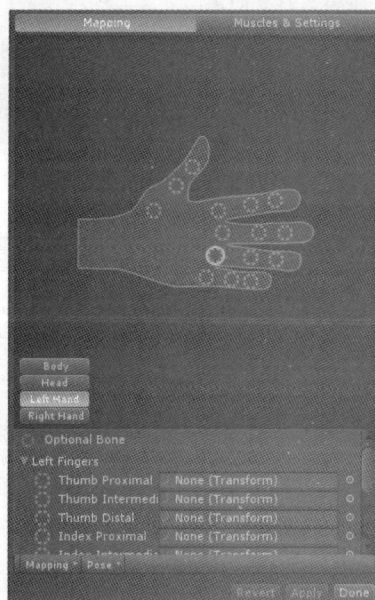

图 8-28　手部骨骼配置窗口

（4）一般情况下开发者创建了 Avatar 后 Uniy 3D 都会对其正确地初始化，但有时候如果由于模型文件本身的问题，Unity 3D 无法识别到每个部位相应的骨骼，此时错误部位就会呈现红色，如图 8-29 所示。

（5）开发者此时需要手动更改错误部位的骨骼。首先在 Hierarchy 窗口的骨骼列表中找到正确的骨骼，如图 8-30 所示。然后将正确的骨骼拖曳到 Inspector 视口中该骨骼相对应的位置上，若拖曳到正确位置后，错误的部位会变回绿色，Avatar 也就配置完成了。

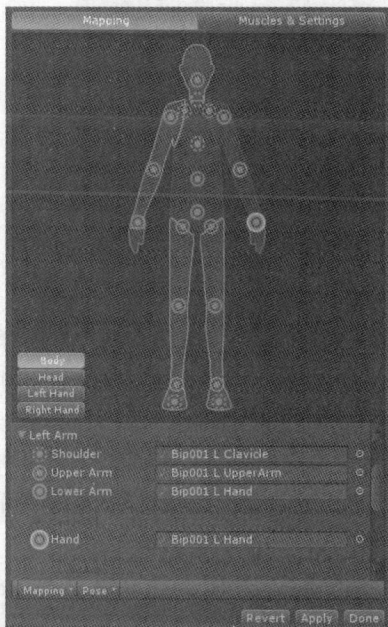

图 8-29　错误部位呈红色

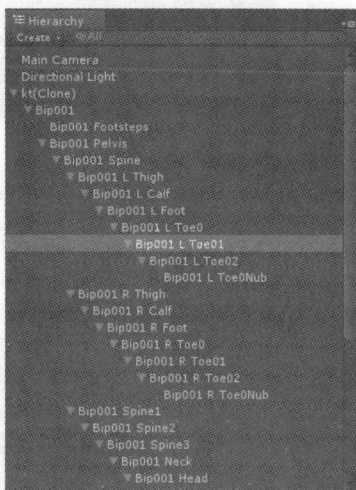

图 8-30　Hierarchy 窗口中的骨骼列表

8.3.3　Muscle 的配置

人物模型模拟的人体，不仅有对应的骨骼部分，还有肌肉部分，比如开发人员有时可能会遇到人物模型动作幅度较大过于夸张的情况，这就需要开发者设置 Avatar 中的 Muscle 参数来限制角色模型各个部位的运动范围，防止某些骨骼运动范围超过合理值。

（1）单击 Avatar 视口中的 Muscles 按钮进入 Muscle 的配置窗口。该窗口和刚刚的骨骼配置窗口类似，由预览窗口、设置窗口及附加配置窗口三部分组成。

（2）下面以左胳膊的骨骼为例对参数调节进行讲解，首先选中设置窗口中 Left Arm 参数，其附带的子参数也会随之展开，包括肩部的上下和前后移动，胳膊的上下、前后移动和转动等，如图 8-31 所示。

（3）读者可以通过拖动参数对应的拖拉条，调节相对应部位骨骼的运动范围，同时在 Scene 窗口中对应的骨骼上会出现一个扇形区域，表示骨骼旋转过的范围，如图 8-32 所示，能够帮助开发者调节骨骼的动作范围。

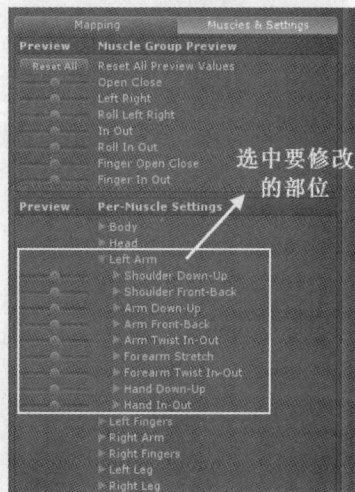

图 8-31　Muscle 配置窗口

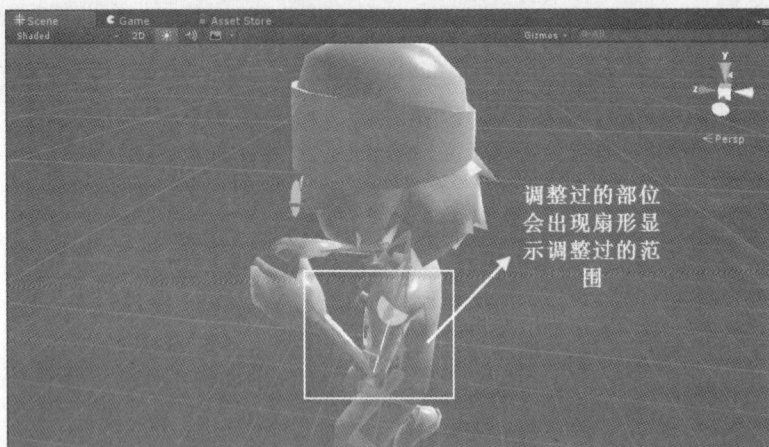

图 8-32　Scene 视图

（4）在下方 Additional Setting 窗口中还可以进行其他的设置，比如 Upper Arm Twist 参数，如图 8-33 所示。读者可通过拖动其拖拉条对该骨骼的运动范围进行调整。设置完毕之后单击配置窗口右下角的 "Done" 按钮结束 Muscle 的配置。

（5）返回播放任务模型的动画，在 Assets 面板中找到导入的模型资源，单击其中的动画文件，如图 8-34 所示。在动画的 Inspector 面板下方会播放该动画，单击上方的进度条可以按时间查看动画每帧的动作，如图 8-35 所示。

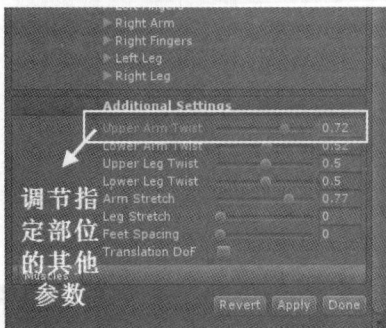

图 8-33　其他设置窗口

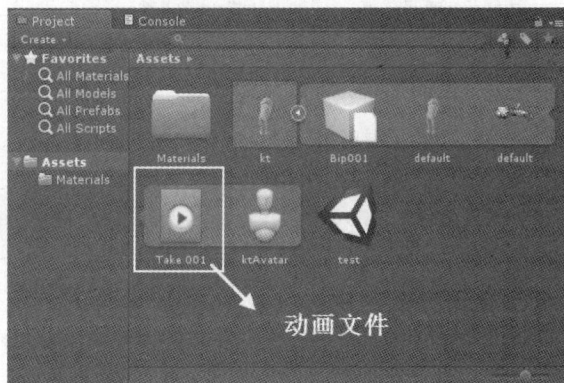

图 8-34　模型文件下的动画文件

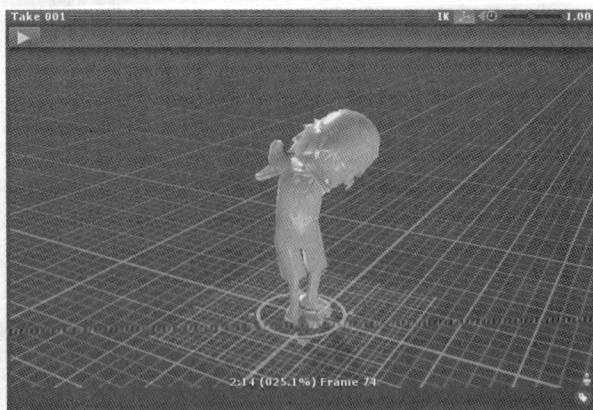

图 8-35　播放动画文件

　　Muscle 参数除了修改夸张的动作以外，还可以对原动画进行修改，比如原动画是一个边行走边摆手的动作，而开发仅仅需要摆手的动作，便可以通过限制腿部的动作，只允许手部运动，实现所需的要求。

8.4　动画控制器

　　动画控制器是指 Mecanim 动画系统中为了使开发者更加方便地完成动画的制作而引入的一种工具，通过动画控制器可以把大部分动画的开发工作与代码分离，游戏动画师仅仅需要在 Unity 开发工具中通过单击和拖曳就能独立地完成动画控制器的创建，不涉及任何代码。

8.4.1　创建动画控制器

　　首先要介绍的是如何创建动画控制器。在 Assets 面板中单击鼠标右键，选择 Create→Animator Controller，创建一个动画控制器，如图 8-36 所示。双击该动画控制器，进入动画控制器编辑窗口，如图 8-37 所示。

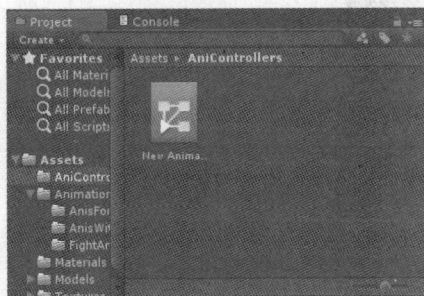

图 8-36　创建动画控制器

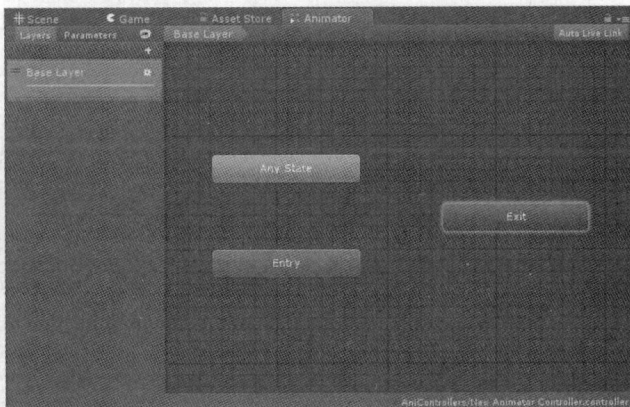

图 8-37　动画控制器编辑窗口

8.4.2　动画控制器的配置

　　上一小节中介绍了动画配置器的创建方法，在本小节中将向各位读者讲解动画控制器的配置，包括动画状态机的学习以及结合代码讲解对动画控制器的操作等。通过本节的学习，使读者能够独立搭建一个完整的动画控制器，为后续的游戏开发打好基础。

1.　动画状态机和过渡条件

　　首先介绍一下动画控制机的概念，一个角色在游戏中的不同状态下可以做出不同的动作。比如，在默认状态下走路，在接到指令后开始跑步，走路和跑步是两个不同的动画，使用代码来控制这两种动画的播放是比较复杂的。为了简化这个问题，Unity 也就引入了状态机来更为方便地控制角色动画。

　　每一个动画控制器中的状态机会有不同的颜色，每一个动画状态机都对应一个动作。如图 8-38 所示，黄色的节点表示默认的状态，其他为灰色。除此之外，状态机上的参数分别代表不同的含义，在 Unity 3D 5.x 版本中，每一个动画状态机都必然会含有"Any State"、"Entry"、"Exit"动画状态单元。

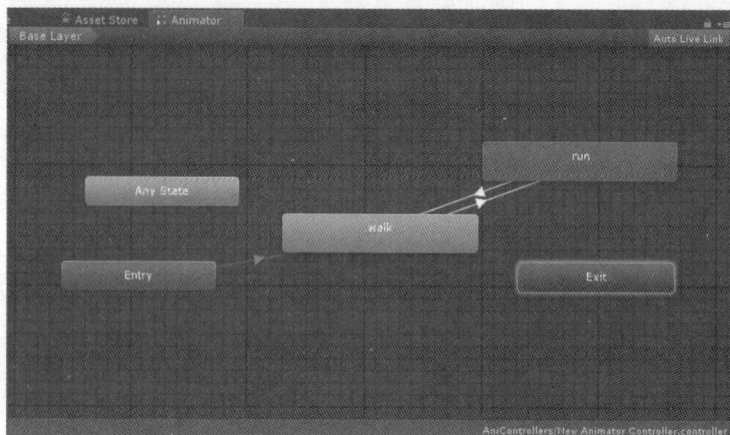

图 8-38 动画状态机与过渡条件

动画状态机的参数含义如表 8-4 所示。

表 8-4   状态机参数说明

名　　称	说　　明
StateMachine	动画状态机，可包含若干个动画状态单元
State	动画状态单元，动画状态机机制中的最小单元
Sub-State Machine	子动画状态机，可包含若干个动画状态单元或子动画状态机
Blend Tree	动画混合树，一种特殊的动画状态单元
Any State	特殊的状态单元，表示任意动画状态
Entry	本动画状态机的入口
Exit	本动画状态机的出口

> 说明　每一个动画控制器都可以有若干个动画层，每个动画层都是一个动画状态机，动画状态机中可以同时包含若干个动画状态单元或子动画状态机。

动画状态机之间的箭头表示两个动画之间的连接，将鼠标箭头放在动画状态单元上，右键单击"Make Transition"创建动画过渡条件，并再次单击另一个动画状态单元，完成动画过渡条件的连接，过渡状态的条件设置将在下一节中详细介绍。

2. 过渡条件的参数设置

过渡条件用于实现各个动画片段之间的逻辑，开发人员通过控制过渡条件即可实现对动画的控制。想要对过渡条件进行控制就需要创建多个参数来实现，这需要开发者提前创建好，留以代码中备用。Mecanimd 动画系统支持的过渡参数类型有 Float、Int、Bool 和 Trigger 四种。

下面介绍创建过渡条件参数的方法，在动画状态机窗口左侧中的 Parameters 视口，单击右上角的"+"号可选择想要添加的参数类型，如图 8-39 所示。然后可以为参数命名，并为其设置初始值，如图 8-40 所示。

图 8-39　新建参数

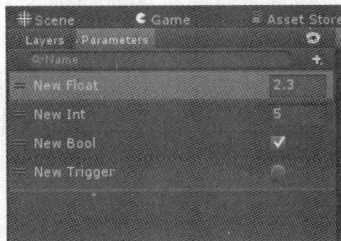

图 8-40　参数设置

单击想要添加参数的过渡条件，然后在 Inspector 视口中的 Conditions 列表中单击 "+" 号创建参数，选择所需的参数，如图 8-41 所示。然后为参数添加对比条件，不同类型的参数对比条件也不同，比如 Float 类型参数的对比条件有 "Greater" 和 "Less"，如图 8-42 所示。

图 8-41　为过渡条件创建参数

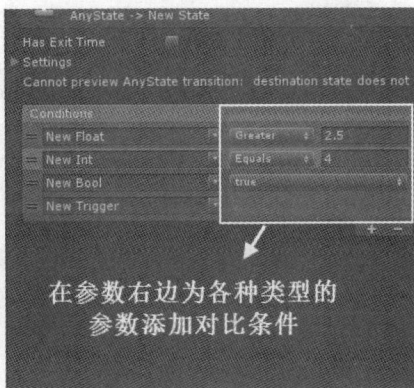

图 8-42　为参数添加对比条件

> 只有满足对比条件的情况下，才会从一个动画状态跳转至另一个动画状态。若存在多个对比条件的话，需要满足所有对比条件才可以。开发者可根据这一特性在代码中控制参数的大小以实现动画播放控制的效果。

3. 通过代码对动画控制器进行操控

上面介绍了动画状态机和过渡条件的相关知识，本节中通过一个案例来向各位读者介绍一下如何通过代码来对动画进行控制。

（1）首先创建一个工程项目，并命名为 "BNUAnimator"。将资源包的资源目录下第 8 章的 "BNUAnimator" 工程文件下的 "Animations" "Models" "Textures" 等文件夹依次拷备进项目中的 "Assets" 资源文件夹下。然后创建一个名为 "AniControllers" 的空文件夹，用于存放项目所需的动画控制器文件。

（2）在 AniControllers 文件夹下单击鼠标右键，选择 Create→Animator Controller 创建一个动画控制器，并命名为 "AnimatorController"。双击该动画控制器，进入动画控制器编辑窗口。

（3）向编辑窗口拖曳进 "Boy@ForwardKick" "Boy@KickBack" 和 "Boy@Idle" 三个动画文

件（该动画文件资源在资源包/第 8 章\BNUAnimator\Assets\Animations\AnisForFight 下），创建三个动画状态单元。

（4）将 Idle 动画状态单元设置为默认动画单元。右键单击 Idle 动画状态单元，在菜单中选择"Set as Layer Default State"，如图 8-43 所示。修改完成后 Idle 动画状态单元会变为黄色，然后为各个动画状态单元添加过渡条件，如图 8-44 所示。

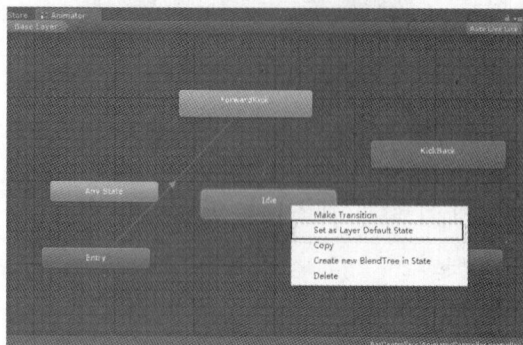

图 8-43　添加动画单元

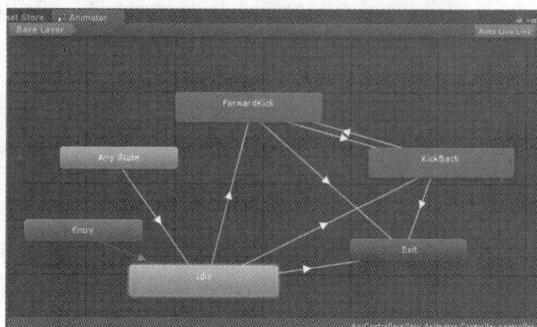

图 8-44　为动画单元添加过渡

（5）动画单元和过渡添加完毕后，下面向游戏控制器中添加实现过渡条件所需的参数。单击 Parameters 视口上的"+"号，添加一个 Float 类型的参数，并命名为"AniFlag"，设置其初始值为-1.0，如图 8-45 所示。

（6）然后选中任意一个过渡条件，在 Inspector 视口中的 Conditions 列表中单击"+"号创建参数并进行参数的设置（本项目所用过渡条件参数请参考资源包/第 8 章\BNUAniControl\Assets\AniControllers 中的 AniController 动画控制器，由于篇幅所限，在此不再赘述）。

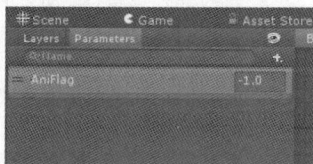

图 8-45　创建参数

（7）在 Assets 面板下新建一个场景，双击打开场景。在场景中创建一个地形，给地形添加绿色草地纹理，然后为其添加天空盒（本案例天空盒资源在资源包/第 8 章\BNUAnimator\Assets\Skyboxes 中的 Sunny Skybox 文件），并调整光照方向至合适角度，如图 8-46 所示。

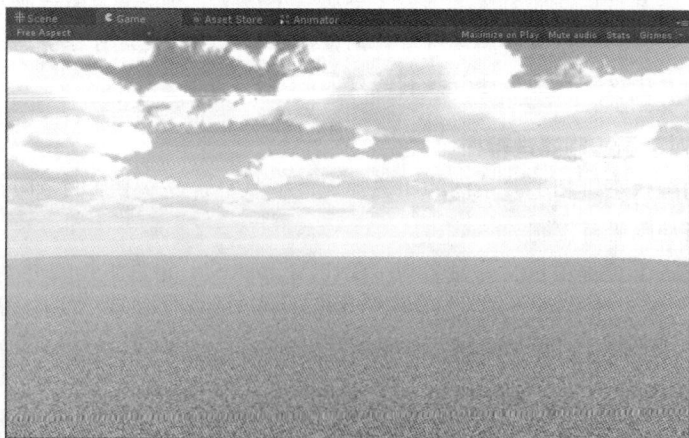

图 8-46　添加地形和天空盒

（8）向场景中添加人物模型，将 Models 文件夹下的 fighter 模型文件拖曳到场景中，然后为其添加贴图（本案例中贴图资源为资源包/第 8 章/BNUAnimator\Assets\Model 下的 png 文件），如图 8-47 所示。

（9）接下来需要创建 UI 界面，单击 GameObject→UI→Button 创建两个按钮，并分别命名为"Button1"和"Button2"。这两个按钮分别用于对两个动画的控制，当按下任意一个按钮时，系统将启动对应的动画过渡。

（10）下面为人物模型添加动画组件。选中"fighter"游戏对象，将之前创建的"AnimatorController"动画控制器拖曳到 Animator 组件下的"Controller"框中，如图 8-48 所示。然后再新建一个 C#脚本，并将其命名为"BNUAnimator.cs"。下面是动画控制器的代码，详细代码如下所示。

图 8-47　添加人物模型　　　　　　　　图 8-48　为人物模型添加动画

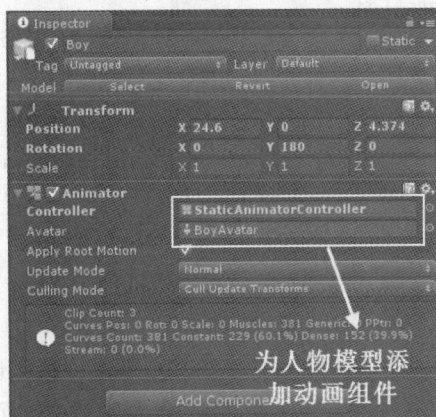

代码位置：见资源包中源代码/第 8 章目录下的 BNUAnimator\Assets\BNUAnimator.cs。

```
1    using UnityEngine;
2    using System.Collections;
3    public class BNUAnimator: MonoBehaviour
4    {
5        Animator myAnimator;                              //声明 Animator 组件
6        Transform myCamera;                               //声明摄像机对象
7        void Start()
8        {
9            myAnimator = GetComponent<Animator>();        //初始化 Animator 组件
10           UIInit();                                     //初始化 UI 界面
11           myCamera = GameObject.Find("Main Camera").transform;  //初始化摄像机对象
12       }
13       void Update()
14       {
15           myCamera.position = transform.position + new Vector3(0, 1.5f, -5);
                                                            //摄像机对象跟随
16           myCamera.LookAt(transform);                   //摄像机对象朝向
17       }
18       void UIInit()
19       {
20           //按钮位置
21           GameObject.Find("Canvas/Button1").transform.GetComponent<RectTransform>().
localPosition
22           = new Vector3(Screen.height / 6 - Screen.width / 2, Screen.height * 2 /
5 - Screen.height / 2);
23           //按钮大小
```

```
   24            GameObject.Find("Canvas/Button1").transform.GetComponent<RectTransform>().
localScale
   25            = Screen.width / 600.0f * new Vector3(1, 1, 1);
   26            //按钮位置
   27            GameObject.Find("Canvas/Button2").transform.GetComponent<RectTransform>().
localPosition
   28            = new Vector3(Screen.height / 6 - Screen.width / 2, Screen.height / 6 -
Screen.height / 2);
   29            //按钮大小
   30            GameObject.Find("Canvas/Button2").transform.GetComponent<RectTransform>().
LocalScale
   31            = Screen.width / 600.0f * new Vector3(1, 1, 1);
   32        }
   33        public void ButtonOnClick(int index)
   34        {
   35            myAnimator.SetFloat("AniFlag", index);          //向动画控制器传递参数
   36        }
   37    }
```

- 第 3~6 行对参数进行了声明，包括动画组件和摄像机对象的声明，作为后续代码的开发准备。
- 第 7~12 行重写了 Start 方法。在 Start 方法中，对两个 Animator 组件进行初始化，以便后续代码中进行参数传递。同时进行 UI 界面的初始化，使其在不同分辨率的屏幕中都可以正常运行。
- 第 13~17 行重写了 Update 方法。在 Update 方法中，计算了摄像机的位置，使摄像机始终保持在游戏人物对象前方五个单位的距离。并且设置了摄像机的朝向，使摄像机保持对着游戏人物对象的方向。
- 第 18~32 行用于 UIInit 方法的开发，分别对按钮的位置和大小根据界面的大小进行了计算，使案例在各种分辨率的界面上都不会被拉伸。
- 第 33~36 行用于按钮回调方法的开发，当被指定的按钮被按下时，系统将会调用此方法。本函数将会根据按下按钮的不同，向 Animator 组件传递相对应的参数值，动画控制器获得该参数之后，将对指定的过渡条件进行调控，从而实现对动画播放的操控。

（11）代码编写完成后将其挂载到 fighter 游戏对象上，然后单击 Button1 和 Button2 两个按钮对象，将 fighter 对象拖曳到 Inspector 面板下方的 OnClick 方法的目标对象上，选择相应的方法，如图 8-49 所示。

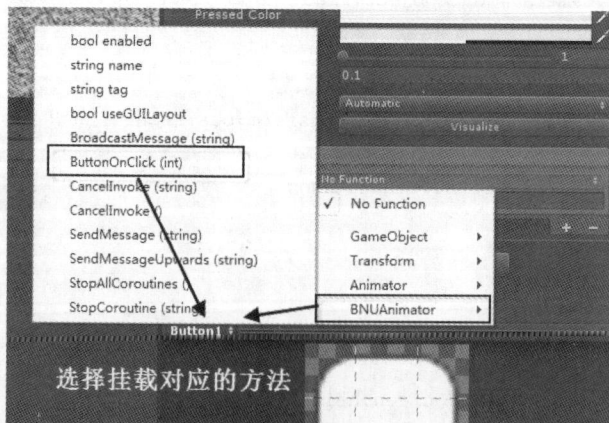

图 8-49　挂载脚本和方法

（12）单击运行按钮之后，案例的运行效果会显示在 Game 窗口中，单击屏幕上的两个按钮，可以使场景中的小男孩做出不同的动作，如图 8-50 和图 8-51 所示。

图 8-50　案例运行效果 1　　　　　　　　　　　　图 8-51　案例运行效果 2

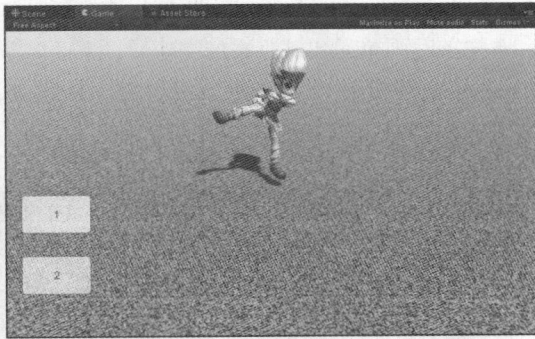

8.5　角色动画的重定向

实际的开发中游戏的模型与动画可能是由不同的开发者来制作，为了让分工开发更加方便，Unity 3D 提供了一套用于人形角色动画的重定向机制。游戏美工开发人员可以独立地制作好所有角色模型，游戏动画开发人员也可独立地进行动画的制作，两者互不干涉。本节中将介绍角色动画的重定向系统。

8.5.1　重定向的原理

在 8.3 一节中介绍了 Avatar 的创建和配置，但对于 Avatar 的本质也许读者并没有理解。在实际开发中所用到的人形角色模型绑定的骨骼架构所包含的骨骼数量和名称不尽相同，这也就难以实现动画的通用。

为了解决这一问题，Mecanim 动画系统提供了一套简化过的人形角色骨骼架构。简单来说，Avatar 文件就是模型骨骼架构与系统自带骨骼架构间的桥梁，重定向的模型骨骼架构都要通过 Avatar 与自带骨骼架构搭建映射。

映射后的模型骨骼可能通过 Avatar 驱动系统自带骨骼运动，这样就会产生一套通用的骨骼动画，其他角色模型只需借助这套通用的骨骼动画，就可以做出与原模型相同的动作，即实现角色动画的重定向。通过这项技术的运用，可以极大地减少开发者的工作量以及项目文件和安装包的大小。

8.5.2　重定向的应用

下面通过一个简单的案例详细讲解角色动画的重定向功能，该案例的创建和配置详细步骤如下所示。

（1）首先创建一个工程项目，并命名为"BNUAiControl"，将资源包的资源目录下第 8 章的 "BNUAnimator" 工程文件下的"Animations" "Models" "Textures" 等文件夹依次拷备进项目中的"Assets" 资源文件夹下。然后创建一个名为"AniControllers" 的空文件夹，用于存放项目所需的动画控制器文件。

（2）在 AniControllers 文件夹下单击鼠标右键，选择 Create→Animator Controller 创建一个动

画控制器，并命名为"AnimatorController"。双击该动画控制器，然后将"Boy@JumpTurnKick"
和"Boy@RaceSideKick"两个动画文件（该动画文件资源在资源包/第 8 章/BNUAniControl\
Assets\Animations\FightAnis 下）拖曳进窗口，创建两个动画状态单元，如图 8-52 所示。

（3）动画单元和过渡添加完毕后，下面向游戏控制器中添加实现过渡条件所需的参数。单击
Parameters 视口上的"+"号，添加两个 Bool 类型的参数，并分别命名为"JtoR"和"RtoJ"，设
置其初始值为 false，如图 8-53 所示。

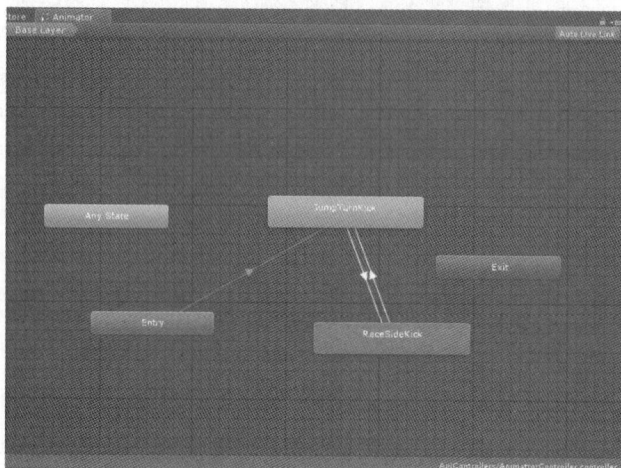

图 8-52　创建动画控制器

图 8-53　添加参数

（4）然后选中任意一个过渡条件，在 Inspector 视口中的 Conditions 列表中单击"+"号创建
参数，并进行参数的设置。（本项目所用过渡条件参数请参考资源包/第 8 章/BNUAnimator/
Assets/AniControllers 中的 AniController 动画控制器，由于篇幅所限，在此不再赘述。）

（5）在 Assets 面板下新建一个场景，双击打开场景。在场景中创建一个地形，给地形添加绿
色草地纹理，然后为其添加天空盒（本案例天空盒资源在资源包/第 8 章/BNUAniControl\Assets\
Skyboxes 中的 Sunny Skybox 文件），并调整光照方向至合适角度，如图 8-54 所示。

（6）向场景中添加人物模型，将 Models 文件夹下的 Boy 模型文件和 Girl 模型文件拖曳到场
景中，然后为其添加贴图（本案例中贴图资源为资源包/第 8 章/BNUAniControl\Assets\Model 下的
png 文件），如图 8-55 所示。

图 8-54　添加地形和天空盒

图 8-55　添加人物模型

（7）接下来需要创建 UI 界面，单击 GameObject→UI→Button 创建两个按钮，并分别命名为 "Button1" 和 "Button2"。这两个按钮分别用于对两个动画的控制，当按下任意一个按钮时，系统将启动对应的动画过渡。

（8）下面为人物模型添加动画组件。选中 "Boy" 和 "Girl" 游戏对象，将之前创建的 "AnimatorController" 动画控制器拖曳到 Animator 组件下的 "Controller" 框中。然后再新建一个 C#脚本，并将其命名为 "BNUAniControl.cs"。下面是动画控制器的代码，详细代码如下所示。

代码位置：见资源包中源代码/第 8 章目录下的 BNUAniControl\Assets\BNUAniControl.cs。

```
1    using UnityEngine;
2    using System.Collections;
3    public class BNUAniControl : MonoBehaviour {
4      #region Variables
5      Animator animator;                                    //声明 Boy 对象动画控制器
6      Animator girlAnimator;                                //声明 Girl 对象动画控制器
7      Transform myCamera;                                   //声明摄像机对象
8      #endregion
9      #region Function which be called by system
10     void Start () {
11       animator = GetComponent<Animator>();                //初始化 Boy 对象动画控制器
12       //初始化 Girl 对象动画控制器
13       girlAnimator = GameObject.Find("Girl").GetComponent<Animator>();
14       UIInit();                                           //初始化界面
15       myCamera = GameObject.Find("Main Camera").transform; //初始化摄像机对象
16     }
17     void Update () {
18       myCamera.position = transform.position + new Vector3(0, 1.5f, -5);  //摄像机跟随
19       myCamera.LookAt(transform);                         //摄像机朝向
20     }
21     #endregion
22     #region UI recall function and setting
23     public void ButtonOnClick(int Index) {               //按钮回调事件
24       bool[] pars = new bool[] { true, false };          //声明启动数组
25       animator.SetBool("JtoR", pars[Index]);             //传递控制参数
26       animator.SetBool("RtoJ", pars[(Index + 1) % 2]);   //传递控制参数
27       girlAnimator.SetBool("JtoR", pars[Index]);         //传递控制参数
28       girlAnimator.SetBool("RtoJ", pars[(Index + 1) % 2]); //传递控制参数
29     }
30     void UIInit() {
31       //按钮位置
32       GameObject.Find("Canvas/Button1").transform.GetComponent<RectTransform>().
localPosition
33         = new Vector3(Screen.height / 6 - Screen.width / 2, Screen.height * 2 / 5 -
Screen.height / 2);
34       GameObject.Find("Canvas/Button1").transform.GetComponent<RectTransform>().
localScale
35         = Screen.width / 600.0f * Vector3.one;            //按钮大小
36       //按钮位置
37       GameObject.Find("Canvas/Button2").transform.GetComponent<RectTransform>().
localPosition
38         = new Vector3(Screen.height / 6 - Screen.width / 2, Screen.height / 6 -
```

```
Screen.height / 2);
    39        GameObject.Find("Canvas/Button2").transform.GetComponent<RectTransform>().
localScale
    40        = Screen.width / 600.0f * Vector3.one;                    //按钮大小
    41    }
    42    #endregion
    43  }
```

❑ 第 5～7 行的主要内容是进行了参数的声明，包括 Boy 对象动画控制器、Girl 对象动画
控制器以及摄像机对象。

❑ 第 10～20 行的主要功能是重写了 Start 方法。在 Start 方法中，对两个 Animator 组件进
行初始化，以便后续代码中进行参数传递。同时进行 UI 界面的初始化，使其在不同分
辨率的屏幕中都可以正常运行。

❑ 第 17～20 行的主要功能是重写了 Update 方法。在 Update 方法中，计算了摄像机的位置，
使摄像机始终保持在游戏人物对象前方五个单位的距离。并且设置了摄像机的朝向，使
摄像机保持对着游戏人物对象的方向。

❑ 第 23～29 行的主要功能是进行按钮回调事件的开发，当有任意一个按钮被按下时，系
统将会调用此方法，并根据按下按钮的不同，进行不同的操作，向动画控制器传递一个
特定的参数，实现对动画的操控。

❑ 第 30～41 行的主要功能是对 UI 界面初始化，分别对按钮的位置和大小根据界面的大小
进行了计算，使案例在各种分辨率的界面上都不会被拉伸。

（9）代码编写完成后将其挂载到 Boy 游戏对象上，然后单击 Button1 和 Button2 两个按钮对
象，将 Boy 对象拖曳到 Inspector 面板下方的两个
按钮的 OnClick 方法的目标对象上，然后选择相
应的方法，如图 8-56 所示。

（10）接下来单击运行按钮，其运行效果就
会呈现在 Game 窗口中，当读者单击任意一个
按钮时，两个游戏角色对象就会做出相同的动
作，如图 8-57 和图 8-58 所示。两个角色对象通
过 Mecanim 中的动画重定向功能，同时播放同
一个动画。

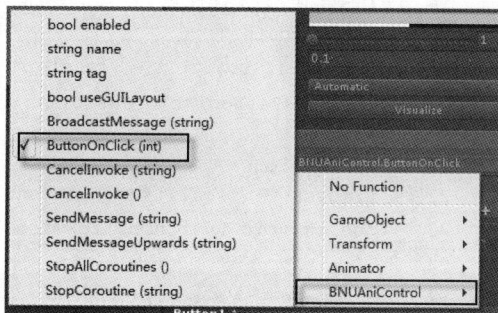

图 8-56　挂载脚本

图 8-57　案例运行效果 1

图 8-58　案例运行效果 2

8.6　本章小结

　　本章中介绍了当下主流的 3D 建模软件、Unity 中 3D 模型和网格概念以及 Unity 中 Mecanim 动画系统的使用。通过本章的学习，读者能够对 Unity 中模型的相关知识有更深的理解，并会在游戏开发中使用 Mecanim 动画系统开发动画，为将来的游戏开发打下基础。

8.7　习　　题

1. 简述将 3D 模型导入 Unity 3D 的流程。
2. 了解其他 3D 建模软件的基本操作，尝试使用其他软件建模并导入 Unity。
3. 简述什么是 Mesh，它的作用是什么。
4. 简述书中通过 Mesh 属性实现物体变形效果案例的原理，并编写一个类似的案例。
5. 尝试导入一个人物角色模型，并进行相关配置。
6. 简述什么是 Avatar，Avatar 的作用是什么。
7. 尝试导入一个非人形模型（比如猫、狗等），并进行相关配置。
8. 简述什么是动画控制器、动画状态机和过渡条件。
9. 简述角色重定向的含义和原理。
10. 设计一个简单案例，实现人物奔跑和静止动作切换的效果。

第9章
地形与寻路技术

实际的开发过程中，地形、拖痕渲染器以及寻路技术都是不可或缺的重要元素。无论是虚拟现实还是游戏开发，都会涉及地形的制作和寻路技术的使用。本章中，笔者将详细地介绍相关内容，使开发人员在开发过程中可以熟练地应用这部分知识。

9.1　地　形　引　擎

Unity 游戏开发引擎中内置了功能丰富地形引擎，通过合理地使用该引擎，可以快速地创建出多种地形环境。本节中笔者将详细地讲解地形的创建、地形的基本操作、地形纹理以及花草树木的添加。通过学习本节，可以在游戏开发中创造出合适的游戏场景地形。

9.1.1　地形的创建

Unity3D 游戏引擎中可以通过两种方式创建地形，一种是通过 Unity 内置的地形引擎，另一种则是将带有大量地形信息的高度图导入进地形引擎（高度图可以通过其他工具设计开发）。本小节中笔者将主要讲解 Unity 内置地形的创建以及其相关参数的功能。

（1）进入 Unity3D 集成开发环境中，利用快捷键 Ctrl+N 新建一场景，单击 GameObject→3D Object→Terrain 菜单创建一个地形，如图 9-1 所示。游戏组成对象列表和游戏资源列表中都会出现相应的地形信息与地形文件，如图 9-2 所示。

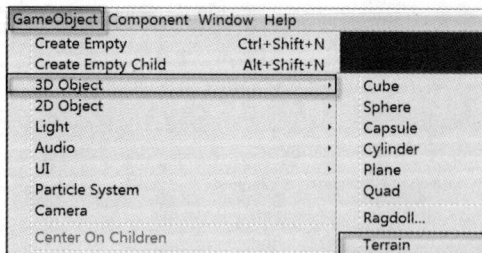

图 9-1　创建 Terrain

图 9-2　Terrain 游戏对象

（2）选中 Terrain 游戏对象，其属性面板中会出现 Terrain 组件和 Terrain Collider 组件，如图 9-3 所示。前者负责地形的基本功能，后者充当了地形的物理碰撞器。Terrain Collider 组件属于物理引擎方面的组件，实现了地形的物理模拟计算。其组件的相关参数如表 9-1 所列。

图 9-3　Terrain 属性列表

表 9-1　　　　　　　　　　　　　Terrain Collider 参数及含义

属　　性	含　　义
Material	地形的物理材质，可通过设置物理材质的相关参数分别开发出草地和戈壁滩的效果
Terrain Date	地形数据参数，用于存储地形高度和其他重要的相关信息
Enable Tree Collider	是否启用树木的碰撞检测

9.1.2　地形的基本操作

Terrain 组件下有一排按钮，分别对应了地形的各项操作和设置。下面笔者将详细介绍各个按钮的作用以及其相关参数。本节所涉及的知识点较多，所以在学习过程中应当随着笔者的讲解进行实践，以达到加深理解的效果。

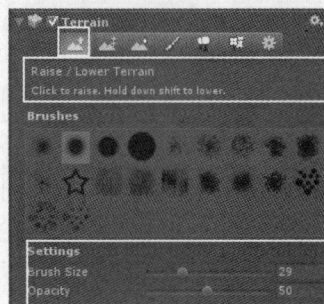

图 9-4　选中 Raise/Lower Terrain 按钮

（1）选中 Terrain 组件下的第一个按钮，其下的文本区域中会显示出该按钮的名称以及其操作方式，如图 9-4 所示。该按钮可以调整地形的凹凸程度，以笔刷的方式设置地形的坡度。Brushes 栏下有各种各样的笔刷样式，笔者可以根据开发需要选择不同的笔刷样式。

（2）通过单击和拖动鼠标，可以使鼠标点过的地方凸起，同时按下 Shift 键可以实现下凹的功能。需要注意的是，进行下凹的操作时，不能使地形水平面低于地形最小高度。即地形创建时的初始高度是地形的最低限制，之后的操作不能使地形低于该高度。其 Settings 参数如表 9-2 所列。

表 9-2　　　　　　　　　　　　　Raise/Lower Terrain 参数及含义

属　　性	含　　义
Brush Size	笔刷大小，含义为笔刷的直径大小，单位为米
Opacity	笔刷的强度大小，其值越大，地形变化的幅度越大，反之则越小

（3）选中第二个按钮，将其 Height 参数大小修改为 30，单位是米。并单击 Flatten 按钮，其

作用是将整个地形的高度设置为指定的 Height。再次选中 Raise/Lower Terrain 按钮，按住 Shift 键即可实现地形的下凹效果，如图 9-5 所示。

（4）除了 Raise/Lower Terrain 按钮可以调整地形的局部高度外，Paint Height 按钮也可以实现该功能，如图 9-6 所示。与前一个按钮不同的是，该按钮有一个参数可以设置地形高度值，被调整的局部地形高度值不会超过该数值。

（5）Paint Height 按钮中各项参数的功能如表 9-3 所列。通过修改该按钮的各项参数，可以对地形进行局部的调整，实现地形在限定高度范围内上升或下降的效果。该按钮也可制作特定高度的地形，如图 9-7 所示。

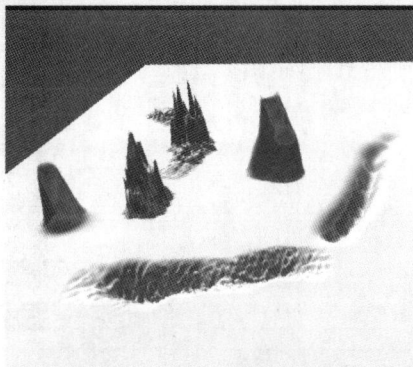

图 9-5　下凹地形效果

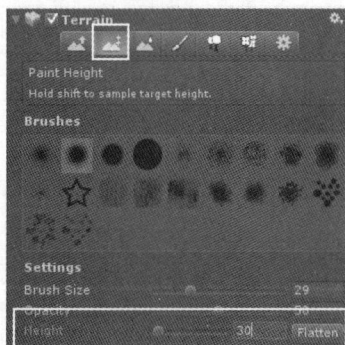

图 9-6　调整整个地形高度

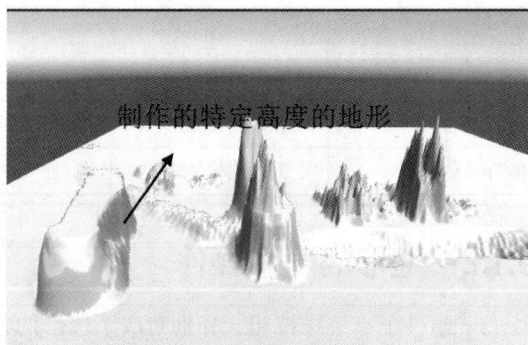

图 9-7　特定高度地形效果

表 9-3　　　　　　　　　　　　　　　　Paint Height 参数及含义

属　　性	含　　义
Brush Size	笔刷大小，含义为笔刷的直径大小，单位为米
Opacity	笔刷的强度大小，其值越大，地形变化的幅度越大，反之则越小
Height	地形高度值，可以设定局部地形的最高值
Flatten	将整个地形的高度设置为指定的 Height 值，使得整个地形上移或者下沉

（6）地形制作过程中，由于地形的高度差较大会导致部分地形显得特别突兀，或者使山峰过于尖锐，这时就需要用到平滑处理——Smooth Height，如图 9-8 所示。该按钮可以使地形更加平滑，各项参数如表 9-4 所列。将图 9-7 突兀的地方做平滑处理后的效果如图 9-9 所示。

表 9-4　　　　　　　　　　　　　　　　Smooth Height 参数及含义

属　　性	含　　义
Brush Size	笔刷大小，含义为笔刷的直径大小，单位为米
Opacity	笔刷的强度大小，其值越大，地形变化的幅度越大，反之则越小

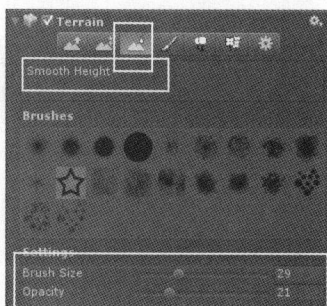

图 9-8　选中 Smooth Height 按钮

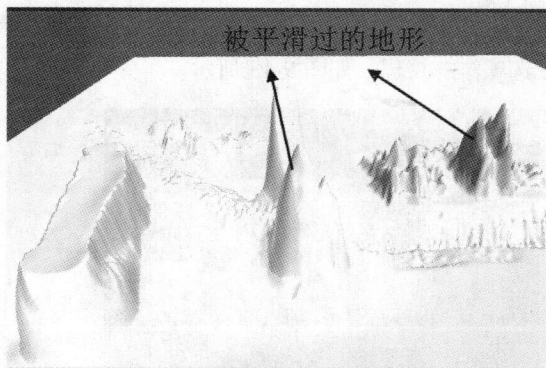

图 9-9　将图 9-7 部分地形平滑处理

9.1.3　地形的纹理添加及参数设置

地形的开发过程中，除了制作逼真的地形样式外，添加合适的纹理图也是必不可少的一部分。地形引擎对此功能进行了封装，开发人员可以在地形的任意位置添加地形纹理图或者花草树木。此外该引擎还提供了 Terrain Settings 设置面板，可以设置地形的部分参数。

（1）调整好地形的基本形状后，单击 Paint Texture 按钮可以为其添加纹理图，如图 9-10 所示。图片纹理以涂画的方式进行，将单元图片赋给画笔，画笔所经过的地方将所对应的纹理图贴到地形上。Paint Texture 的各项参数如表 9-5 所列。

表 9-5　　　　　　　　　　　　　　Paint Texture 参数及含义

属　　性	含　　义
Brush Size	笔刷大小，含义为笔刷的直径大小，单位为米
Opacity	笔刷的强度值，该值越大，制作地形时，地形变化的幅度越大，反之则越小
Target Strength	笔刷的涂抹强度值，代表的是与地形原来纹理图的混合比例值

（2）下面需要为画笔赋上纹理图，这里需要用到 Unity 游戏开发引擎中的标准资源包（具体的下载步骤以及导入过程笔者已在前面章节详细介绍过，可以参考前面章节的内容）。在游戏资源列表中单击鼠标右键，选择 Import Package→Environment 导入环境资源包，如图 9-11 所示。

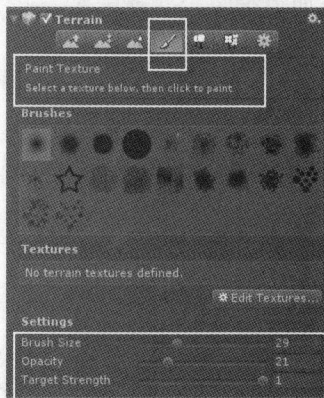

图 9-10　Paint Texture 按钮

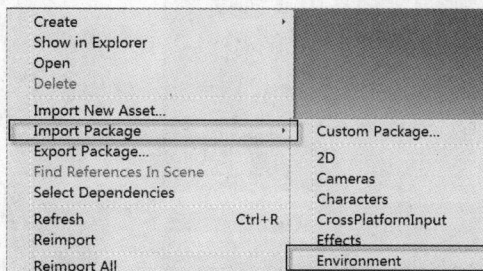

图 9-11　导入环境资源包

（3）环境资源包导入完成后，Environment\SpeedTree 文件夹下的三个文件夹中包含大量内置的纹理图，如图 9-12 所示。可以从中选取合适的纹理图。单击 Terrain 组件下 Edit Texture→Add Texture 选项添加纹理，如图 9-13 所示。

图 9-12　查看环境资源包中的纹理图

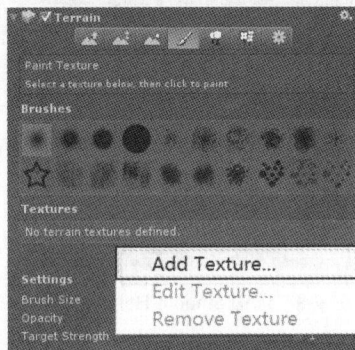

图 9-13　添加纹理图

（4）场景中弹出的 Add Terrain Texture 面板中，可以通过单击 Select 按钮添加普通贴图和法线贴图，在弹出的 Select Texture2D 面板中选择合适的纹理图或者是法线贴图，如图 9-14 所示。可以通过调整 Metallic 值来调整纹理图的明暗程度，单击 Add 按钮完成纹理图的添加。如图 9-15 所示。

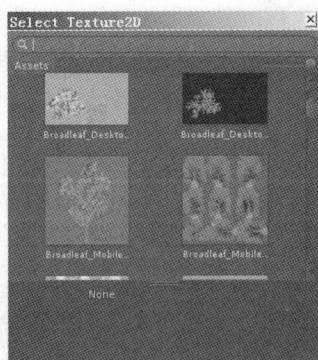

图 9-14　选择合适的纹理图

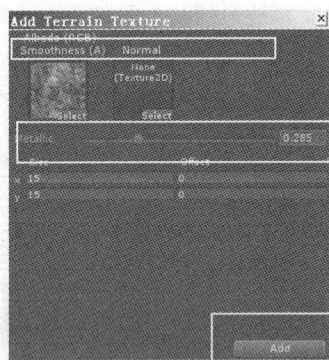

图 9-15　添加纹理图

（5）为地形添加第一副纹理图时，该纹理图会铺满整个地形，还可以通过单击 Edit Texture 按钮选中 Edit Texture 菜单对所选中的纹理图进行编辑，如图 9-16（a）所示。地形引擎还支持添加多幅纹理图，并通过笔刷改变地形中某部分的纹理图，效果如图 9-16（b）所示。

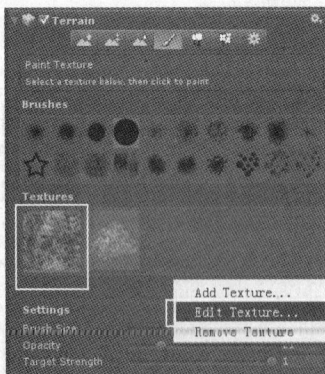

（a）编辑纹理图

（b）通过笔刷改变地形中部分纹理图

图 9-16

（6）地形引擎还可以为地形添加花草树木，单击 Place Trees 按钮进入种植树木功能区。树木 Prefab 添加的方式与添加纹理图的方式相同，如图 9-17 所示。以涂画的方式批量地进行树木的种植，开发人员只需提供单棵树木的预制件资源即可。效果如图 9-18 所示。其各项参数如表 9-6 所列。

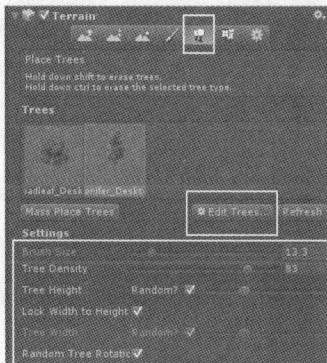

图 9-17　添加树木 Prefab

图 9-18　添加树木效果

表 9-6　　　　　　　　　　　　　　　　Place Trees 参数及含义

属　　性	含　　义	属　　性	含　　义
Brush Size	笔刷直径大小，单位为米	Tree Density	每次绘制树木的棵数
Random Tree Rotation	是否随机设置树木的朝向	Tree Width	树的宽度，可指定唯一宽度也可随机分布
Lock Width to Height	每次绘制时产生树木的棵数	Tree Height	树的高度，可指定唯一高度也可随机分布

（7）除了进行树木的种植，开发人员还可以在地形上铺设花草等修饰物，单击"Paint Details"按钮进入该功能区，如图 9-19 所示。该按钮参数与 Place Trees 类似，主要区别是前者可以使用标志板和网格对象作为资源对象，而后者只可以使用预制件。效果如图 9-20 所示。参数如表 9-7 所列。

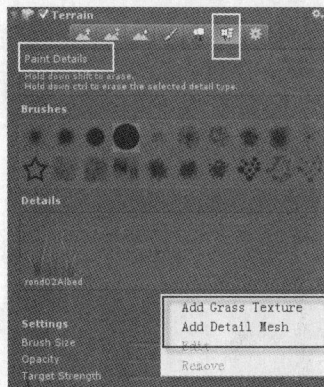

图 9-19　Paint Details 参数

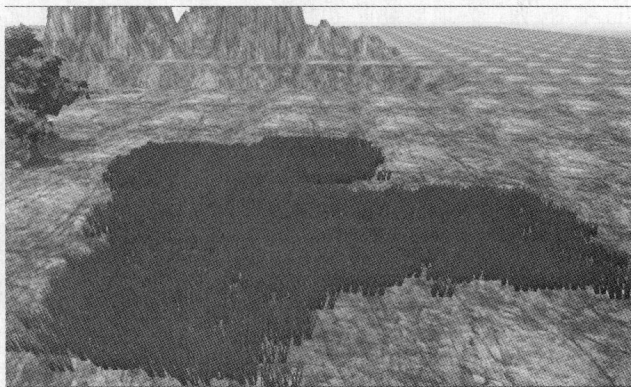

图 9-20　Paint Details 效果

表 9-7　　　　　　　　　　　　　　　　Paint Details 参数及含义

属　　性	含　　义
Brush Size	画笔大小，其实际含义为画笔的直径长度，以米为单位
Opacity	笔刷的强度值，该值越大，制作地形时，地形变化的幅度越大，反之则越小
Target Strength	画笔涂抹强度值，该值范围为 0~1，代表了与地形原来花草的混合比例大小

（8）单击 Edit Texture 按钮选中 Edit 菜单可对所选中的纹理图进行编辑，如图 9-21 所示。弹出的 Edit Grass Texture 面板中可以对铺设的纹理图的宽度、高度以及颜色等参数进行设置，如图 9-22 所示。参数如表 9-8 所列。

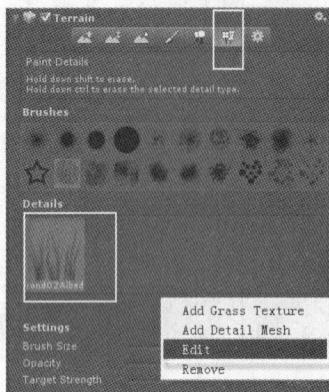

图 9-21　编辑草的纹理图

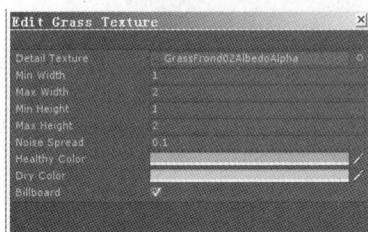

图 9-22　修改纹理图参数

表 9-8　　　　　　　　　　　　　　Edit Grass Texture 重要参数及含义

属　　性	含　　义	属　　性	含　　义
Detail Texture	纹理图对象	Min Width	Detail 纹理图的最小宽度
Max Width	Detail 纹理图的最大宽度	Min Height	Detail 纹理图的最小高度
Max Height	Detail 纹理图的最大高度	Healthy Color	Detail 纹理图中花草健康时的颜色
Dry Color	Detail 纹理图中花草干枯时的颜色		

（9）最后可以对地形进行一些参数设置，地形设置面板中，可以设置地形的大小及精度等参数，还可以给地形添加一个模拟风，使地形中的花草树木会非常生动地随风摆动，单击"Terrain Settings"按钮进入地形设置功能区，如图 9-23、图 9-24 所示。

图 9-23　Terrain Settings 参数 1

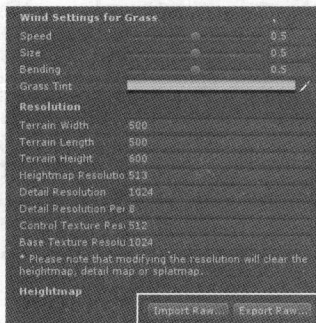

图 9-24　Terrain Settings 参数 2

（10）Terrain Settings 面板中的各项参数功能如表 9-9 所列。该功能区中，开发人员可以对地形的整体参数、分辨率进行详细的设置。通过适当设置这些参数，可以有效地减少地形对设备资源的占用，提高游戏的整体性能，还可以在此功能区导出、导入 RAW 格式的高度图文件。

表 9-9   Terrain Settings 重要参数及含义

属　　性	含　　义
Base Terrain	基于地形的参数修改
Cast Shadows	是否进行阴影的投射
Tree & Detail Object	树木和花草等游戏对象
Bake Light Probes For Tress	烘焙光照是否烘焙到树上
Collect Detail Patches	进行细节补丁的收集
Tree Distance	树木的可视距离值
Wind Settings For Grass	草的风向设置
Size	模拟风可影响的范围大小
Grass Tint	被风吹过时草的色调
Terrain Width	地形的总宽度值
Terrain Height	地形的总高度值
Draw	是否显示地形
Thickness	物理引擎中该地形的可碰撞厚度
Draw	是否显示花草树木
Detail Distance	细节距离，与相机间的细节可显示的距离
Detail Density	细节的密集程度
Max Mesh Trees	允许出现的网格类型的树木的最大数量
Speed	吹过草地风的风速
Bending	草被风吹弯的弯曲程度
Resolution	分辨率的设置
Terrain Length	地形的总长度值
Heightmap Resolution	地形灰度度的精度
Detail Resolution	细节精度值，该值越大，地形显示的细节越精细，但随之占用的资源也会越多
Detail Resolution Per Patch	每一小块地形所设置的细节精度值
Control Texture Resolution	将不同的纹理插值绘制在地形上时所设置的精度值
Base Texture Resolution	地形上绘制基础纹理时所采用的精度值
Heightmap	高度图，可以导入高度图，或者将制作好的地形高度图导出
Material	材质类型，选项分别是标准、漫反射、高光、自定义，使用自定义时需要制定材质
Reflection Probes	反射探头类型，选项分别是关闭、混合探头、混合和天空盒探头、一般
Pixel Error	像素误差，表示地形的绘制精度，该值越大，地形的结构细节越少
Base Map Dist	基础图距，当与地形的距离超过该值时，则以低分辨率的纹理进行显示
Billboard Start	标志板起点，以标志板形式出现的树木与相机的距离
Fade Length	淡变长度，树从标志板转换成网格模式时，所使用的距离增量

9.1.4 高度图的使用

Unity 3D 内置的地形引擎将地形的信息保存为一张高度图,这与其他游戏开发引擎或建模工具的做法是一致的。这么做的好处是可以将大量与地形有关的信息储存在一张空间占用非常小的高度图上,同时可以在其他开发工具上设计好地形,而不必拘束于 Unity 3D 内置的地形引擎。

(1)首先解释一下高度图,高度图是一张带有灰阶的图片,图片中的每个像素具有不同的灰度值,这些灰度值代表了不同的高度。像素的灰度值越大,表示对应的高度越高,像素的灰度值越小,表示对应的高度越低。

(2)开发人员可以在不同的开发工具上制作高度图,笔者利用的 Photoshop CS6(以下简称 PS)。首先准备好一张彩色图片,将其导入进 PS,步骤如图 9-25 所示。弹出的面板中选择准备好的图片导进 PS(制作高度图的方法有好多种,也可以采用其他方式)。

(3)导入完成后,单击工具栏中的"图像"→"模式"→"灰度"菜单,如图 9-26 所示。在弹出的面板中选择"扔掉"按钮,此时整幅图片变为灰色,如图 9-27 所示。需要注意的是,Unity 中地形使用的高度图的分辨率为 1+32×X,X 为任意正整数,则高度图最小的分辨率为 33。

图 9-25　导入图片

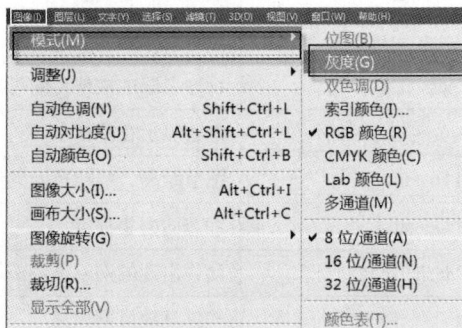

图 9-26　修改图片模式

(4)接下来修改该图片的分辨率,单击 PS 的工具栏中的"图像"→"图像大小",如图 9-28 所示。在弹出的面板中勾掉"约束比例",勾选"重定图像像素"复选框,笔者在"像素大小"一栏中将宽度和高度像素修改为 65,单击确定按钮确定修改选项,如图 9-29 所示。

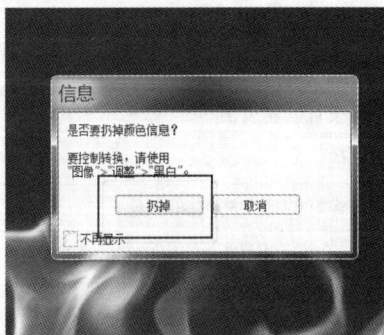

图 9-27　将图片变为灰色

图 9-28　选择修改图像大小

(5)像素大小修改完成后需将该高度图盗图,目前 Unity 只支持 RAW 格式的高度图,选择弹出面板的格式下拉列表中的(*.RAW)格式,如图 9-30 所示。将高度图保存在某一路径下,打开 Unity 集成开发环境,在原来的场景中新建一个 Terrain。

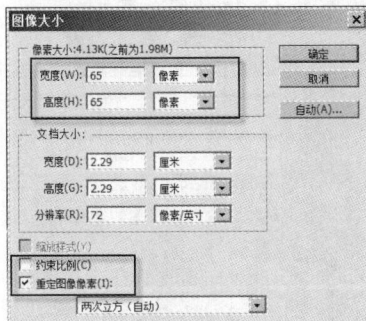

图 9-29　保存修改选项

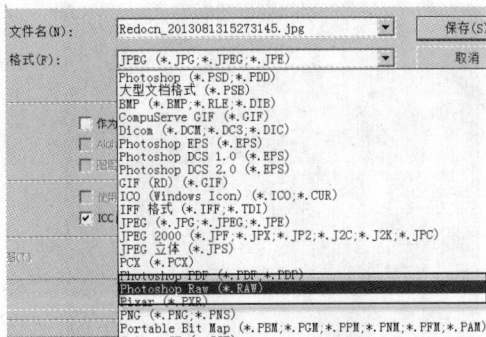

图 9-30　选择 Raw 后缀

（6）选中新建的 Terrain 游戏对象，选择其 Terrain 组件中的设置按钮，选择"Import Raw…"按钮，如图 9-31 所示。选择制作好的高度图导入 Unity，在 Import Heightmap 面板将高度图的 Y 值修改为 50，Terrain 效果如图 9-32 所示。

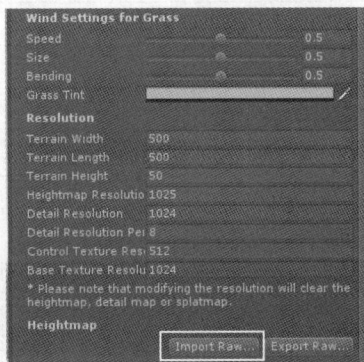

图 9-31　导入高度

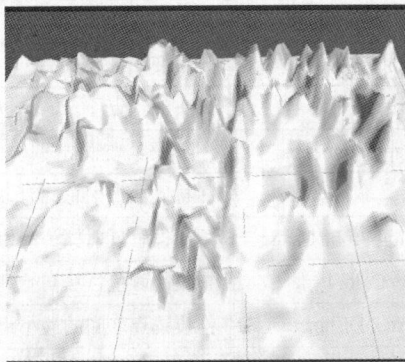

图 9-32　高度图制作的地形效果

> 　　地形设计相关的知识到这里就介绍完了，可以通过打开资源包中第 9 章目录下的 Terrain\Assets\Terrain 场景来查看本节中笔者制作的地形。

9.2　拖痕渲染器——Trail Renderer

本节笔者将介绍 Unity 游戏开发引擎中的拖痕渲染器（Trail Renderer）。拖痕渲染器，顾名思义就是用于制作物体后方的拖痕效果来表明这个物体正在移动。由于拖痕渲染器的存在，使得开发人员在 Unity 集成开发环境中制造拖痕效果变得十分简单。

9.2.1　拖痕渲染器的基础知识

拖痕渲染器可以以组件的形式添加到游戏对象上，通过单击菜单栏中的 Component→Effects→Trail Renderer 即可。在 Inspector 面板中就可以看到拖痕渲染器的设置面板，如图 9-33、图 9-34 所示。其中参数的详细信息如表 9-10 所列，下面对其中常用的参数进行详细的介绍。

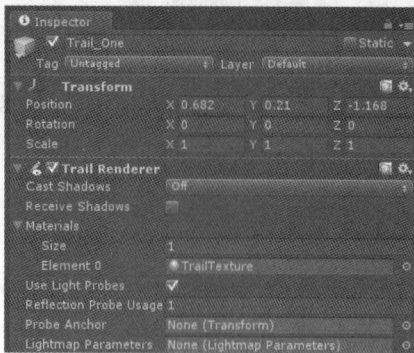
图 9-33　拖痕渲染器 1

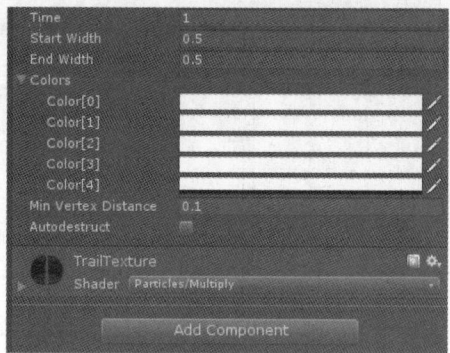
图 9-34　拖痕渲染器 2

表 9-10　　　　　　　　　　　　　拖痕渲染器属性

属　性	功　能
Cast Shadows	是否计算拖痕所产生的阴影
Receive Shadows	是否接收阴影
Use Light Probes	是否使用光照探头
Probe Anchor	探头的锚点
Lightmap Parameters	用于设置光照贴图
Size	在材质数组中总共有多少元素
Reflection Probe Usage	用于设置反射探头的使用率
Color0~Color4	拖痕的颜色，从初始到结束
Min Vertex Distance	拖痕锚点之间的最小距离
Start Width	开始位置的拖痕宽度
End Width	结束位置的拖痕宽度
Time	拖痕长度，以秒为单位
Materials	用于渲染拖痕的材质数组。对于拖痕效果粒子着色器工作得最好
Element 0	用于渲染拖痕的材质的引用。总共的元素个数由 Size 参数指定
Colors	使用拖痕长度渐变的颜色数组，也可以在这些颜色中使用 alpha 透明
AutoDestruct	将这一项设置为允许来使物体在静止 Time 秒后被销毁

❑　Materials 材质

拖痕渲染器将使用一个包含粒子着色器的材质。材质使用的贴图必须是平方尺寸，例如 512×512。在 size 属性中可以设置材质个数，并在 Element 属性中添加材质。

❑　Trail Width 拖痕宽度

通过设置拖痕的开始和结束的宽度（Width），配合时间（Time）属性，可以调节它显示和表现的方式。例如，可以创建一个船后面的浪花，开始的拖痕宽度设置得较小，结束的拖痕宽度可以设置得较大，这样就可以模拟浪花的扩散。

❑　Trail Colors 拖痕颜色

可以通过 5 种不同的颜色和透明度组合循环变化拖痕。使用颜色能使一个亮绿色的等离子体拖痕渐渐变暗到一个灰色耗散结构，或是使彩虹循环变为其他颜色。如果不想改变颜色，它可以非常有效地仅仅改变每一个颜色的透明度来使拖痕在头部和尾部之间进行渐变。

❑　Min Vertex Distance 最小顶点距离

最小顶点距离决定了每两个相邻的拖痕段之间的距离。较小的值将更频繁地创建拖痕段，生成更平滑的拖痕。较大的值会使得拖痕的锯齿感很强。当使用较小的值时会有一些性能损失，所以应该尝试使用尽可能大的值来达到你想要创建的效果。

> 说明　需要注意的是，挂载拖痕渲染器的游戏对象上不可以有其他种类的渲染器，一般开发过程中，拖痕渲染器都会挂载到一个空游戏对象上，并将其摆放在合适的位置上。

9.2.2　刹车痕案例制作

前面已经介绍了 Unity 集成开发环境中拖痕渲染器的功能，为了能够使这部分内容更容易被接受，接下来将通过一个小型的案例来讲解拖痕渲染器在实际开发过程中的使用方法。案例中的模型以及车轮碰撞器的添加已在前面章节介绍过，笔者在这里不再重复。

1. 案例效果

运行本案例时，场景中的汽车模型能够沿着地面一直向前加速行驶。在画面的右下方有一个刹车按钮，当按下刹车按钮时汽车就会减慢速度并产生刹车痕，当松开刹车按钮时，汽车就会重新开始加速向前行驶。案例运行效果如图 9-35 所示。

（a）案例运行效果 1　　　　　　　　（b）案例运行效果 2

图 9-35

2. 制作流程

开发过程中可以放置不同的刹车痕贴图，以达到不同的刹车效果。如果需要运行本案例，可使用 Unity 软件打开资源包中的 Trail_Demo 工程文件并双击工程中的场景文件 Trail_Demo，最后单击播放按钮即可。下面将详细介绍案例的开发流程，具体步骤如下。

（1）首先打开 Unity 集成开发环境，新建一个工程并重命名为"Trail_Demo"，进入工程后保存当前场景并重命名为"Trail_Demo"，然后在 Assets 目录下新建三个文件夹分别命名为"Texture"、"C#"和"model"，分别用来放置天空纹理图、脚本文件以及模型文件，如图 9-36所示。

（2）由于本案例中使用的汽车模型及相关脚本都是前面车轮碰撞器章节中的内容。所以这里笔者将它们制作成预制件并导入到了本工程中。这里关于汽车模型的

图 9-36　目录结构

处理以及相关脚本将不再过多赘述。相关内容可查看本书的车轮碰撞器章节。

（3）接下来将需要的刹车痕贴图（shachehen.png）、刹车板贴图（anniu.png）和路面贴图（road.png）导入 Texture 文件夹中，如图 9-37 所示。然后将刹车板贴图的类型设置为 Sprite（精灵），在贴图的 Inspector 面板中单击 Texture Type 并选择 Sprite（2D and UI），完成后单击 Apply 即可，如图 9-38 所示。

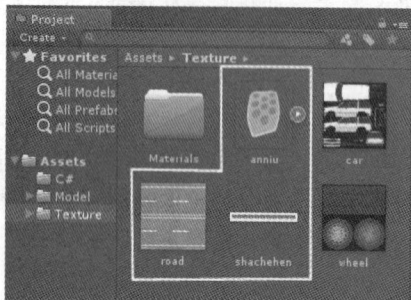

图 9-37　添加贴图

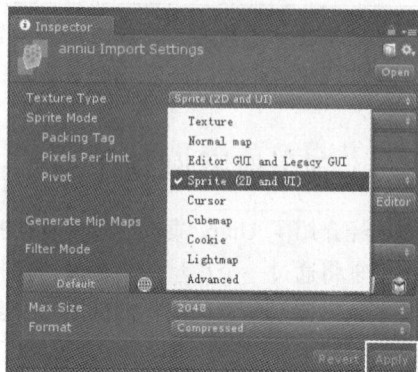

图 9-38　将贴图类型设置为 Sprite

（4）首先在场景中创建一个 Plane 用来充当地面，将导入的地面贴图（road.png）添加到 Plane 对象上，然后将 Plane 在 x 轴方向的 Scale 尺寸设置为 12，如图 9-39 所示。在 Material 文件夹中找到 road 材质球，在其 Inspector 面板中将 Tiling（平铺）参数在 x 轴方向的数值设置为 30 即可，如图 9-40 所示。

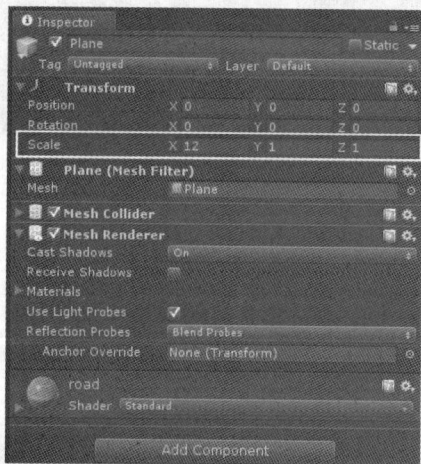

图 9-39　设置 Plane 的尺寸

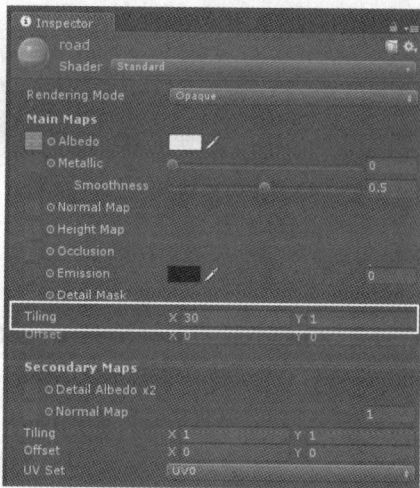

图 9-40　设置平铺参数

（5）路面完成后，将 Assets 目录下的汽车预制件（Car）拖入到场景中，并将其摆放在路面的一端，使摄像机成为汽车的子物体，并调整到合适的位置，如图 9-41 所示。该预制件包含了跟汽车移动相关的脚本，所以现在单击播放按钮运行程序，汽车就能够在路面上向前行驶了。

（6）下面创建两个空物体分别命名为 "Trail_One" 和 "Trail_Two"，并在这两个空对象上挂载拖痕渲染器，方法为选中一个空对象并单击菜单栏中的 Component→Effects→Trail Renderer 即可，最后将这两个对象设置为 Car 的子物体，如图 9-42 所示。

图 9-41　摆放汽车和摄像机

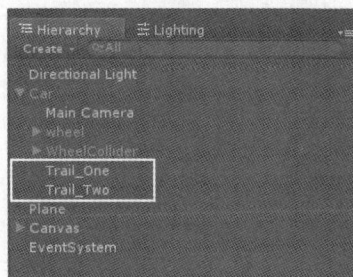

图 9-42　设置子物体

（7）接下来将导入的刹车痕贴图（shachehen.png）添加到创建的两个对象上。这时在 Material 文件夹中就会生成一个材质球（shachehen）。单击这个材质球，在其 Inspector 面板中设置其渲染着色器的类型，单击 Shader→Particles→Multiply 即可，如图 9-43 所示。

（8）下面要使用 UGUI 系统在屏幕上绘制按钮用来控制刹车。单击菜单栏中 GameObject→UI→Button 即可。创建完成后将其放置在屏幕的右下角，最后将之前导入的刹车板贴图（shacheban.png）添加到 Button 控件上即可，如图 9-44 所示。

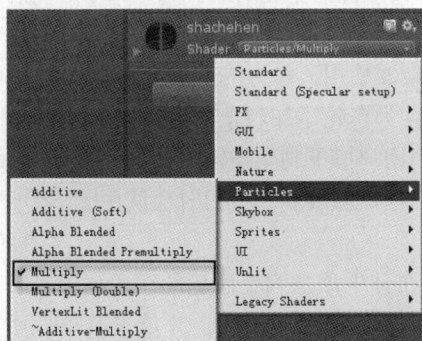

图 9-43　设置渲染着色器

图 9-44　添加刹车板按钮

（9）接下来需要编写脚本，来控制汽车的加速与刹车。在 C#文件夹下单击鼠标右键，选择 Create→C# Script 创建一个 C#脚本并重命名为"MoveCar"。双击脚本进入脚本编辑器编辑代码，具体代码如下。

代码位置：见资源包中源代码/第 9 章目录下的 Trial_Demo\Assets\C#\ MoveCar.cs。

```
1    using UnityEngine;
2    using System.Collections;
3    public class MoveCar : MonoBehaviour{
4      public GameObject BRWheel;          //声明游戏对象变量，用来获取挂有车轮碰撞器的对象
5      public GameObject BLWheel;          //获取两个车轮同时驱动车辆
6      public float torque;                //声明 floa 类型变量，用于设置力矩的大小
7      private bool IsBrake = false;       //用于判断当前是否刹车
8      public TrailRenderer first;         //拖痕渲染器
9      public TrailRenderer second;
10     void FixedUpdate(){
```

```
11      if (!IsBrake){                              //如果当前没有刹车，就执行其下的代码
12          first.enabled = false;                  //将两个拖痕渲染器禁用
13          second.enabled = false;
14          BRWheel.GetComponent<WheelCollider>().brakeTorque = 0;  //将车轮的刹车力矩都置为 0
15          BLWheel.GetComponent<WheelCollider>().brakeTorque = 0;
16          BRWheel.GetComponent<WheelCollider>().motorTorque = torque;  //获取车轮碰撞器
17          BLWheel.GetComponent<WheelCollider>().motorTorque = torque;  //并为引擎转矩变量赋值
18      }else {                                      //如果当前正在刹车，就执行其下的代码
19          first.enabled = true;                    //启用两个拖痕渲染器
20          second.enabled = true;
21          BRWheel.GetComponent<WheelCollider>().brakeTorque = torque * 2;  //获取车轮碰撞器
22          BLWheel.GetComponent<WheelCollider>().brakeTorque = torque * 2;  //并为
刹车转矩变量赋值
23      }}
24  public void clickDown() {                        //当刹车按钮按下时调用此方法
25      IsBrake = true;                              //将刹车标志位置为 true
26  }
27  public void clickUp(){                           //当刹车按钮抬起时调用此方法
28      IsBrake = false;                             //将刹车标志位置为 false
29  }}
```

❑ 第 4~9 行用来声明该脚本所需要使用的变量，其中包括车轮对象、力矩大小、是否刹车以及后轮的两个车轮渲染器。

❑ 第 11~17 行当汽车没有刹车时，将两个拖痕渲染器禁用，并为两个车轮添加转动力矩。

❑ 第 18~23 行当汽车刹车时启用两个拖痕渲染器并为车轮添加刹车力矩，减慢速度。

❑ 第 24~27 行定义了两个 Public 类型的函数，当用户按下刹车按钮时会调用 clickDown 方法，将标志位置为 true 表示当前正在刹车。当用户释放刹车按钮时会调用 clickUp 方法，将标志位置为 false 表示当前没有刹车。

（10）脚本编写完成后将其挂载到 Car 游戏对象上，在其中添加两个后轮的车轮碰撞器，设置力矩以及添加两个拖痕渲染器，如图 9-45 所示。然后选中 Button 控件，并单击菜单栏中的 Component→Event→Event Trigger 为其添加事件触发器，如图 9-46 所示。

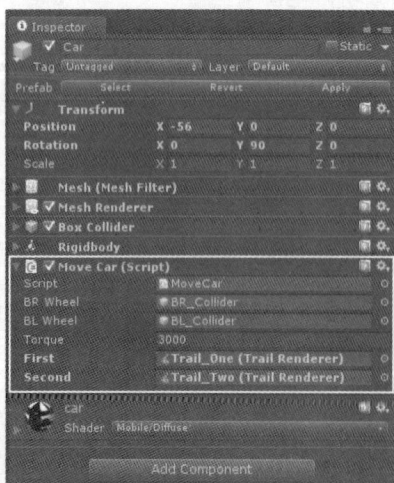

图 9-45　设置 MoveCar 脚本

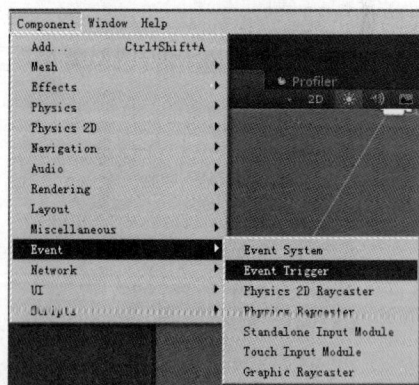

图 9-46　添加事件触发器

（11）完成后在 Event Trigger 的设置面板中单击 Add
New Event Type，在弹出的列表中选择 PointerDow，然
后按照同样的方式再次添加一个 Event Type 并选择
PointerUp。将挂有脚本的 Car 对象拖曳到其左侧的赋值
栏中，并在右侧选择 clickDown 和 clickup 两个函数，
如图 9-47 所示。完成后单击播放按钮即可查看程序运
行效果。

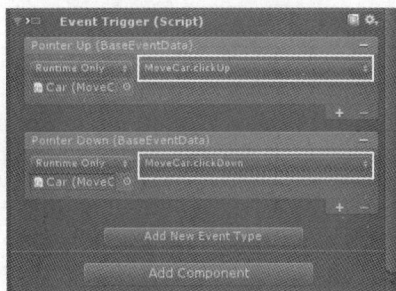

图 9-47　挂载需要调用的函数

说明　当这个 Button 按下时就会调用挂载到 PointerDown 上的函数，当这个 Button 释放时
就会调用挂载到 PointerUp 上的函数。

9.3　自动寻路技术

现在为了增强游戏的趣味性，游戏中常常会设置各种类型的 NPC 与玩家进行交互。作为具有
人工智能的 AI，寻路功能是不可或缺的，它们需要能够在场景中自由地移动。游戏中也会应用自
动寻路系统使玩家角色能够自动地走到任务点。本小节将详细地介绍 Unity 游戏开发引擎提供的
寻路功能。

9.3.1　自动寻路技术基础知识

开发人员如果想使用 Unity 游戏开发引擎来实现初级的寻路功能十分简单，需要使用的代码
也十分简单。主要是需要各个组件之间进行配合，来达到需要的效果，下面将对寻路中最重要的
三个组件以及路网烘焙进行详细的讲解。

1．代理器——Nav Mesh Agent

Nav Mesh Agent 组件可实现对指定对象自动寻路的代理，需要将其挂载到需要进行寻路的对
象上，该组件自带了许多参数，开发人员通过修改这些参数来设置对象的宽度、高度以及转向速
度等参数，代理器的设置面板如图 9-48、图 9-49 所示。其中部分常用参数的具体含义如表 9-11
所示。

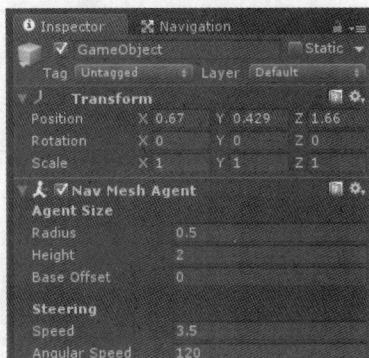

图 9-48　代理器设置面板 1

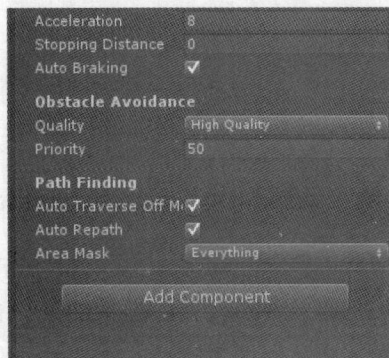

图 9-49　代理器设置面板 2

表 9-11   Nav Mesh Agent 参数含义

参 数 名	含 义	参 数 名	含 义
Radius	代理器半径	Auto Traverse OffMesh Link	是否自动穿过自定义路线
Height	代理器高度	Auto Braking	是否自动停止无法到达目的地的路线
Speed	代理器移动速度	Auto Repath	原有路线发现变化时是否重新寻路
Angular Speed	代理器转向速度	Base offset	代理器相对导航网格的高度偏移
Acceleration	代理器加速度	Stopping Distance	代理器到达时与目标点的距离

说明　　如果使用代理器移动角色时，角色将忽略一切碰撞，也就是说没有进行路网烘焙或没有使用动态障碍物组件（Nav Mesh Obstacle）的物体即使带有碰撞器，角色在移动时也会穿透这个物体。

2. 分离网格链接——Off Mesh Link

如果场景中两部分静态几何体彼此分离，没有连接在一起的话，当完成路网烘焙后，代理器无法从其中一个物体上寻路到另一个物体上，为了能够使代理器可以在两个彼此分离的物体间进行寻路，就需要使用分离网格链接（Off Mesh Link），其设置面板如图 9-50 所示，其中参数的具体含义如表 9-12 所列。

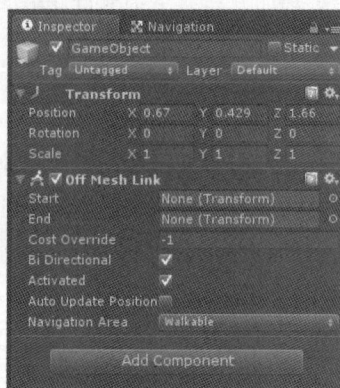

图 9-50　分离网格链接设置面板

表 9-12   Off Mesh Link 参数含义

参 数 名	含 义
Start	分离网格链接的开始点物体
End	分离网格链接的结束点物体
Bi Directional	是否允许代理器在开始点和结束点间双向移动
Activated	是否激活该路线
Navigation Area	设置该导航区域为可行走、不可行走和跳跃三种状态
Cost Override	开销覆盖，如果将该值设置为 2.0，那么在计算路径时的开销是默认的计算开销的两倍
Auto Update Position	勾选该参数后，运行游戏时，如果开始点或结束点会发生移动，那么路线也会随之发生变化

3. 导航网格障碍物——Nav Mesh Obstacle

导航网格中对于固定的障碍物，开发时可以通过路网烘焙的方式使代理器无法穿透，但游戏中常常会有移动的障碍物，这种动态障碍物无法进行烘焙，为了使代理器也能够与其发生正常的碰撞，这就需要使用导航网格障碍物，该组件的设置面板如图 9-51 所示，该组件的各项参数含义如表 9-13 所示。

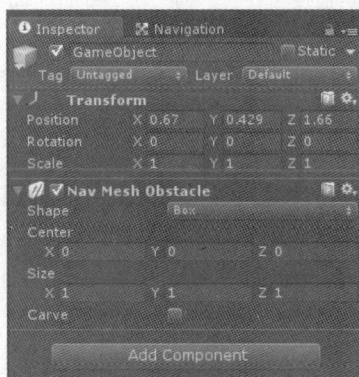

图 9-51　导航网格障碍物设置面板

表 9-13　　　　　　　　　　　　Nav Mesh Obstacle 参数含义

参　数　名	含　　　义	参　数　名	含　　　义
Shape	碰撞器的形态（Box、Capsule）	Size	动态障碍物碰撞器的尺寸
Center	动态障碍物碰撞器的中点位置	Carve	是否允许被代理器穿入

4. 路网烘焙——Bake

想要实现寻路功能，除了使用上述的三种组件外，还需要对路网进行烘焙，即指定哪些对象可以通过、哪些对象不可移动通过。可单击菜单栏中 Window→Navigation 打开窗口。其中 Object 和 Bake 设置面板如图 9-52、图 9-53 所示，其中常用参数的具体含义如表 9-14 所列。

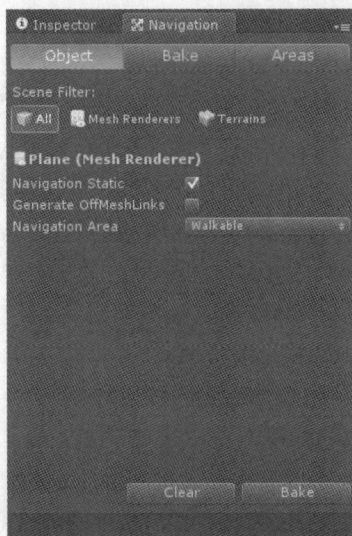

图 9-52　Object 设置面板

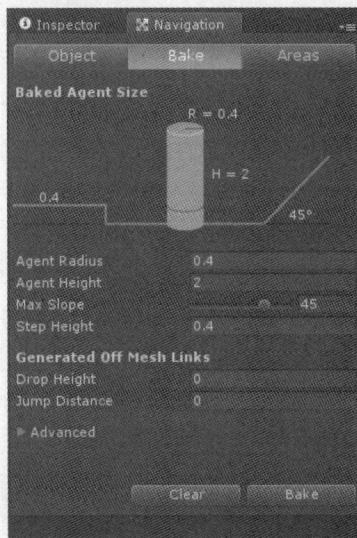

图 9-53　Bake 设置面板

表 9-14   Object、Bake 参数含义

参 数 名	含 义	参 数 名	含 义
Navigation Static	是否将物体标记为静态，需要烘焙的物体须将其勾选	Agent Radius	代理器半径
Navigation Area	导航区域，设置当前选中的物体为可通过还是不可通过	Agent Height	代理器高度
Max Slope	代理器可以通过的最大坡度	Step Height	可通过的台阶高度

9.3.2 小球寻路案例

前面已经介绍了 Unity 集成开发环境中寻路技术的基本知识，为了能够使这部分内容更容易接受，下面将通过一个简单的寻路案例来介绍寻路技术在实际开发过程中的使用步骤。实际开发过程中可以根据项目的要求搭建相应的场景。

1. 案例效果

本案例中使用多个 Plane 和 Cube 对象搭建了一个简易的迷宫，迷宫分为两部分，相互之间没有连接。运行时可以通过鼠标单击场景，选择小球需要移动到的位置，小球能够在两个迷宫之间移动，并且能够与移动的障碍物产生碰撞，案例运行效果如图 9-54 所示。

（a）案例运行效果 1   （b）案例运行效果 2

图 9-54

2. 制作流程

制作过程中还可以使用其他人物角色并搭配多种骨骼动画来实现更加炫酷的效果，如果需要运行本案例，可使用 Unity 软件打开资源包中的 NavMeshAgent_Demo 工程文件并双击工程中的场景文件 NavMeshAgent_Demo，最后单击播放按钮即可。下面将详细介绍案例的开发流程，具体步骤如下。

（1）首先打开 Unity 集成开发环境，新建一个工程并重命名为"NavMeshAgent_Demo"，进入工程后保存当前场景并重命名为"NavMeshAgent_Demo"，然后在 Assets 目录下新建两个文件夹分别命名为"Texture"和"C#"，分别用来放置纹理图和脚本文件，如图 9-55 所示。

（2）现在开始搭建场景，本案例中使用了数个 Cube 和 Plane 搭建了两个迷宫，具体的搭建过程笔者就不再赘述。搭建完成后将导入的 Texture 文件夹中的纹理图添加到场景中，并在迷宫中放置一个 Sphere 作为需要寻路的角色，完成后效果如图 9-56 所示。

（3）接下来开始路网烘焙，首先单击菜单栏中 Window→Navigation 打开窗口。将所有作为障碍物的 Cube 全部选中，并在 Navigation 窗口中勾选 Navigation Static 并将 Navigation Area 选择为 Not Walkable，然后选择两个 Plane 对象执行同样的操作，只是把 Navigation Area 选择为 Walkable。

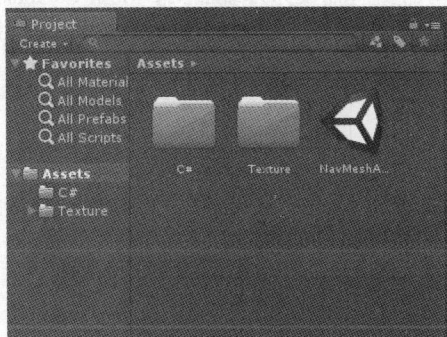

图 9-55　目录结构

图 9-56　搭建场景

（4）完成后单击 Navigation 窗口下方的 Bake 按钮即可开始烘焙，完成后场景如图 9-57 所示。接下来选中小球并为其添加代理器，单击菜单栏中 Component→Navigation→Nav Mesh Agent 即可，如图 9-58 所示。完成后即可在 Inspector 面板中看到代理器的设置面板，使用默认参数即可。

图 9-57　烘焙路网

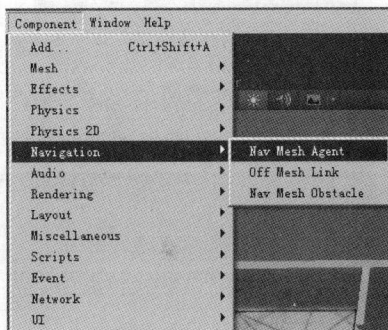

图 9-58　添加代理器

（5）由于两个迷宫彼此分离，所以需要使用分离网格链接。首先创建多个 Cylinder，并在两个迷宫之间一一对应地摆放，如图 9-59 所示。然后在一侧的 Cylinder 上添加 Off Mesh Link 组件。并在其设置面板中添加起始点和结束点的位置信息，最后将 Cylinder 上的渲染组件取消勾选即可，如图 9-60 所示。

图 9-59　添加 Cylinder

（6）完成后 Cylinder 对象将不在场景中被渲染，此时打开 Navigation 窗口，场景的效果如图 9-61 所示。场景中还有一个动态障碍物，为了能与代理器产生碰撞需要为其添加 Nav Mesh Obstacle 组件。为了能够使障碍物运动，使用了模型动画章节中的知识，这里不再进行讲解。

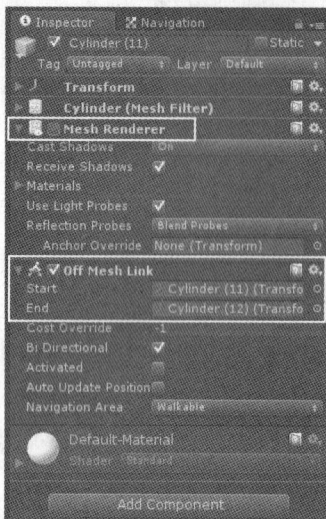

图 9-60　添加分离网格连接并设置起止点

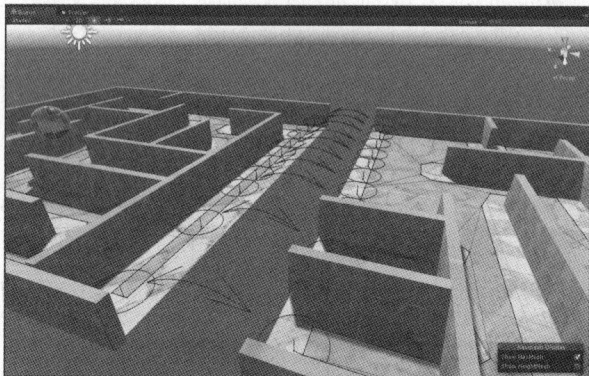

图 9-61　使用分离网格连接

（7）接下来就需要编写脚本来控制小球的运动，在 C#文件夹下单击鼠标右键，选择 Create→C# Script 创建一个 C#脚本并重命名为 "Demo"。双击脚本进入脚本编辑器编辑代码，具体代码如下。

代码位置：见资源包中源代码/第 6 章目录下的 Trial_Demo\ Assets\C#\ Demo.cs。

```
1    using UnityEngine;
2    using System.Collections;
3    public class Demo : MonoBehaviour {
4      private NavMeshAgent _nav;                         //声明代理器变量
5      void Start () {
6        _nav = this.GetComponent<NavMeshAgent>();        //获取挂载该脚本的对象上的代理器组件
7      }
8      void Update () {
9        if (Input.GetMouseButtonDown(0)) {               //判断鼠标是否被按下左键
10           Ray ray =
11           Camera.main.ScreenPointToRay(Input.mousePosition);   //声明一条以鼠标位置
为起点的射线
12           RaycastHit hit;                              //声明存储回馈信息的结构
13           if (Physics.Raycast(ray, out hit)){ //向场景中发射射线，如果有回馈信息就继续执行
14           _nav.SetDestination(hit.point);      //将射线与 3D 物体的交点设置为代理器的目标点
15      }}}}
```

脚本中使用到了前面介绍的 3D 拾取技术，将光线投射到场景中并根据回馈信息得到射线与 3D 世界中的物体的交点坐标，而 SetDestination()函数是代理器的内置函数，用于设置代理器需要移动到的目标点，执行该函数，代理器就会开始移动。

（8）最后将脚本挂载到小球上即可，本案例中各个组件均使用的是默认参数，实际开发时根据不同需求，可以对其中的参数进行微调。完成后单击播放按钮即可运行程序，通过鼠标控制移动。

9.4　本章小结

本章详细地讲解了地形与自动寻路技术，以及拖痕渲染器的使用。这些知识在中大型游戏及虚拟现实场景的开发中被广泛应用，用以开发仿真程度较高的场景和较为精细的 AI 寻路系统，从而实现大型游戏的基础开发。

9.5　习　　题

1. 在 Unity 集成开发环境中新建一个名为"TerrainDemo"的场景，在该场景中创建一个地形，利用开发引擎提供的工具绘制出几座高山，并为其添加标准资源包中自带的纹理图。

2. 在"TerrainDemo"场景中的地形上，绘制出一条沟壑，并且在该地形的高山上添加树和草的纹理图（纹理图可以从标准资源包中获取）。

3. 简述 Terrain 组件工具栏中 Raise/Lower Terrain 按钮和 Paint Height 按钮的区别。

4. 制作出一张高度图，并将其导入 Unity3D 游戏开发引擎，利用该高度图制作出凹凸不平的地形，效果与图 9-62 类似即可。

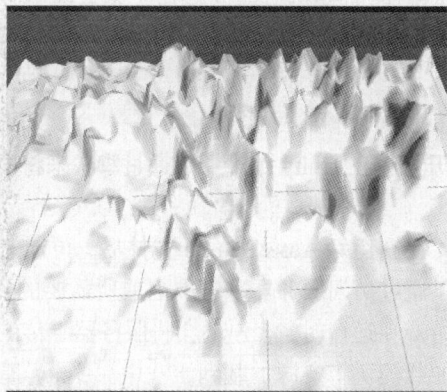

图 9-62　高度图地形效果图

5. 运行并调试 9.2 节中刹车痕案例，熟悉拖痕渲染组件的使用。

6. 简述 Off Mesh Link（分离网格链接）组件在自动寻路技术中的作用。

7. 游戏中常常会有移动的障碍物，这种动态障碍物无法进行烘焙，为了使代理器能够与其发生正常的碰撞，Unity 3D 游戏开发引擎提供了哪个组件来解决这个问题？

8. 简述一下寻路过程中路网烘焙的过程。

9. 对于寻路过程中移动的障碍物所走的路线应该怎么处理？

10. 使挂有 Nav Mesh Agent 组件的代理器移动到给定目标点的是哪个函数，该函数有几个参数？其含义分别是什么？

第10章
游戏资源更新

随着移动终端的发展，互动性强、效果逼真、场景众多的网络游戏开始受到大家的欢迎。在一些大型游戏中，动态加载所有模型、贴图等各种资源文件以及实现游戏的更新，对开发者来说是一个重要的工作。本章将结合 Unity 平台的 AssetBundle 资源包来向读者展示如何做到游戏的更新。

10.1　初识 AssetBundle

AssetBundle 是将资源用 Unity 提供的一种用于存储资源的压缩格式打包后的集合，它是对资源管理的一个扩展，可以动态地加载和卸载，并且大大节约了游戏所占的空间，即使是已经发布的游戏也可以用其来增加新的内容。因此，动态更新、网页游戏、资源下载等都是基于 AssetBundle 系统的。

一般情况下，AssetBundle 的开发流程具体步骤如下。

（1）创建 AssetBundle。开发者在 Unity 编辑器中通过脚本来将所需的资源打包成 AssetBundle 文件。

（2）上传至服务器。开发者创建好 AssetBundle 文件后，可通过上传工具将其上传到游戏的服务器中，使游戏客户端可以通过访问服务器来获取当前所需要的资源，进而实现游戏的更新。

（3）下载 AssetBundle。游戏在运行时，客户端会将服务器上传的游戏更新所需的 AssetBundle 下载到本地设备中，再通过加载模块将资源加载到游戏中。Unity 提供了相应的 API 可供使用来完成从服务器端下载 AssetBundle。

（4）加载 AssetBundle。AssetBundle 文件下载成功后，开发者通过 Unity 提供的 API 可以加载资源包里所包含的模型、纹理图、音频、动画、场景等，并将其实例化来更新游戏客户端。

（5）卸载 AssetBundle。在 Unity 中提供了相应的方法来卸载 AssetBundle，卸载 AssetBundle 可以节约内存资源，并且保证资源的正常更新。

10.2　AssetBundle 的基本使用

上一节中大致介绍了 AssetBundle 的开发流程，本节中将通过具体案例来详细介绍最基本的本地打包和加载流程，包括 AssetBundle 系统的介绍以及打包脚本。通过本节的学习，读者能够对 AssetBundle 的使用流程有一个初步的了解。

10.2.1　AssetBundle 的打包

Unity 中有自带的 AssettBundle 创建工具，并且打包 AssetBundle 不需要代码，这样对开发人员来说可以更加方便，并且更加一目了然，省去了编写代码的繁琐，从本节开始将通过一个案例来说明 AssetBundle 的开发流程，读者按照步骤操作即可。

1. AssetBundle 系统

新建一个项目并命名为"BNUAssetBunds"，单击 GameObject→3D Object→Cube，然后在 Assets 窗口创建一个 Prefab，并命名为"Cubeasset"，然后将刚刚创建好的 Cube 拖曳到 Cubeasset 上，如图 10-1 所示。

图 10-1　创建 Cubeasset 预制件

> 说明　开发者需要注意的是只有 Assets 面板下的资源文件才能被打包到 AssetBundle 中，所以有些模型资源需要先被制作成 Prefab 预制件才可以。

然后单击刚刚创建好的预制件 Cubeasset，在 Inspector 面板底部有 AssetBundle 的创建工具，如图 10-2 所示。接下来创建 AssetBundle，空的 AssetBundles 可以通过单击菜单选项"New"来创建，将其命名为"cubeb"，如图 10-3 所示。

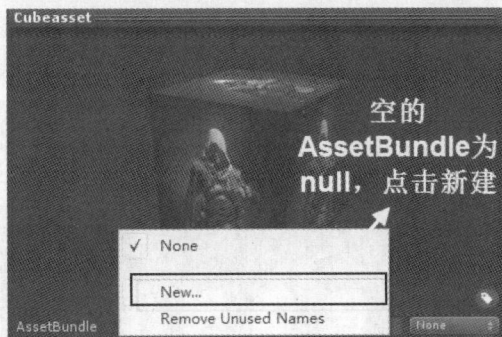

图 10-2　AssetBundle 创建工具

图 10-3　将对象的 AssetBundle 命名为 cubeb

> 说明　AssetBundle 的名字固定为小写，如果在名字中使用了大写字母，系统会自动转换为小写格式。另外，每个 AssetBundle 都可以设置一个 Variant，其实就是一个后缀，如果有不同分辨率的同名资源，可以添加不同的 Variant 来加以区分。

2. BuildAssetBundles 方法

AssetBundle 创建好后需要导出，这一过程就要编写相应的代码来实现。Untiy 简化了开发者手动遍历资源，自行打包的过程，会将开发者所规定的所有资源进行打包，即之前使用 AssetBundles 创建工具进行命名的全部资源，然后将其置于指定的文件夹中，其具体的声明方法如下。

```
1    public static AssetBundleMainfest BuildAssetBundles(string outputPath,BuildAsset
BundleOptions
2    assetBundleOptions=BuildAssetBundleOption.None,BuildTarget targetPlatfom=Build
Target.WebPlayer);
```

> 📝 **说明**　上述声明中参数含义中"OutPath"参数为 AssetBundls 的输出路径，一般情况下为 Assets 下的某一个文件夹，例如 Application.dataPath +"/Assetbundle"，"assetBundleOptions" 参数为 AssetBundles 的创建选项；"targetPlatform"为 AssetBundles 的目标创建平台。

单击鼠标右键，选择 Create→Folder 创建一个文件夹，并命名为"C#"，然后在 C#文件夹下单击鼠标右键，选择 Create→C# Script，并命名为"BNUBuildAsset"，双击脚本编写代码来将上面创建的 cubeasset 打包成 AssetBundles 并将其导出，具体实现如下面的代码片段所示。

代码位置：见资源包中源代码/第 10 章目录下的 BNUAssetBunds/Assets/C#/BNUBuildAsset.cs。

```
1    using UnityEngine;
2    using System.Collections;
3    using UnityEditor;                                //导入系统相关类
4    public class BNUBuildAsset : MonoBehaviour{
5      [@MenuItem("Test/Build Asset Bundles")]        //添加菜单栏"Test"以及子菜单"Build
Asset Bundles"
6      static void BuildAssetBundles(){               //声明 BuildAssetBundles 方法
7            //将资源打包到本项目中的 Assetbundle 文件夹下，并设置为未压缩格式
8        BuildPipeline.BuildAssetBundles(Application.dataPath + "/Assetbundle",
9          BuildAssetBundleOptions.UncompressedAssetBundle);
10   }}
```

❑ 第 4~5 行为一个菜单命令，其主要功能是创建一个名为"Test"的菜单项，并且包含"Build Asset Bundles"子菜单，当菜单被选中的时候会调用后面的函数。

❑ 第 6~9 行的主要功能是声明打包方法，在此方法中将项目的资源采用未压缩格式打包到 AssetBundle 的文件夹下。需要注意的是，该方法将资源打包到指定的文件夹中，该文件夹并不会自动创建，需要玩家在运行前手动创建，否则会报错。

此脚本编写完后并不需要挂载到对象或者主摄像机上，编写完成后会在菜单栏自动生成"Test"项，如图 10-4 所示。单击其子菜单"Build Asset Bundles"，完成 AssetBundle 的打包，打包完成后会在 AssetBundle 文件夹下生成相关文件，如图 10-5 所示。

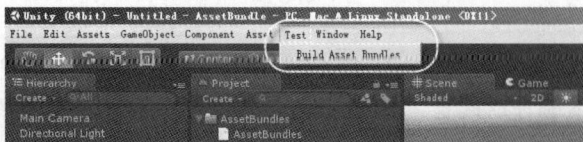

图 10-4　生成 Test 菜单

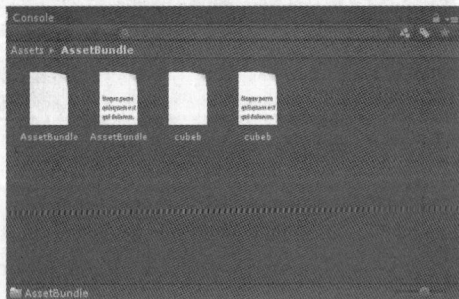

图 10-5　AssetBundle 打包文件

每一个 AssetBundle 资源将会有一个和原文件相关的 ".manifest" 的文本类型的文件，该文件提供了所打包资源的 CRC 和资源依赖的信息，比如本案例中的 cubeasset 打包成的 "cubeb.manifest" 文件，如图 10-6 所示。

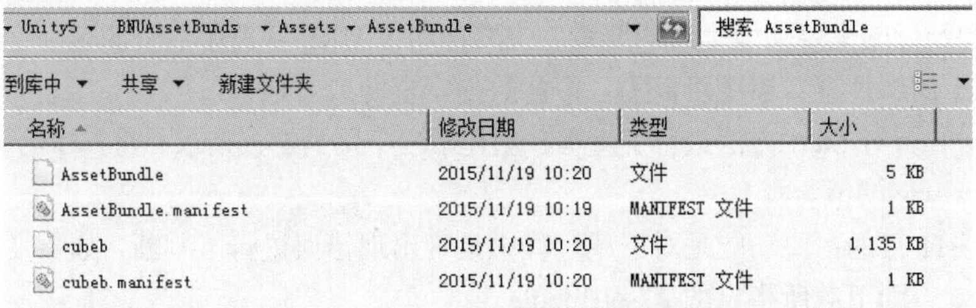

图 10-6　AssetBundle 打包文件

除此之外还有一个 ".manifest" 文件会随着 AssetBundles 被创建的时候被创建，如图 10-6 所示。该文件也是文本类型的文件，记录着整个 AssetBundles 文件夹的信息，包括资源的列表以及各个列表之间的依赖关系。但本案例中只打包了一个资源，所以并没有依赖关系。

按照上述方法，Unity 中需要被打包的资源会全部导出到指定的文件夹，开发者根据需要选择打包好的 AssetBundle 然后上传到开发平台，供客户端下载，这样就可以达到游戏的更新目的，到这一步就完成了 AssetBundle 的打包部分。

10.2.2　下载 AssetBundle

Unity 提供了两种下载 AssetBundle 的方式：缓存机制和非缓存机制。非缓存方式所下载的资源文件不会被写入 Unity 引擎的缓存区，而缓存机制下下载的资源文件会被写入 Unity 引擎的缓存区中。下面将分别介绍这两种方式，由于本书中介绍的为本地打包方式，故此部分不纳入案例中。

1. 非缓存机制

非缓存机制通过创建一个 WWW 实例来下载 AssetBundle 文件。采用此种方式下载 AssetBundle 的文件不会存入 Unity 引擎的缓存区。下面将通过一段使用非缓存机制来下载 AssetBundle 文件的代码进行说明，具体实现如下面的代码片段所示。

代码位置：见资源包中源代码/第 10 章目录下的 BNUAssetBunds/Assets/C#/BNUDownload.cs。

```
1    using UnityEngine;
2    using System.Collections;
3    public class BNUDownoad : MonoBehaviour {
4      public string BundleURL;                        //定义 URL 字符串
5      public string AssetName;                        //定义资源名字字符串
6      IEnumerator Start(){
7        using (WWW www = new WWW(BundleURL)){         //创建一个网页链接请求，并赋给 www
8          yield return www;                           //返回 www 的值
9          if (www.error != null)                      //如果下载过程中出现错误
10             Debug.Log("WWW download had an error:" + www.error);   //打印错误的提示信息
11           AssetBundle bundle = www.assetBundle;     //下载 AssetBundle
12           if (AssetName == "")                      //如果没有指定具体的资源名字
13               Instantiate(bundle.mainAsset);        //实例化主资源
```

```
14                  else
15                      Instantiate(bundle.LoadAsset(AssetName));       //否则实例化指定名字的资源
16                  bundle.Unload(false);                               //释放 bundle 的序列化数据
17  }}}
```

- ❑ 第 1～5 行的主要功能是声明变量，主要声明了 URL 字符串、资源名字字符串。在开发环境下的属性查看器中可以为各个参数指定资源或者取值。
- ❑ 第 6～8 行对 Start 方法进行了重写，创建了一个网页链接请求并将其赋给了 www，然后返回 www 的值。
- ❑ 第 9～11 行的主要功能是对下载过程中是否出现错误进行了判断，如果发生错误则抛出异常，否则下载所指定的 AssetBundle。
- ❑ 第 12～17 行的主要功能是对 AssetName 变量进行了判断，如果未指定打包的资源，那么就实例化主资源，否则实例化指定资源。最后释放 bundle 的序列化数据。

2. 缓存机制

缓存机制通过 WWW 类下的 LoadFromCacheOrDownload 接口来实现 AssetBundle 的下载。通过缓存机制下载的 AssetBundle 会被存储在 Unity 的本地缓存区中。下载前系统会在缓存目录中查找该资源，当下载的数据在缓存目录中不存在或者版本较低时，系统才会下载新的数据资源替换缓存中的原数据。

需要说明的是 Unity 提供的默认缓存大小在不同平台上也有所不同，在 Web Player 平台上发布的网页游戏默认缓存大小为 50MB，在 PC 客户端发布的游戏和在 iOS/Android 平台上发布的移动游戏默认缓存大小为 4GB。下面将使用缓存机制来下载 AssetBundle 文件，具体实现如下面的代码片段所示。

代码位置：见资源包中源代码/第 12 章目录下的 BNUAssetBunds/Assets/C#/BNUDownloadasset.cs。

```
1   using System;
2   using UnityEngine;
3   using System.Collections;
4   public class BNUDownloadasset: MonoBehaviour{
5     public string BundleURL;                              //定义 URL 字符串
6     public string AssetName;                              //定义资源名字字符串
7     public int version;                                   //定义版本号
8     void Start(){
9       StartCoroutine(DownloadAndCache());                 //开始缓存机制下载协同程序
10    }
11    IEnumerator DownloadAndCache(){
12      while (!Caching.ready)                               //如果换成没准备好
13       yield return null;                                  //返回空对象
14      using (WWW www = WWW.LoadFromCacheOrDownload(BundleURL, version)){
15                                                           //创建一个网页链接请求，并赋给 www
16        yield return www; //返回 www
17        if (www.error != null)                            //如果下载过程中出现错误
18          throw new Exception("WWW download had an error:" + www.error); //抛出异常
19          AssetBundle bundle = www.assetBundle;           //下载 AssetBundle
20        if (AssetName == "")                              //如果未指定打包的资源
21          Instantiate(bundle.mainAsset);                  //实例化主资源
22        else
```

```
23              Instantiate(bundle.LoadAsset(AssetName));    //否则实例化指定资源
24          bundle.Unload(false);                            //释放 bundle 的序列化数据
25      }}}
```

- ❑ 第 1～7 行的主要功能是声明变量，主要声明了 URL 字符串、资源名字字符串、版本号等。在开发环境下的属性查看器中可以为各个参数指定资源或者取值。
- ❑ 第 8～10 行的主要功能是实现了 Start 方法的重写，该方法的主要内容是实现了开始缓存机制下载协同程序。
- ❑ 第 11～16 行首先判断了缓存是否准备完毕，若没有准备完毕则返回空对象。然后创建了一个网页链接请求并将其赋给了 www，然后返回 www 的值。
- ❑ 第 17～19 行的主要功能是对下载过程中是否出现错误进行了判断，如果错误则抛出异常，否则下载所指定的 AssetBundle。
- ❑ 第 20～25 行的主要功能是对 AssetName 变量进行了判定，如果未指定打包的资源，那么就实例化主资源，否则实例化指定资源。最后释放 bundle 的序列化数据。

在实际的开发中需要将 URL 加入代码当中，上述两段代码仅仅作为方法示例进行介绍。缓存机制和非缓存机制两种方法各有特点，读者在使用的时候要根据需要选择。按照上述方法，Unity 中需要更新的资源已经下载到客户端，到这一步就完成了 AssetBundle 的下载。

10.2.3　AssetBundle 的加载和卸载

AssetBundle 下载完成后，并不能直接被使用，需要将 AssetBundle 加载到内存中并且创建成具体的文件对象，这个过程就是 AssetBundle 的加载，需要开发者编写代码实现。并且无论是在下载还是加载的过程中，AssetBundle 都会占用内存。

1. 如何加载 AssetBundle

将 AssetBundle 下载到本地客户端后，就等于把硬盘或者网络的一个文件读到内存一个区域，这时只是 AssetBundle 内存镜像数据块，需要将 AssetBundle 中的内容加载到内存里并实例化 AssetBundle 文件中的对象。Unity 提供了三种不同的方法来从已经下载的数据中加载 AssetBundle。

- ❑ AssetBundle.LoadAsset

此方法通过使用资源名字标识作为参数，通过给定的包的名称来加载资源。这个名字在项目视图中可见，并且开发者可以选择一个对象类型作为参数传递给加载方法，以确保以一个特定类型的对象加载。

- ❑ AssetBundle.LoadAssetAsync

此方法和上一个方法相似，但是它并不会在加载资源的同时阻碍主线程，通过给定类型的包的名称异步加载资源。在加载大的资源或者短时间内加载许多资源的情况下能够很好地避免停止进程的运行。

- ❑ AssetBundle.LoadAllAssets

此方法将会加载 AssetBundle 中包含的所有资源对象，并且和 AssetBundle.Load 一样，你可以通过对象类型来过滤资源。

下面编写脚本来加载 AssetBundle，在 C#文件夹下单击鼠标右键，选择 Create→C# Script 创建一个脚本，并命名为"BNULoadAsset"，双击脚本编写代码进行编写，具体实现如下面的代码片段所示。

代码位置：见资源包中源代码/第 10 章目录下的 BNUAssetBunds/Assets/C#/BNULoadAsset.cs。

```
1   using UnityEngine;
2   using System.Collections;                    //导入系统相关类
3   public class BNULoadAsset : MonoBehaviour{
4     void OnGUI(){                              //声明 OnGUI 方法
5     if (GUILayout.Button("LoadAssetbundle")){  //创建加载 AssetBundle 按钮，并判断是否被按下
6       AssetBundle manifestBundle = AssetBundle.CreateFromFile(Application.dataPath
7         + "/Assetbundle/AssetBundle");         //首先加载 Manifest 文件;
8       if (manifestBundle != null){             //如果 Manifest 文件不为空
9         AssetBundleManifest manifest = (AssetBundleManifest)manifestBundle.LoadAsset(
10        "AssetBundleManifest");                //加载主资源文件的 AssetBundle
11        AssetBundle cubeBundle = AssetBundle.CreateFromFile(Application.dataPath
12          + "/Assetbundle/cubeb");             //加载 cube 对象的 AssetBundle
13        GameObject cube = cubeBundle.LoadAsset("Cube") as GameObject; //获取 cube 对象
14        if (cube != null){
15          Instantiate(cube);                   //实例化 cube
16  }}}}}
```

❑ 第 5～7 行的主要功能是首先创建了一个按钮，若按钮被按下开始加载 AssetBundle，然后加载了主资源 Manifest 文件。

❑ 第 8～10 行的主要功能是判断 Manifest 文件是否为空，如果不为空，加载 Manifest 资源文件的 AssetBundle。

❑ 第 11～15 行的主要功能是获取 cube 对象的 AssetBundle 资源文件，然后加载 AssetBundle 获取 cube 对象，再将其实例化。

单击运行按钮之后，案例的运行效果会显示在 Game 窗口中，屏幕有一个按钮，如图 10-7 所示。单击按钮，在窗口中会出现实例化的 cube 对象，并且在左侧的层次结构中也有显示，如图 10-8 所示。

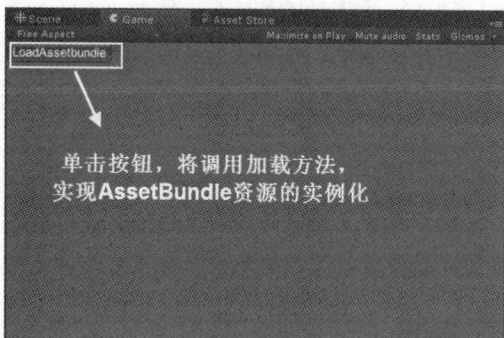

图 10-7　案例运行效果

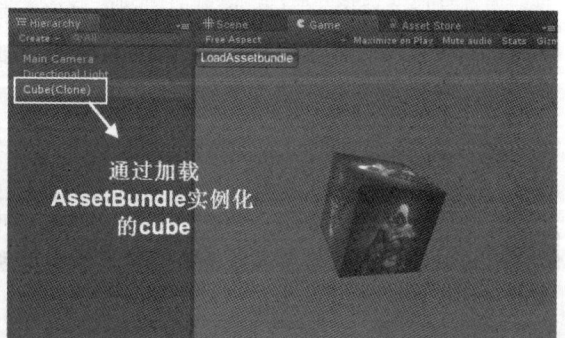

图 10-8　实例化 cube 对象

2. AssetBundle 的卸载

在 Unity 中提供了相应的方法来卸载 AssetBundle，这个方法是使用一个布尔值参数来告诉 Unity 是否要卸载所有的数据（包含加载的资源对象）或者只是已经下载过的被压缩好的资源数据，下

面介绍了 true 和 false 两个布尔值对应的不同的含义。

- ❑ AssetBundle.Unload(flase)

> false 是指释放 AssetBundle 文件的内存镜像，不包含 Load 创建的 Asset 内存对象。

- ❑ AssetBundle.Unload(true)

> true 是指释放那个 AssetBundle 文件内存镜像并销毁所有用 Load 创建的 Asset 内存对象。

　　Unity 仅可以将一个特定的实例化 AssetBundle 在应用程序中加载一次，如果加载一个已经被加载并且没有被卸载的 AssetBundle，Unity 会报错。所以对于不再使用的 AssetBundle，或者卸载或者避免再次下载，这也就解释了 AssetBundle 为什么一般需要被卸载。

10.3　AssetBundle 相关知识

　　上一节中已经对 AssetBundle 的概念和用途有了基本的了解，下面将对 AssetBundle 的一些相关知识进行介绍，包括 AssetBundle 的依赖管理以及存储和加载二进制文件等。通过本节的学习，读者将会对 AssetBundle 有更深一层的了解。

10.3.1　管理依赖

　　任意 bundle 中的资源都可能会依赖于其他资源，不同的 bundle 中的资源也可能依赖于某个资源，包括模型、贴图和材质等，所有资源之间存在着彼此的依赖关系，比如几个不同的模型都使用了某张贴图。

　　如果一个共享的依赖资源被包含在每一个使用它的对象中，那么当这些对象被打包时，此部分共享的资源就会被多次打包，这样会造成内存的浪费。为了避免这种浪费，需要将共享的资源打包到一个单独的 AssetBundle 中，然后让两个模型所隶属的 AssetBundle 分别依赖于该 AssetBundle。

　　通过这样的方法，该依赖资源仅被打包一次，从而起到节省游戏资源的效果。现在 Unity 会自动判断并处理所打包的资源之间的依赖，开发者仅需将所有资源一次性打包到指定的文件夹下，相关依赖的管理都有系统自动解决，不再需要手动处理。

10.3.2　储存和加载二进制文件

　　AssetBundle 可以把 Unity 3D 中的文件或者资源（包括模型、贴图、声音文件，甚至是场景文件）导出为一种特定的文件格式（.Unity3d），导出的特定格式的文件能在需要的时候加载到场景中。此外，AssetBundle 也可以打包开发者自定义的二进制文件。

　　如果想要保存以 ".bytes" 为扩展名的二进制数据文件，需要在 Unity 中将该文件保存为 TextAsset 文件，然后才能对 AssetBundle 进行加载，再通过检索二进制数据来实现。下面是一个在 AssetBundle 中存储和加载二进制数据的案例，具体实现如下面的代码片段所示。

　　代码位置：见资源包中源代码/第 12 章目录下的 AssetBundle/Assets/Script/Slbinarydata.cs。

```
1    using UnityEngine;
2    using System.Collections;
3    public class BNUBinarydata : MonoBehaviour{
4      string url = "http://www.mywebsite.com/mygame/assetbundles/assetbundle1.unity3d";
5                                                           //定义 URL 字符串
6      IEnumerator Start(){
7        WWW www = WWW.LoadFromCacheOrDownload(url, 1);      //通过所给的 URL 开始一个下载
8        yield return www;                                  //等待下载完成
9        AssetBundle bundle = www.assetBundle;              //加载并且取回 AssetBundle
10       TextAsset txt = bundle.LoadAsset("myBinaryAsText") as TextAsset;  //加载对象
11       byte[] bytes = txt.bytes;                          //检索二进制数据的字节数组
12   }}
```

❑ 第 4～5 行定义了一个 URL 字符串,通过将脚本文件上传然后用 WWW 类取回至本地。

❑ 第 7～8 行的主要功能是通过给定的 URL 来下载脚本文件,并等待下载完成后进行下一步操作。

❑ 第 9～11 行的主要功能是取回 AssetBundle,然后将 AssetBundle 转换为 TextAsset 格式并在本地加载,加载完成后通过检索二进制数据的字节数组来获取结果。

10.3.3　在资源中包含脚本

Unity 中基本上可以把任何资源打包成 AssetBundle,当然可以包含脚本,但需要注意的是它们与普通资源文件的处理方式不同,并且实际上也不会执行代码,而是与上一级的二进制文件较类似。如果你想在 AssetBundle 中包含代码,就需要将脚本预编译并上传到网站中,摒弃引用 Reflection 类来实现。

下面是一个在 AssetBundle 中存储和加载二进制数据的例子,具体实现如下面的代码片段所示。

代码位置:见资源包中源代码/第 10 章目录下的 BNUAssetBunds/Assets/C#/BNUBuildAsset.cs。

```
1    using UnityEngine;
2    using System.Collections;
3    public class Includescripts : MonoBehaviour{
4      string url = "http://www.mywebsite.com/mygame/assetbundles/assetbundle1.unity3d";
5                                                           //定义 URL 字符串
6      IEnumerator Start(){
7        WWW www = WWW.LoadFromCacheOrDownload(url, 1);//通过所给的 URL 开始一个下载
8        yield return www;                              //等待下载完成
9        AssetBundle bundle = www.assetBundle;          //加载并且取回 AssetBundle
10       TextAsset txt = bundle.LoadAsset("myBinaryAsText") as TextAsset;
11                                                       //加载对象并转换为 TextAsset 格式
12       var assembly = System.Reflection.Assembly.Load(txt.bytes);  //引用 Reflection 类
13       var type = assembly.GetType("MyClassDerivedFromMonoBehaviour");
14       GameObject go = new GameObject();              //实例化一个 GameObject 并添加一个组件
15       go.AddComponent(type);
16   }}
```

❑ 第 4～5 行定义了一个 URL 字符串,通过将脚本文件上传然后用 WWW 类取回至本地。

❑ 第 7～8 行的主要功能是通过给定的 URL 来下载脚本文件,并等待下载完成后进行下一步操作。

- ❑ 第 9～11 行的主要功能是取回 AssetBundle，然后将 AssetBundle 转换为 TextAsset 格式并在本地加载。
- ❑ 第 12～15 行的主要功能是通过引用 Reflection 类将对象进行实例化并添加到一个组件，脚本为对象的组件，添加组件然后将脚本添加上去。

10.4　本章小结

本章介绍了通过 Unity 引擎制作的移动端设备游戏更新的开发技术——AssetBundle 资源包的更新，如果还有其他的疑问和需求可以查阅 Unity 官方的 API。通过本章的学习，使读者对 Unity 的资源处理有了一定的理解，相信可以在以后的开发过程中更加得心应手，达到所需要的效果。

10.5　习　　题

1. 简述什么是 AssetBundle。
2. 下载 AssetBundle 采用的两种机制有何区别？各自的特点是什么？
3. 简述 AssetBundle 的开发流程。
4. 尝试打包不同类型的文件到 AssetBundle，包括图片、模型、音频等。
5. AssetBundle 为什么要卸载？如果不卸载会有何后果？
6. AssetBundle 之间的依赖是指什么？
7. 加载 AssetBundle 有几种方法，其各自的区别是什么？
8. 尝试将脚本打包成 AssetBundle。
9. 自己查阅资料了解一下，除了 AssetBundle 外，Unity 支持的其他的更新方法有哪些？
10. 编写一个简单的案例，使用 AssetBundle 实现场景的更新。

第11章
网络开发基础

目前市场上最具有开发前景的当属网络游戏，因其冲破地域限制和实时互动的特点，获得了成千上万游戏爱好者的青睐。本章将介绍如何使用 Unity 自带的 Network 类开发网络游戏的客户端与服务端。通过对本章内容的学习，读者可以对 Unity 中网络游戏的开发有一个初步了解。

11.1 网络类——Network 基础

网络类在根本上就是用来实现多台设备之间的通信，通信就必须包含服务器端和客户端两个方面。服务器端进行运算、整体调控。客户端在本地处理，是用户体验的终端。客户端在运行项目的同时发送和接收数据，而这些数据经过服务器的处理后分发给各个客户端，客户端才能正常运行项目。

11.1.1 Network 类

网络程序的开发一般来说比单机程序复杂性更高，但 Unity 引擎考虑到了这一点，提供了简化网络游戏开发的工具类——Network。下面将要简单介绍 Network 类所提供的一些常用静态成员变量，具体的信息如表 11-1 所列。

表 11-1　　　　　　　　　　　　　　静态成员变量

变 量 名	说 明	变 量 名	说 明
connections	所有连接的玩家	connectionTesterPort	用在 Network.TestConnection 中的连接测试的端口
connectionTesterIP	用在 Network.TestConnection 中的连接测试的 IP 地址	logLevel	设置用于网络消息的日志级别（默认是关闭的）
isClient	如果端点类型是客户端，返回 true	isServer	如果端点类型是服务器，返回 true
incomingPassword	为服务器设置密码（入站连接）	maxConnections	设置允许连接（玩家）的最大数量
natFacilitatorPort	NAT 穿透服务商的端口	peerType	端类型的状态，即 disconnected、connecting、server 或 client 四种
proxyPassword	设置代理服务器的密码	proxyPort	代理服务器的端口
sendRate	用于所有网络视图、网络更新的默认发送速率		

接下来将讲解 Network 类所提供的一些静态功能方法，下面将对部分方法及其含义进行详细的介绍，具体的方法信息如表 11-2 所列。

表 11-2　　　　　　　　　　　　　　静态功能方法

方　法　名	说　　明	方　法　名	说　　明
AllocateViewID	查询下一个可用的网络视图 ID 号并分配它（保留）	Connect	连接到特定的主机（IP 或域名）和服务器端口
CloseConnection	关闭与其他系统的连接	Destroy	跨网络销毁与该 viewID 相关的物体
InitializeSecurity	初始化安全层	InitializeServer	初始化服务器
DestroyPlayerObjects	基于 viewID 销毁所有属于这个玩家的所有物体	Disconnect	关闭所有开放的连接并关闭网络接口
Instantiate	网络实例化预设	RemoveRPCs	移除所有与这个 viewID 数相关的 RPC 函数调用

上面介绍了 Network 类提供的一些静态功能方法，下面将介绍相关事件的回调方法。这些回调方法在特定的事件发生时被系统回调，以帮助开发人员完成特定的任务，具体内容如表 11-3 所列。

表 11-3　　　　　　　　　　　　　　特定事件回调方法

方　法　名	说　　明
OnConnectedToServer	当成功连接到服务器时，在客户端调用这个方法
OnDisconnectedFromServer	在服务器上当连接已经断开，在客户端调用这个方法
OnFailedToConnect	当一个连接因为某些原因失败时，从客户端调用这个方法
OnNetworkInstantiate	当一个物体使用 Network.Instantiate 已经网络实例化，在该物体上调用这个方法
OnPlayerConnected	每当一个新玩家成功连接时，在服务器上调用这个方法
OnPlayerDisconnected	每当一个玩家从服务器断开时，在服务器调用这个方法
OnSerializeNetworkView	用来在一个由网络视图监控的脚本中自定义变量同步
OnServerInitialized	每当一个 Network.InitializeServer 被调用并完成时，在服务器上调用这个方法

说明　除了上面已经列出的内容，Network 类还具有其他的一些静态成员变量、静态功能方法和回调方法，此处仅对本章案例中出现以及较为常用的部分内容进行了说明，读者有兴趣可以查看相关书籍或者官方 API。

11.1.2　Network View 组件

Network View 在网络游戏中相当于一个通过网络共享数据的纽带。它能够准确定义哪个游戏对象是在网络上同步的以及该对象如何同步等。并且该组件的观察者属性将会通过网络发送数据，开发者可以通过下拉菜单选择一个组件，或者直接拖动某个组件到该网络视图的观察者属性为其赋值。

Network View 组件包括远程过程调用和状态同步两种网络功能，在开发游戏时必须创建一个添加了 Network View 组件的游戏对象。具体操作是单击指定的游戏对象，然后在 Inspector 视图中单击 Add Component→Miscellaneous→Network View，如图 11-1 所示。

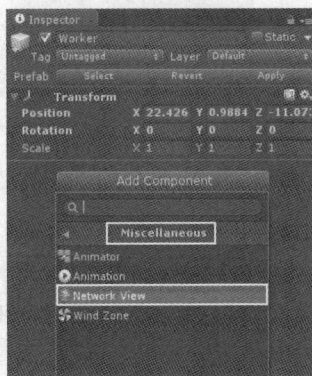

图 11-1　Network View 组件添加

11.2　Unity Network 开发案例

基于 Network 的网络游戏服务器具有操作简单、实现方便的特点。但需要说明的是 Network 是 Untiy 自封装的一个类，具有一定的局限性，不适合制作大型的多人在线网游，并且它是对于整个游戏的实时同步，网络占用高，所以在实际的网络开发中较少采用。

11.2.1　场景搭建

通过上一节的学习，读者应该已经对网络类有了基本的了解，本节中将通过一个整体的案例来详细介绍基于 Unity Network 开发网络游戏的整体过程，该案例实现了从任意一端能够操作各自角色工人进行奔跑操作的同步效果，读者可按照步骤进行操作。

（1）首先创建一个工程项目，并命名为"BNUNetwork"。创建一个名为"Prefab"的空文件夹，并将资源包的资源目录下第 11 章的"BNUNetwork"工程文件下的"Environment"拷备进项目中的该文件夹下，然后拖曳进场景中，并调整位置和大小，如图 11-2 所示。

（2）单击 GameObject→Light→Directional Light 在场景中添加一个平行光源，并设置位置、大小和朝向，如图 11-3 所示。

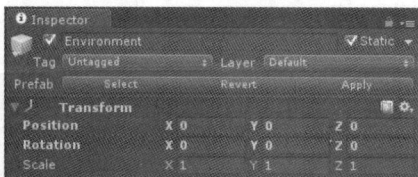

图 11-2　Environment 参数设置

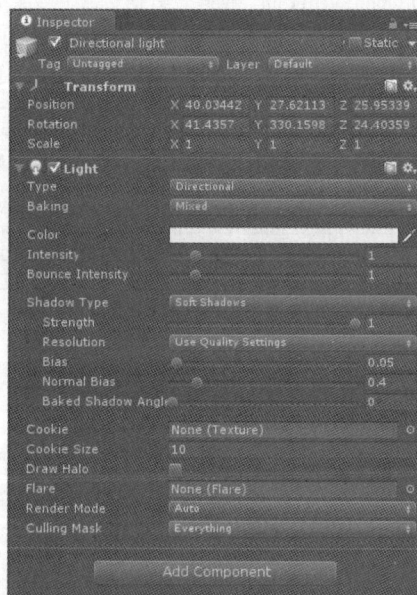

图 11-3　平行光参数设置

（3）单击 GameObject→Create Empty 创建一个空的 GameObject 对象，并重命名为"Spawn"，设置其位置和朝向，如图 11-4 所示。按照相同步骤再创建一个空的 GameObject 对象，并重命名为"ServerConnect"，设置其位置和朝向，如图 11-5 所示。

（4）然后单击 Assets→Import Package→Character，将 Unity 部分资源导入到项目中，如图 11-6 所示。Import Package 对话框里只勾选所需要的 Unity 工人模型资源，如图 11-7 所示。单击"Import"导入项目中。

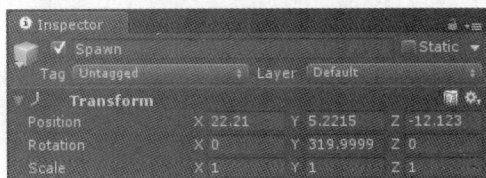

图 11-4　Spawn 参数设置

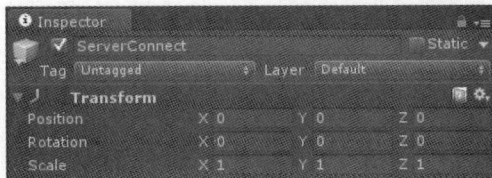

图 11-5　ServerConnect 参数设置

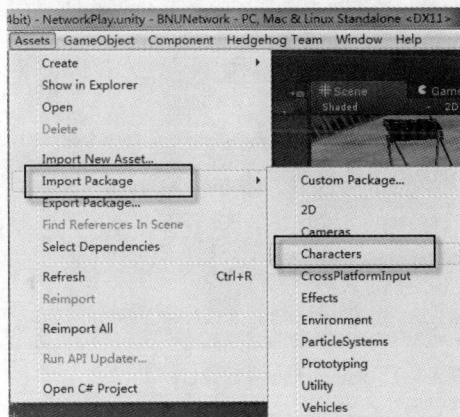

图 11-6　导入资源

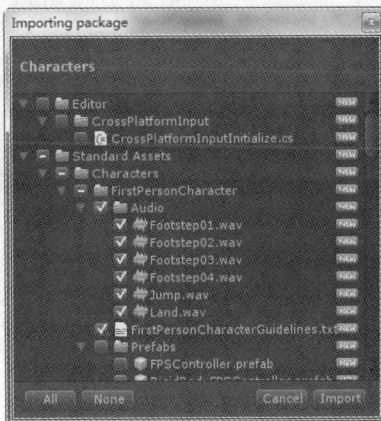

图 11-7　选择资源

（5）将资源包中资源目录下第 11 章的"BNUNetwork"工程文件下的 Constructor.FBX 模型文件拷入项目，然后在 Inspector 视图中选中 Rig，并把 Animation Type 修改为"Humanoid"，如图 11-8 所示。然后把 Constructor 模型拖曳到场景中，并在 Prefabs 文件中为其新建一个预制件，如图 11-9 所示。

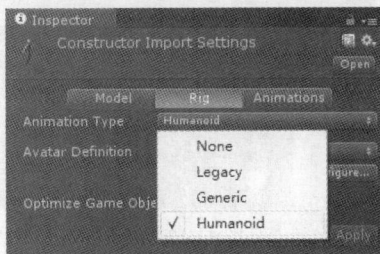

图 11-8　转换 Animation Type

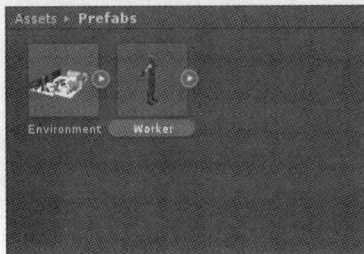

图 11-9　制作 Worker 预制件

（6）单击 Window→Animator 添加 Animator 视窗，如图 11-10 所示。然后创建一个 Avatar 控制器，并命名为 AniControll，从资源文件夹中的 Animation 文件夹中把"idle"和"run"两个动作动画片段拖曳到 Animator 视图里，并设置其中的 Layers 和 Parameters 参数，如图 11-11 和图 11-12 所示。

（7）选中 Worker 预制件对象，单击 Component→Miscellaneous→Animator 为其添加 Animator 组件，参数设置如图 11-13 所示。然后单击 Component→Miscellaneous→Network View，为其添加 Network View 组件。

（8）选中 Worker 预制件对象，单击 Component→Physics→Character Controller 为 Worker 预制件添加角色控制器组件。然后在 Inspector 视图里设置 Character Controller 角色控制器的各个参数值，如图 11-14 所示。

（9）从资源文件夹把 EasyTouch 插件导入到项目中，导入完成后在 Unity 菜单栏会生成"Hedgehog Team"一栏。单击 Hedgehog Team→EasyTouch→Extensions→Adding a new joystick，添加摇杆，

并重命名为"myJoystick",最后为其设置参数,如图 11-15 所示。

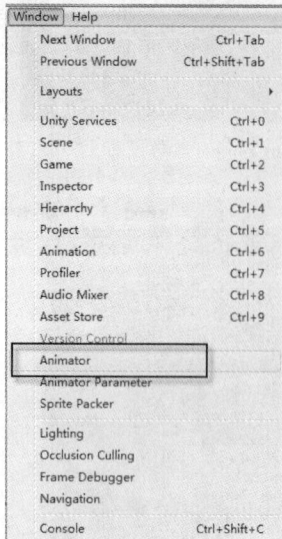
图 11-10　添加 Animator 视窗

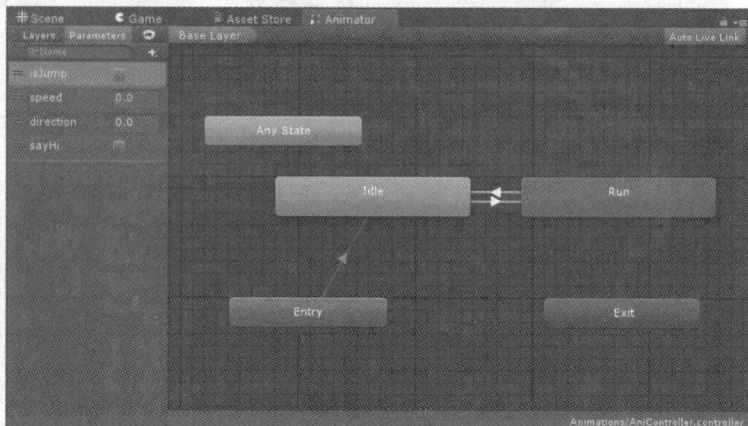
图 11-11　Parameters 参数设置

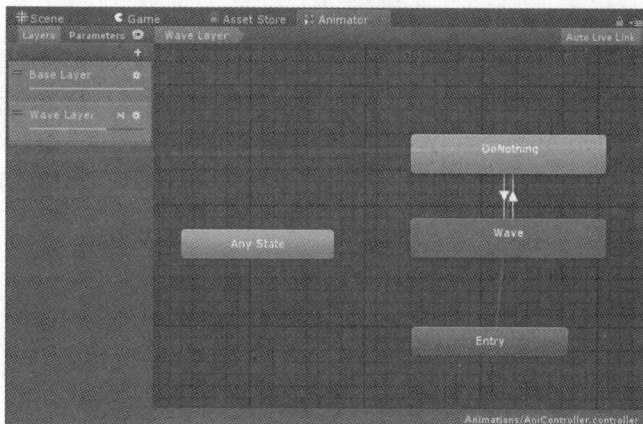
图 11-12　Layers 参数设置

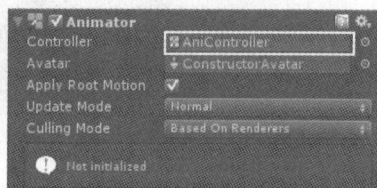
图 11-13　Animator 参数设置

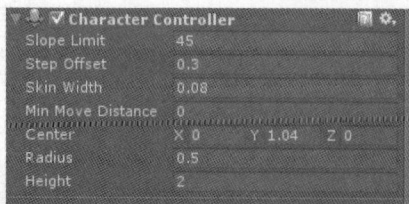
图 11-14　Character Controller 参数设置

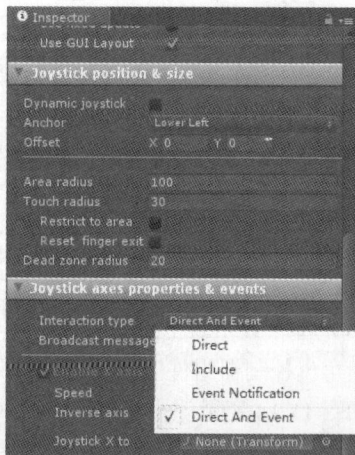
图 11-15　摇杆 myJoystick 参数设置

11.2.2　脚本开发

项目主体场景搭建完毕以后，接下来介绍本项目案例的脚本部分，这也是实现 Unity Network 网络连接的主体部分。通过代码的编写为项目进行网络链接，主要包括控制服务器客户端连接、玩家创建、角色控制等脚本。

（1）新建一个名为"Script"的文件夹，然后在该文件夹中新建一个 C#脚本，并命名为 "BNUServerConnect"。然后双击脚本，开始代码的编写。本脚本主要是通过判断项目运行平台来控制服务器或者客户端是否启用，可以说是整体连接的重要部分，具体脚本代码如下。

代码位置：见资源包中源代码/第 11 章目录下的 BNUNetwork/Assets/Script/BNUServerConnect.cs。

```
1   using UnityEngine;
2   using System.Collections;
3   using System.Collections.Generic;
4   public class BNUServerConnect : MonoBehaviour {
5     private int serverPort = 10000;                              //声明服务器端口号
6     private string serverIP = "192.168.155.1";                   //声明服务器 IP 地址
7     private bool useNAT = false;                                 //声明一个布尔值变量
8     private int limitUserCount = 10;                             //声明服务器连接数量限制
9     void OnGUI() {                                               //绘制方法
10      switch (Network.peerType) {                                //根据网络端口返回信息
11        case NetworkPeerType.Disconnected:                       //返回 Disconnected
12          CreateServer();                                        //执行 CreateServer 方法
13          break;
14        case NetworkPeerType.Server:                             //返回 Server
15          OnServer();                                            //执行 OnServer 方法
16          break;
17          ......//此处省略部分变量声明，读者可以自行翻看资源包中的源代码
18      }}
19    void CreateServer() {                                        //创建服务器方法
20      GUILayout.BeginVertical();                                 //垂直绘制格式
21      if(Application.platform == RuntimePlatform.WindowsPlayer ){  //程序执行平台为 PC 时
22        if (GUILayout.Button("开启服务器")){                       //绘制一个开启按钮
23            NetworkConnectionError error =
24              Network.InitializeServer(limitUserCount, serverPort, useNAT);//开启服务器
25            Debug.Log(error);                                    //打印错误报告
26        }}
27      if (Application.platform == RuntimePlatform.Android) {      //程序执行平台为 Android 时
28          if (GUI.Button(new Rect(0,0,Screen.width * 0.1f,Screen.height * 0.2f),
29            "连接服务器"){                                         //绘制一个连接按钮
30            NetworkConnectionError error =
31              Network.Connect(serverIP, serverPort);             //根据 IP 进行连接
32            Debug.Log(error);                                    //打印错误报告
33          }}
34      GUILayout.EndVertical();                                   //结束垂直绘制格式
35    }
36    void OnServer() {                                            //服务器运行方法
37      GUILayout.Label("服务器已创建，等待客户端连接....");           //绘制信息
38      int length = Network.connections.Length;                   //获取客户端的连接数量
39      for (int i = 0; i < length; i++) {
```

```
40        GUILayout.Label("客户端ip：" + Network.connections[i].ipAddress);//打印客户端IP
41        GUILayout.Label("客户端端口号：" + Network.connections[i].port);//打印客户端端口号
42      }
43      if (GUILayout.Button("断开连接")) {                    //绘制断开连接按钮
44        Network.Disconnect();                              //执行 Disconnect 方法
45      }}
46    void OnClient() {                                      //客户端运行方法
47      GUILayout.Label("连接成功!");                          //绘制连接成功信息
48      if (GUILayout.Button("断开连接")) {                    //绘制断开连接按钮
49        Network.Disconnect();                              //执行 Disconnect 方法
50 }}}
```

- 第 5～8 行的主要功能是变量的声明，包括服务器的端口号、IP 地址和限制连接数量等。此处要注意的是，服务器的 IP 地址 serverIP 变量赋值为当前用户电脑的 IP 地址，读者需要自行修改以后才能正常运行。

- 第 9～18 行的主要功能是重写了 OnGUI 方法，此方法会根据返回端类型状态进行绘制界面等各种操作。返回状态为 Disconnected 则执行开启服务器方法，返回状态为 Server 则执行服务器运行方法，返回状态为 Client 则执行客户端运行方法，返回状态为 Connecting 则显示提示。

- 第 19～35 行是 CreateServer 方法的实现。在此方法中，根据识别运行平台来判断是创建服务器还是连接服务器。其中，第 21～26 行负责当运行平台为 PC 端，绘制开启服务器按钮。第 27～33 行负责当运行平台为 Android 端，则绘制连接服务器按钮。

- 第 36～45 行是 OnServer 方法的实现，当服务器在运行时，该方法负责遍历所有的客户端，打印其客户端 IP 和端口号，绘制断开连接按钮并实现断开连接功能。

- 第 46～50 行是 OnClient 方法的实现，当客户端运行时，该方法负责绘制一个断开连接按钮，可以断开 Network 的网络连接。

（2）新建一个 C#脚本，并重命名为 "BNUCreatePer"。然后双击脚本，开始脚本的编写。本脚本主要通过重写 OnServerInitialized 等几个回调方法，实现通过服务器的信息传递在各个客户端创建唯一的角色，具体脚本代码如下。

代码位置：见资源包中源代码/第 11 章目录下的 BNUNetwork/Assets/Script/BNUCreatePer.cs。

```
1    using UnityEngine;
2    using System.Collections;
3    public class BNUCreatePer : MonoBehaviour {
4      public Transform playerPrefab;                         //声明 Transform 对象
5      private IList list;                                    //声明 IList 对象
6      void Start () {
7        list = new ArrayList();                              //创建动态数组
8      }
9      void OnServerInitialized () {                          //服务器初始化方法
10       MovePlayer(Network.player);                          //执行 MovePlayer 方法
11     }
12     void OnPlayerConnected(NetworkPlayer playor) {         //客户端连接方法
13       MovePlayer(player);                                  //执行 MovePlayer 方法
14     }
15     void MovePlayer(NetworkPlayer player) {                //角色移动方法
16       int playerID = int.Parse(player.ToString());         //获取玩家 ID
```

```
17      Transform playerTransform = (Transform)Network.Instantiate
18        (playerPrefab,transform.position,transform.rotation,playerID);//实例化网络游戏对象
19      NetworkView playerObjNetWorkView=playerTransform.networkView;//Network View引用
20      list.Add(playerTransform.GetComponent("PlayerControl"));  //添加进入数组
21      playerObjNetWorkView.RPC("SetPlayer", RPCMode.AllBuffered, player);//调用RPC方法
22    }
23    void OnPlayerDisconnected(NetworkPlayer player) {          //玩家断开连接方法
24      foreach (PlayerControl script in list) {                //遍历list
25        Network.RemoveRPCs(script.gameObject.networkView.viewID);  //执行移除方法
26        Network.Destroy(script.gameObject);                   //销毁网络游戏对象
27        list.Remove(script);                                  //移除list的对象
28        break;
29      }
30      int playerNumber = int.Parse(player + "");              //获取当前玩家数量
31      Network.RemoveRPCs(Network.player, playerNumber);       //网络移除方法
32      Network.RemoveRPCs(player);                             //本地移除方法
33      Network.DestroyPlayerObjects(player);                  //销毁玩家
34    }
35    void OnDisconnectedFromServer(NetworkDisconnection info) {  //服务器断开连接方法
36      Application.LoadLevel(Application.loadedLevel);         //重新加载
37  }}
```

❑ 第 6～8 行主要功能是重写了 Start 方法，此方法创建了一个 ArrayList 动态数组，用于存储进入服务器的玩家客户端。

❑ 第 9～14 行主要功能是重写了 OnServerInitialized 和 OnPlayerConnected 两个方法，当服务器初始化和有玩家连接进入服务器时远程调用 RPC 类型的 MovePlayer 方法。

❑ 第 15～22 行编写了 MovePlayer 方法，其中第 17～20 行为实例化网络游戏对象，并获取当前对象的 Network View 引用，然后将预制件 Worker 上的 "BNUPlayerCtrol" 脚本添加进 List。第 21 行是远程调用 RPC 类型的 SetPlayer 方法，部署玩家角色。

❑ 第 23～34 行主要功能是重写了 OnPlayerDisconnected 方法，当有玩家或者服务器断开连接时执行该方法。服务器断开连接时，所有客户端的玩家角色全部销毁移除。客户端断开连接时，只会在服务器和其他客户端销毁该客户端操控的玩家角色。

❑ 第 35～37 行重写了 OnDisconnectedFromServer 方法，当有客户端或者是服务器断开连接时，重新加载该场景。

（3）将已经编写好的 "BNUServerConnect.cs" 脚本拖曳到 ServerConnect 对象上，如图 11-16 所示。接着将编写好的 "BNUCreatePer.cs" 脚本拖曳到 Spawn 对象上，并把预制件 Worker 拖曳到 Player Prefab 栏上，如图 11-17 所示。

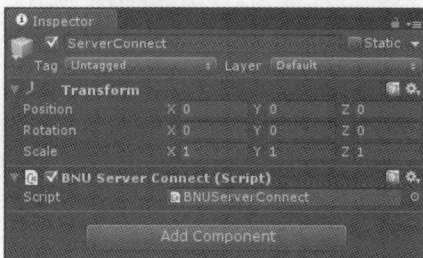

图 11-16　挂载脚本 ServerConnect

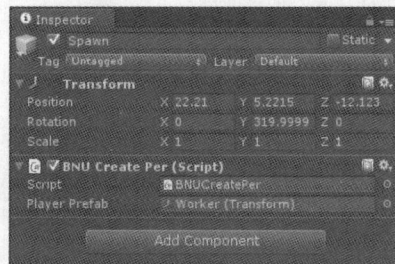

图 11-17　脚本 CreatePlayer 参数设置

（4）在 Script 文件夹中新建一个 C#脚本，并重命名为 "BNUPlayerCtrol"。然后双击脚本，进行脚本的编写。本脚本主要通过重写 Update 方法改变传递的参数，并且通过 RPC 方法远程调用 Unity Networking 在各个客户端同步各个玩家角色的状态和动画。具体脚本代码如下。

代码位置：见资源包中源代码/第 11 章目录下的 BNUNetwork/Assets/Script/BNUPlayerCtrol.cs。

```
1   using UnityEngine;
2   using System.Collections;
3   public class BNUPlayerCtrol : MonoBehaviour {
4   ......//此处省略部分变量声明，读者可以自行翻看光盘中的源代码
5     void Awake() {
6       my_animator = gameObject.GetComponent<Animator>();        // animator 的引用
7       if (Network.isClient) {                                    //如果是客户端
8           enabled = false;                                       //失效
9     }}
10    void Update () {
11      if (ownerPlayer != null && Network.player == ownerPlayer) {
12          my_stateInfo = my_animator.GetCurrentAnimatorStateInfo(0);//传递 animator 参数
13          float currentHInput = currentHInputs;                  //为横向移动变量赋值
14          float currentVInput = currentVInputs;                  //为纵向移动变量赋值
15          if (clientHInput != currentHInput || clientVInput != currentVInput) {
                                                                    //如果不相等
16              clientHInput = currentHInput;                      //赋值
17              clientVInput = currentVInput;
18              if (Network.isServer) {                            //若为服务器
19                  SendMoveInput(currentHInput,currentVInput);    //调用 RPC 方法
20              }else if (Network.isClient) {                      //若为客户端，调用 RPC 方法
21                  networkView.RPC("SendMoveInput", RPCMode.Server, currentHInput,
    currentVInput);
22              }}}
23          if (Network.isServer) {                                //若为服务器
24              currentSpeed = serverHInput*serverHInput+serverVInput*serverVInput;
                                                                    //计算速度
25              currentDirection = serverHInput;                   //计算朝向
26          }
27          my_animator.SetFloat("speed", currentSpeed);           //传递 animator 参数
28          my_animator.SetFloat("direction",currentDirection); //传递 animator 参数
29      }
30      [RPC]
31      void SetPlayer(NetworkPlayer player) {                     //部署玩家角色方法
32          ownerPlayer = player;
33          if (player == Network.player) {                        //当前客户端
34              enabled = true;                                    //启用
35      }}
36      [RPC]
37      void SendMoveInput(float currentHInput, float currentVInput) { //传递移动输入方法
38          serverHInput = currentHInput;                          //赋值
39          serverVInput = currentVInput;
40      }
41      void OnSerializeNetworkView(BitStream stream, NetworkMessageInfo info) {
                                                                    //序列化网络视图
```

```
42        if (stream.isWriting) {                          //若为写入流
43            float speed = currentSpeed;                  //为 speed 赋值
44            stream.Serialize(ref speed);                 //同步 speed
45            ......//此处省略部分参数置零和同步代码，读者可以自行翻看资源包中的源代码
46        } else {
47            float speed = currentSpeed;                  //为 speed 赋值
48            stream.Serialize(ref speed);                 //不是写入流
49            ......//此处省略部分参数置零和同步代码，读者可以自行翻看资源包中的源代码
50 }}}
```

- 第 5~9 行主要重写了 Awake 方法，此方法获取了 animator 的引用，并传递给 my_animator 变量保存起来，以便于下面动画同步的操作。
- 第 10~29 行主要重写了 Update 方法，在该方法中处理了所有输入的变量值。其中第 18~22 行为远程调用 RPC 类型的 SendMoveInput 方法，并把移动信息传递到服务器的变量里处理。
- 第 31~35 行编写了 SetPlayer 方法，该方法主要根据传递的 player 变量，部署玩家角色。
- 第 37~40 行编写了 SendMoveInput 方法，该方法的作用在于把移动的变量信息统一地输入到服务器上，然后在第 23~26 行 Update 方法的逻辑代码里进行统一的处理。
- 第 41~50 行主要重写了 OnSerializeNetworkView 方法，该方法接收 Update 方法里处理过的信息，将信息同步到各个客户端中。当文件流变为写入状态时，把服务器更新的速度变量 speed、转向变量 direction、位置变量 pos、朝向变量 rot 等信息同步到各个客户端中，同时根据 speed 和 direction 两个状态，设置到 animator 的参数中实现 animator 的动画同步效果。

（5）在 Script 文件夹中新建一个 C#脚本，并重命名为 "BNUMoveController"。在此脚本中主要通过重写 EasyTouch 的 OnJoystickMove 等方法，调用 EasyTouch 摇杆实时改变 "PlayerControl.cs" 里的静态变量，实现角色的操控。此部分在有关虚拟摇杆和角色控制器的章节有详细的介绍，这里不再重复介绍，读者可以自行翻看资源包中的源代码。

（6）将已经编写的 "BNUPlayerCtrol.cs" 脚本拖曳到预制件 Worker 上，如图 11-18 所示。单击预制件 Worker，在 Inspector 面板中，把 Worker 的 "BNUPlayerCtrol.cs" 脚本组件拖曳到 "Network View" 组件的 Observed 一栏上，如图 11-19 所示。

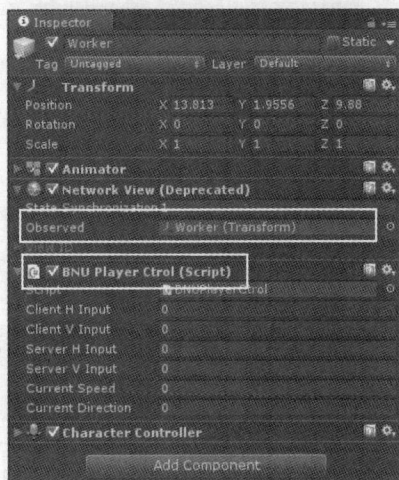

图 11-18　添加脚本组件

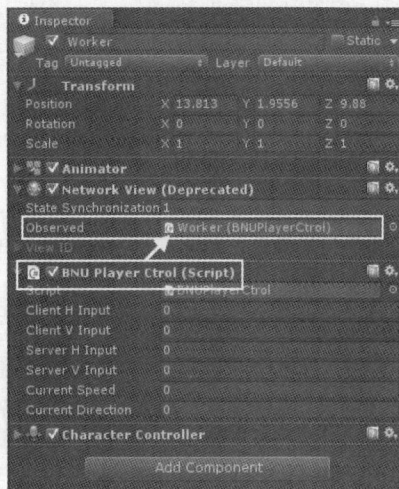

图 11-19　Network View 参数设置

11.2.3　服务器和客户端的发布

脚本编写并挂载完毕后，本案例的开发工作已经基本结束。此项目需要分成服务器和客户端两方面发布，服务器端需要在 PC 平台上发布成为一个.exe 文件，客户端则在 Android 平台上发布成为一个.apk 文件，并安装在手机上。

（1）单击 File→Build Settings，进入到 Build Settings 窗口，如图 11-20 所示。选择发布平台为 PC 平台，单击"Add Current"按钮添加场景，勾选当前场景"NetworkPlay"，单击"Build"按钮发布项目，如图 11-21 所示。并命名为"NetServer.exe"。

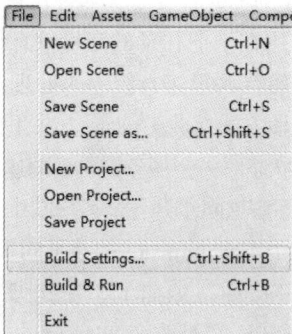

图 11-20　打开 Build Settings

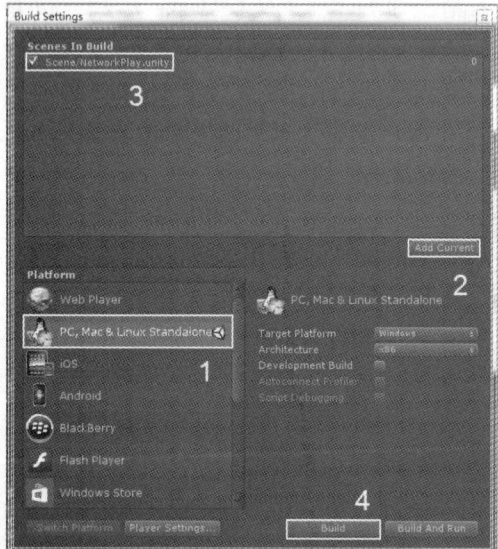

图 11-21　将项目发布平台设为 PC 端

（2）再次打开 Build Settings 窗口，选择发布平台为 Android 平台，然后单击"Player Settings"进行设置。选中 Settings for Android→Resolution and Presentation，将 Default Orientation 置为"Landscape Left"设置横屏，如图 11-22 所示。最后选中"Other Settings"，修改文件夹名，如图 11-23 所示；并命名为"NetClient.apk"。

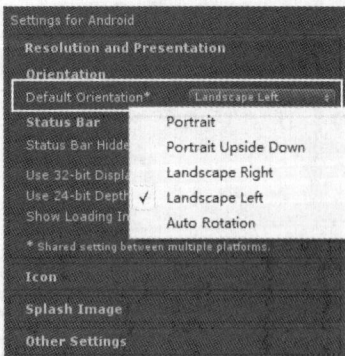

图 11-22　设置为横屏格式

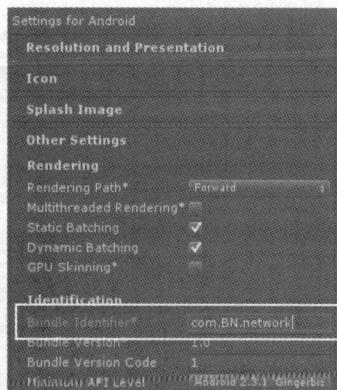

图 11-23　修改文件夹名称

（3）在 PC 端打开服务器，运行 exe 文件，创建服务器。然后在手机端运行程序，单击"连接服务器"自动连接到服务器端，然后在案例场景中能够实现任意一端操作各自角色工人进行奔跑操作的同步效果，如图 11-24 和图 11-25 所示。

图 11-24　案例服务器端截图　　　　　　　图 11-25　案例客户端截图

> **说明**　连接服务端与客户端时要将运行服务端程序的 PC 与运行手机端的设备（平板或手机）连接到同一个局域网中（一般来说是指 PC 机与手持设备连接到同一个无线路由器），这样才能保证本案例正确运行。

11.3　本章小结

本章主要介绍了 Unity 自带的网络开发技术——Network，包括 Network 类和 Network View 组件以及通过一个游戏案例来说明网络游戏开发的过程。通过本章的学习，相信读者可以对网络开发有一个大致的了解，为以后的游戏开发打下良好的基础。

11.4　习　　题

1. 了解并掌握网络开发中的 Network 类。
2. 简述 Network View 组件的作用。
3. 运行并调试本章中的案例，熟悉网络开发的流程。
4. 简述网络游戏开发的基本流程。
5. 简述基于 Network 的网络游戏开发服务器的优缺点。
6. 简述服务器端和客户端分别有什么作用。
7. 思考服务器端和客户端的发布流程有何不同。
8. 查阅相关资料，了解其他网络游戏开发架构。
9. 简述网络游戏开发中是如何通过服务器端和客户端实现信息同步的。
10. 参考本章案例中的脚本，自行开发一个全新的多客户端画面同步小游戏。

第 12 章

课程设计——趣味小球

通过前面章节的学习，相信同学们已经掌握了许多基础知识，本章提供了一款游戏作为本门课程的课程设计。此课程设计旨在提升同学们利用所学理论知识进行实际项目开发的能力，加强同学们对所学理论知识的理解与吸收。

本章使用的项目是使用 Unity3D 游戏引擎开发的一款可运行于 Android 平台的益智休闲类游戏——趣味小球，下面将对本游戏的开发进行详细的介绍。通过本章的学习，同学们将对如何使用 Unity3D 游戏引擎开发 Android 平台下的益智休闲类游戏有更深入的了解。

12.1 背景及功能概述

开发本游戏之前，本节将对本游戏的开发背景进行详细的介绍，并对其功能进行简要概述。同学们通过对本节的学习，将会对本游戏的整体有一个简单的认知，明确本游戏的开发思路并直观了解本游戏所实现的功能和所要达到的各种效果。

12.1.1 游戏背景概述

随着现代生活节奏的加快，人们的生活压力也越来越大，休闲益智类游戏成为了缓解人们压力的最好选择。在此趋势下，益智休闲类游戏应运而生，受到很多人的喜爱。此类游戏画面精美，操作简单，成为打发闲暇时间的不二之选。

大部分休闲益智类游戏的特色是操作简单，画面精美，在带来愉悦的同时还需要玩家对游戏进行思考从而通关。当下非常流行的休闲益智类游戏有《开心消消乐》、《小鳄鱼洗澡》和《割绳子 2》等，如图 12-1、图 12-2 和图 12-3 所示。

图 12-1　开心消消乐　　　　图 12-2　小鳄鱼洗澡　　　　图 12-3　割绳子 2

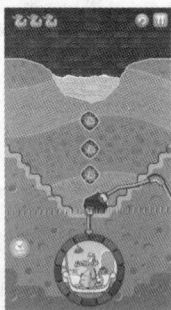

12.1.2　游戏功能简介

前一小节简单地介绍了本游戏的开发背景，本小节将对该游戏的主要功能进行简要的介绍。包括游戏 UI 界面的展示、按钮功能的详细介绍以及游戏场景的展示，下面分步骤进行详细介绍。

（1）运行游戏后，首先进入的是主菜单界面，如图 12-4 所示。这里是游戏的中转站，从这里可以通过单击不同的功能按钮进入到不同的界面。

（2）单击主菜单界面的"关卡选择按"钮进入关卡选择界面，如图 12-5 所示。关卡选择界面主要显示了本游戏中的六个关卡。其中除第一关外，其他关卡是上锁的，每通过一个关卡即可解锁下一关卡。单击屏幕下方的返回按钮可以返回主菜单界面。

（3）单击主菜单界面的"帮助"按钮进入帮助界面，如图 12-6 所示。此界面显示本游戏的游戏规则，单击右上角的关闭按钮返回主菜单界面。单击"第一关"按钮进入第一关游戏界面，如图 12-7 所示。游戏界面左上角分别是背景音乐按钮和返回主菜单按钮。

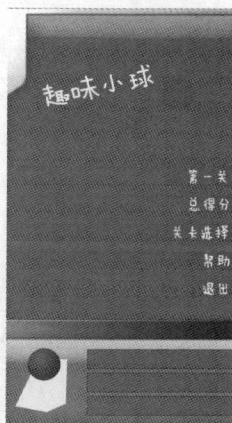

图 12-4　主菜单界面　　　　图 12-5　选择关卡界面　　　　图 12-6　帮助界面

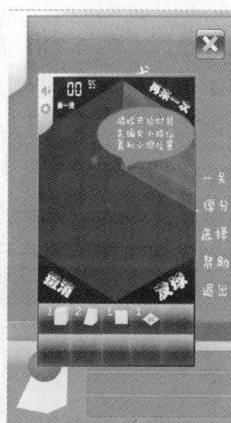

（4）当小球滚出界面时显示游戏失败界面，如图 12-8 所示。单击界面下方的"选择关卡"按钮可选择相应关卡，单击"重玩"按钮可重玩本关卡，单击"主菜单"按钮可返回主菜单。当小球进入小洞后显示游戏通关界面，如图 12-9 所示，单击开始按钮即可开始下一关。

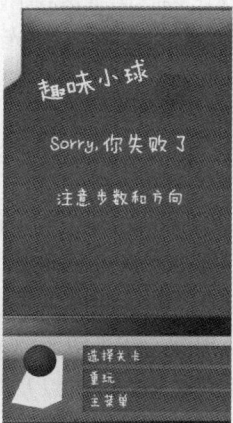

图 12-7　游戏界面　　　　图 12-8　闯关失败界面　　　　图 12-9　闯关成功界面

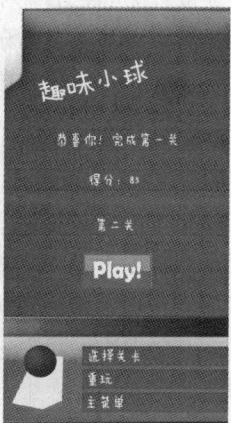

12.2　游戏的策划及准备工作

　　上一节介绍了本游戏的开发背景和主要界面以及功能，本节主要对游戏的策划和开发前的一些准备工作进行介绍。游戏开发之前做一个细致的准备工作可以起到事半功倍的效果。准备工作大体上包括游戏主体策划、相关美工及音效准备等，下面详细介绍本节内容。

12.2.1　游戏的策划

　　本小节将对本游戏的具体策划工作进行详细的介绍。在项目实际开发过程中，要想使自己将要开发的项目更加具体、细致和全面，相对完善的游戏策划工作是必须要做的，同学们在以后的实际开发过程中将有所体会。本游戏的策划工作如下所示。

　　❑　游戏类型

　　本游戏是以 Unity 3D 游戏引擎作为开发工具，C#作为开发语言开发的一款休闲益智类游戏。游戏中使用了 UGUI 绘制主菜单及相关界面，以不同按钮实现不同界面和不同场景之间的切换，通过使用多种道具使小球滚入到小洞中。

　　❑　运行目标平台

　　运行平台为 Android 2.3 或者更高的版本。

　　❑　目标受众

　　本游戏以手持移动设备为载体，几乎所有安卓平台手持设备都可安装。操作简单，画面效果逼真，耗时适中。旨在考察玩家的立体思维能力和分析能力，因此适合全年龄段人群进行游戏。

　　❑　操作方式

　　本游戏操作难度低，玩家通过在主界面单击设置按钮进入设置界面，单击相关按钮进行音乐的设置。单击开始按钮，进入游戏界面，在此界面，玩家只需单击屏幕就可以选择道具进行场景的搭建，单击发球按钮即可观看小球的滚动过程。

　　❑　呈现技术

　　本游戏以 Unity 3D 游戏引擎为开发工具。使用物理引擎模拟现实物体特性，UGUI 绘制主菜单及相关场景界面，游戏场景具有很强的立体感和逼真的光影效果，再加上真实的物理碰撞效果，玩家将在游戏中获得绚丽真实的视觉体验。

12.2.2　使用 Unity 3D 开发游戏前的准备工作

　　上一小节对本游戏的策划工作进行了简单介绍，本小节将对本游戏开发之前的准备工作，包括相关的图片、声音、模型等资源的选择与用途进行详细介绍。介绍内容包括资源的资源名、大小、像素和用途，以及各资源的存储位置，具体如下。

　　（1）首先对本游戏中主菜单界面所用到的背景图片和菜单项所需资源图片进行介绍，介绍内容包括图片名、图片大小（KB）、图片像素（w×h）以及图片的用途，所有资源图片全部放在项目文件 Assets/Resources 文件夹下。具体如表 12-1 所示。

表 12-1　　　　　　　　　　　　　主菜单场景图片资源

图　片　名	大小（KB）	像素（w×h）	用　　途
background_caidan.png	547.0	1080×1920	游戏主界面背景图片
background_tiao.png	22.7	612×56	主界面按钮背景图片
bz01.png~bz05.png	155.0	420×743	主界面帮助引导图片
exit.png	31.1	227×228	帮助界面退出按钮图片
exit02.png	193.0	1722×897	退出界面背景图片
yes.png	35.0	1716×897	退出界面按钮背景图片

（2）然后对本游戏中游戏界面用到的背景图片和菜单项、精灵所需图片以及帧动画所需图片进行详细介绍，介绍内容包括图片名、图片大小（KB）、图片像素（w×h）以及这些图片的用途，所有资源图片全部放在项目文件 Assets/Resources 文件夹下。具体如表 12-2 所示。

表 12-2　　　　　　　　　　　　　游戏界面图片资源

图　片　名	大小（KB）	像素（w×h）	用　　途
moku_icon.png	19.0	296×227	道具窗口背景图片
direction_leftdown.png	29.6	296×227	左下道具示例图片
direction_rightup.png	30.0	296×227	右上道具示例图片
direction_leftup.png	30.0	296×227	左上道具示例图片
direction_rightdown.png	30.0	296×227	右下道具示例图片
left.png	36.9	352×221	撤销按钮背景图片
right.png	43.5	342×190	发球按钮背景图片
image_time.png	31.9	342×190	得分步数背景图片
button_clear.png	35.3	352×211	清除按钮背景图片
kuangjia.png	27.2	320×481	游戏界面边框图片
shezhi.png	24.4	96×87	返回菜单按钮图片
noice_yes.png	21.8	86×89	开启声音按钮图片
noice_no.png	18.4	86×89	关闭声音按钮图片

（3）下面对本游戏中通关界面的图片资源进行详细介绍，介绍内容包括图片名、图片大小（KB）、图片像素（w×h）以及这些图片的用途，所有按钮图片资源全部放在项目文件 Assets/Resources 文件夹下。具体如表 12-3 所示。

表 12-3　　　　　　　　　　　　游戏中通关界面图片资源

图　片　名	大小（KB）	像素（w×h）	用　　途
background_new.png	506.0	1080×1920	通关界面背景图片
anniu.png	4.9	116×51	下一关按钮背景图片
background_tiao.png	22.7	612×56	通关界面按钮背景图片

（4）然后对本游戏中选择关卡界面的图片资源进行详细介绍，介绍内容包括图片名、图片大小（KB）、图片像素（w×h）以及这些图片的用途，所有按钮图片资源全部放在项目文件Assets/Resources 文件夹下。具体如表 12-4 所示。

表 12-4　　　　　　　　　　　　游戏中选择关卡所需图片资源

图 片 名	大小（KB）	像素（w×h）	用 途
choiceGame1.png	828.0	1722×2568	选择关卡界面背景图片
onek.png~sixk.png	73.5	310×336	关卡背景图片
lock.png	18.0	256×256	关卡加锁背景图片

（5）本游戏中有背景音乐，使游戏更加充满乐趣。下面将对游戏中所用到的各种音效进行详细介绍，介绍内容包括文件名、文件大小（KB）、文件格式以及用途。声音资源全部放在项目目录中的 Assets/MUSIC 文件夹下，具体如表 12-5 所示。

表 12-5　　　　　　　　　　　　　声音资源列表

文 件 名	大小（KB）	格 式	用 途
backgroundMusic.mp3	504.0	MP3	游戏背景音乐

（6）本游戏中所用到的 3D 模型是用 3d Max 生成的 FBX 文件导入的。下面将对其进行详细介绍，介绍内容包括文件名、文件大小（KB）、文件格式以及用途。FBX 放在项目目录中的 Assets/Color 文件夹下。其详细情况如表 12-6 所示。

表 12-6　　　　　　　　　　　　　模型相关清单

文 件 名	大小（KB）	格 式	用 途
half_angle.FBX	13.8	FBX	三棱柱道具模型

12.3　游戏的架构

上一节对游戏开发前的策划工作和准备工作进行了简单的介绍，本节将着重介绍本游戏的整体架构以及游戏中的各个场景，同学们通过对本节的学习可以对本游戏整体开发思路有一定了解并对本类相关游戏的开发过程更加熟悉，下面将分小节详细介绍。

12.3.1　游戏中各场景的简要介绍

Unity 3D 游戏开发中，场景开发是游戏开发的主要工作。每个场景包含了多个游戏对象，其中某些对象还被附加了特定功能的脚本。本游戏包含了 10 个场景（其中关卡 6 个，主菜单 1 个，输赢界面 2 个以及关卡选择 1 个），接下来对这几个场景进行简要的介绍。

❑　主菜单场景

主菜单场景是转向各个场景的中心场景。此界面是用 UGUI 插件编写而成，UGUI 控件与控件之间可以进行嵌套，父控件可以包含子控件，子控件又可以进一步包含子控件。在该场景中可以通过单击按钮进入其他界面，如关卡界面、选关界面、得分界面、帮助界面、退出界面等，如图 12-10 所示。

图 12-10　主菜单架构

❑　输赢场景

输赢场景用于在每一关小球进洞或者没有进洞之后显示出来，该界面也是用 UGUI 插件编写而成，其中包括界面显示时有一段动画效果的按钮滑动，还有"确定"按钮的渐渐淡入效果。

❑　帮助场景

帮助场景的作用是使玩家更容易懂得游戏的玩法，而帮助的开发是使用 UGUI 控件搭建出可滑动的一系列图片，并且在滑动的过程中每张图片都会在松手的瞬间显示在屏幕中间。

❑　选关场景

选关场景是在游戏关卡过关后逐渐解锁游戏下一关，单击主菜单的"选择关卡"按钮可以查看已经解锁过的关卡，也可通过单击解锁后的图标快速进入游戏。

❑　关卡场景

本游戏一共有六个关卡，即游戏场景有六个，每个场景包括 UI 控制层和三维立体场景，这是游戏开发的重点。这个场景的游戏一些对象被附加了相应的脚本，如主摄像机、小球等，这些脚本主要实现预制体实例化、球运动和转弯以及实现物体旋转等，如图 12-11 所示。

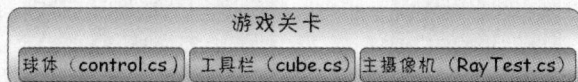

图 12-11　游戏关卡架构

12.3.2　游戏的架构简介

在上一小节中，已经简单介绍了游戏的主要场景和使用到的相关脚本，为加深读者理解，在这一小节中将介绍一下游戏的整体架构。本游戏中使用了很多脚本，接下来将按照程序运行的顺序介绍脚本的作用以及游戏的整体框架，具体步骤如下。

（1）运行本游戏，首先会进入到主菜单场景"BallGame_caidan"。此界面是用 UGUI 编写而成，UGUI 控件与控件之间可以进行嵌套，父控件可以包含子控件，子控件又可以进一步包含子控件。整个场景布局格式为，在一块画布上放了五个图片按钮（分别是第一关、总得分、选择关卡、帮助以及退出），纵向排列。

（2）进入主菜单后如若单击五个图片按钮则会触发挂载在按钮上的脚本里的方法，如"第一关"按钮的 GuanOnClick 方法、"总得分"按钮的 DFOnClick 方法、"选择关卡"按钮的 XGOnClick 方法、"帮助"按钮的 BZOnClick 方法以及"退出"按钮的 TCOnClick 方法。

（3）当第一次进入此游戏关卡时，音乐是默认开启的。如果玩家需要关闭其中的某项，可以单击左上角的小喇叭图标关闭音乐，单击设置图标则会返回主菜单。

（4）单击工具栏道具会触发挂载在道具上的方法，如控制游戏关卡 UI 层物体选中和转向的 cube 类，挂载在摄像机上控制实例化以及删除物体的 RayText 类，挂载在球物体上的控制小球运动速度以及转向问题的 control_two 类等。

（5）不管最终小球进不进洞都会各自触发两个场景即输赢界面，这两个场景加载时会触发挂载在物体上的脚本文件来实现开始时的一段动画，相关图片按钮也会挂载脚本来触发相应操作。

12.4 游戏场景

上一节对游戏的整体架构进行了介绍，从本节开始将依次介绍本游戏中各个场景的开发，首先介绍的是本案例中的主菜单场景，该场景在游戏开始时呈现，控制所有界面之间的跳转，同时也可以在其他场景中跳转到主菜单场景，下面将对其进行详细介绍。

12.4.1 游戏主菜单场景

此处的场景的搭建主要是针对 UI 界面的各种设置。通过本节学习，读者将会了解到如何搭建出基本的 UI 界面。由于篇幅有限，我们将着重讲解 UI 界面搭建和 ScrollView 的使用。下面的场景搭建中省略了部分重复步骤，读者应注意。

（1）首先新建项目，然后新建场景并设置环境光。新建一个 Canvas，具体操作为单击左侧"Hierarchy"面板上方 Create→UI→Canvas，如图 12-12 所示。即可看到在窗口中创建了一个画布如图 12-13 所示。

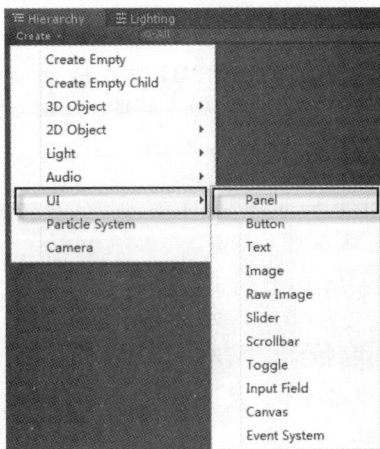

图 12-12 创建画布

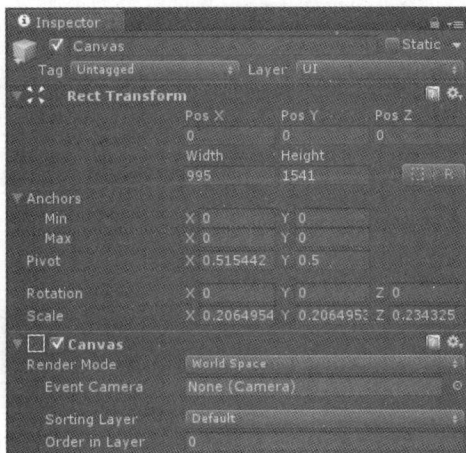

图 12-13 "Canvas"面板设置

（2）然后创建一个 Image 来作为主菜单背景图片，具体操作为选中 Canvas，单击鼠标右键，选择 UI→Image，将 Image 命名为"kuangjia"，如图 12-14 所示。之后创建出五个条状 Image 作为滑动图片的目的坐标，如图 12-15 所示。

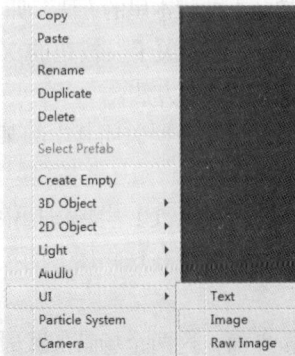

图 12-14 创建 Image 组件

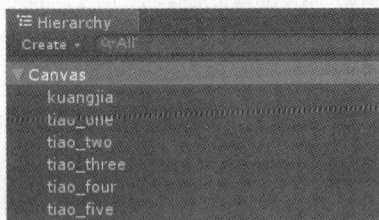

图 12-15 创建场景中各个板块

（3）之后创建五个 Button，分别对应"第一关""总得分""关卡选择""帮助"和"退出"按钮，如图 12-16 所示。其中，帮助界面是先创建一个 Panel，将 Panel 命名为"ScrollView"，如图 12-17 所示。

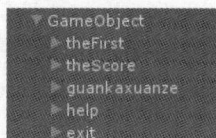

图 12-16　创建 Button

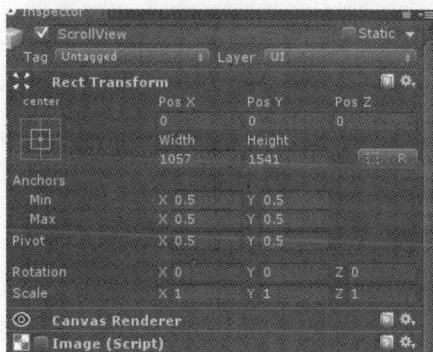

图 12-17　"ScrollView"面板设置

（4）创建一个"Grid"，具体操作为单击鼠标右键，选择 ScrollView→Create Empty，将其命名为"Grid"。在"Grid"下创建五个 Image，作为帮助图片，如图 12-18 所示。将"bz01.png"等图片拖曳到"Image"组件"Source Image"上，如图 12-19 所示。

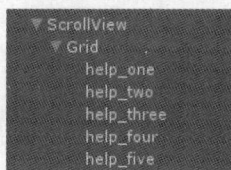

图 12-18　帮助场景

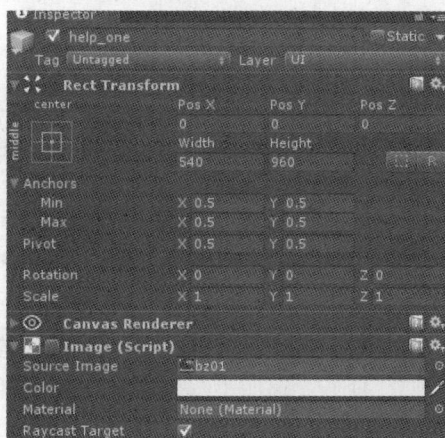

图 12-19　"help_one"面板设置

（5）新建一个 C#脚本，具体操作为单击鼠标右键，选择 Create→C# Script，将其命名为"ScrollView.cs"。本脚本主要是图片滑动并始终保持某一图片正对窗口效果的实现，脚本代码如下。

代码位置：见资源包中源代码/第 12 章/BallGame_new/Assets/C#目录下的 ScrollView.cs。

```
1    using UnityEngine;
2    using System.Collections;
3    using UnityEngine.EventSystems;                            //导入系统包
4    public class NewBehaviourScript1 : MonoBehaviour,IBeginDragHandler,IEndDragHandler{
5      [SerializeField] RectTransform[] m_Pages;                //声明图片对象数组
6      [SerializeField] RectTransform m_Panel;                  //声明图片 Grid
7      private bool m_IsDragging = false;                       //声明标志位
8      private int m_PageWidth = 700;                           //声明图片间距
9      private float []m_DisToCenter;                           //声明图片坐标数组
```

```
10      private int m_MinPageNum = 0;                                    //声明标志位
11      public float m_Speed = 10f;                                      //声明滑动速率
12      private void Start(){
13        m_DisToCenter = new float[] { 0, 0, 0, 0, 0 };                 //初始化图片坐标数组
14      }
15      public void OnBeginDrag (PointerEventData eventData){
16        m_IsDragging = true;                                           //滑动屏幕时置为true
17      }
18      public void OnEndDrag (PointerEventData eventData){
19        m_IsDragging = false;                                          //停止滑动时置为true
20      }
21      public void Update(){
22        for(int i=0;i<5;++i){                                          //便历五张图片
23          m_DisToCenter[i] = Mathf.Abs(0 - m_Pages[i].position.x); //记录图片x坐标
24        }
25        float minDis = Mathf.Min(m_DisToCenter);                       //获得最小x坐标
26        for(int i=0; i<5;++i){
27          if(m_DisToCenter[i] == minDis){
28            m_MinPageNum = i;                                          //获取x坐标最小图片
29            break;
30        }}
31        if(!m_IsDragging){                                             //当停止滑动屏幕时
32          LerpToCenter(m_MinPageNum * -m_PageWidth);
33      }}
34      private void LerpToCenter(float posX){                           //设置Grid坐标
35        float pos = Mathf.Lerp(m_Panel.anchoredPosition.x,posX,Time.deltaTime*m_Speed);
                                                                         //获取x坐标
36        Vector2 newPosition=new Vector2(pos,m_Panel.anchoredPosition.y);//创建二维坐标组
37        m_Panel.anchoredPosition = newPosition;                        //设置Grid坐标
38      }}
```

❑ 第1～3行导入了本段代码所需要的系统包。

❑ 第5～11行是声明了图片数组、图片间距、是否拖动标志位、滑动速率、图片坐标数组
  和图片Grid等变量。

❑ 第12～14行为初始化图片坐标数组。第15～17行为重写OnBeginDrag方法，将标志位
  设为true。第18～20行为重写OnEndDrag方法，将标志位设为false。

❑ 第21～33行为获得五张图片的x坐标，通过比较，获取距离中点坐标最近的图片，当
  停止滑动屏幕时，设置Grid的坐标。

❑ 第34～38行为根据传参得到最适x坐标，创建二维坐标，设置Grid的坐标。

12.4.2　游戏 UI 层控制脚本开发

上一小节介绍了游戏主菜单场景以及着重讲解帮助功能模块的开发实现，本小节将详细介绍
游戏关卡场景中的 UI 层控制方式以及实现 UI 层道具的旋转及选取。通过 UI 层的开发可以实现
游戏关卡场景中对于道具的选取、旋转和使用等，下面将分步骤详细介绍开发过程。

（1）由于 UI 层的搭建和上一小节过程相似在此不再赘述，UI 层游戏工具是多个 3D 物体和
一张方向图片构成，获取和控制 3D 物体需要用到 3D 拾取技术，通过摄像机发出射线与 3D 物体

碰撞获取物体引用，具体代码如下所示。

代码位置：见资源包中源代码/第 12 章/BallGame_new/Asset/c#目录下的 cube.cs。

```
1   using UnityEngine;                                    //引用 Unity 引擎命名空间
2   using System.Collections;                            //引用泛型集合命名空间
3   using UnityEngine.UI;                                //引用 Unity 引擎 UI 类
4   public class cube : MonoBehaviour{                    //Unity 每个脚本都继承自 MonoBehaviour 类
5    public Camera camera;                               //3D 拾取使用的摄像机
6   ……//此处省略了部分成员变量的声明，有需要的读者可以参考资源包中的源代码。
7   void Update(){                                        //Unity 3D 中的帧方法
8     if (Input.touchCount == 1){                         //单点触控
9      Touch t = Input.GetTouch(0);                       //获取触控输入引用
10     if (t.phase == TouchPhase.Began) {                 //开始触控
11      Ray ray = camera.ScreenPointToRay(Input.GetTouch(0).position);
                                                          //从触控点到摄像机构建射线
12      RaycastHit hitInfo;                               //获取光线投射碰撞物体信息的引用
13      if (Physics.Raycast(ray, out hitInfo)){           //当射线碰撞到物体时获取物体信息
14      GameObject gameobject = hitInfo.collider.gameObject;  //得到碰撞物体的引用
15       if (hitInfo.collider.gameObject.name == "Cube") {    //碰撞物体为正立方体
16         RayTest.pickCubeTrian = 1;}                    //置标志位标志实例化立方体
17       if (hitInfo.collider.gameObject.name == "halfCube") {  //碰撞物体为半个立方体
18         RayTest.pickCubeTrian = 3;}                    //置标志位标志实例化半个立方体
19       if (hitInfo.collider.gameObject.name == "Image_dir") {  //碰撞体为方向图片
20       ……//由于方向图片转换方法过于复杂，将在下面步骤中单独讲解，此处暂时省略
21         RayTest.pickCubeTrian = 4;}                    //置标志位实现场景物体贴纹理
22       if (hitInfo.collider.gameObject.name == "half_angle"){  //碰撞体为三棱柱
23         RayTest.pickCubeTrian = 2;                     //置标志位标志实例化三棱柱
24  }}}}}}
```

- 第 1～3 行为声明该类引用的命名空间以及相关类，此处主要包括开发 Unity 3D 所必需的引擎以及泛型集合类。
- 第 4～12 行为在 update 方法中实现 3D 拾取功能，将 UI 层摄像机挂载后设置触控模式为单点触控，如果手单击屏幕就会在触控点和摄像机之间构建一条射线，并且获取射线在 3D 场景中碰撞到的物体信息得到碰撞物体的引用。
- 第 12～23 行为当拿到射线碰撞物体的引用时获取它的名字判断是否与工具栏物体名字相同，如果相同就置标志位在场景中实例化该物体，否则不会产生任何效果。

（2）通过 3D 拾取得到射线碰撞的物体引用后对物体置标志位来标识在场景中实例化该物体，对于方向图片和三棱柱还涉及物体的旋转方向问题，当第一次选中这两个物体时再次单击就会旋转方向，而后在场景中实例化不同方向的物体，具体代码如下所示。

代码位置：见资源包中源代码/第 12 章/BallGame_new/Asset/c#目录下的 cube.cs。

```
1   if (hitInfo.collider.gameObject.name == "Image_dir"){     //选中方向图片
2      if (tempnum_direction == 1 && back_tempnum == 5){      //判断标志位是否符合
3          tempnum_direction++;                               //方向标志位加 1，下一次单击换方向
4          tempstr = "left";                                  //将实例化标志位置为方向"向左"
5          Image_dir.sprite = left;                           //在 UI 工具栏换一张该方向图片
```

```
6              back_tempnum = 6;                            //标志复位结束
7        }else if (tempnum_direction == 2 && back_tempnum == 5){ //判断标志位是否符合
8              tempnum_direction++;                         //方向标志位加1，下一次单击换方向
9              tempstr = "up";                              //将实例化标志位置为方向"向上"
10             Image_dir.sprite = up;                       //在 UI 工具栏换一张该方向图片
11             back_tempnum = 6;                            //标志复位结束
12       }else if (tempnum_direction == 3 && back_tempnum == 5){ //判断标志位是否符合
13             tempnum_direction = 0;                       //方向标志位置0，下一次单击换方向
14             tempstr = "right";                           //将实例化标志位置为方向"向右"
15             Image_dir.sprite = right;                    //在 UI 工具栏换一张该方向图片
16             back_tempnum = 6;                            //标志复位结束
17       }else if (tempnum_direction == 0){                 //判断标志位是否符合
18             tempnum_direction++;                         //方向标志位加1，下一次单击换方向
19             tempstr = "down";                            //将实例化标志位置为方向"向下"
20             Image_dir.sprite = down;}                     //在 UI 工具栏换一张该方向图片
21  RayTest.pickCubeTrian = 4;                              //标志可在场景中贴纹理
22  back_tempnum = 5;}                                      //标志下次可以单击选取方向图片
23  if (hitInfo.collider.gameObject.name == "half_angle"){       //选中三棱柱
24       if (tempnum == 1){                                 //判断标志位是否符合
25             tempnum++;                                   //方向标志位加1，下一次单击换方向
26             tempstr = "left";           //将实例化标志位置为方向"向左"
27             angle_obj.transform.Rotate(0,0,90);          //将该物体沿 z 轴旋转 90 度
28       }else if (tempnum == 2){                           //判断标志位是否符合
29             tempnum++;                                   //方向标志位加1，下一次单击换方向
30             tempstr = "up";                              //将实例化标志位置为方向"向上"
31             angle_obj.transform.Rotate(0,0,90);          //将该物体沿 z 轴旋转 90 度
32       }else if (tempnum == 3){                           //判断标志位是否符合
33             tempnum = 0;                                 //方向标志位置 0，下一次单击换方向
34             tempstr = "right";                           //将实例化标志位置为方向"向右"
35             angle_obj.transform.Rotate(0,0,90);          //将该物体沿 z 轴旋转 90 度
36       }else if (tempnum == 0){                           //判断标志位是否符合
37             tempnum++;                                   //方向标志位加1，下一次单击换方向
38             tempstr = "down";                            //将实例化标志位置为方向"向下"
39             angle_obj.transform.Rotate(0,0,90);          //将该物体沿 z 轴旋转 90 度
40       }else if (tempnum == 4){                           //判断标志位是否符合
41             tempnum = 1;                                 //方向标志位置1，下一次单击换方向
42             tempstr = "down";}                           //将实例化标志位置为方向"向下"
43  RayTest.pickCubeTrian = 2;}                             //标志可在场景中实例化三棱柱
```

❑ 第 1～22 行为当选中方向图片以后每一次单击都会对方向图片进行换方向操作即替换 UI 工具栏不同方向的图片，此处需要多个标志位协同工作，首先为每一个方向图片设置一个不同的标志位来区分，然后对每一个方向设置不同标志位来标识在场景中为选中物体贴哪一个方向纹理。

❑ 第 23～43 行为当选中三棱柱物体以后每单击一次该物体就会绕 z 轴旋转 90 度，和方向图片相同，也会设置每一个方向的标志位和该方向在场景中实例化哪一个方向物体的标志位来区分。在场景中会根据这些标志位来确定如何实例化物体。

12.4.3　游戏物体运动控制脚本开发

上一小节介绍了对于 UI 层物体拾取和控制，接下来将介绍游戏场景搭建和小球运动的实现过程，其中包括如何使小球运动和转向以及当需要多次转向时如何存储相关转向信息并实现多次转向，具体开发过程如下。

（1）在新建项目场景中设置环境光和摄像机，然后创建场景中的三维物体，其中包括场景主体地面和墙壁（即由立方体构成）、场景中的球体等。具体操作为单击左侧"Hierarchy"面板上方的 Create→3D Object→Cube，如图 12-20 所示。即可在场景中创建一个立方体。球体的创建与此类似，创建完成后对其进行设置，如图 12-21 所示。

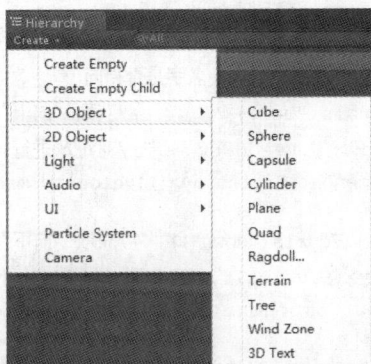

图 12-20　创建立方体

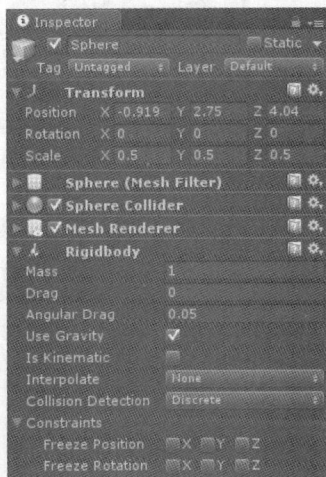

图 12-21　物体设置

（2）然后将做出的物体调整位置，组成场景所需要的样式，如图 12-22 所示，注意要使相关物体具有层次结构符合父子关系，方便在脚本中操作引用。使物体具有层次结构可以通过拖曳的方式将子物体拖曳到父物体下面，如图 12-23 所示。

图 12-22　基本场景模型

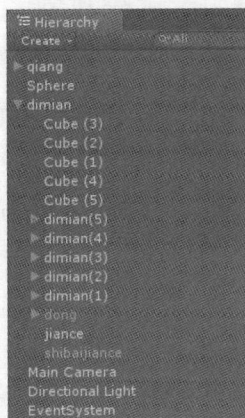

图 12-23　模型关系

（3）下面介绍球滚动过程中遇到转向标志之后小球将会改变原有运动方向，朝着标志方向继续运动直到小球进洞或者滚出屏幕为止，具体代码如下所示。

代码位置：见资源包中源代码/第 12 章/BallGame_new/Asset/c#目录下的 control_six.cs。

```
1    void OnCollisionStay(Collision other){        //物体发生碰撞中调用该方法
2     if (other.transform.name.Equals(array_nameAndflag[0]) ||
                                          //判断碰撞物体名字与列表中存储的是否相同
3         other.transform.name.Equals(array_nameAndflag[2]) ||
4         other.transform.name.Equals(array_nameAndflag[4]) ||
5         other.transform.name.Equals(array_nameAndflag[6]) ||
6         other.transform.name.Equals(array_nameAndflag[8])){
7           foreach (ContactPoint contact in other.contacts){   //遍历碰撞接触点列表
8             if ((contact.point.z >= other.transform.position.z - 0.2 &&
                                          //判断碰撞点 z 坐标是否落在该范围
9             contact.point.z <= other.transform.position.z + 0.2) &&
10            (contact.point.x >= other.transform.position.x - 0.1 &&
                                          //判断碰撞点 x 坐标是否落在该范围
11            contact.point.x <= other.transform.position.x + 0.1)){
12            if (array_nameAndflag[0].Equals(other.transform.name)){
                                          //判断与列表中名字是否相同
13              if (array_nameAndflag[1].Equals("up")){        //获取"向上"方向
14                this.GetComponent<Rigidbody>().velocity =    //对小球进行转向
15                new Vector3(0,0,this.GetComponent<Rigidbody>().velocity.magnitude
* 1.25f);
16              }else if (array_nameAndflag[1].Equals("down")){ //获取"向下"方向
17                this.GetComponent<Rigidbody>().velocity =    //对小球进行转向
18                new Vector3(0, 0, -this.GetComponent<Rigidbody>().velocity.
magnitude);
19              }else if (array_nameAndflag[1].Equals("right")){ //获取"向右"方向
20                this.GetComponent<Rigidbody>().velocity =    //对小球进行转向
21                new Vector3(this.GetComponent<Rigidbody>().velocity.magnitude,0,0);
22              }else if (array_nameAndflag[1].Equals("left")){ //获取"向左"方向
23                this.GetComponent<Rigidbody>().velocity =    //对小球进行转向
24                new Vector3(-this.GetComponent<Rigidbody>().velocity.magnitude,
0, 0);}}
25            if (array_nameAndflag[2].Equals(other.transform.name)){
26            ……//此处省略了内容，与上面代码类似，此处不再赘述，有需要的读者可以参考资源包中的源代码
27              }
28            if (array_nameAndflag[4].Equals(other.transform.name)){
29            ……//此处省略了内容，与上面代码类似，此处不再赘述，有需要的读者可以参考资源包中的源代码
30              }
31            if (array_nameAndflag[6].Equals(other.transform.name)){
32            ……//此处省略了内容，与上面代码类似，此处不再赘述，有需要的读者可以参考资源包中的源代码
33              }
34            if (array_nameAndflag[8].Equals(other.transform.name)){
35            ……//此处省略了内容，与上面代码类似，此处不再赘述，有需要的读者可以参考资源包中的源代码
36     }}}}
```

❑ 第 1 行为碰撞器三种回调方法 OnCollisionEnter、OnCollisionStay、OnCollisionExit 中的
一个，当两个物体发生碰撞过程中会回调 OnCollisionStay 方法。

❑ 第 2~6 行为当在场景中贴方向纹理的时候会将被贴纹理的对象名字以及纹理方向存储
在一个列表当中，小球与碰撞体接触后会不断获取碰撞体名字并与列表中的名字进行

比较，如果相同则会获得接触点详细信息。

- 第 7～11 行为获取并遍历碰撞接触点的坐标，如果小球滚动到方向纹理对象中心的一定范围内，小球将会发生转向。

- 第 12～36 行为确定在该范围内转向时还需要获得向哪个方向转向的信息，这就需要再次使用列表中存储的被贴纹理对象的名字和与之对应的转向信息，对小球实现转变运动方向。

12.4.4　游戏场景 3D 拾取和实例化脚本开发

上一小节介绍了物体运动脚本的开发，接下来将要介绍如何实现 3D 场景中实例化物体和如何删除已经实例化的物体，对于三棱柱和方向图片纹理还涉及方向旋转问题，以及相关标志位的作用，下面将分步骤详细进行介绍。

（1）首先详细介绍脚本中 Update 方法所要实现的具体功能和利用 3D 拾取功能实现的设计架构，主要作用是在工具栏选中相应工具后在三维场景中实例化预制体，在此过程中利用 3D 拾取进行坐标定位，具体代码如下所示。

代码位置：见资源包中源代码/第 12 章/BallGame_new/Asset/c#目录下的 RayTest_six.cs。

```
1  ……//此处省略了相关类的引用，有需要的读者可以参考资源包中的源代码
2  public class RayTest_six : MonoBehaviour{
3    public GameObject newobject_Cube;                        //半透明预制体引用
4    public GameObject newobject_texCube;                     //实预制体引用
5    public GameObject UI_Cube;                               //UI 层立方体工具引用
6    private GameObject complete_gameObj = null;              //临时变量
7    public TextMesh Text_Cube;                               //立方体工具文本引用
8    public TextMesh Text_Walks;                              //步数引用
9    public static int pickCubeTrian = 0;                     //对三维场景的操作标志位
10   void Update(){
11    if (pickCubeTrian == 1){                                //实例化立方体操作
12     if (Input.touchCount == 1){                            //单点触控输入
13      Touch t = Input.GetTouch(0);                          //获取触控输入引用
14      if (t.phase == TouchPhase.Began){                     //开始触控
15       Ray ray = Camera.main.ScreenPointToRay(Input.GetTouch(0).position); //构建射线
16       RaycastHit hitInfo;                                  //获取光线投射碰撞物体信息的引用
17       if (Physics.Raycast(ray, out hitInfo)){    //当射线碰撞到物体时获取物体信息
18        GameObject gameObj = hitInfo.collider.gameObject;   //得到碰撞物体的引用
19        if ((gameObj.layer==8 || gameObj.layer==9) &&       //判断拾取物体是否是第八层或者第九层
20           gameObj.transform.root.name != "qiang" &&        //拾取物体不能是墙壁物体
21           gameObj != complete_gameObj){                    //判断该物体是虚是实
22         if (gameObj.transform.name == "halfCubeTex(Clone)"){
23           return;                                          //如果该物体为实则返回
24         }else if (gameObj.transform.root.name == "dimian"){//判断是否为地面物体
25           GameObject temp_gameObj=Instantiate(newobject_Cube, //实例化半透明物体
26           gameObj.transform.position,gameObj.transform.rotation) as
GameObject;
27           temp_gameObj.transform.position = new Vector3(gameObj.transform.
position.x,
28           gameObj.transform.position.y+4.0f, gameObj.transform.position.z);
                                                //调整坐标对齐
29           Destroy(complete_gameObj);                       //删除上一次实例化的虚物体
```

```
30              complete_gameObj = temp_gameObj;        //将新实例化的虚物体引用重新赋予
31          }else{
32              return;}}                               //否则返回
33          if (gameObj.transform.root.name != "qiang" && gameObj == complete_gameObj){
34              if (gameObj.transform.name=="mcube(Clone)"){ //判断是否为上次实例化的虚物体
35                  GameObject temp_gameObj=Instantiate(newobject_texCube, //实例化实预制体
36                  gameObj.transform.position,gameObj.transform.rotation) as GameObject;
37                  temp_gameObj.transform.position = new Vector3(gameObj.transform.
position.x,
38                  gameObj.transform.position.y, gameObj.transform.position.z);
                                                        //调整坐标对齐
39                  Destroy(gameObj);                   //删除上一次实例化的虚物体
40                  Text_Cube.text = "";                //将该工具个数置空
41                  UI_Cube.transform.GetComponent<MeshRenderer>().enabled=false;
                                                        //将该物体不可见
42                  UI_Cube.GetComponent<BoxCollider>().enabled = false; //取消该物体碰撞器
43                  pickCubeTrian = 0;                  //将对三维场景操作标志位复位
44                  if (Constants.str_walks <= 9){      //步数为一位数
45                      Text_Walks.text = "0" + (++Constants.str_walks);
46                  }else{                              //步数为两位数
47                      Text_Walks.text = "" + (++Constants.str_walks);}}
48              else{                                   //其他返回
49                  return;
50          }}}}}}
51          if (pickCubeTrian == 2) {                   //添加三棱柱
52              ……//此处省略内容与上述类似，有需要的读者可以参考资源包中的源代码
53          }if (pickCubeTrian == 3) {                   //添加半立方体
54              ……//此处省略内容与上述类似，有需要的读者可以参考资源包中的源代码
55          }if (pickCubeTrian == 5) {                   //删除物体
56              ……//此处省略内容过于复杂下面将详细介绍，有需要的读者可以参考资源包中的源代码
57          }if (pickCubeTrian == 4) {                   //方向图片
58              ……//此处省略内容与上述类似，有需要的读者可以参考资源包中的源代码
59  }}}
```

❑ 第 1～9 行为在 3D 场景中实例化物体时所需要的变量、标志位以及物体引用。

❑ 第 10～18 行为在 Update 方法中实现 3D 拾取功能，将 UI 层摄像机挂载后设置触控模式为单点触控，如果手单击屏幕就会在触控点和摄像机之间构建一条射线，并且获取射线在 3D 场景中碰撞到的物体信息得到碰撞物体的引用。

❑ 第 19～32 行为在实例化场景物体时当第一次单击会出现半透明的物体，实例化只能在场景的地面物体和已经实例化的道具上进行，所以首先会判断 3D 拾取到的物体是否为可实例化的物体，实例化之后调整位置并重新给变量赋值为下一次单击实例化实物体使用。

❑ 第 33～50 行为在第一次单击实例化半透明物体的基础上再次单击该物体就会实例化一个该物体的实物体，如果没有单击该半透明物体则该物体原位置物体删除，在单击处实例化半透明物体。

（2）上一小节介绍了如何在场景中通过 3D 拾取实例化半透明物体和实物体，接下来将向大家介绍如何在 3D 场景中删除已经实例化的物体和如何删除在场景物体上方向纹理贴图以及恢复道具栏的图标、数量和物体等，具体代码如下所示。

代码位置：见资源包中源代码/第 12 章/BallGame_new/Asset/c#目录下的 RayTest_six.cs。

```
1    if (pickCubeTrian == 5){                                        //删除物体
2     if (Input.touchCount == 1){                                    //单点触控输入
3       Touch t = Input.GetTouch(0);                                 //获取触控输入引用
4      if (t.phase == TouchPhase.Began){                             //开始触控
5       Ray ray=Camera.main.ScreenPointToRay(Input.GetTouch(0).position);    //构建射线
6       RaycastHit hitInfo;                                          //获取光线投射碰撞物体信息的引用
7        if (Physics.Raycast(ray, out hitInfo)){                     //当射线碰撞到物体时获取物体信息
8          GameObject gameObj = hitInfo.collider.gameObject;         //得到碰撞物体的引用
9          if (gameObj.layer == 8){                                  //判断物体是否属于实例化物体
10           if (gameObj.transform.name=="halfCubeTex(Clone)"){      //判断物体否为半立方体
11            UI_halfCube.transform.GetComponent<MeshRenderer>().enabled = true;
                                                                     //显示道具栏该工具
12            UI_halfCube.GetComponent<BoxCollider>().enabled=true;//设置该工具碰撞器可用
13            Text_HalfCube.text = "" + (++isDesHalfCube);           //数量加 1
14           }else if (gameObj.transform.name == "modleCube(Clone)"){
                                                                     //判断该物体是否为正立方体
15            UI_Cube.transform.GetComponent<MeshRenderer>().enabled = true;
                                                                     //显示道具栏该道具
16            Text_Cube.text = "1";                                  //数量置 1，该道具只可用一次
17            UI_Cube.GetComponent<BoxCollider>().enabled = true; //设置该工具碰撞器可用
18           }else if (gameObj.transform.name == "half_angle_tex(Clone)"){
                                                                     //判断该物体是否为三棱柱
19            UI_Angle.transform.GetComponent<MeshRenderer>().enabled = true;
                                                                     //显示道具栏该工具
20            Text_Angle.text = "" + (++isDesAngle);  //数量加 1
21            UI_Angle.GetComponent<MeshCollider>().enabled=true;}//设置该工具碰撞器可用
22            Destroy(gameObj);                                      //删除选中物体
23          if (Constants.str_walks <= 9){                           //步数为个位数
24            Text_Walks.text = "0" + (++Constants.str_walks); //UI 层计步文本显示 "0*"
25          }else{
26            Text_Walks.text = "" + (++Constants.str_walks);}} //否则计步文本显示两位数
27          if (gameObj.layer == 9 && (gameObj.transform.name == control_four.array_
nameAndflag[0] ||
28            gameObj.transform.name == control_four.array_nameAndflag[2] ||
                                                                     //方向图片对象名字存在列表中
29            gameObj.transform.name == control_four.array_nameAndflag[4] ||
                                                                     //比较选中物体名字是否与列表
30            gameObj.transform.name == control_four.array_nameAndflag[6] ||
                                                                     //相同，然后删除纹理方向图片
31            gameObj.transform.name == control_four.array_nameAndflag[8])){
32            gameObj.GetComponent<MeshRenderer>().material = material_back;
                                                                     //替换纹理材质
33            UI_direction.GetComponent<BoxCollider>().enabled = true;
                                                                     //设置该工具碰撞器可用
34            UI_direction.transform.GetComponent<Image>().sprite = diec;
                                                                     //工具栏显示原来方向图片
35            Text_direction.text = ""+(++isDesDirection);   //数量加 1
36            cube_six.tempnum_direction = 0;                        //方向标志位复位
```

```
37          if (Constants.str_walks <= 9){              //步数为个位数
38            Text_Walks.text = "0" + (++Constants.str_walks); //UI层计步文本显示"0*"
39          }else{
40            Text_Walks.text = "" + (++Constants.str_walks); //否则计步文本显示两位数
41  }}}}}}
```

❏ 第 1～8 行为在 update 方法中实现 3D 拾取功能，将 UI 层摄像机挂载后设置触控模式为单点触控，如果手单击屏幕就会在触控点和摄像机之间构建一条射线，并且获取射线在 3D 场景中碰撞到的物体信息得到碰撞物体的引用。

❏ 第 9～26 行为删除场景中道具物体之前，要把 UI 层道具栏的道具恢复，道具数量在原来基础上加 1，道具的碰撞器恢复使用。

❏ 第 27～41 行为删除场景中方向图片纹理，首先需要判断拾取到的贴有方向纹理物体的名字是否与列表中存的名称相同，如果相同则将该纹理置换成原来纹理材质，将工具栏方向纹理图片工具恢复且数量加 1，将方向图片转向标志位复位。

12.4.5 输赢场景开发

在搭建好基本场景和挂载好相关脚本之后就要着手开发游戏关卡的输赢界面，在游戏的输赢界面刚加载时会有一段图片按钮的滑动动画展现出来，还会有"确定"按钮的渐入效果。该功能主要展示游戏输赢得分以及返回主菜单等。

（1）首先新建场景，然后设置环境光。新建一个 Canvas，具体操作为单击左侧"Hierarchy"面板上方的"Create"→"UI"→"Canvas"，如图 12-24 所示。即可看到在窗口中创建了一个画布如图 12-25 所示。

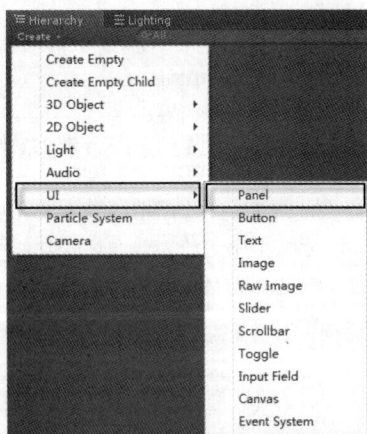

图 12-24 创建画布

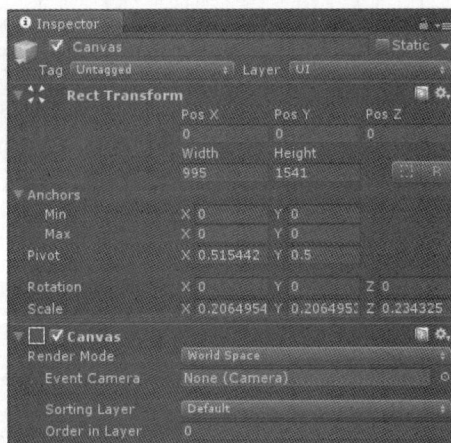

图 12-25 "Canvas"面板设置

（2）然后创建一个 Image 来作为主菜单背景图片，具体操作为选中 Canvas，单击鼠标右键，选择 UI→Image，将 Image 命名为"kuangjia"，如图 12-26 所示。之后创建出六个条状 Image 作为滑动动画图片，如图 12-27 所示。

（3）下面介绍在加载该场景时滑动效果实现的脚本文件 guan.cs，在脚本中用代码控制图片按钮的正反两个方向的移动，还有实现图片按钮的渐入效果。具体代码如下所示。

代码位置：见资源包中源代码/第 12 章/BallGame_new/Asset/c#目录下的 guan.cs。

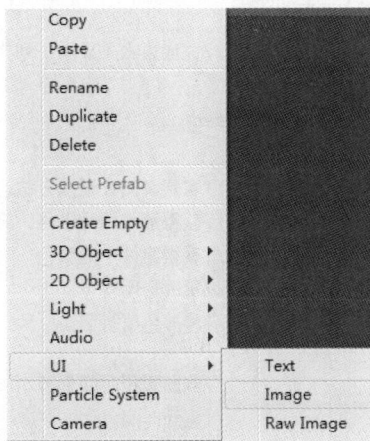

图 12-26　创建 Image 组件

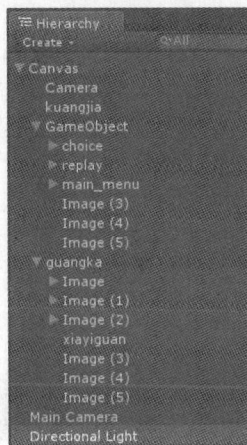

图 12-27　创建场景中各个板块

```
1    ……//此处省略了相关类的引用，有需要的读者可以参考资源包中的源代码
2    public class guang: MonoBehaviour{
3      public Camera camera;                              //获取摄像机引用
4      public Image Image_diyiguan;                       //界面上部第一个按钮引用
5      public Image Image_AllScore;                       //界面上部第二个按钮引用
6      public Image Image_GQshezhi;                       //界面上部第三个按钮引用
7      public Image i0;                                   //界面上部第一个按钮定位引用
8      public Image i1;                                   //界面上部第二个按钮定位引用
9      public Image i2;                                   //界面上部第三个按钮定位引用
10     public Image[] guan;                               //界面下部按钮及按钮定位引用数组
11     public float Duration = 2.0f;                      //渐入时间
12     float elspse = 0;                                  //渐入累积时间
13     public Image xiayiguan;                            //渐入按钮图片引用
14     public Text[] text;                                //图片上的文本数组
15     void Awake(){
16       if (Constants.guang == 2){                       //完成第一关显示下列文本
17         text[0].text = "恭喜你! 完成第一关";
18         text[1].text = "得分: " + PlayerPrefs.GetInt("deifen_one");
19         text[2].text = "第二关";}
20       if (Constants.guang == 3){                       //完成第二关显示下列文本
21         text[0].text = "恭喜你! 完成第二关";
22         text[1].text = "得分: " + PlayerPrefs.GetInt("deifen_two");
23         text[2].text = "第三关";}
24       if (Constants.guang == 4){                       //完成第三关显示下列文本
25         text[0].text = "恭喜你! 完成第三关";
26         text[1].text = "得分: " + PlayerPrefs.GetInt("deifen_three");
27         text[2].text = "第四关";}
28       if (Constants.guang == 5){                       //完成第四关显示下列文本
29         text[0].text = "恭喜你! 完成第四关";
30         text[1].text = "得分: " + PlayerPrefs.GetInt("deifen_four");
31         text[2].text = "第五关";}
32       if (Constants.guang == 6){                       //完成第五关显示下列文本
33         text[0].text = "恭喜你! 完成第五关";
34         text[1].text = "得分: " + PlayerPrefs.GetInt("deifen_five");
```

```
35      text[2].text = "第六关";}
36    if (Constants.guang == 1){                            //完成第六关显示下列文本
37      text[0].text = "恭喜你! 完成第六关";
38      text[1].text = "得分: " + PlayerPrefs.GetInt("deifen_six");
39      text[2].text = "主菜单";}}
40    void setAlpha(float a){                               //自定义图片渐入方法
41    var sp = xiayiguan.GetComponent<Image>();             //获得渐入图片组件
42    var c = sp.color;                                     //获得组件中的颜色
43    c.a = a;                                              //更改透明度
44    sp.color = c;}                                        //将颜色值写回
45    void Update(){
46    if (elspse < Duration){                              //判断累积时间是否小于渐入时间
47      elspse += Time.deltaTime;                           //累计时间
48      setAlpha(elspse / Duration);}                       //将比值当作透明度值传入
49    Vector3 currentPOS_a = Image_diyiguan.transform.position; //获得滑动图片起始坐标
50    Vector3 targetPOS_a = i0.transform.position;          //获得目标位置坐标
51    currentPOS_a = Vector3.Lerp(currentPOS_a, targetPOS_a, Time.deltaTime * 1.5f);
                                                            //不断改变坐标
52      Image_diyiguan.transform.position = currentPOS_a;//随时间不断改变位置
53    ……//此处省略了内容, 与上面代码类似, 此处不再赘述, 有需要的读者可以参考资源包中的源代码
54    }}
```

❏ 第1～14行为方法中需要使用到的引用以及变量等, 其中包括图片按钮引用、图片按钮定位引用以及渐入效果图片引用等。

❏ 第15～39行为在 Awake 方法中实现文本的加载, 其中包括游戏得分、游戏下一关卡等, 通过判断 Constants.guang 的值来确定是在第几关输赢之后而加载相应的文本。

❏ 第40～44行为自定义的实现图片渐入效果的方法, 首先拿到该图片的引用以及该图片组件中的 Image 组件, 然后根据该方法传入的变量值更改颜色 RGBA 中的 A 值即透明度值, 再将改变之后的值写回到原来组件中。

❏ 第45～54行为通过累积时间与渐变时间的比值作为透明度值传入到 setAlpha 方法中。接着实现按钮图片的滑动问题, 首先需要得到原始图片的坐标位置, 接着得到定位点的坐标位置, 通过系统时间不断改变位置坐标, 进而不断改变图片按钮的位置。

(4) 介绍完代码实现滑动和渐变效果后, 下面展示一下效果图, 在加载场景后图片按钮会逐渐滑动到设定位置, 按钮图片也会有渐入渐变效果, 这就是不断更改其透明度的结果, 图 12-28、图 12-29 和图 12-30 所示 3 幅图就是动画过程。

图 12-28　动画效果 1　　　　图 12-29　动画效果 2　　　　图 12-30　动画效果 3

12.5　游戏的优化与改进

至此，本案例的开发部分已经介绍完毕。本游戏基于 Unity 3D 平台开发，使用 C#作为游戏脚本的开发语言，笔者在开发过程中，已经注意到游戏性能方面的表现，所以，很注意降低游戏的内存消耗量。但实际上还是有一定的优化空间。

❑　游戏界面的改进

本游戏的场景搭建使用的图片已经相当华丽，当然，游戏的界面可以更加绚丽，同学们可以发挥自己的灵感使界面更加完美。

❑　游戏性能的进一步优化

虽然在游戏的开发中，已经对游戏的性能优化做了一部分工作，但是，本游戏的开发中存在的某些未知错误在所难免，在性能比较优异的移动手持数字终端上，可以更加优异地运行，但是在一些低端机器上的表现则未必能够达到预期的效果，还需要进一步优化。

❑　优化细节处理

虽然笔者已经对此游戏做了很多细节上的处理与优化，但还是有一些地方的细节需要优化。各种机关的物理特性、角色移动速度、各种声音效果等，都可以调节各个参数，使其模拟现实世界更加逼真。

❑　增加游戏体验

在此游戏中，界面的下滑速度是固定的，同学们可以通过调整某些参数试着调整游戏后期速度，使其越来越快，增加游戏的难度，以此增加游戏的体验性。不仅如此，同学们还可以在切换界面、粒子系统等方面下些功夫，完善游戏。

12.6　本章小结

本章以开发益智休闲类游戏——趣味小球为主题，向同学们详细介绍了使用 Unity 3D 引擎开发游戏的全过程。学习完本章并配合着本书基于网络提供的游戏项目，相信同学们可以快速掌握开发游戏的具体流程，经过仔细钻研学习后，应该会有较大的进步。

参考文献

[1] 吴亚峰，索依娜. Unity 5.X 3D 游戏开发技术详解与典型案例[M]. 北京：人民邮电出版社，2016.

[2] 郭浩瑜. Unity 3D ShaderLab 开发实战详解（第 2 版）[M]. 北京：人民邮电出版社，2015.

[3] 路朝龙. Unity 权威指南：Unity 3D 与 Unity 2D 全实例讲解[M]. 北京：中国青年出版社，2014.

[4] 赖佑吉，姚智原. Unity3D 游戏开发实战：人气游戏这样做[M]. 北京：人民邮电出版社，2015.

[5] 金玺曾. Unity3D\2D 手机游戏开发（第 2 版）[M]. 北京：清华大学出版社，2014

[6] Unity Technologies. Unity 官方案例精讲[M]. 北京：中国铁道出版社，2015.

[7] Kenny Lammers. Unity Shaders and Effects Cookbook [M]. 晏伟，译. 北京：机械工业出版社，2014